高等职业教育专业教材

仪器分析

许柏球　丁兴华　彭珊珊　主编
栾崇林　主审

中国轻工业出版社

图书在版编目（CIP）数据

仪器分析/许柏球，丁兴华，彭珊珊主编.—北京：中国轻工业出版社，2026.1

高等职业教育教材

ISBN 978-7-5019-8059-8

Ⅰ. ①仪…　Ⅱ. ①许… ②丁… ③彭…　Ⅲ. ①仪器分析－高等学校：技术学校－教材　Ⅳ. ①O657

中国版本图书馆 CIP 数据核字（2011）第012328号

责任编辑：张　靓　　责任终审：孟寿萱　　封面设计：锋尚设计
版式设计：宋振全　　责任校对：晋　洁　　责任监印：张京华

出版发行：中国轻工业出版社（北京鲁谷东街5号，邮编：100040）
印　　刷：三河市万龙印装有限公司
经　　销：各地新华书店
版　　次：2026年1月第1版第12次印刷
开　　本：720×1000　1/16　印张：21.75
字　　数：438千字
书　　号：ISBN 978-7-5019-8059-8　定价：43.00元
邮购电话：010－85119873
发行电话：010－85119832　010－85119912
网　　址：http://www.chlip.com.cn
Email:club@chlip.com.cn

252327J2C112ZBW

本书编写人员

主　编　许柏球（深圳职业技术大学）

　　　　丁兴华（江苏食品药品职业技术学院）

　　　　彭珊珊（韶关学院）

副主编　刘莉萍（深圳职业技术大学）

　　　　郭杰标（韶关学院）

　　　　吴亚丽（广东轻工职业技术大学）

　　　　王　岩（江苏食品药品职业技术学院）

主　审　栾崇林（深圳职业技术大学）

前　言

本书是根据高等职业教育《仪器分析》课程的基本要求和教育部《关于加强高职高专教育教材建设的若干意见》的有关精神，本着“基础知识必需、够用”、“突出应用性”和“内容先进性”的原则，在总结多年的课堂教学经验和社会实践经验的基础上，结合高等职业教育食品、工业分析专业技术人才培养目标而编写的，其在内容体系上具有以下特色。

1. 突出先进性和实用性。本书所编选章节都是当今应用广泛的仪器分析方法，各章节的实训项目参照国家标准编写，实用性强，有一定的代表性；所述仪器均是质检部门常用的先进设备，编写时注意吸纳新的实验技术和新的仪器分析方法。

2. 注重技术应用能力培养。本书花大量篇幅介绍了仪器分析的实验技术、实验操作技巧和实验操作注意事项，特别是介绍了样品的预处理技术，目的就是要培养学生的技术应用和实践能力。

3. 基本理论适度。考虑高职教育的特点，理论的阐述仅限于学生掌握技能的需要，运用形象化的语言使抽象的理论易于为学生认识和掌握。

4. 在表现形式上突出直观性和多样性，做到图文并茂，以激发学生的学习兴趣。

本书除绪论外共分 9 章，内容包括紫外-可见分光光度法、红外吸收光谱法、电位分析法、原子吸收光谱法、原子发射光谱法、色谱分析法导论、气相色谱法、高效液相色谱法和质谱分析法。重要章节都附有仪器的使用操作方法和操作注意事项。

本书由深圳职业技术学院、江苏食品药品职业技术学院、韶关学院、广东轻工职业技术学院等单位共同编写，许柏球、丁兴华、彭珊珊担任主编，刘莉萍、郭杰标、吴亚丽、王岩担任副主编。全书由许柏球整理统稿，由栾崇林教授审定。

本书可作为食品、化工、环境和制药等高等职业院校相关专业的教材，也可作为分析检测工作者的参考资料。

由于编写时间仓促，编者水平有限，书中难免存在疏漏和错误，恳请专家和读者批评指正。

编　者

于深圳职业技术学院，深圳

目　录

绪　论

一、仪器分析法及其特点

分析化学是一门研究表征和测量物质的化学组成和特性的学科。分析化学包括化学分析和仪器分析，化学分析是以测量物质的化学反应为基础的分析方法，是利用物质的化学反应及其定量关系对物质进行定量分析；仪器分析是以测量物质的物理和化学性质为基础的分析方法，它是基于待测物质的物理和化学性质，对物质进行定性和定量分析，同时，仪器分析还承担复杂样品组分的分离任务。

随着科学技术的发展，分析化学在方法和实验技术上都发生着日新月异的变化，特别是仪器分析法吸收了当代科学技术最新成就，不仅强化和改善了原有仪器的性能，而且推出了很多新的分析测试仪器，为科学研究和生产实践提供更多、更新和更全面的信息，成为现代实验化学的重要支柱。

仪器分析用于试样组分的分析具有操作简便而快速的特点，特别是对于低含量（微量或痕量，10^{-13} ~ 10^{-8}数量级）组分的测定，更是有令人惊叹的独特之处，而这样的样品若用化学方法来测定是徒劳的。另外，绝大多数分析仪器都是将待测物质浓度的变化或物理性质的变化转变成易于测量的电性能（如电阻、电导、电位、电流等），因此，仪器分析法容易实现自动化和智能化，减少繁杂的手工操作。仪器分析除了能完成定性和定量分析任务外，还能提供化学分析法难以提供的信息，如物质的结构、元素的价态及分布、同位素等。仪器分析具有的选择性好、灵敏度高、样品用量少（微升、微克级）、分离效率高（毛细管气相色谱能在30min内完成多达100种样品组分的分离）、检测范围广（HPLC能分析80%的有机物，ICP－MS能同时分析70多种不同含量的元素等）是化学分析不能比拟的。当然仪器分析也有它的不足之处，对于常量（高含量）组分分析准确度甚至没有化学分析的高。另外，进行仪器分析之前，时常需要用化学的方法对试样进行预处理（如分离、富集除去干扰物质等）。同时，进行仪器分析一般都要用标准物质进行比较定性和定量工作曲线校准。

二、仪器分析的内容及其分类

仪器分析的内容非常丰富，根据测量物质的物理化学性质可将仪器分析分为光学分析法、电化学分析法、色谱分析法、质谱分析法等，详见表0－1。

表 0－1　　仪器分析方法分类

方法分类	被测物质性质	分析方法（部分）
光学分析法	辐射的发射	原子发射光谱法（AES）、原子荧光光谱法（AFS）、火焰光度法等
	辐射的吸收	原子吸收光谱法（AAS）、红外吸收光谱法（IR）、紫外－可见吸收光谱法（UV－VIS）、核磁共振波谱法（NMR）等
	辐射的散射	浊度法、拉曼光谱法
	辐射的衍射	X 射线衍射法、电子衍射法
	辐射的折射	折射法、干涉法
电化学分析法	电位	电位分析法
	电流	伏安分析法、极谱分析法
	电导	电导分析法
	电量	库仑分析法
色谱分析法	两相间的分配	气相色谱法（GC）、高效液相色谱法（HPLC）、离子色谱法
其他分析法	质荷比	质谱分析法（MS）
	核性质	中子活化分析

三、仪器分析的发展趋势

随着科学技术的发展，特别是对生命科学、环境科学和材料科学等领域的深入研究，对仪器分析提出了更为苛刻的要求。为了适应科学发展的需要，仪器分析的发展将呈现以下趋势。

（1）新的仪器、新的分析方法不断涌现　现代最新科学技术如激光、等离子体、纳米、计算机等先进技术都将引入仪器分析中，研制和开发出更多更先进的分析仪器。

（2）自动化程度越来越高　目前先进发达国家推出的分析仪器一个共同特点就是微机化和自动化。如顶空－气相色谱－质谱联用仪（HS－GC－MS），可直接测定固态、液态或气态样品中挥发组分的含量，无需做样品前处理。

（3）多种分析方法相互渗透，多种仪器联机使用　如气相色谱仪、高效液相色谱仪具有高分离效能，红外光谱仪、质谱仪具有高的定性和确定结构效能，而多功能自动进样器具有自动进行样品前处理（顶空、SPME 固相微萃取、SPE 固相萃取）和自动进样功能。将三者相结合的仪器目前有多功能自动进样－气相色谱－质谱联用仪（HT280T－GC－MS）、多功能自动进样－液相色谱－质谱联用仪（HT280T－LC－MS）、固相微萃取－气相色谱－傅里叶变换红外光谱联用仪（SPME－GC－FTIR）等。

（4）分析的灵敏度和精度越来越高　痕量（10^{-9} ~ 10^{-6}）和超痕量（10^{-13} ~ 10^{-9}）分析日益发展，分析灵敏度和精度不断提高。如质谱分析的绝对灵敏度

达 10^{-14}g；电子光谱的灵敏度达 10^{-18}g。

（5）新型动态分析仪器大量涌现　由于离线分析检测不能瞬时、直接、准确地反映生产实际和生命环境的真实情况，不能及时控制生产、生态和生物过程。运用先进的技术和分析原理，研制开发实时、在线具有高灵敏度和高选择性的新型动态分析仪器，将是今后仪器分析发展的主流。如目前出现的生物酶传感器、DNA 传感器及纳米传感器等，为活体生物体分析带来新的机遇。

总之，仪器分析正在向快速、准确、全自动、高灵敏度和新型动态分析的方向迅速发展。

第一章　紫外 - 可见分光光度法

知识目标

- 了解紫外 - 可见吸收光谱的产生机理。
- 掌握光吸收定律的应用及测量条件的选择。
- 了解紫外 - 可见分光光度计的基本结构和工作原理。
- 掌握紫外 - 可见分光光度法在定量分析中的应用。

能力目标

- 能解释物质产生不同颜色的原因。
- 能操作常见的紫外 - 可见分光光度计。
- 能应用紫外 - 可见分光光度法进行物质的定量分析。

紫外 - 可见光度分光光度法（ultraviolet-visible spectrophotometry，UV-Vis）也称紫外 - 可见吸收光谱法，是依据物质分子或离子团对近紫外（波长 190 ~ 380nm）及可见光（波长 380 ~ 800nm）的特征吸收而建立起来的仪器分析方法。该法使用的仪器设备简单，操作简便，具有较高的灵敏度和准确度，广泛应用于无机和有机物质的定性和定量分析。

第一节　基 本 原 理

物质显现不同的颜色与物质对光的选择性吸收有关，可以说没有光就没有颜色。物质对紫外 - 可见光的吸收与光的性质及光与物质的作用有关。

一、光的基本特性

（一）光的波动性

光具有波动性，光的折射、衍射和干涉等现象说明了这一点。光是一种电磁波，与其他波（如声波）不同，电磁波不需要传播介质，可以在真空中传播，传播速度 $c = 2.998 \times 10^{10}$ cm/s（约等于 3×10^{10} cm/s）。

描述波动性的重要参数是波长 λ（m，cm，μm，nm 等）和频率 ν（Hz），它们与光速 c 的关系是：

$$\lambda\nu = c \qquad (1-1)$$

电磁波按波长的大小排列，可得如表1－1所示的电磁波谱表。

表1－1　　电磁波谱表

光谱名称	X射线	紫外光	可见光	红外光	微　波	无线电波
波长范围	0.1～10nm	10～400nm	400～750nm	0.75～1000μm	0.1～100cm	15～10^6km

（二）光的粒子性

光具有粒子性，光电效应可以证明这一点。光是由光电子（或光量子）组成，光子具有能量，其能量大小与光的频率或波长有关，它们之间的关系为：

$$E = h\nu = h\frac{c}{\lambda} \qquad (1-2)$$

式中　E——能量，单位为焦耳（J）；

　　　h——普朗克常数（6.626×10^{-34}J/s）。

由式（1－2）可知，λ越小，E越大，所以短波能量高，长波能量低。

（三）单色光、复合光和互补光

具有同一波长（或频率）的光称为单色光，由不同波长的光组合而成的光称为复合光。纯单色光很难获得，多数光源如太阳、白炽灯等发出的光都是复合光，现代仪器是通过棱镜、光栅等手段从复合光中获得单色光。

人的眼睛对不同波长光的感觉是不一样的，凡是能被肉眼感觉到的光称为可见光，其波长范围在400～700nm。波长小于400nm的紫外光或波长大于780nm的红外光均不能被人的肉眼感觉到。在可见光范围内，不同波长的光会让人感觉出不同的颜色，如红、橙、黄、绿、青、蓝、紫等。日光属于可见光，实际上它是由红、橙、黄、绿、青、蓝、紫等颜色光复合而成的白光。日常生活中，阴雨天气天上显现的彩虹就是很好的说明。

图1－1　互补色光示意图

如果把适当颜色的两种光按一定强度比例混合，也可以形成白光，这两种颜色的光称为互补光。图1－1为互补色光示意图。图中处于直线位置的两种颜色的光即为互补光，如绿色光与紫红色光互补，蓝色光与黄色光互补等。

二、物质对光的选择性吸收

（一）物质颜色的产生

当一束白光通过某透明溶液时，如果该溶液对可见光区各波长的光都不吸收，即入射光全部通过溶液，这时看到的溶液透明无色；当该溶液对可见光区各种波长的光全部吸收时，此时看到的溶液呈黑色；若某溶液选择性地吸收可见光区某波长的光，则该溶液呈现出被吸收光的互补色光的颜色。例如，当一束白光通过 $KMnO_4$ 溶液时，该溶液选择性地吸收了 500 ~ 550nm 的绿色光，所以 $KMnO_4$ 溶液呈现其互补色光——紫红色。同理，K_2CrO_4 溶液吸收可见光中的蓝色光，所以 K_2CrO_4 溶液呈现蓝色的互补色光——黄色。可见，物质的颜色是基于物质对光选择性吸收的结果，而物质呈现的颜色则是其吸收光的互补色。

以上是用溶液对光的选择性吸收说明溶液的颜色，若要更精确地说明物质具有选择性吸收不同波长范围光的性质，则必须用光的吸收曲线来描述。

（二）物质的吸收光谱曲线

如果将不同波长单色光依次通过某种溶液，测量该溶液对不同波长单色光的吸收程度，以波长（λ）为横坐标，吸光度（A）为纵坐标作图，可得到吸光度随波长变化的关系曲线，称为该溶液的光吸收曲线，亦称吸收光谱曲线。它揭示了物质对不同波长光的吸收程度。

图 1－2 是三种不同浓度 $KMnO_4$ 水溶液的吸收光谱曲线。分析吸收光谱曲线，可以得出：

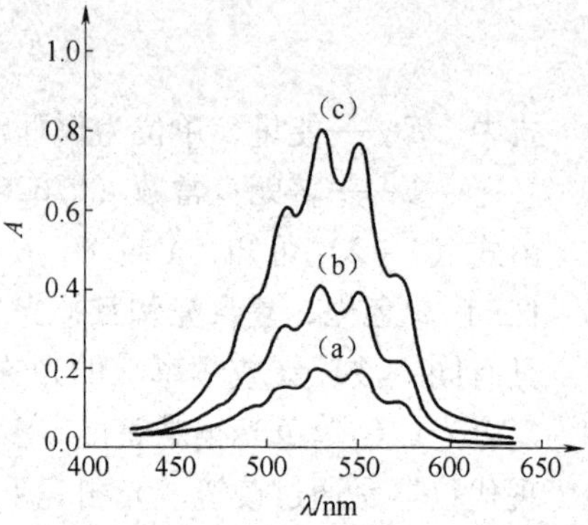

图 1－2　$KMnO_4$ 水溶液的吸收光谱曲线

（a）$c(KMnO_4) = 1.4 \times 10^{-2}$ mol/L

（b）$c(KMnO_4) = 2.8 \times 10^{-2}$ mol/L

（c）$c(KMnO_4) = 5.6 \times 10^{-2}$ mol/L

①同一种物质对不同波长光的吸收程度不同，吸收值最大处对应的波长称为最大吸收波长，用 λ_{max} 表示。$KMnO_4$ 溶液的 λ_{max} 为 525nm。

②同一物质不同浓度的溶液，吸收光谱曲线的形状相似，其最大吸收波长不变。但在同一波长处的吸光值随溶液的浓度增加而增大，该特性可作为物质定量分析的依据。实际测量中，一般采用 λ_{max} 来测定物质的吸光度，这样灵敏度最高，检测限最低。因此，吸收光谱曲线是分光光度法中选择测量波长的依据。

③不同物质吸收光谱曲线的形状、峰的数目，最大吸收峰（λ_{max}）的位置和峰的强度等不同，它们与物质的结构有关。因此，纯物质的吸收光谱曲线可作为物质定性分析的依据。

（三）物质吸收光谱产生的机理

1. 分子运动及其能级跃迁

物质总是在不断运动着，而构成物质的分子及原子具有一定的运动方式。分子内部运动方式有三种：①电子运动，即分子内电子相对原子核的运动；②分子振动，即分子内原子在其平衡位置上的振动；③分子转动，即分子本身绕其重心的转动。分子以不同方式运动时所具有的能量也不同，这样分子就有三种不同的能级，即电子能级、振动能级和转动能级。

2. 分子吸收光谱的产生

通常物质分子处于稳定状态（基态），其内能 E 是它的转动能 $E_{能}$、振动能 $E_{振}$ 和电子能 $E_{电子}$之和，即：

$$E = E_{能} + E_{振} + E_{电子} \tag{1-3}$$

当物质受光照射时，物质分子吸收光能，由基态转化为激发态，其内能变化：

$$\Delta E = \Delta E_{能} + \Delta E_{振} + \Delta E_{电子} \tag{1-4}$$

由于各种分子运动所处的能级和产生能级跃迁时能量变化是量子化的，因此只有当光子的能量 $E_{光子}$满足下列条件：

$$E_{光子} = h\nu = h\frac{c}{\lambda} = \Delta E \tag{1-5}$$

或

$$\lambda = \frac{hc}{\Delta E} \tag{1-6}$$

物质才能吸收该辐射能，引起分子转动、振动或电子跃迁，同时产生三种吸收光谱。

在分子能量变化中，转动能级 $\Delta E_{能}$ 最小，一般小于 0.05eV，因此分子转动能级产生的转动光谱处于远红外和微波区；振动能级 $\Delta E_{振}$ 比转动能级 $\Delta E_{能}$ 大得多，一般为 0.05～1eV，因此分子振动所需能量较大，其能级跃迁产生的振动光谱处于近红外和中红外区；分子中原子价电子的跃迁所需的能量 $\Delta E_{电子}$比分子振动所需的能量大得多，一般为 1～20eV，因此分子中电子跃迁产生的电子光谱处于紫外和可见光区。

由于 $\Delta E_{电子} > \Delta E_{振} > \Delta E_{能}$，在电子能级跃迁的同时，总伴随有振动能级和转动能级跃迁，所以分子光谱是由密集谱线组成的带光谱，而不是“线”光谱。

不同物质由于分子结构不同，分子的能级也是千差万别，这就决定了它们对不同波长光的选择性吸收。

第二节　光的吸收定律

一、光强度、透射率和吸光度

光的吸收程度与光通过物质前后的光的强度变化有关，光强度是指单位时间（1s）内照射在单位面积（$1cm^2$）上的光的能量，用 I 表示。它与单位时间照射在单位面积上的光子数目有关，与光的波长没有关系。

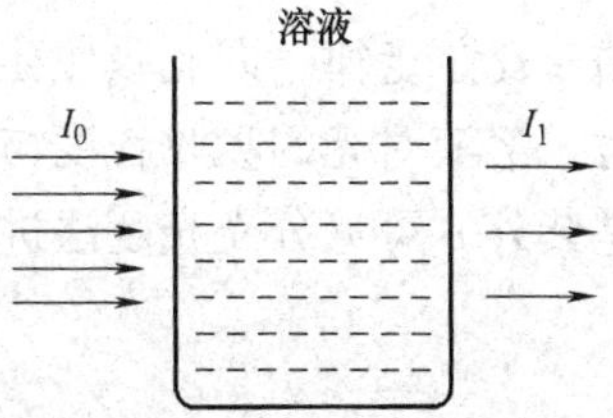

图 1－3　溶液吸光示意图

当一束强度为 I_0 的平行单色光通过一均匀、非散射和非反射的吸收介质时（如图 1－3 所示），吸光物质吸收一部分光能量，使透射光的强度减弱。设透射光的强度为 I_1，则 I_1 与入射光强度 I_0 之比定义为透射率，用 T 表示。

$$T = \frac{I_1}{I_0} \tag{1-7}$$

T 的取值范围为 0.00 ~ 100.0%。T 越大，物质对光的吸收越少；T 越小，物质对光的吸收越多。$T = 0.00$ 表示光全部被吸收；$T = 100.0\%$ 表示光全部透过。

物质对光的吸收程度也可用吸光度 A 表示，吸光度与光强度、透射率之间的关系为：

$$A = -\lg T = \lg \frac{I_0}{I_1} \tag{1-8}$$

A 的取值范围为 0.00 ~ ∞。A 越小，物质对光的吸收越少；A 越大，物质对光的吸收越多。$A = 0.00$ 表示光全部透过；$A \to \infty$ 表示光全部被吸收。

二、朗伯－比尔定律

当一束平行单色光垂直照射到一定浓度的溶液时，其吸光度与光通过的液层厚度成正比，这是朗伯（S. H. Lambert）定律，即：

$$A = k_1 b \tag{1-9}$$

式中　b——液层厚度；

　　　k_1——比例系数。

当一束平行单色光垂直照射到不同浓度的同一溶液时，若液层厚度一定，则吸光度与溶液浓度成正比，这是比尔（Beer）定律，即：

$$A = k_2 c \tag{1-10}$$

式中　c——溶液浓度；

　　　k_2——比例系数。

当溶液厚度和浓度都改变时，要考虑两者同时对吸光度的影响，则将式(1－9)和式（1－10）合并，即有：

$$A = kbc \tag{1-11}$$

式中　k——比例系数（或称吸光系数）。

k 与入射光的波长、吸光物质的性质及溶液的温度等因素有关。这就是朗伯－比尔定律，即光吸收定律。该定律表明：当一束平行单色光垂直通过溶液时，溶液对光的吸收程度与溶液浓度和液层厚度的乘积成正比。朗伯－比尔定律是紫外－可见分光光度法进行定量分析的理论依据。

三、吸光系数

式（1－11）中吸光系数 k 的物理意义：液层厚度为 1cm 的单位浓度溶液，

对一定波长光的吸光度。其表示某物质对特定波长光的吸收能力。k 越大，表示该物质对光的吸收能力越强，测定的灵敏度越高。

吸光系数 k 的单位随 b、c 的单位不同而不同。如果 b 的单位为 cm，c 的单位为 g/L 时，则 k 的单位为 L/(g · cm)，称为质量吸光系数，用 a 表示，此时式（1－11）变为：

$$A = abc \tag{1-12}$$

如果 b 的单位为 cm，c 的单位为 mol/L，则 k 的单位为 L/(mol · cm)，称为摩尔吸光系数，用 ε 表示，此时式（1－11）变为

$$A = \varepsilon bc \tag{1-13}$$

【例 1－1】已知某化合物的相对分子质量为 251，用乙醇作溶剂将此化合物配成浓度为 0.150mmol/L 溶液，在 480nm 波长处用 1.0cm 吸收池测得吸光度为 0.200，求该化合物在上述条件下的质量吸光系数 a 和摩尔吸光系数 ε。

【解】已知 $c = 0.150 \times 10^{-3}$ mol/L，$b = 1.0$cm，$A = 0.200$　$M = 251$g/mol

由朗伯－比尔定律数学表达式 $A = \varepsilon bc$ 得出：

摩尔吸光系数 $\varepsilon = \dfrac{A}{cb} = \dfrac{0.200}{0.150 \times 10^{-2} \times 1.00} = 1.33 \times 10^{3}$ [L/(mol · cm)]

质量吸光系数 $a = \dfrac{\varepsilon}{M} = \dfrac{1.33 \times 10^{3}}{251} = 5.30$ [L/(g · cm)]

四、吸光度的加和性

在某一波长下，如果样品中几种组分能同时产生吸收，则样品的总吸光度等于各组分的吸光度之和，即吸光度具有加和性。可表示如下：

$$A = A_1 + A_2 + A_3 + \cdots + A_n = \sum_{1}^{n} A_n \tag{1-14}$$

吸光度的加和性对多组分同时定量测定、校正杂质干扰等都极为有用。

五、朗伯－比尔定律的应用条件

朗伯－比尔定律不仅适用于紫外光、可见光，也适用于红外光；不仅适用于均匀非散射的液态样品，也适用于微粒分散均匀的固态或气态样品。朗伯－比尔定律的应用必须满足三个条件：一是入射光必须为单色光；二是被测样品必须是均匀介质；三是在吸收过程中，吸收物质之间不能发生相互作用。

六、朗伯－比尔定律的偏离

根据朗伯－比尔定律，对于厚度一定的溶液，用吸光度对溶液浓度作图，得到的应该是一条通过原点的直线，即二者之间应呈线性关系。但在实际工作中，吸光度与浓度之间常常偏离线性关系，如图 1－4 所示。这种现象称为朗伯－比

尔定律偏离。产生偏离的原因主要有以下几个方面：

①入射光为非单色光引起的偏离。吸光定律成立的前提是入射光必须是单色光。但实际上，一般分光光度计中的单色器所提供的入射光并非纯单色光，而是由波长范围较窄的光带组成的复合光。由于物质对不同波长光的吸收程度不同，因而导致了对吸光定律的偏离。

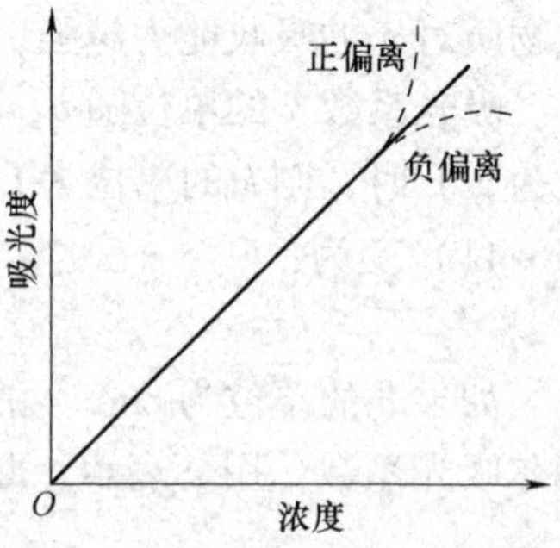

图 1-4　朗伯-比尔定律偏离

②溶液的化学因素引起的偏离。溶液中的吸光物质因离解、缔合，形成新的化合物而改变了吸光物质的浓度，导致偏离吸收定律。因此，测量前的化学预处理工作十分重要，如控制好显色反应条件，控制溶液的化学平衡等，以防止产生偏离。

③朗伯-比尔定律的局限性引起偏离。朗伯-比尔定律的应用前提是吸收物质之间不能发生相互作用，因此，只适用于稀溶液（浓度小于 0.01mol/L）。在高浓度时，由于吸光物质分子或离子间的平均距离缩小，相邻的吸光分子或离子的电荷分布互相影响，改变了它对光的吸收能力，导致朗伯-比尔定律偏离。

偏离光吸收定律并不影响在高浓度范围内做定量分析，只要溶液的浓度与吸光度间有确定的关系（线性或非线性），并有足够好的重复性与准确度，则利用标准曲线的方法仍可进行定量分析。

第三节　有机化合物的紫外-可见吸收光谱

一、有机化合物紫外-可见吸收光谱的产生

有机化合物的紫外-可见吸收光谱是由分子中的价电子能级跃迁产生的。分子中的价电子有三种类型，即：形成单键的 σ 电子、形成双键的 π 电子和未成键的 n 电子。如甲醛分子所示：

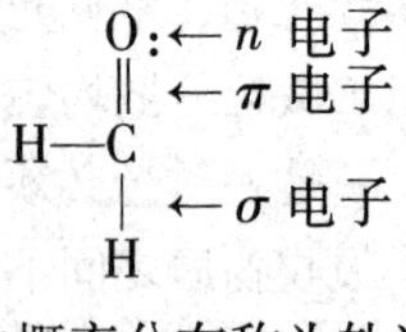

电子围绕分子或原子运动的概率分布称为轨道。不同轨道上的电子所具有的能量不同，根据分子轨道理论，σ 和 π 电子所占的轨道称成键轨道，n 为非成键轨道。当化合物分子吸收光辐射后，这些价电子跃迁到较高能量的轨道，称为 σ^*、π^* 反键轨道，它们的能级高低依次为：$\sigma < \pi < n < \pi^* < \sigma^*$。当分子吸收一定能量的光辐射时，分子内的 σ 电子、π 电子或 n 电子将由较低能级跃迁到

较高能级，即由成键轨道或 n 非成键轨道跃迁到反成键轨道中（如图 1－5 所示）。三种价电子可能产生 $\sigma \to \sigma^*$，$\sigma \to \pi^*$，$\pi \to \pi^*$，$\pi \to \sigma^*$，$n \to \sigma^*$，$n \to \pi^*$ 共六种形式电子跃迁，其中较为常见的是 $\sigma \to \sigma^*$ 跃迁，$n \to \sigma^*$ 跃迁，$\pi \to \pi^*$ 跃迁和 $n \to \pi^*$ 跃迁四种类型，这些跃迁所需的能量大小为：

$$\sigma \to \sigma^* > n \to \sigma^* > \pi \to \pi^* > n \to \pi^*$$

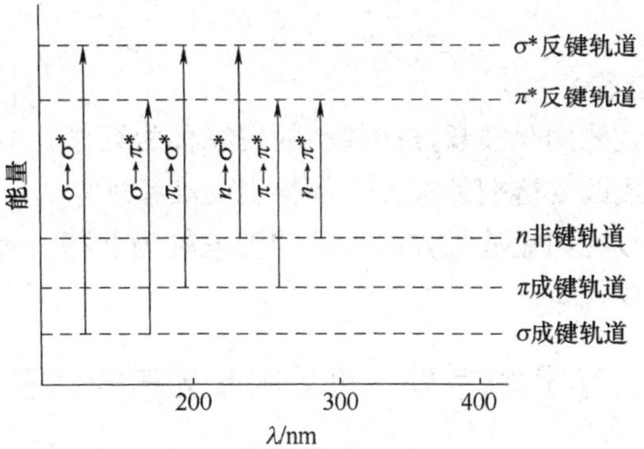

图 1－5　分子轨道能级图及电子跃迁形式

（1）$\sigma \to \sigma^*$ 跃迁　这是所有有机化合物都可以发生的跃迁类型。实现 $\sigma \to \sigma^*$ 跃迁所需的能量在所有跃迁类型中最大，因而所吸收的辐射波长最短，处在小于 200nm 的远紫外区。如甲烷的 λ_{max} 为 125nm，乙烷的 λ_{max} 为 135nm。

（2）$n \to \sigma^*$ 跃迁　含有 O、N、S、P、卤素等杂原子的有机化合物都会发生这类跃迁。$n \to \sigma^*$ 跃迁所需的能量比 $\sigma \to \sigma^*$ 跃迁小，因此，吸收波长会长一些，一般在 170～200nm。如饱和脂肪族醇或醚 λ_{max} 在 180～185nm。

（3）$\pi \to \pi^*$ 跃迁　分子中含有不饱和键的有机化合物都会发生此类跃迁。$\pi \to \pi^*$ 跃迁所需能量比 $\sigma \to \sigma^*$、$n \to \sigma^*$ 跃迁都小，所以吸收波长较大，一般在 200nm 附近。$\pi \to \pi^*$ 跃迁的吸收峰多为强吸收，其 ε 值较大，通常情况下 $\varepsilon_{max} \geq 1.0 \times 10^4 L/(mol \cdot cm)$。

（4）$n \to \pi^*$ 跃迁　分子中含有孤对电子的原子和 π 键共存并共轭时（如含—C═O、—NO_2 等），会发生 $n \to \pi^*$ 跃迁。这类跃迁的吸收波长大于 200nm，但吸收强度弱，ε_{max} 一般低于 100L/(mol·cm)。

一般紫外－可见分光光度计只能提供波长在 190～1000nm 范围的单色光，因此只能测量 $n \to \sigma^*$ 和 $n \to \pi^*$ 跃迁以及部分 $\pi \to \pi^*$ 跃迁的吸收。

二、常用术语

（一）生色团和助色团

通常把含有 π 键的结构单元称为生色团，如 >C═C<、>C═O、—N═

N—、—C≡N、—C≡C—等。把含有未共用电子对的杂原子基团称为助色团，如—NH_2、—OH、—NR_2、—OR、—SH、—Cl、—Br 等。助色团本身没有生色功能，不能吸收 $\lambda>200$nm 的光，但它们与生色团相连时，基团中的 n 电子能与生色团中的 π 电子发生 $n-\pi$ 共轭作用，使 $\pi\to\pi^*$ 跃迁能量降低，跃迁几率变大，从而增强生色团的生色能力，使吸收波长向长波方向移动，且吸收强度增大。

（二）红移和蓝移

使化合物的吸收峰向长波长方向移动的现象称为红移。不饱和键之间的共轭效应、引入助色团或改变溶剂的极性，都会引起红移现象。

使化合物的吸收峰向短波长方向移动的现象称为蓝移（或紫移）。如改变溶剂的极性会引起蓝移现象。

三、影响紫外－可见吸收光谱的因素

（一）共轭效应

当化合物分子中含两个或两个以上不饱和键时，由于共轭作用的影响，π 电子的运动范围增大，引起 π^* 轨道的能量降低，$\pi\to\pi^*$ 跃迁的能级差 ΔE 减小，吸收光谱产生红移，同时摩尔吸光系数增大，这一现象称为生色团的共轭效应。共轭不饱和键数目越多，红移现象越显著。

（二）溶剂效应

物质的紫外－可见吸收光谱大多是在溶液中测定的，由于使用的溶剂极性不同，同一种物质得到的吸收光谱可能不一样，这种现象称为溶剂效应。一般地，极性增加 $\pi\to\pi^*$ 跃迁所需要的能量变小，产生的吸收带红移；而 $n\to\pi^*$ 跃迁所需能量增大，产生的吸收带蓝移（或称紫移）。表 1－2 列出了异丙叉丙酮在不同极性溶剂中 λ_{max} 的变化情况。

表 1－2　溶剂对异丙叉丙酮紫外吸收光谱的影响

溶剂	异辛烷	氯仿	甲醇	水
λ_{max}/nm($\pi\to\pi^*$)	235	238	237	243
λ_{max}/nm($n\to\pi^*$)	321	315	309	305

（三）溶液的 pH

有机化合物大多具有可离解的酸性或碱性基团，在不同的 pH 溶液中，它们的离解形式可能发生变化，其吸收光谱的形状、最大吸收峰的位置及吸收强度都有可能发生变化。如酚酞在酸性溶液中和在碱性溶液中显现的颜色明显不同。所以，在测定有机化合物的吸收光谱时，一定要注意溶液的 pH。

第四节　紫外－可见分光光度计

一、基本结构及工作原理

在紫外和可见光区用于测定溶液吸光度的分析仪器称为紫外－可见分光光度计（简称分光光度计）。目前，紫外－可见分光光度计的型号很多，但基本结构都由光源、单色器、吸收池、检测器和信号显示系统五部分组成，结构框图见图1－6。

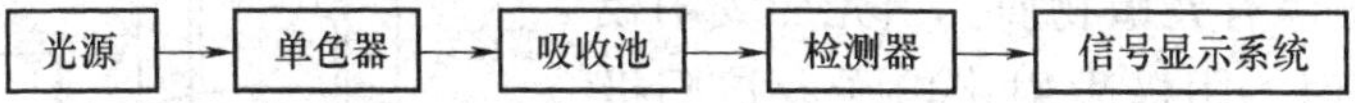

图1－6　分光光度计基本结构框图

（一）光源

光源的作用是提供符合要求的入射光。分光光度计对光源的要求是，在使用波长范围内提供连续的光谱，光强度足够大，有良好的稳定性，使用寿命长。分光光度计中常用的光源有两类：热辐射光源和气体放电光源。热辐射光源发射波长320～3200nm（使用波长范围320～1000nm）的连续光谱，用于可见光区，如钨灯和卤钨灯；气体放电光源发射波长160～375nm（使用波长范围185～375nm）的连续光谱，用于紫外光区，如氢灯和氘灯。可见分光光度计（如721型）只需安装可见光源（钨灯），紫外－可见分光光度计需要同时安装可见光源（钨灯）和紫外光源（氘灯）。

（二）单色器

单色器是将光源发出的连续光谱分解成单色光的光学装置。它是分光光度计的核心部件，其性能直接影响入射光的单色性，从而影响测定的灵敏度、选择性和准确度。

单色器主要由狭缝、色散元件和透镜系统组成，其核心部分是起分光作用的色散元件，包括棱镜和光栅两种。狭缝在决定单色器的性能上起着重要作用，狭缝宽度过大时，谱带宽度过大，入射光单色性差，狭缝宽度过小时，又会减弱光强度。

（三）吸收池

吸收池又称比色皿，是用于盛放待测样品溶液的器皿。一般为长方体，其底及两侧为毛玻璃，另两面为光学透光面。根据光学透光面的材质，吸收池分为玻璃吸收池和石英吸收池两种。玻璃吸收池只能用于可见光区，石英吸收池可用于可见光区和紫外光区。分光光度计常用的吸收池规格有0.5cm、1cm、2cm和3cm等，使用时根据需要选择。由于吸收池透光面的光学特性及光程长度上的差异性，相同规格的吸收池，测量同一浓度的溶液往往吸光值不同。因此，吸收池要配套使用并在使用前对其进行校正。

（四）检测器

检测器是一种光电转换元件，其作用是将透过吸收池的光强度信号变成电信号并进行测量。检测器应具有灵敏度高、响应速度快、线性范围宽、低噪声及稳定性好等特性。目前，分光光度计常用的检测器是光电管和光电倍增管。

1. 光电管

光电管是一个真空二极管。阳极为一金属丝，阴极是金属做成的半圆筒（图1-7），内侧涂有光敏物质。当光照到阴极的光敏物质时，阴极发射出电子，被阳极收集而产生电流。光敏物质有红敏和紫敏两种。红敏光电管阴极表面涂有银和氧化铯，适用波长范围为625~1000nm；紫敏光电管是阴极表面涂有锑和铯，适用波长为200~625nm。光电管具有灵敏度高、响应速度快、光敏范围宽及不易疲劳等优点。

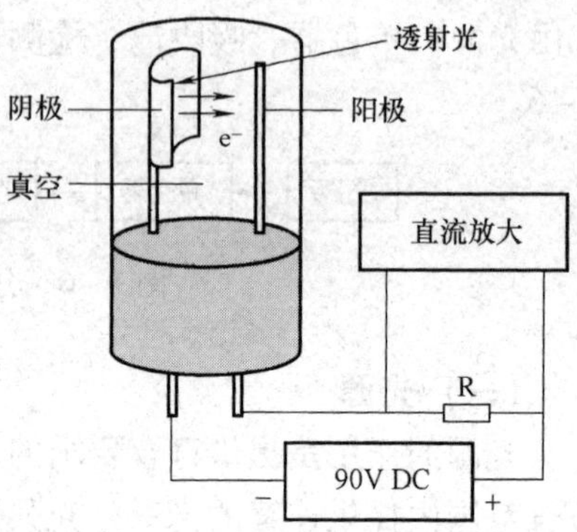

图1-7 光电管示意图

2. 光电倍增管

光电倍增管是利用二次电子发射放大光电流的一种真空光敏器件。它由一个光电发射阴极，一个阳极以及若干级倍增极所组成。图1-8是光电倍增管的结构和原理示意图。

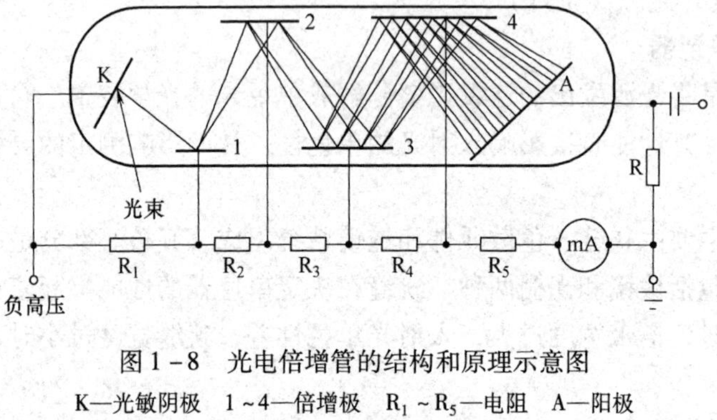

图1-8 光电倍增管的结构和原理示意图

K—光敏阴极 1~4—倍增极 R_1~R_5—电阻 A—阳极

当阴极K受到光撞击时，发出光电子，K释放的一次光电子再撞击倍增极，就可产生增加了若干倍的二次光电子，二次光电子再与下一级倍增极撞击，电子数依次倍增，最后一次倍增极上产生的光电子比最初阴极放出的光电子多达10^9倍。这些倍增的光电子射向阳极A形成电流。阳极电流与入射光强度及光电倍增管的增益成正比，改变光电倍增管的工作电压，可改变其增益。

（五）信号显示系统

信号显示系统的作用是把放大了的电信号以适当的方式显示或记录下来。分光光度计常用的信号显示装置有直流检流计、电位调零装置、数字显示及自动记录装置等。较先进的分光光度计配有计算机，一方面可以对仪器进行控制，另一方面可以进行图谱储存和数据处理。

二、紫外－可见分光光度计的类型

分光光度计按波长适用范围分为可见分光光度计和紫外－可见分光光度计，前者使用波长范围为400～780nm，后者使用波长范围为190～900nm；按光路结构分为单光束分光光度计和双光束分光光度计；按测量时提供的波长数分为单波长分光光度计和双波长分光光度计。

（一）单光束分光光度计

单光束分光光度计光路示意图如图1－9所示。经单色器分光的一束单色光，通过吸收池进行吸光度测定。其特点是结构简单、价格低廉，主要用于定量分析。不足之处是测量结果受光源波动影响较大，容易带来测量误差。如国产721型、724型、754型分光光度计均属于此类。

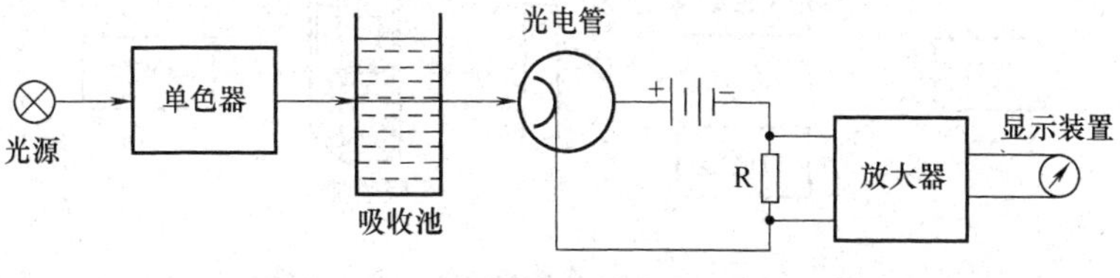

图1－9　单光束分光光度计光路示意图

（二）双光束分光光度计

双光束分光光度计光路示意图如图1－10所示。光源发射的光经单色器G分成单色光后，再经反射镜M_1和斩光镜分解为强度相等的两束光，一束经过反射镜M_2通过参比池，另一束经过反射镜M_3通过样品池。光度计能自动比较两束光的强度，并将两束光信号的比值经对数变换后转换为相应的吸光度值。由于两束光同时分别通过参比池和样品池，能自动消除光源强度变化所引起的误差。国产710型、730型、日本岛津UV210型等都属于这类仪器。

（三）双波长分光光度计

双波长分光光度计光路如图1－11所示。由同一光源发出的光被分成两束，分别经过两个单色器，得到两束不同波长（λ_1和λ_2）的单色光，利用切光器使两束光以一定的频率交替照射同一吸收池，由检测器显示待测试样在波长λ_1和λ_2的透射比差值ΔT或吸光度差值ΔA。此类光度计的特点是，不用参比溶液，只用一个待测溶液，因此，可以消除背景吸收干扰和吸收液厚度差异的影响，提高检测灵敏度。特别适于多组分混合物和混浊样品的定量分析，还可以进行导数光谱分析。

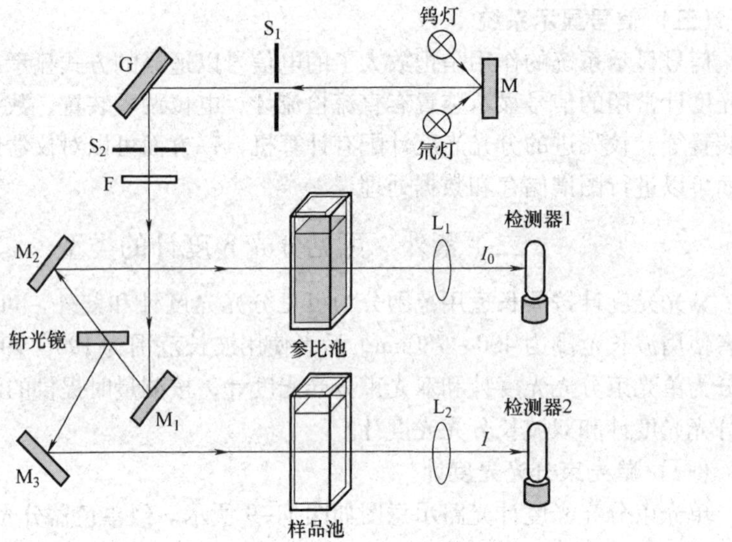

图1-10 双光束分光光度计光路示意图

M～M_3—反光镜 S_1—入射狭缝 S_2—出射狭缝 G—衍射光栅 F—滤光片 L_1、L_2—聚光镜

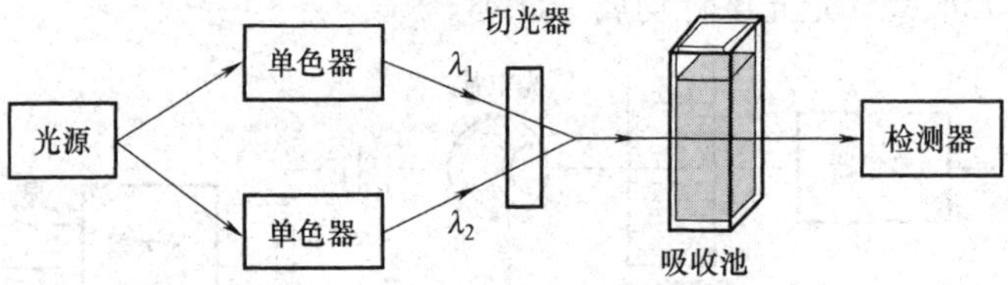

图1-11 双波长分光光度计光路示意图

第五节 紫外-可见分光光度计的应用

一、定性分析

紫外-可见分光光度法可用于有机化合物的鉴定、结构推断和纯度检验。

(一) 化合物的鉴定

1. 比较光谱的一致性

两个试样若是同一化合物，其吸收光谱形状（包括 λ_{max} 位置、吸收峰数目及位置、拐点等）应完全一致。在鉴定时，为消除溶剂效应，应将试样和标准样品以相同浓度配制在相同溶剂中，在相同条件下分别测定其吸收光谱，比较两光谱图是否一致。为了进一步确证，可再用其他溶剂分别测定，如吸收光谱仍属一致，则进一步肯定两者为同一物质。也可将样品吸收光谱与标准光谱图比较，这时制样与测定条件应与标准光谱图给出的条件一致。目前常用的是萨特勒标准光谱图。

需要注意的是，紫外吸收光谱相同，有时两种化合物不一定相同，因为紫外吸收光谱基本上是分子中生色团和助色团的特征，而不是整个分子的特征，具有相同生色团而结构不同的分子，有时会产生相同的紫外吸收光谱。如甲苯和乙苯的紫外吸收光谱基本相同。因此在应用上有一定的局限性。

2. 比较 λ_{max} 及 ε_{max} 的一致性

两个结构有区别的化合物，有时它们的最大吸收波长相同，但它们的吸光系数是有差别的，所以，在比较 λ_{max} 的同时，还需比较 ε_{max}。

（二）结构推断

紫外－可见吸收光谱法的主要作用是推测官能团及确定共轭体系，如羰基、硝基、苯环、共轭二烯及共轭多烯等。如化合物在 220～280nm 范围内无吸收峰，可推断该化合物不含苯环、共轭双键、醛基、酮基等；在 210～250nm 有强吸收带，表示含有共轭双键。

（三）纯度检验

如果有机化合物在紫外－可见光区没有明显吸收峰，而杂质有较强的吸收，则可以利用紫外光谱检验化合物的纯度。如果样品本身有紫外吸收，则可以通过差示法进行检验，即取相同浓度的纯品在同一溶剂中测定作空白对照，样品与纯品之间的差示光谱就是样品中含有的杂质的光谱。

二、定量分析

紫外－可见分光光度法常用于定量分析，定量分析的依据是朗伯－比尔定律。

（一）单组分的定量分析

如果待测的样品是单一组分或多组分中其他组分对待测的单组分没有干扰（即没有光吸收），则可以用以下方法进行定量分析。

1. 标准对照法

在相同的条件下，分别测定已知浓度（c_s）标准溶液的吸光度 A_s 和待测溶液的吸光度 A_x，由式（1－15）计算待测溶液的浓度 c_x。

$$c_x = \frac{A_x}{A_s} c_s \tag{1-15}$$

使用这种方法要求 c_s 与 c_x 浓度接近。该法引起误差的偶然因素较多，只适用于个别样品的测定。

2. 标准曲线法

标准曲线法是实际工作中应用最多的一种定量方法。具体操作是：配制一系列不同浓度的标准溶液，以空白溶液作参比，在选定的波长下，测定系列标准溶液的吸光度值。以吸光度 A 为纵坐标，浓度 c 为横坐标，绘制 $A-c$ 标准曲线（又称工作曲线或校正曲线）。在相同条件下，测定样品溶液的吸

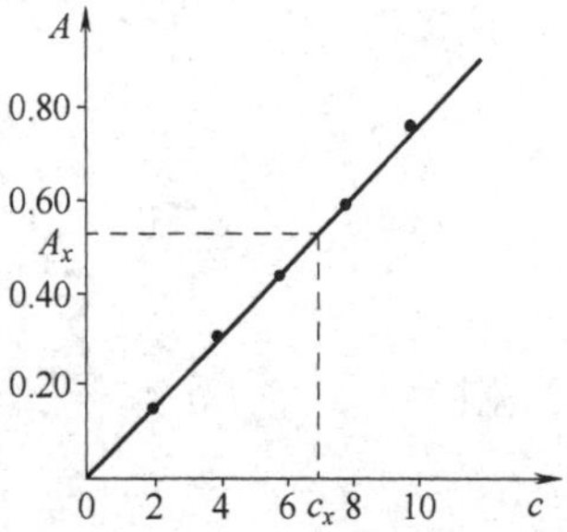

图 1－12　标准曲线图

光度 A_x，从标准曲线上找出与之对应的未知组分的浓度 c_x，如图 1-12 所示。

由于受各种实验因素的影响，实验测得的各浓度吸光值不一定在一条直线上，这时可采用最小二乘法求出直线的回归方程，即：

$$A = a + bc \tag{1-16}$$

式中 a、b 为回归系数，其中 b 为直线斜率，可由下式求出：

$$b = \frac{\sum_{i=1}^{n}(c_i - \bar{c})(A_i - \bar{A})}{\sum_{i=1}^{n}(c_i - \bar{c})^2} \tag{1-17}$$

式中 $\bar{c}$、$\bar{A}$ 分别为 c 和 A 的平均值，c_i 和 A_i 为第 i 个点的标准溶液浓度和吸光度（以下相同）；a 为直线的截距，可由下式求出：

$$a = \frac{\sum_{i=1}^{n}A_i - b\sum_{i=1}^{n}c_i}{n} = \bar{A} - b\bar{c} \tag{1-18}$$

标准曲线线性的好坏可用回归直线的相关系数 r 来表示，r 可用下式求得：

$$r = b\sqrt{\frac{\sum_{i=1}^{n}(c_i - \bar{c})^2}{\sum_{i=1}^{n}(A_i - \bar{A})^2}} \tag{1-19}$$

r 接近 1，说明线性好，一般要求 r 大于 0.999。

【例 1-2】用邻二氮菲法测定 Fe^{2+} 得出下列实验数据（表 1-3），试求出标准曲线的回归方程和相关系数 r，并计算样品中 Fe^{2+} 的含量。

表 1-3　邻二氮菲法测定 Fe^{2+} 实验数据

标准溶液浓度 $c/(10^{-5}$ mol/L)	1.00	2.00	3.00	4.00	6.00	8.00	样品
吸光度 A	0.114	0.212	0.335	0.434	0.670	0.868	0.410

【解】设直线的回归方程为 $A = a + bc$，则 $\bar{c} = 4.00$，$\bar{A} = 0.439$

计算得

$$\sum_{i=1}^{n}(c_i - \bar{c})(A_i - \bar{A}) = 3.71$$

$$\sum_{i=1}^{n}(c_i - \bar{c})^2 = 34, \sum_{i=1}^{n}(A_i - \bar{A})^2 = 0.405$$

则

$$b = \frac{\sum_{i=1}^{n}(c_i - \bar{c})(A_i - \bar{A})}{\sum_{i=1}^{n}(c_i - \bar{c})^2} = \frac{3.71}{34} = 0.109$$

$$a = \bar{A} - b\bar{c} = 0.439 - 4 \times 0.109 = 0.003$$

得直线回归方程：　　$A = 0.003 + 0.109c$

$$\text{相关系数}\quad r = b\sqrt{\frac{\sum_{i=1}^{n}(c_i - \bar{c})^2}{\sum_{i=1}^{n}(A_i - \bar{A})^2}} = 0.109 \times \sqrt{\frac{34}{0.405}} = 0.999$$

可见实验所作的标准曲线线性符合要求。

由回归方程得：　　$A_{样} = 0.003 + 0.109c_{样}$

$$c_{样} = \frac{A_{样} - 0.003}{0.109} = \frac{0.410 - 0.003}{0.109} = 0.298(10^{-5}\text{mol/L})。$$

3. 标准加入法

标准加入法也称为增量法。根据加入的次数可分为一次标准加入法和多次标准加入法。

（1）一次标准加入法　取一份试液测其吸光度，设为 A_x；再另取一等份试液，加入一定量标准溶液使浓度增加 c_s，测定其吸光度，设为 A_{x+s}，按朗伯－比尔定律计算：

$$A_x = \varepsilon c_x b$$

$$A_{x+s} = \varepsilon(c_x + c_s)b$$

则
$$c_x = \frac{c_s A_x}{A_{x+s} - A_x} \tag{1-20}$$

（2）多次标准加入法　该法是将待测试样分成若干等份，分别加入不同已知量 0，c_{s1}，c_{s2}，…的待测组分标准溶液，测定对应的吸光度，则

$$A = \varepsilon(c_x + c_s)b \tag{1-21}$$

式（1－21）为多次标准加入法的基本公式。绘制 $A-c$ 工作曲线，如图 1－13 所示。若直线通过原点，则样品中不含待测组分；若直线不通过原点，将直线在纵坐标上的截距延长与横坐标相交于 O' 点，则 OO' 长度所对应的浓度就是被测组分的浓度 c_x。

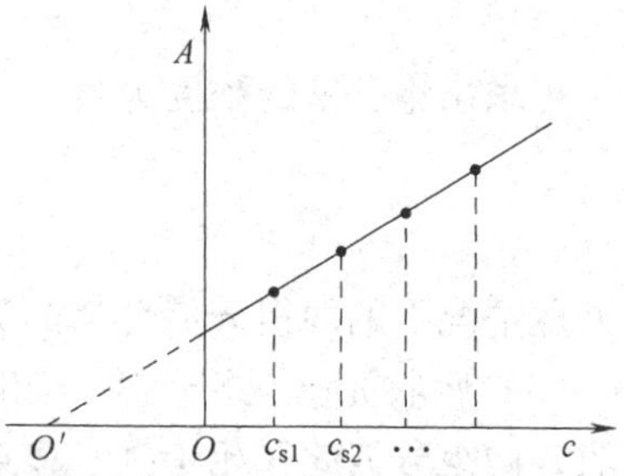

图 1－13　多次加入法工作曲线

除被测组分含量不同外，在各份试样中其他组分都相同，它们对一系列吸光度测定的影响都一致，能相互抵消。因此，标准加入法特别适合复杂试样中微量组分的测定。

（二）多组分的定量分析

根据吸光度具有加和性的特点，在同一试样中可以同时测定两个或两个以上组分。假设待测试样中同时存在两个组分 x 和 y，首先分别测定单组分 x 和单组分 y 纯物质的吸收光谱，比较它们在最大吸光波长处两组分吸收光谱的重叠情况，一般存在以下三种情况。

（1）吸收光谱不重叠　如图1-14（a）所示，在波长λ_1处x有吸收而y不吸收；在波长λ_2处y有吸收而x不吸收，表明两组分互不干扰。可以用测定单组分的方法分别在波长λ_1和波长λ_2处测定组分x和y。此种情况下，两组分混合物的吸收光谱为图1-14（a′）。

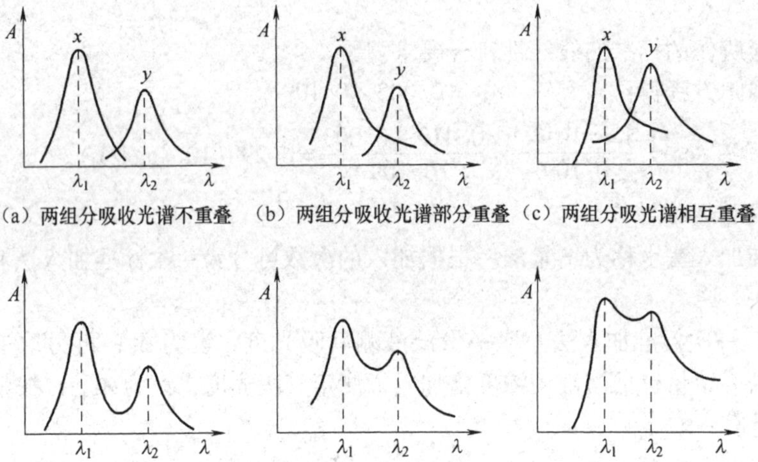

（a）两组分吸收光谱不重叠　（b）两组分吸收光谱部分重叠　（c）两组分吸光谱相互重叠

（a′）（a）的混合吸收光谱　（b′）（b）的混合吸收光谱　（c′）（c）的混合吸收光谱

图1-14　x和y两组分的吸收光谱

（2）吸收光谱部分重叠　如图1-14（b）所示，在波长λ_1处x有吸收y不吸收，但在波长λ_2处y有吸收x也有吸收，表明x组分对y组分有干扰。这种情况下，首先测定纯物质x和y分别在λ_1和λ_2处的吸光系数$\varepsilon_{\lambda_1}^{x}$、$\varepsilon_{\lambda_2}^{x}$和$\varepsilon_{\lambda_2}^{y}$，再单独测量混合组分溶液在$\lambda_1$处的吸光度$A_{\lambda_1}^{x}$，求得组分$x$的浓度$c_x$。然后在$\lambda_2$处测量混合物溶液的吸光度$A_{\lambda_2}^{x+y}$，根据吸光度的加和性，即得

$$A_{\lambda_2}^{x+y}=A_{\lambda_2}^{x}+A_{\lambda_2}^{y}=\varepsilon_{\lambda_2}^{x}bc_x+\varepsilon_{\lambda_2}^{y}bc_y$$

可求出组分y的浓度为：

$$c_y=\frac{A_{\lambda_2}^{x+y}-\varepsilon_{\lambda_2}^{x}bc}{\varepsilon_{\lambda_2}^{y}b} \qquad (1-22)$$

此情况下的两组分混合物的吸收光谱为图1-14（b′）。

（3）吸收光谱互相重叠　如图1-14（c）所示，两组分在λ_1和λ_2处均有吸收，两组分彼此互相干扰。在这种情况下，需要首先测定纯物质x和y分别在λ_1和λ_2处的吸光系数$\varepsilon_{\lambda_1}^{x}$、$\varepsilon_{\lambda_1}^{y}$、$\varepsilon_{\lambda_2}^{x}$、$\varepsilon_{\lambda_2}^{y}$，再分别测定混合物在$\lambda_1$和$\lambda_2$处的吸光度$A_{\lambda_1}^{x+y}$和$A_{\lambda_2}^{x+y}$，根据吸光度的加和性，列出如下方程式：

$$\begin{aligned}A_{\lambda_1}^{x+y}&=\varepsilon_{\lambda_1}^{x}bc_x+\varepsilon_{\lambda_1}^{y}bc_y\\A_{\lambda_2}^{x+y}&=\varepsilon_{\lambda_2}^{x}bc_x+\varepsilon_{\lambda_2}^{y}bc_y\end{aligned} \qquad (1-23)$$

求得c_x、c_y分别为：

$$c_x = \frac{\varepsilon_{\lambda_2}^y A_{\lambda_1}^{x+y} - \varepsilon_{\lambda_1}^y A_{\lambda_2}^{x+y}}{(\varepsilon_{\lambda_1}^x \varepsilon_{\lambda_2}^y - \varepsilon_{\lambda_2}^x \varepsilon_{\lambda_1}^y) b}$$

$$c_y = \frac{\varepsilon_{\lambda_2}^x A_{\lambda_1}^{x+y} - \varepsilon_{\lambda_1}^x A_{\lambda_2}^{x+y}}{(\varepsilon_{\lambda_1}^y \varepsilon_{\lambda_2}^x - \varepsilon_{\lambda_2}^y \varepsilon_{\lambda_1}^x) b} \tag{1-24}$$

此情况下的两组分混合物的吸收光谱为图 1－14（c′）。

原则上对于多元（两个以上）组分都可以用此方法建立方程求解，但在实际应用中，一般仅限于两个或三个组分的体系。如利用计算机处理数据，则不受此限制。必须指出的是，随着测量组分的增多，实验结果的误差也将增大。

【例 1－3】浓度为 1.00×10^{-3}mol/L 的 $K_2Cr_2O_7$ 溶液和浓度为 1.00×10^{-4}mol/L 的 $KMnO_4$ 溶液在波长 450nm 处的吸光度分别为 0.200 和 0.000，而在波长 530nm 处的吸光度分别为 0.050 和 0.420。现测得两者混合溶液在波长 450nm 和 530nm 处的吸光度分别为 0.380 和 0.710。试计算该混合溶液中 $K_2Cr_2O_7$ 和 $KMnO_4$ 的浓度。

【解】设 $K_2Cr_2O_7$ 和 $KMnO_4$ 的浓度分别为 c_x 和 c_y，根据朗伯－比尔定律，二者在 450nm 和 530nm 处的吸光系数分别为：

$$\varepsilon_{450}^x = \frac{0.200}{1.00\times10^{-3}\times1.00} = 2.00\times10^2[\mathrm{L/(mol\cdot cm)}]$$

$$\varepsilon_{530}^x = \frac{0.050}{1.00\times10^{-3}\times1.00} = 50.00[\mathrm{L/(mol\cdot cm)}]$$

$$\varepsilon_{450}^y = 0$$

$$\varepsilon_{530}^y = \frac{0.420}{1.00\times10^{-4}\times1.00} = 4.20\times10^3[\mathrm{L/(mol\cdot cm)}]$$

根据式（1－24）得：

$$c_x = \frac{0.380}{2.00\times10^2\times1.00} = 1.90\times10^{-3}(\mathrm{mol/L})$$

$$c_y = \frac{50.00\times0.380 - 2.00\times10^2\times0.710}{(0-4.20\times10^3\times2.00\times10^2)\times1.00} = 1.46\times10^{-4}(\mathrm{mol/L})$$

（三）差示光度法

一般来说，分光光度法只适用于微量组分的测定，当被测组分浓度过高或过低，即吸光度读数超出了准确测量的范围，这时即使不偏离朗伯－比尔定律，也会引起很大的测量误差，导致准确度降低。采用差示光度法可以弥补这一不足。

差示光度法的特点是用一个已知浓度的标准溶液作为参比溶液测定吸光度。根据朗伯－比尔定律，对未知浓度的溶液有：

$$A_x = \varepsilon b c_x$$

对浓度为 c_0 的标准溶液有：

$$A_0 = \varepsilon b c_0$$

以浓度为 c_0 的标准溶液作为参比溶液时，所测得的未知溶液的吸光度 A' 为：

$$A' = A_x - A_0 = \varepsilon b(c_x - c_0) \tag{1-25}$$

式中 A' 称为相对吸光度。式（1－25）表明，相对吸光度与两种溶液的浓度差成正比。它是差示光度法的基本公式。

差示光度法分为高吸收法、低吸收法和最精密法。高吸收法是选用一个比待测溶液浓度稍低的已知浓度标准溶液，调节其透光率为100%。用于高浓度溶液的测定；低吸收法是选用一个比待测溶液浓度稍高的标准溶液，调节其透光率为0。用于低浓度溶液的测定；最精密法是同时用浓度比待测溶液浓度稍高或稍低的两份已知标准溶液，分别调节透光率为0或100%。图1－15为差示光度法原理示意图。

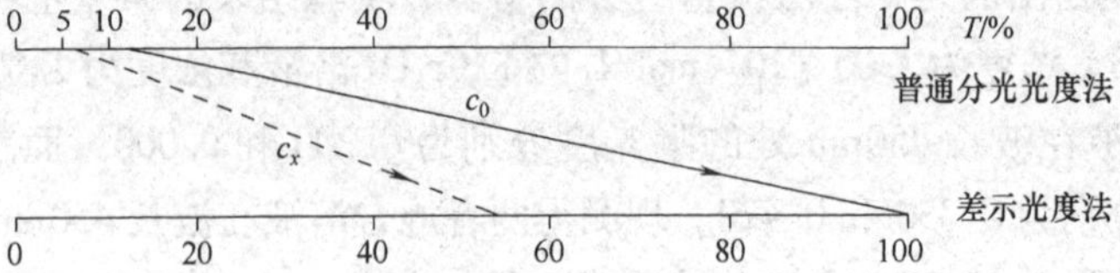

（a）高吸收法

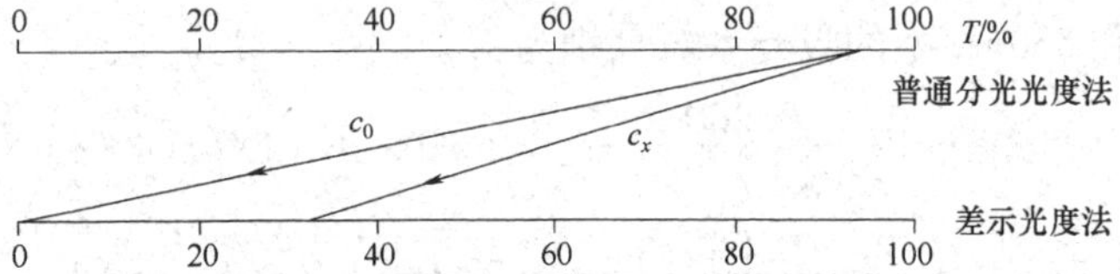

（b）低吸收法

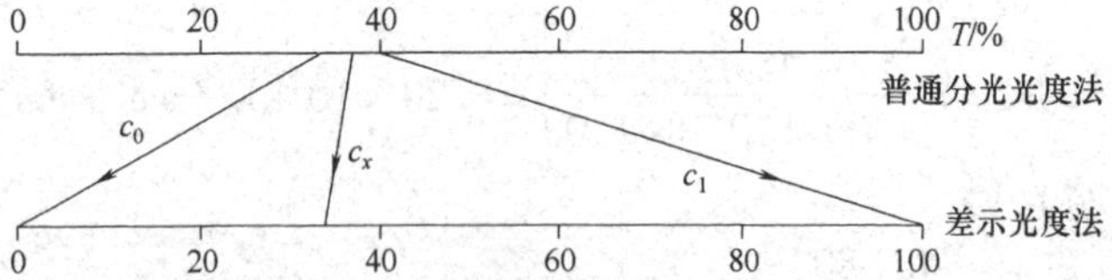

（c）最精密法

图1－15　差示光度法原理示意图

如图1－15（a）所示，若用试剂空白作参比溶液，测得待测溶液 c_x 的透光率 $T=5\%$，显然，这时的测量误差是很大的。采用差示光度法时，若用 $T_1=10\%$ 的标准溶液 c_0 作参比溶液，使其透光率调至 $T_2=100\%$，则相当于把标尺扩展到原来的10倍（$T_2/T_1=10$）。使待测溶液 c_x 的透光率读数能够落在测量误差较小的区域，从而提高测量准确度。

差示光度法在实际应用中受到一定限制，因为使用一定浓度的标准溶液作为参比溶液时，透射光强度减弱，为了调100%透光度，就必须提高光源强度、增宽狭缝或提高仪器的灵敏度。增宽狭缝和提高仪器灵敏度又会使光谱带变宽、噪声增大，结果造成测定灵敏度下降和工作曲线的线性变差。

（四）双波长分光光度法

双波长分光光度法是利用两束不同波长（λ_1 和 λ_2）的单色光以一定频率交

替通过同一吸收池，测定两波长下的吸光度差值 ΔA，求得待测组分含量的方法。

双波长法测定混合组分通常采用等吸收法。如图 1－16 所示，当组分 a 和 b 共存时，如果要测定组分 a 的含量，而组分 b 为干扰组分，则可以选择对干扰组分 b 具有等吸收的两波长 λ_1（或 λ_1'）和 λ_2，以 λ_1（或 λ_1'）为参比波长，λ_2 为测定波长，测得混合物的吸光度差值 ΔA。根据吸光度的加和性，则

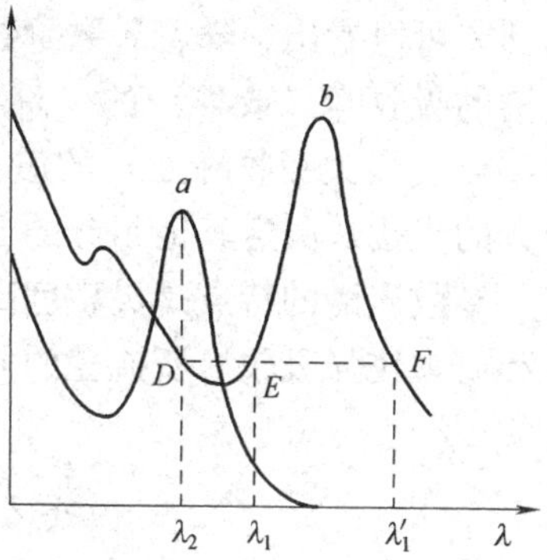

图 1－16　双波长法测定示意图

$$\Delta A = A_{\lambda_2} - A_{\lambda_1}$$

因为　$A_{\lambda_2} = A_{\lambda_2}^a + A_{\lambda_2}^b$　　$A_{\lambda_1} = A_{\lambda_1}^a + A_{\lambda_1}^b$

则　$\Delta A = (A_{\lambda_2}^a + A_{\lambda_2}^b) - (A_{\lambda_1}^a + A_{\lambda_1}^b)$

由于干扰组分 b 在 λ_1 和 λ_2 处等吸收，即 $A_{\lambda_2}^b = A_{\lambda_1}^b$，所以

$$\Delta A = A_{\lambda_2}^a - A_{\lambda_1}^a = (\varepsilon_{\lambda_2}^a - \varepsilon_{\lambda_1}^a)\ c_a b \tag{1-26}$$

因此 ΔA 与待测组分的浓度 c_a 呈正比，而与干扰组分 b 无关，这样就可以根据 $\Delta A - c_a$ 工作曲线进行定量测定。

与单波长分光光度法相比，双波长分光光度法的特点是不用参比溶液，而是以试液本身对某一波长的吸光度作为参比。这可以避免由于吸收池之间的差异所引起的误差，同时可以消除背景吸收及光散射等引起的误差，适合于多组分混合物及混浊样品的测定。

（五）导数分光光度法

导数分光光度法是近 20 年发展起来的一种光度测定新技术。其基本原理就是对原吸收光谱进行微分处理，得到一条吸光度 A 对波长的变化率曲线，即导数光谱曲线。

导数分光光度法定量分析的基础是比尔定律。如果将 $A = \varepsilon bc$ 对波长 λ 求导，可得：

$$\frac{dA_i}{d\lambda_i} = \frac{d\varepsilon_\lambda}{d\lambda^n} bc$$

式中　n——求导次数；

b——吸收池厚度；

c——待测组分的浓度。

由此可见，吸光度 A 的 n 阶导数值均与待测组分的浓度呈线性关系。

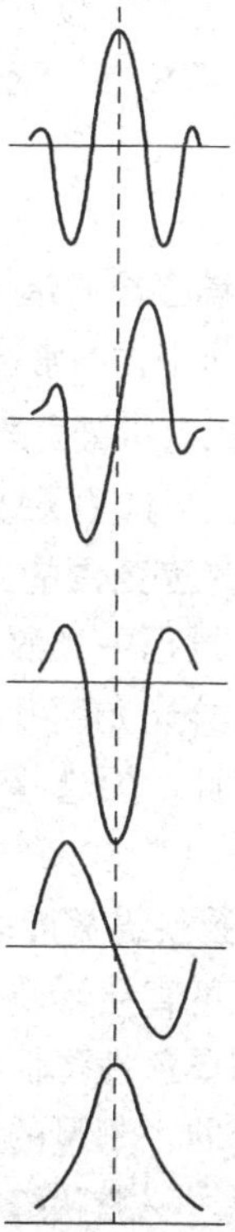

图 1－17　1～4 阶导数光谱示意图

图 1－17 为普通吸收光谱的 1～4 阶导数光谱。

从图中可以看出，随着导数阶数的增加，谱带变得尖锐，分辨率提高；普通吸收光谱的吸收峰（或谷）的一阶导数值为零。利用纯物质吸收光谱的一阶导数值为零点（最大吸收峰处）的波长作为测定波长，就可以消除该物质对其他共存组分的干扰，测定其他组分的含量。

导数光谱的特点是灵敏度高，在合适的测量条件下能分辨重叠的吸收峰、辨认和放大较强吸收峰所掩盖的弱峰或肩峰，消除宽带背景吸收。

第六节　实验技术

一、样品制备

物质的紫外-可见吸收光谱通常是在均匀透明的溶液中进行测定，因此固体样品需要转化为溶液。一般无机样品用水、合适的酸或碱溶解；有机样品用有机溶剂溶解或提取。有时还需要先用湿法或干法将样品消化，然后再用溶剂稀释成适当浓度的溶液进行测定。

用于光谱测量的溶剂要求符合以下条件：①对被测组分有良好的溶解能力；②在测定波长范围内没有明显的吸收；③被测组分在溶剂中有良好的吸收峰形；④挥发性小，不易燃，无毒性，价格便宜等。

二、仪器测量条件的选择

（一）测量波长的选择

在定量分析中，通常选择最强吸收带的最大吸收波长 λ_{max} 作为测量波长，称为最大吸收原则，以获得最高的分析灵敏度。如果 λ_{max} 处吸收峰太尖锐，则在满足分析灵敏度的前提下，可选用灵敏度低一些的波长进行测量，以减少对吸收定律的偏离。

（二）吸光度范围的选择

由于测量过程中光源的不稳定、读数的不准确或实验条件的偶然变动等因素的影响，任何分光光度计都有一定的测量误差。当浓度较大或较小时，相对误差都比较大。因此，要选择适宜的吸光度范围进行测量，一般选择吸光度的测量范围为0.2~0.8（T 为65%~15%）。

（三）仪器狭缝宽度的选择

狭缝的宽度直接影响测定的灵敏度和标准曲线的线性范围。狭缝宽度过大时，入射光的单色性降低，标准曲线偏离吸收定律，准确度降低；狭缝宽度过窄时，光强度变弱，测量的灵敏度降低。选择狭缝宽度的方法是：测量吸光度随狭缝宽度的变化。一般狭缝宽度在某一较小范围内变化时，吸光度不变，当狭缝宽度大到某一程度时，吸光度才开始减小。因此，在不引起吸光度减小的情况下，尽量选取最大狭缝宽度。

三、显色反应条件的选择

在用比色法或可见分光光度法测定某物质含量时，需要待测物质具有一定的颜色。如果待测物质本身有较深的颜色，则可以直接进行光度测定。但大多数待测物质是无色或颜色很浅，需要事先用适当的试剂与待测物质反应生成对可见光有较强吸收的有色物质后，才能进行光度测定。这种将待测物质转化为有色物质的反应称为显色反应，参与反应的试剂称为显色剂。

（一）显色剂及其用量的选择

选择显色剂时应考虑：①选择性要好。选择的显色剂只与待测组分发生显色反应，而不与其他组分发生显色反应（即干扰少）；②灵敏度要高。即显色生成的吸光物质的摩尔吸收系数 ε 应足够大，有利于微量组分的测定；③反应生成的有色化合物组成恒定、化学性质稳定。这样被测物质与有色化合物之间才有定量关系；④对比度要大。即有色化合物与显色剂之间的颜色差别应尽可能大，一般要求有色化合物与显色剂的最大吸收波长之差应大于60nm；⑤显色过程要易于控制。如果显色条件过于严格，难于控制，测定结果的重现性就比较差。表1－4列出了实验中常用的显色剂。

表1－4　　实验中常用显色剂

类别	显色剂	测定离子	显色条件	颜色	测定波长/nm
无机显色剂	硫氰酸盐	Fe^{2+}	0.1～0.8mol/L HNO_3	红	480
		Mo(V)	1.5～2mol/L H_2SO_4	橙	460
		W(V)		黄	405
	钼酸铵	Si(IV)、P(V)	0.3～0.5mol/L H_2SO_4	蓝	670～820
	氨水	Cu^{2+}	浓氨水	蓝	620
		Co^{2+}		红	500
		Ni^{2+}		紫	580
	过氧化氢	Ti（IV）	1～2mol/L H_2SO_4	黄	420
有机显色剂	双硫腙	Zn^{2+}	pH＝5.0，CCl_4 萃取	红紫	535
		Cd^{2+}	碱性，$CHCl_3$ 或 CCl_4 萃取	红	520
		Ag^+	pH＝5.0，$CHCl_3$ 或 CCl_4 萃取	黄	462
		Hg^{2+}	0.5mol/L H_2SO_4，CCl_4 萃取	橙	490
		Pb^{2+}	pH＝8～11，KCN 掩蔽，CCl_4 萃取	红	520
		Cu^{2+}	0.1mol/L HCl，CCl_4 萃取	紫	545
	铜试剂	Cu^{2+}	pH＝8.5～9.0，CCl_4 萃取	棕黄	436
	硫脲	Bi^{3+}	1mol/L HNO_3	橙黄	470
	铝试剂	Al^{3+}	pH＝5.0～5.5HAc	深红	525

续表

类别	显色剂	测定离子	显色条件	颜色	测定波长/nm
有机显色剂	二甲酚橙	Pb^{2+}	pH = 4.5 ~ 5.5	红	580
	丁二酮肟	Ni^{2+}	碱性，$CHCl_3$ 萃取	红	360
	磺基水杨酸	Fe^{3+}	pH = 8.5	黄	420
	亚硝基 R 盐	Co^{2+}	pH = 6.0 ~ 8.0，$CHCl_3$ 萃取	深红	550
	新亚铜灵	Cu^{2+}	pH = 3.0 ~ 9.0，异戊醇萃取	黄橙	454
	偶氮胂Ⅲ	Ba^{2+}	pH = 5.3	绿	640
	邻菲罗啉	Fe^{2+}	pH = 3.0 ~ 6.0	橙红	510

为保证显色反应尽可能进行完全，一般需要加入过量的显色剂，但也不能过量太多，否则对测定不利。因为不少显色剂本身带有颜色，过量太多会使空白值增大。同时过量的显色剂会与样品中的共存组分生成有色化合物，产生干扰。

显色剂用量可通过实验确定：配制一系列等浓度的待测溶液，分别加入不同量的显色剂，在相同条件（pH、显色时间等）下，测其吸光度，作吸光度随显色剂用量的变化曲线，选取吸光度恒定时的显色剂用量。

（二）溶液的 pH

溶液的 pH 对显色反应的影响主要表现在以下几个方面。

（1）当 pH 不同时，同种金属离子与同种显色剂反应，可以生成不同颜色的配合物。例如 Fe^{3+} 可与水杨酸在不同 pH 条件下，生成配位比不同的配合物：

$$pH < 3 \quad Fe(C_7H_4O_3)^{+} \quad \text{褐红色(配位比 1:1)}$$

$$pH = 4 \sim 8 \quad Fe(C_7H_4O_3)_2^{-} \quad \text{橙色(配位比 1:2)}$$

$$pH = 8 \sim 10 \quad Fe(C_7H_4O_3)_3^{3-} \quad \text{黄色(配位比 1:3)}$$

可见只有控制溶液的 pH 在一定范围内，才能获得组成恒定的有色配合物，得到正确的测定结果。

（2）溶液 pH 过低会降低配合物的稳定性。特别是对弱酸型有机显色剂影响较大。当溶液的 pH 减小时显色剂的有效浓度降低，显色能力减弱，形成的有色配合物的稳定性随之降低。

（3）溶液 pH 变化，显色剂的颜色可能发生变化。其原因是：多数有机显色剂往往是一种弱酸碱指示剂，它本身所呈现的颜色是随 pH 变化而变化。例如 PAR（吡啶偶氮间二酚）是一种二元酸（表示为 H_2R），它所呈现的颜色与 pH 的关系如下：

$$pH = 2.1 \sim 4.2 \quad \text{黄色} \ (H_2R)$$

$$pH = 4 \sim 7 \quad \text{橙色} \ (HR^-)$$

pH > 10　　　　　　　　红色（R^{2-}）

综上所述，溶液的 pH 对显色反应的影响是很大的，而且是多方面的。因此，控制溶液的 pH 对显色反应就显得非常重要。

显色反应适宜的 pH 必须通过实验来确定。方法是：固定待测组分和显色剂的浓度，改变溶液的 pH，制成数个显色液，在相同的测定条件下，分别测定其吸光度 A，作出 A－pH 关系曲线，选择曲线平坦部分对应的 pH 作为应该控制的 pH 范围。

（三）显色温度

不同的显色反应对温度的要求不同。大多数显色反应是在常温下进行的，但有些反应必须在较高温度下才能完成或进行得比较快。例如 Fe^{3+} 和邻二氮菲的显色反应常温下即可完成。而硅钼蓝法测量硅时，应先加热，使之生成硅钼黄，然后将硅钼黄还原为硅钼蓝，再进行光度测定。有的有色物质加热时容易分解，例如 $Fe(SCN)_3$，加热时褪色很快。因此对不同的反应，应通过实验找出各自适宜的显色温度范围。

（四）显色时间

在显色反应中应该从两个方面来考虑时间的影响。一是显色反应完成所需要的时间，称为“显色时间”；二是显色后有色物质色泽保持稳定的时间，称为“稳定时间”。确定适宜时间的方法：配制一份显色溶液，从加入显色剂开始，每隔一定时间 t 测一次吸光度 A，绘制 $A-t$ 关系曲线。曲线平坦部分对应的时间就是显色－测定吸光度的最适宜时间。

四、参比溶液的选择

参比溶液的作用是消除除待测组分外其他组分对光的吸收所带来的测量误差。根据样品溶液的性质，参比溶液的选择有以下几种。

（1）溶剂参比　当样品溶液的组成较为简单，除待测组分外，其他共存组分和显色剂对测定波长光都没有吸收时，可采用溶剂作为参比溶液，这样可消除由溶剂带来的测量误差。

（2）试剂参比　如果显色剂或其他试剂在测定波长处有吸收，可按显色反应的条件，在溶剂中同样加入显色剂或其他试剂，制成参比溶液。以消除显色剂或其他试剂吸收带来的测量误差。

（3）样品参比　如果样品基体在测定波长处有吸收，且不与显色剂起显色反应，可按与显色反应相同的条件处理样品，只是不加显色剂。这种参比溶液适用于样品基体复杂，加入的显色剂量不大，且显色剂在测定波长处无吸收的情况。

值得注意的是，无论选择何种参比溶液，都不能消除比色池与比色池之间的误差。因此测量之前需要对比色池进行校正。校正方法是：于参比池和样品池内加同一试剂（一般为蒸馏水或参比溶液），用参比池调零，测出样品池的吸光值，最后在测得的数据中扣除样品池的空白吸光值。

五、干扰及消除方法

在光度分析中，干扰物质对测定的影响可能有以下几种情况：①干扰物质本身有颜色或与显色剂形成有色化合物，在测定波长下有吸收；②在显色条件下，干扰物质水解，析出沉淀使溶液混浊，致使吸光度的测定无法进行；③与待测组分或显色剂形成更稳定的配合物，降低待测组分或显色剂的浓度，使显色反应不能进行完全。

消除干扰的方法有以下几种。

1. 控制酸度

根据配合物的稳定性不同，可以利用控制酸度的方法来提高反应的选择性。例如，双硫腙能与 Hg^{2+}、Pb^{2+}、Cu^{2+}、Ni^{2+}、Cd^{2+} 等金属离子形成有色配合物。但在 0.5mol/L H_2SO_4 介质中，双硫腙只与 Hg^{2+} 生成稳定的有色配合物，而与上述其他离子不反应。因此，可以消除上述其他离子对 Hg^{2+} 测定的干扰。

2. 选择适当的掩蔽剂

使用掩蔽剂消除干扰是常用而有效的方法。例如，双硫腙法测定 Hg^{2+}，即便在 0.5mol/L H_2SO_4 介质中测定也不能消除 Ag^+ 和 Bi^{3+} 的干扰。这时，加 KSCN 掩蔽 Ag^+，加 EDTA 掩蔽 Bi^{3+}，可消除其干扰。

选择的掩蔽剂必须满足：①不与待测离子作用；②掩蔽剂以及它与干扰物质形成的配合物的颜色不干扰待测离子的测定。

3. 改变干扰离子的价态

利用氧化还原反应改变干扰离子的价态，使干扰离子不与显色剂反应，达到消除干扰的目的。例如，用铬天青 S 显色 Al^{3+} 时，Fe^{3+} 有干扰，若加入抗坏血酸（或盐酸羟胺）使 Fe^{3+} 还原为 Fe^{2+}，则可消除其干扰。

4. 选择合适的测量波长

如 MnO_4^- 的 λ_{max} 为 525 nm，测定 MnO_4^- 时，若溶液中有 $Cr_2O_7^{2-}$ 存在，由于 $Cr_2O_7^{2-}$ 在 525nm 处也有一定的吸收，故影响 MnO_4^- 的测定。为此，可选用 545nm 或 575nm 波长测定 MnO_4^-，这时，虽测定灵敏度有所降低，但在很大程度上消除了 $Cr_2O_7^{2-}$ 的干扰。

5. 利用参比溶液消除干扰

利用参比溶液可以消除溶剂、显色剂及试剂、待测试样中其他组分带来的干扰。

若上述方法均不能奏效时，则需要采用萃取、沉淀、离子交换以及色谱分离等方法，将被测组分和干扰组分预先分离，然后进行测定。

第七节　实训操作

实训项目一　有机化合物的紫外吸收光谱及溶剂效应

一、目的要求

1. 掌握紫外－可见分光光度计的结构及使用方法。
2. 掌握苯及其衍生物的紫外吸收光谱及鉴定方法。
3. 了解溶剂极性对吸收光谱的影响。

二、相关知识

具有不饱和结构的有机化合物，如芳香族化合物，$\pi\rightarrow\pi^*$跃迁在紫外光区产生3个特征吸收带。例如苯在185nm附近有一个强吸收带$\varepsilon=68000L/(mol \cdot cm)$；在204nm处有一较弱的吸收带$\varepsilon=8800L/(mol \cdot cm)$；在254nm附近有一弱吸收带$\varepsilon=250L/(mol \cdot cm)$。当苯处在气态时，这个吸收带具有良好的精细结构。当苯环上带有取代基时，则强烈地影响苯的三个特征吸收带。由于它在紫外光区的特征吸收，给有机化合物的结构鉴定提供了有用的信息。

利用紫外吸收光谱鉴定有机化合物的方法是：在相同条件下，比较未知物与已知纯化合物的吸收光谱，或将未知物的吸收光谱与标准谱图对比，如果两者的吸收光谱完全一致，则可认为是同一种化合物。

溶剂的极性对有机化合物的紫外吸收光谱有一定的影响，极性增加，使$n\rightarrow\pi^*$跃迁产生的吸收带蓝移，而$\pi\rightarrow\pi^*$跃迁产生的吸收带红移。

三、仪器与试剂的准备

1. 仪器

具有扫描功能的紫外－可见分光光度计，石英比色池，5mL具塞比色管（或50mL容量瓶）。

2. 试剂

苯，甲苯，苯酚，苯甲酸，乙醇，环己烷，正己烷，氯仿，丁酮，异丙叉丙酮（均为分析纯）。

四、实训内容

1. 未知化合物的鉴定

分光光度计基线校准后，将未知样品置于1cm石英比色池内，加盖，放入样品光路中，在紫外光区（190～400nm）做波长扫描，绘制未知样品的紫外吸收光谱。

2. 紫外吸收光谱的绘制

在4只5mL具塞比色管中，分别加入0.5mL苯、甲苯、苯酚和苯甲酸，用环己烷稀释至刻度，摇匀。用带盖的1cm石英比色池，以环己烷作参比溶液，在紫外光区做波长扫描，分别绘制苯、甲苯、苯酚和苯甲酸的紫外吸收光谱。

3. 溶剂极性对紫外吸收光谱的影响

（1）溶剂极性对 $n \rightarrow \pi^*$ 跃迁的影响　在3只5mL具塞比色管中，分别加入0.02mL丁酮，然后分别用水、乙醇、氯仿稀释至刻度，摇匀。用1cm石英比色池，以各自的溶剂作参比，在紫外光区作波长扫描。

（2）溶剂极性对 $\pi \rightarrow \pi^*$ 跃迁的影响　在3只5mL具塞比色管中，各加入0.2mL异丙叉丙酮，分别用正己烷、氯仿和水稀释至刻度，摇匀。用1cm石英比色池，以各自的溶剂作参比，在紫外光区作波长扫描。

五、数据处理

1. 根据未知样品的吸收光谱和吸收峰，判断未知样品属于何种化合物。

2. 比较苯、甲苯、苯酚及苯甲酸的吸收光谱，计算各取代基使苯的 λ_{max} 红移距离。

3. 比较溶剂极性对吸收光谱的影响，λ_{max} 如何改变。

六、注意事项

1. 比色池每换一种溶液或溶剂，事先都必须清洗干净，再用待测溶液或溶剂润洗三次。

2. 在做光谱扫描时，每换一种参比溶液，都要用参比溶液（参比池和样品池都装参比溶液）做基线校准，然后将样品池内的参比溶液换成待测溶液，即可进行光谱扫描。

七、思考题

1. 为什么在光谱扫描前要用参比溶液做基线校准？

2. 为什么随着溶剂极性的增大，$n \rightarrow \pi^*$ 跃迁产生的吸收带发生紫移，而 $\pi \rightarrow \pi^*$ 跃迁则发生红移？

实训项目二　邻二氮菲分光光度法测定微量铁含量

一、目的要求

1. 掌握邻二氮菲分光光度法测定铁的原理和方法。

2. 学会绘制吸收曲线，正确选择测定波长。

3. 熟悉分光光度计的使用方法。

二、相关知识

邻二氮菲是测量微量铁的一种较好显色剂。在 pH 为 2～9 的溶液中，邻二氮菲与 Fe^{2+} 生成稳定的橙红色配合物，其显色反应如下：

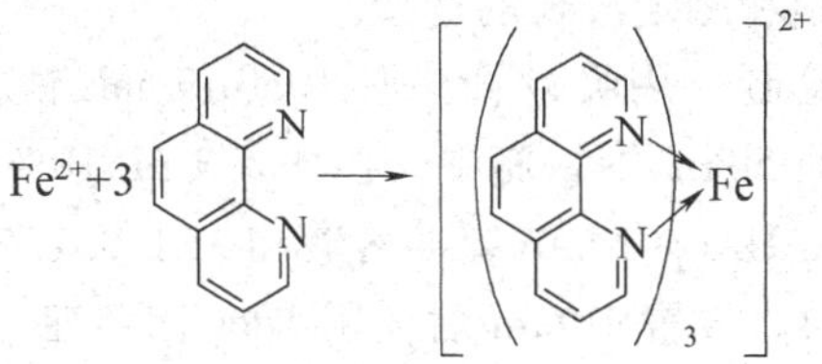

生成的配合物 $\lg K_{稳}=21.3$，最大吸收波长为 510nm，摩尔吸光系数 $\varepsilon_{510}=1.1\times10^4$。

该法用于试样中微量 Fe^{2+} 的测定，如果铁以 Fe^{3+} 的形式存在，由于 Fe^{3+} 与邻二氮菲反应生成淡蓝色的配合物，稳定性差。因此应预先加入盐酸羟胺（或抗坏血酸等）将 Fe^{3+} 还原成 Fe^{2+}。反应如下：

$$2Fe^{3+}+2NH_2OH\cdot HCl \longrightarrow 2Fe^{2+}+4H^{+}+2Cl^{-}+N_2\uparrow+2H_2O$$

测定时，控制溶液酸度在 pH＝5 左右为宜。酸度过高，反应进行缓慢；酸度太低，则 Fe^{2+} 水解，影响显色。Bi^{3+}、Cd^{2+}、Hg^{2+}、Ag^{+}、Zn^{2+} 等离子与显色剂生成沉淀；Cu^{2+}、Co^{2+}、Ni^{2+} 等离子与显色剂形成有色络合物。因此当这些离子共存时，应注意它们的干扰作用。

三、仪器与试剂的准备

1. 仪器

721 型（或其他型号）分光光度计，50mL 容量瓶 7 只，1mL、5mL、10mL 吸量管各 2 支。

2. 试剂

（1）100.0μg/mL 铁标准储备液　准确称取 0.8634g $NH_4Fe(SO_4)_2\cdot12H_2O$，置于烧杯中，加入 20mL 6mol/L HCl 溶液溶解后转入 1 000mL 容量瓶中，加水稀释至刻度，充分混匀。

（2）10.0μg/mL 铁标准使用液　用移液管准确移取上述储备液 10.00mL，置于 100mL 容量瓶中，加入 2mL 6mol/L HCl 溶液，用水稀释至刻度，充分混匀。

（3）0.15% 邻二氮菲溶液　称取邻二氮菲 0.15g，先用少量 95% 乙醇溶解，再用水稀释至 100mL。临用时配制。

（4）10% 盐酸羟胺溶液　称取盐酸羟胺 10.0g，用水溶解并稀释至 100mL。

临用时配制。

（5）HAc－NaAc 缓冲溶液（pH≈5.0） 称取 136g 乙酸钠，用水溶解后，加入 120mL 乙酸，再用水稀释至 500mL。

四、实训内容

1. 吸收曲线的绘制和测定波长的选择

（1）吸收曲线的绘制 用吸量管移取 10.0μg/mL 铁标准使用液 0.0，2.0，4.00mL，分别置于 3 只 50mL 容量瓶中，各加入 1mL 10% 盐酸羟胺溶液，摇匀，稍冷后，再各加入 5mL HAc－NaAc 缓冲溶液和 3mL 0.15% 邻二氮菲溶液，用水稀释至刻度，充分摇匀。放置 10min 后，用 1cm 比色皿，以不含铁的试剂空白溶液作参比溶液，在 440～560nm 波长范围内，每隔 10～20nm 测一次吸光度，在峰值附近，每隔 5nm 测一次吸光度。然后以波长 λ 为横坐标，吸光度 A 为纵坐标，绘制 $A-\lambda$ 吸收曲线。

（2）测定波长的选择 从上个步骤绘制的吸收曲线上找出最大吸收波长 λ_{max} 作为测定波长。

2. 标准曲线的绘制与试样中铁含量的测定

（1）标准曲线的绘制 用吸量管分别移取 10.0μg/mL 铁标准使用液 0.0，1.0，2.0，4.0，6.0，8.0 和 10.0mL（相当铁含量为 0.0，10.0，20.0，40.0，60.0，80.0 和 100.0μg）于 7 只 50mL 容量瓶中，各加入 1mL 10% 盐酸羟胺溶液，摇匀，再各加入 5mL HAc－NaAc 缓冲溶液和 3mL 0.15% 邻二氮菲溶液，用水稀释至刻度，充分摇匀。放置 10min 后，用 1cm 比色皿，以试剂空白溶液作参比溶液，在最大吸收波长 λ_{max} 处测定各溶液的吸光度。以铁含量为横坐标，吸光度为纵坐标，绘制标准曲线。

（2）试样中铁含量的测定 准确吸取试样溶液 5.00mL 三份，分别置于 3 只 50mL 容量瓶中，各加入 1mL 10% 盐酸羟胺溶液、5mL HAc－NaAc 缓冲溶液和 3mL 0.15% 邻二氮菲溶液，用水稀释至刻度，充分摇匀。在与标准曲线相同的条件下，分别测其吸光度。

五、数据记录与处理

1. 数据记录

（1）吸收曲线原始数据记录

	λ/nm	440	460	480	500	520	540	560
吸光度 A	铁标准使用液 2.0mL							
	铁标准使用液 4..0mL							

（2）标准曲线的绘制原始数据记录

测定波长：________ nm　　比色池厚度：________ cm

序　号	1	2	3	4	5	6	7
标准溶液体积/mL	0.0	1.0	2.0	4.0	6.0	8.0	10.0
含铁量/μg							
吸光度 A							

（3）试样中铁含量的测定

测定波长：________ nm　　比色池厚度：________ cm

试样序号	1	2	3
吸取试样体积/mL			
吸光度 A			

2. 数据处理

（1）以波长 λ 为横坐标，吸光度 A 为纵坐标，绘制 $A-\lambda$ 吸收曲线，并从吸收曲线上找出最大吸收波长 λ_{max}。

（2）以铁含量为横坐标，吸光度为纵坐标，绘制标准曲线，并求出回归方程和相关系数。

（3）根据试样的吸光度，在标准曲线上查出对应的铁含量，并计算试样中的铁含量（取3个平行样的平均值）。

六、思考题

1. 为什么绘制标准曲线和测定样品要在相同的条件下进行？相同条件指的是哪些？
2. 吸收曲线和标准曲线有何区别？在实际应用中各有何作用？
3. 实验所用的参比溶液为什么选用试剂空白，而不用蒸馏水？
4. 本实验中哪些溶液的量取需要非常准确？哪些不必非常准确？为什么？

实训项目三　分光光度法测定肉制品中亚硝酸盐的含量

一、目的要求

1. 掌握分光光度法测定肉制品中亚硝酸盐含量的原理和方法。
2. 学习样品前处理技术。
3. 熟练掌握标准曲线的绘制与分光光度计的使用。

二、相关知识

样品经沉淀蛋白质，除去脂肪后，在弱酸条件下，亚硝酸盐与对氨基苯磺酸重氮化，再与盐酸萘乙二胺偶合形成紫红色染料。反应式如下：

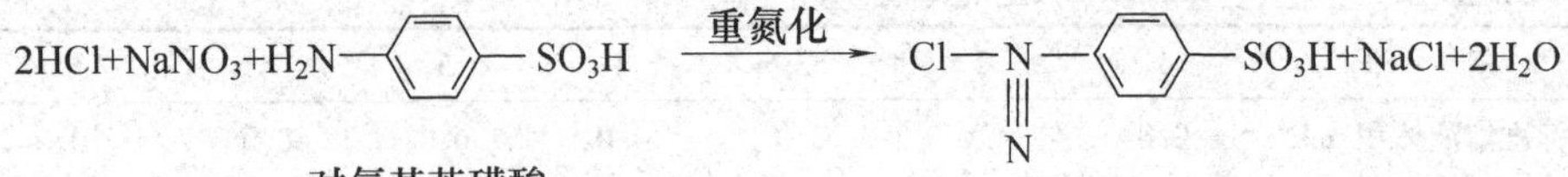

对氨基苯磺酸

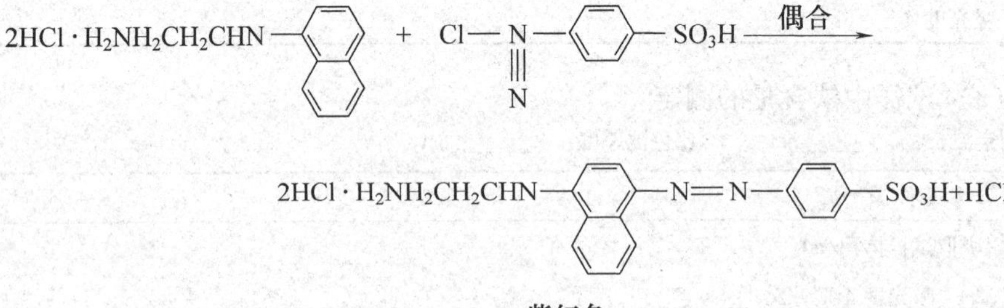

紫红色

生成的紫红色染料在波长为538nm处有最大吸收，可测定其吸光度并与标准比较定量。

三、仪器与试剂的准备

1. 仪器

分光光度计，50mL容量瓶或比色管7只，1mL、5mL、10mL吸量管各2支，组织捣碎机。

2. 试剂

（1）亚铁氰化钾溶液　称取106.0g亚铁氰化钾[$K_4Fe(CN)_6 \cdot 3H_2O$]，用水溶解并定容至1000mL。

（2）乙酸锌溶液　称取220.0g乙酸锌[$Zn(CH_3COO)_2 \cdot 2H_2O$]，先加30mL冰乙酸溶解，再用水定容至1000mL。

（3）饱和硼砂溶液　称取5.0g硼酸钠（$NaB_4O_7 \cdot 10H_2O$）溶于100mL热水中，冷却备用。

（4）0.4%对氨基苯磺酸溶液　称取0.4g对氨基苯磺酸，溶于100mL 20% HCl溶液中，置棕色瓶中避光保存。

（5）0.2%盐酸萘乙二胺溶液　称取0.2g盐酸萘乙二胺，用水溶解并定容至100mL，置棕色瓶中避光保存。

（6）亚硝酸钠标准储备液　准确称取0.1000g于110～120℃干燥恒重的亚硝酸钠（G.R.），加水溶解移入500mL容量瓶中，并用水稀释至刻度，混匀。此溶液每毫升相当于200μg亚硝酸钠。

（7）亚硝酸钠标准使用液　临用前，准确移取标准储备液5.00mL于200mL容量瓶中，用水稀释至刻度。此溶液每毫升相当于5.0μg亚硝酸钠。

四、实训内容

1. 样品预处理

将肉制品（如火腿肠、西式火腿等）用组织捣碎机捣碎均匀，置于洁净干燥的广口瓶中保存备用。

2. 试样中亚硝酸盐的提取

称取5g（精确至0.01g）捣碎均匀的试样于50mL小烧杯中，加入12.5mL硼砂饱和溶液，用玻棒搅拌混匀，用300mL 70℃左右的蒸馏水将其洗入500mL容量瓶中，置沸水浴中加热15min，取出冷却至室温。

3. 提取液净化

在上述提取液中，一边转动，一边加入5mL亚铁氰化钾溶液，混匀，再加入5mL乙酸锌溶液以沉淀蛋白质，定容，混匀。静置30min，除去上层脂肪，过滤，弃去最初滤液30mL，收集滤液备用。

同时做试剂空白试验（除不加样品外，其他操作步骤相同）。

4. 标准曲线的绘制

吸取0.00，0.20，0.40，0.60，0.80，1.00，1.50，2.50mL亚硝酸钠标准使用液（相当于0.0，1.0，2.0，4.0，6.0，8.0，10.0，15.0，25.0μg亚硝酸钠），分别置于50mL比色管中。各加入0.4%对氨基苯磺酸溶液2mL，混匀，静置3~5min后各加入1.0mL 0.2%盐酸萘乙二胺溶液，加水至刻度，混匀。静置15min，用1cm比色池，以零管调零，于538nm处测定吸光度，绘制标准曲线。

5. 样液测定

吸取40mL样品净化液2份、吸取40mL试剂空白液1份，分别置于3只50mL比色管中，各加入0.4%对氨基苯磺酸溶液2mL，以下操作与绘制标准曲线相同。于538nm处测吸光度。

五、数据记录与处理

1. 数据记录

（1）标准曲线绘制原始数据记录

测定波长：________ nm　　比色池厚度：________ cm

序号	1	2	3	4	5	6	7	8
标准溶液体积/mL	0.00	0.20	0.40	0.60	0.80	1.00	1.50	2.50
亚硝酸盐含量/μg								
吸光度 *A*								

（2）样品测定原始数据记录

测定波长：________ nm　　比色池厚度：________ cm

样品序号	样 1#	样 2#	试剂空白
吸取试样体积/mL			
吸光度 A			

2. 数据处理

以亚硝酸盐含量（μg）为横坐标，吸光度 A 为纵坐标，绘制标准曲线，并求出回归方程和相关系数。

3. 结果计算

根据试样的吸光度，在标准曲线上查出对应的亚硝酸盐含量，并按下式计算试样中的亚硝酸盐含量：

$$X=\frac{(c-c_0)\times 1000}{m\times\frac{V_0}{V}\times 1000}$$

式中 X——肉制品中亚硝酸盐（以亚硝酸钠计）含量，mg/kg；

c——测定用样液中亚硝酸盐的质量，μg；

c_0——测定试剂空白中的亚硝酸盐的质量，μg；

m——试样质量，g；

V_0——测定用样液体积，mL；

V——样品处理液总体积，mL。

六、思考题

1. 本实验中亚铁氰化钾、乙酸锌和饱和硼砂的作用是什么？
2. 在绘制标准曲线时已经用零管作参比了，为什么还要做试剂空白试验？

实训项目四　导数分光光度法测定饮料中糖精钠和苯甲酸的含量

一、目的要求

1. 掌握导数分光光度法测定双组分混合物的原理和方法。
2. 熟悉岛津 UV2401 紫外－可见分光光度计的使用。

二、相关知识

根据吸光度的加和性，在 i 波长处，二组分 M 和 N 的混合物吸光度为：

$$A_i=\varepsilon_i^{\mathrm{M}}bc_{\mathrm{M}}+\varepsilon_i^{\mathrm{N}}bc_{\mathrm{N}}$$

将上式对波长 λ 求导，可得：

$$\frac{\mathrm{d}A_i}{\mathrm{d}\lambda}=\frac{\mathrm{d}\varepsilon_i^{\mathrm{M}}}{\mathrm{d}\lambda}bc_{\mathrm{M}}+\frac{\mathrm{d}\varepsilon_i^{\mathrm{N}}}{\mathrm{d}\lambda}bc_{\mathrm{N}}$$

在$\frac{d\varepsilon_i^M}{d\lambda}bc_M=0\left(\frac{d\varepsilon_i^N}{d\lambda}bc_N\neq0\right)$处，找出零交点波长（即 M 组分的吸收峰波长）作为检测波长，以不同浓度 N 的导数值对 c_N 作图得 N 组分的工作曲线，即可对 N 组分进行定量分析；同样，在$\frac{d\varepsilon_i^N}{d\lambda}bc_N=0\left(\frac{d\varepsilon_i^M}{d\lambda}bc_M\neq0\right)$处，找出零交点波长（即 N 组分的吸收峰波长）作为检测波长，以不同浓度 M 的导数值对 c_M 作图得 M 组分的工作曲线，即可对 M 组分进行定量分析。

三、仪器与试剂的准备

1. 仪器

岛津 UV2401 紫外－可见分光光度计（或其他具有扫描和求导功能型号的仪器），50mL 容量瓶（或比色管）。

2. 试剂

（1）乙醚　分析纯。

（2）无水硫酸钠　分析纯。

（3）6mol/L HCl 溶液。

（4）苯甲酸标准储备液（1000μg/mL）　准确称取 0.5g（精确至 0.0001g）苯甲酸标准品（含量≥99.5%），用水加热溶解，冷却后定容至 500mL。

（5）糖精钠标准储备液（1000μg/mL）　准确称取 0.5g（精确至 0.0001g）糖精钠标准品（含量≥99.5%），用水溶解并定容至 500mL。

（6）苯甲酸标准使用液（40μg/mL）　准确移取苯甲酸标准储备液 2.00mL 于 50mL 容量瓶中，用水稀释至刻度，混匀。

（7）糖精钠标准使用液（40μg/mL）　准确移取糖精钠标准储备液 2.00mL 于 50mL 容量瓶中，用水稀释至刻度，混匀。

（8）苯甲酸和糖精钠混合标准溶液　分别吸取苯甲酸和糖精钠标准储备液各 0.00，1.00，2.00，3.00，4.00，5.00mL 于 50mL 容量瓶中，用水稀释至刻度，混匀。配成浓度分别为 0，20，40，60，80，100μg/mL 标准系列混合溶液。

四、实训内容

1. 样品预处理

移取 50mL 试样（若试样中含有 CO_2 应先加热除去）于分液漏斗中，加 2mL 6mol/L HCl，用 30，20，20mL 乙醚提取 3 次，合并乙醚提取液，用 5mL 盐酸酸化的水洗涤一次，弃水层。乙醚层通过无水硫酸钠脱水后，除去乙醚，用水溶解残渣并定容至 50mL，备用。

2. 确定测定波长

待基线校正后，以蒸馏水作参比，用 1cm 比色池在波长 190 ~ 400nm（或 190 ~ 800nm）范围内，分别测定苯甲酸标准使用液（40μg/mL）和糖精钠标准使用液（40μg/mL）的吸收光谱；利用仪器数据处理软件求导动能，求出它们的一阶导数光谱。从它们的吸收光谱和一阶导数光谱中分别找出糖精钠和苯甲酸的测定波长。

本实验可以苯甲酸的吸收峰波长 228nm（对应的比值导数值为零）作为糖精钠的测定波长；以糖精钠的吸收峰波长 268nm（对应的比值导数值为零）作为苯甲酸的测定波长。

3. 绘制标准曲线

待基线校正后，以蒸馏水作参比，用 1cm 比色池在波长 190 ~ 400nm（或 190 ~ 800nm）范围内，测定苯甲酸和糖精钠混合标准系列溶液的吸收光谱，再利用软件求导动能，求出它们的一阶导数光谱。从导数光谱中，分别找出波长为 228nm 和波长为 268nm 对应的不同浓度下的比值导数值。

4. 未知样品的测定

待基线校正后，以蒸馏水作参比，用 1cm 比色池在波长 190 ~ 400nm（或 190 ~ 800nm）范围内，测定样品处理液的吸收光谱，再利用软件求导动能，求出一阶导数光谱。从导数光谱中，分别找出波长为 228nm 和波长为 268nm 对应的比值导数值。

五、数据记录与处理

1. 数据记录

（1）确定测定波长原始数据记录

①苯甲酸标准溶液的吸收光谱和一阶导数光谱：＿＿＿＿＿＿＿＿＿＿＿＿。

②糖精钠标准溶液的吸收光谱和一阶导数光谱：＿＿＿＿＿＿＿＿＿＿＿＿。

（2）绘制标准曲线原始数据记录

糖精钠		苯甲酸	
测定波长/nm：		测定波长/nm：	
标准溶液浓度/(μg/mL)	比值导数值	标准溶液浓度/(μg/mL)	比值导数值

(3) 未知样品测定原始数据记录

样品序号	样 1#	样 2#
测定波长/nm		
比值导数值		

2. 数据处理

(1) 从苯甲酸标准溶液的吸收光谱和一阶导数光谱中，找出苯甲酸的吸收峰波长，即导数值为零的波长作为糖精钠的测定波长。

(2) 从糖精钠标准溶液的吸收光谱和一阶导数光谱中，找出糖精钠的吸收峰波长，即导数值为零的波长作为苯甲酸的测定波长。

注意：若待测组分有 2 个以上吸收峰（导数值均为零），应选择导数值相差大的吸收峰波长作为测定波长，以提高测定灵敏度。

(3) 以浓度为横坐标，比值导数值为纵坐标，分别绘制糖精钠（测定波长 228nm）和苯甲酸（测定波长 268nm）的工作曲线。

注意：若比值导数值为负值，可取它们的绝对值绘制工作曲线。

(4) 根据未知样品的比值导数值，在对应的工作曲线上分别查出糖精钠和苯甲酸的浓度，计算样品中糖精钠和苯甲酸的含量。

六、思考题

1. 在做光谱扫描前，基线如何校正？

2. 用导数分光光度法测定混合组分含量，对标准品有何要求？若标准品不纯，对测定结果有何影响？

思考与练习

1. 已知 $h = 6.63 \times 10^{-34}$ J/s，则波长为 0.01nm 的光子能量为（　　）。

A. 12.4eV　　B. 124eV　　C. 1.24×10^{6}eV　　D. 0.124eV

2. 指出下列哪种因素对朗伯－比尔定律不产生偏差？（　　）

A. 溶质的解离作用　　B. 杂散光进入检测器

C. 溶液的折射指数增加　　D. 改变吸收光程长度

3. 在分光光度分析中，常出现工作曲线不过原点的情况，下列说法中不会引起这一现象的是（　　）。

A. 测量和参比溶液所用吸收池不对称　B. 参比溶液选择不当

C. 显示反应灵敏度太低　　D. 显色反应的检测下限太高

4. 吸光物质的摩尔吸光系数与哪些因素有关？

5. 在分光光度法中，选择入射光波长的原则是什么？

6. 某试液用2cm比色皿测量时，$T=60\%$，若改用1cm或3cm比色皿，T及A各等于多少？

7. 含Cu^{2+}为25.5μg/50mL的溶液，用双环己酮草酰二腙显色后，在600nm处用2cm比色皿测得$A=0.300$。求透光率T、吸光系数a、摩尔吸光系数ε。

8. 分子吸收光谱是怎样产生的？为什么紫外－可见吸收光谱是连续光谱而不是线状光谱？

9. 有一浓度为2.0×10^{-4}mol/L金属离子溶液，若比色皿厚度$b_1=3.0$cm，测得吸光度$A_1=0.120$，将其稀释一倍后改用$b_2=5.0$cm的比色皿，测得$A_2=0.200$。问是否符合朗伯－比尔定律？

10. 某吸光物质X的标准溶液的吸光度$A_S=0.699$。含X的试液在同一条件下，测得的吸光度$A_X=1.000$。若标准溶液$A_S=0.400$用作参比，试计算：

(1) 试液的吸光度；

(2) 用两种方法所测两种溶液T值各为多少？

11. 在456nm处，用1cm吸收池测定显色的锌配合物标准溶液得到以下数据：

c(Zn)/(μg/mL)	2.00	4.00	6.00	8.00	10.00
A	0.105	0.205	0.031	0.415	0.515

(1) 绘制工作曲线。

(2) 求摩尔吸光系数。

(3) 求吸光度为0.260的未知试液的浓度。

12. 钴和镍的络合物有如下数据：

λ/nm	510	656
ε_{Co}	3.64×10^4	1.24×10^3
ε_{Ni}	5.52×10^3	1.75×10^4

将0.376g土壤样品溶解后定容至50mL。取25mL试液进行处理，以除去干扰元素，显色后定容至50mL，用1cm吸收池在510nm处和656nm处分别测得吸光度为0.467和0.374，计算土壤样品中钴和镍的质量分数。

13. 酸度对显色反应的影响主要表现在哪些方面？

14. 以示差吸光光度法测定高锰酸钾溶液的浓度，以含锰10.0mg/mL的标准溶液作参比液，其对水的透光率为$T=20.0\%$，并以此调节透光率为100%，此时测得未知浓度高锰酸钾溶液的透光率为$T_x=40.0\%$，计算高锰酸钾的质量浓度。

15. NO_2^-在波长355nm处$\varepsilon_{355}=23.3$L/(mol·cm)，$\varepsilon_{355}/\varepsilon_{302}=2.50$；$NO_3^-$在

波长355nm处的吸收可忽略，在波长302nm处 $\varepsilon_{302}=7.24L/(mol\cdot cm)$。现有一含 NO_2^- 和 NO_3^- 的试液，用1cm吸收池测得 $A_{302}=1.010$，$A_{355}=0.730$。计算试液中 NO_2^- 和 NO_3^- 的浓度。

16. 什么是生色团？什么是助色团？各举实例说明。

17. 有机分子吸收辐射后，能产生哪些类跃迁？其中哪类跃迁能从紫外-可见光谱中反映出来？

18. 双波长分光光度法的基本原理是什么？

第二章　红外吸收光谱法

知识目标

- 了解红外光谱产生的原因。
- 理解基团频率及其影响因素。
- 熟悉红外光谱仪的结构和工作原理。
- 了解红外光谱法在物质结构定性分析中的应用。

能力目标

- 能根据基团频率判断官能团的存在。
- 能掌握固态及液态试样的制备技术。
- 能操作常用的红外光谱仪。

红外吸收光谱法（infrared absorption spectroscopy）又称红外分光光度法（infrared spectrophotometry），简称红外光谱法，用 IR 表示。它是以研究物质分子对红外辐射的吸收特性而建立起来的一种定性（包括结构分析）定量分析方法。就物质分子与光的作用关系而言，红外吸收光谱法与紫外－可见吸收光谱法都属于分子吸收光谱的范畴，但光谱产生的机理不同，红外吸收光谱为振动－转动光谱，紫外－可见吸收光谱为电子光谱。

红外吸收光谱法具有以下特点：

（1）具有高度的特征性。除光学异构体外，没有两个化合物的红外吸收光谱完全相同，即每种化合物都有自己的特征的红外吸收光谱，这是进行定性鉴定及结构分析的基础。

（2）应用范围广。紫外吸收光谱法不能研究饱和有机化合物，而红外吸收光谱法不仅对所有有机化合物都适用，还能研究络合物、高分子化合物及无机化合物；不受样品相态的限制，无论是固态、液态还是气态都能直接测定。

（3）分析速度快，操作简便，样品用量少，属于非破坏性分析。

（4）红外光谱法灵敏度低，在进行定性鉴定及结构分析时，需要将待测样品纯化；在定量分析中，红外光谱法的准确度低，对微量成分分析无能为力，远不如比色法及紫外吸收光谱法重要。

由于红外光谱分析特征性强，对气体、液体和固体试样都可测定，并且测定中所需试样少、分析速度快、不破坏试样，因此，红外光谱法不仅应用于物质的定性和定量分析中，而且已经成为鉴定化合物和测定分子结构的最有效方法之一，广泛应用于食品、生物、医药、高分子材料、化工、石油、环境等领域中。

第一节　基本原理

一、红外光谱区域的划分

红外光谱位于可见光区和微波光区之间，波长范围约为 0.75～1000μm。根据实验技术要求和应用的不同，通常将红外区域划分为三个区，即近红外区、中红外区和远红外区（见表 2－1）。其中，中红外区是研究和应用最多的区域，一般所说的红外光谱就是指中红外区的红外光谱。

表 2－1　　红外光谱区域划分

区　域	波长 λ/μm	波数 $\bar{\nu}$/cm^{-1}	能级跃迁类型
近红外区	0.75～2.5	13158～4000	O—H，N—H，C—H 键的倍频吸收
中红外区	2.5～25	4000～400	分子中原子的振动和分子转动
远红外区	25～1000	400～10	分子转动、晶格振动

二、红外吸收光谱的表示方法

红外光谱通常以微米（μm）作为波长单位，以波数 $\bar{\nu}$ 作频率单位，两者关系为：

$$\bar{\nu}=\frac{1}{\lambda(\text{cm})}=\frac{10^4}{\lambda(\mu\text{m})}=\frac{\nu}{c} \qquad (2-1)$$

式中　ν——光的振动频率，Hz；

c——光速，3×10^{10}cm/s。

波数的单位为 cm^{-1}，其物理意义是指 1cm 中所含波的个数。例如 20μm 的红外光所对应的波数为：$\bar{\nu}=\frac{10^4}{20}=500cm^{-1}$。

红外吸收光谱一般采用百分透射比与波数（$T\sim\bar{\nu}$）曲线（图 2－1）或百分透射比与波长（$T\sim\lambda$）曲线（图 2－2）来表示，曲线上的“谷”代表光谱吸收峰，由于纵坐标为透光率（T），所以吸收峰向下。

同一样品的 $T\sim\bar{\nu}$ 曲线和 $T\sim\lambda$ 曲线形状略有差异，这是因为 $T\sim\bar{\nu}$ 曲线采用的是波数等间隔分度，而 $T\sim\lambda$ 曲线采用的是波长等间隔分度。

三、产生红外吸收的条件

红外吸收光谱是由于分子振动能级（同时伴随转动能级）跃迁而产生的。

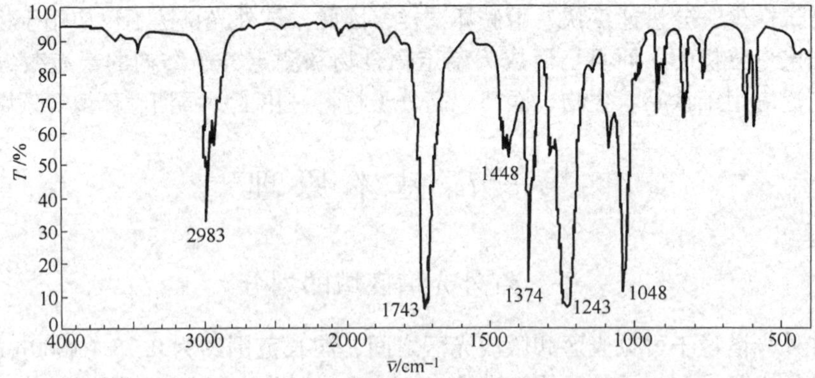

图2－1　乙酸乙酯的红外光谱图

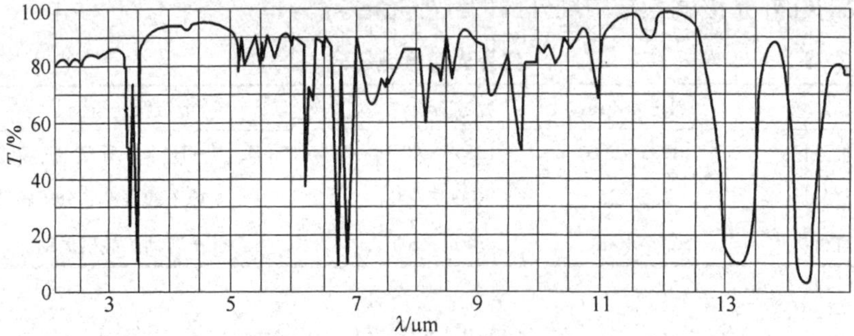

图2－2　聚苯乙烯的红外光谱图

物质分子吸收红外光需要满足以下两个条件。

（1）分子振动时，必须伴随有瞬时偶极矩的变化　分子从整体而言呈电中性，由于构成分子内各原子的电负性不同，因此分子呈现不同的极性，以偶极矩表示。一个分子有多种振动方式，只有能使分子偶极矩发生变化的振动方式才会吸收特定频率的红外辐射。例如，CO_2 是线性分子，其永久偶极矩为零，但它做不对称振动时，仍伴有瞬时偶极矩的变化，产生红外吸收；当它作对称的伸缩振动时，无偶极矩变化，此时 CO_2 不产生红外吸收。

（2）辐射光子具有的能量与产生振动跃迁所需的跃迁能量相等　与其他分光光度法相同，只有当照射分子的红外辐射频率与分子中某些振动方式的频率相同时，分子才能吸收其能量，从基态振动能级跃迁到较高能量的振动能级，从而在图谱上出现相应的吸收带。

四、分子的振动形式

分子中的原子以平衡点为中心，以非常小的振幅（与原子核之间的距离相比）做周期性的振动。分子的振动可以分解为许多简单的基本振动形式，不同振动形式有不同的峰位置（吸收频率）和峰强度。

（一）振动的基本类型

一般把分子的振动方式分为两大类：化学键的伸缩振动和弯曲振动。

1. 伸缩振动

伸缩振动指成键原子沿着价键的方向来回地相对运动。在振动过程中，键角并不发生改变，如碳氢单键、碳氧双键、碳氮三键之间的伸缩振动。伸缩振动又可分为对称伸缩振动和反对称伸缩振动，分别用 ν_s 和 ν_{as} 表示。

2. 弯曲振动

弯曲振动又分为面内弯曲振动和面外弯曲振动，用 δ、γ 表示。如果弯曲振动的方向垂直于分子平面，则称面外弯曲振动；如果弯曲振动完全位于平面上，则称面内弯曲振动。剪式振动（δ'）和平面摇摆振动（ρ）为面内弯曲振动；面外摇摆振动（ω）和扭曲变形振动（τ）为面外弯曲振动。

（二）分子的振动

1. 非直线型分子的振动

非直线型分子的振动可以 H_2O 分子为例来描述，如图 2－3 所示。

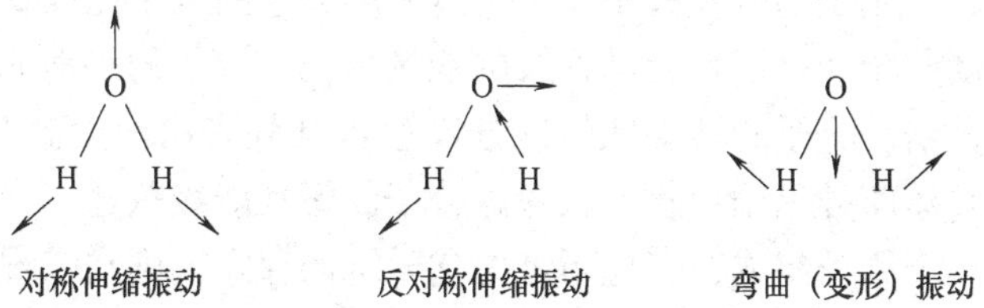

图 2－3　H_2O 分子的振动形式

水分子的振动形式有三种：①O—H 键键长改变的伸缩振动，包括对称伸缩振动 ν_s 和反对称伸缩振动 ν_{as}；②键角∠HOH 改变的弯曲振动或变形振动。

2. 直线型分子的振动

直线型分子的振动可以 CO_2 分子为例来描述。CO_2 分子中两个 O 原子以 C 原子为中心，呈直线型对称，正、负电荷中心完全重合，偶极矩为零。其基本振动形式有四种，如图 2－4 所示（⊗、⊙分别表示垂直纸面向里、向外的运动）。

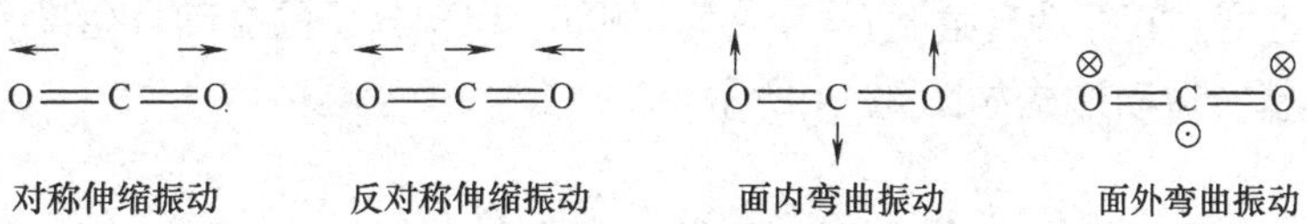

图 2－4　CO_2 分子的振动形式

CO_2 的对称伸缩振动是非红外活性的，因为两个 O 原子同时移向或远离对称中心，不发生分子偶极矩的净变化。另外三种振动形式反对称伸缩振动、面内弯曲振动（频率用 δ 表示）、面外弯曲振动（频率用 γ 表示）都引起净的分子偶极矩变化，都具有红外活性。

3. 亚甲基（$—CH_2—$）的各种振动

如图2-5所示。亚甲基（$—CH_2—$）的振动形式有：①伸缩振动（包括对称伸缩振动ν_s和非对称伸缩振动ν_{as}）；②面内弯曲振动（包括面内剪式振动δ'和面内摇摆振动ρ）；③面外弯曲振动（包括面外摇摆振动ω和面外扭曲振动τ）。

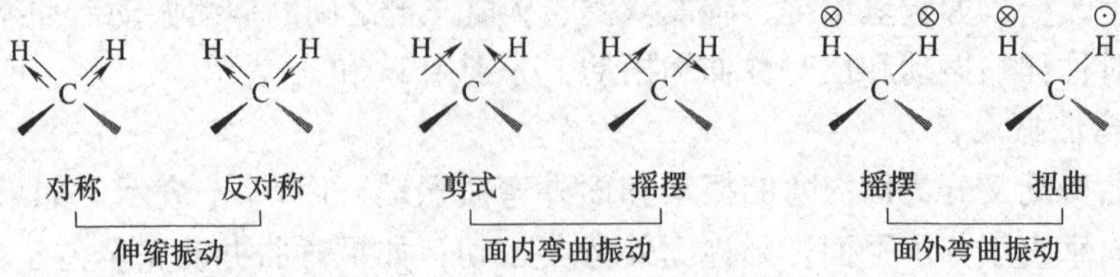

图2-5　亚甲基的基本振动形式

（三）振动自由度

分子基本振动的数目称为振动自由度，每个振动自由度相应于一个基本振动。

在中红外区，光子的能量较小，不足以引起分子的电子能级跃迁，只有分子中的平动、振动和转动这三种运动形式的能量变化。分子的平动能量改变，不产生振动-转动光谱；分子的转动能级跃迁产生远红外光谱。因此，在中红外区，应扣除平动与转动两种运动形式，只考虑分子的振动能级跃迁。

设分子由n个原子组成，若先不考虑化学键的存在，则在三维空间内，每个原子都能有x、y、z三个坐标方向的独立运动，即有3个自由度，因此分子总共应有$3n$个自由度。而这$3n$个自由度包括了分子振动自由度、分子转动自由度和分子平动自由度。所以分子的振动自由度$f=3n-$转动自由度$-$平动自由度。

对于非直线型分子，除了整个分子在x、y、z三个坐标方向的平动（3个平动自由度）外，还可以绕三个坐标轴转动，有3个转动自由度。其振动自由度$f=3n-6$。例如，H_2O分子的振动自由度$=3\times3-6=3$，其基本振动形式如图2-3所示。

对于线性分子，由于绕自身键轴转动的转动惯量为0，所以线性分子只有2个转动自由度。其振动自由度$f=3n-5$。例如，CO_2分子的振动自由度$f=3\times3-5=4$，其基本振动形式如图2-4所示。

第二节　基团频率及其影响因素

物质的红外光谱是其分子结构的反映，谱图中的吸收峰与分子中各基团的振动形式相对应。实验表明，组成分子的各种基团，如O—H、N—H、C═C、C≡C、C═O等，都有自己特定的红外吸收区域，而分子其他部分对其吸收位置影响较小。因此通过分析化合物的红外光谱图可以推测其结构。

一、红外吸收峰类型

（一）基频峰

当分子吸收一定频率的红外光后，振动能级从基态（V_0）跃迁到第一激发态（V_1）时所产生的吸收峰，称为基频峰。基频峰的强度一般都较大，是红外吸收光谱上最主要的一类峰。

（二）泛频峰

在红外吸收光谱上除基频峰外，还有振动能级由基态（V_0）跃迁到第二激发态（V_2）、第三激发态（V_3）、第 n 激发态（V_n）时，所产生的吸收峰称为倍频峰。

除倍频峰外，尚有合频峰（两个或多个基频峰之和所在的峰）和差频峰（两个或多个基频峰之差所在的峰）。合频峰和差频峰多数为弱峰，一般在谱图上不易辨认。倍频峰、合频峰及差频峰统称为泛频峰。

（三）特征峰和相关峰

凡是能用于鉴定基团（或化学键）存在，且具有较高强度的吸收峰称为特征峰，其对应的吸收频率称为特征吸收频率。如—C≡N 的特征吸收峰在 $2247cm^{-1}$。

由于一种基团有多种振动形式，每一种具有红外活性的振动形式都有相应的吸收峰，因而常常不能只由一个特征峰来肯定官能团的存在。例如分子中如有—CH ═CH_2存在，则在红外光谱图上能明显观测到 $\upsilon_{as(=CH_2)}$、$\upsilon_{as(C=C)}$、$\gamma_{(=CH)}$、$\gamma_{(=CH_2)}$四个特征峰。这一组峰是因—CH ═CH_2 的存在而出现的相互依存的吸收峰称为相关峰。

二、基团频率

按照吸收的特征，红外光谱区可分为4000 ~ $1300cm^{-1}$和1300 ~ $600cm^{-1}$两个区域，分别称为基团频率区和指纹区。

1. 基团频率区

基团频率区内的吸收峰是由伸缩振动产生的吸收带，比较稀疏，容易辨认，常用于鉴定基团（官能团），所以这一区域又称为官能团区或特征区。

基团频率区又进一步划分为 4 个区：

（1）X—H 键伸缩振动区（4000 ~ $2500cm^{-1}$）　X 可以是 O、N、C 或 S 等原子。主要提供有关羟基、氨基、烃基的结构信息。

①羟基（醇和酚的羟基）。羟基的吸收峰处于 3650 ~ $3200cm^{-1}$之间，它可以作为判断有无醇类、酚类和有机类的重要依据。

②氨基。氨基的吸收峰与羟基相似。游离氨基的红外吸收出现在 3500 ~ 3300cm^{-1}之间，发生氢键缔合后约降低 100cm^{-1}。

③烃基。不饱和碳（双键和苯环）与饱和碳（三元环除外）的碳氢键伸缩振动频率以波数 3000cm^{-1}为分界线。前者大于 3000cm^{-1}，后者低于3000cm^{-1}，且前者吸收峰强度较低，常在大于 300cm^{-1}处以饱和碳的碳氢键吸收峰的小肩峰的形式存在。

④其他。S、P 原子与 H 原子形成的单键 S—H、P—H 的伸缩振动吸收出现在这一区域的最右端。可一直延伸到 2500cm^{-1}以下。

（2）三键和累积双键区（2500 ~ 1900cm^{-1}） 该区红外谱带较少，主要包括 —C≡C—、—C≡N 等三键的伸缩振动，以及 >C═C═C<、—N═C═O、—N═C═S 等累积双键的不对称伸缩振动。

（3）双键伸缩振动区（1900 ~ 1500cm^{-1}） 该区域主要包括 >C═O、—N═O、>C═C<、>C═N—等的伸缩振动和苯环的骨架振动，以及芳香族化合物的泛频谱带。

①羰基。大部分羰基化合物的羰基的吸收峰都集中于 1900 ~ 1650cm^{-1}之间。

②碳碳双键。碳碳双键的吸收峰出现在 1670 ~ 1600cm^{-1}之间，强度中等或较低。

③苯环的骨架振动。苯环的骨架振动约在 1600，1580，1500 及 1450cm^{-1}处。

（4）单键区（1500 ~ 1300cm^{-1}） 这个区域比较复杂，主要包括 C—O、C—X（卤素）等伸缩振动，C—H、N—H 变形振动以及 C—C 单键骨架振动等。

2. 指纹区

在 600 ~ 1300cm^{-1}区域中，除单键的伸缩振动外，还有因变形振动产生的谱带。这些振动与整个分子的结构有关。当分子结构稍有不同时，该区的吸收就有微小的差异，并显示出分子的特征。这种情况类似于人类的指纹，因此称为指纹区。该区对于指认结构类似的化合物很有帮助，而且可以作为化合物存在某种基团的旁证。

三、影响基团频率的因素

分子中各基团的振动并不是孤立的，还要受到分子其他部分（特别是相邻基团）以及测定状态外部条件的影响。因此，同一基团的振动在不同结构中或不同环境中其吸收频率或多或少要有所移动。影响基团频率位移的因素有内部因素和外部因素。

（一）内部因素

内部因素是指分子结构因素。了解并掌握分子结构因素对振动频率的影响，对解析红外光谱很有帮助。

1. 电子效应

电子效应包括诱导效应、共轭效应和偶极场效应。它们都是由成键电子云分布发生变化而引起的。

（1）诱导效应（Ⅰ效应）　由于取代基具有不同的电负性，通过静电诱导作用，引起分子中电子云分布发生变化，从而改变了基团的特征频率。一般来说，随着取代基数目的增加或取代基电负性的增大，这种静电诱导效应也增大，从而导致基团的振动频率向高频移动。

（2）共轭效应（C效应）　共轭体系中的电子云密度平均化，双键性减弱，键的力常数减小，结果使基团频率向低波数方向移动。

在一个化合物中，经常是诱导效应和共轭效应同时存在，哪种效应占优势，吸收峰就向哪边移动。

（3）场效应（F效应）　在分子的立体构型中，当空间结构决定了某些基团靠得很近时，会产生场效应。场效应不是通过化学键，而是原子或原子团的静电场通过空间相互作用。场效应也会引起相应的振动谱带发生位移。

2. 空间效应

主要是分子内空间的相互作用、立体障碍、环张力的影响等。

3. 氢键效应

氢键的形成往往使基团的吸收频率降低、谱峰变宽。

4. 振动偶合效应

当两个频率相同或相近的基团联接在一起时会发生偶合作用，分裂成两个峰。一个比原来谱带的频率高一点，另一个低一点。振动偶合常常出现在一些二羰基化合物中。

5. 费米共振效应

当一个振动的倍频与另一个振动的基频接近时，由于发生相互作用而产生很强的吸收峰或发生裂分，这种现象称为费米共振。例如，在正丁基乙烯基醚（$C_4H_9—O—CH═CH_2$）中，烯基 $\omega_{C═C}$（$810cm^{-1}$）的倍频与烯基的 $\nu_{C═C}$（$1600cm^{-1}$）发生费米共振，结果在 $1640cm^{-1}$ 和 $1613cm^{-1}$ 出现两个强的谱带。

（二）外部因素

外部因素主要是指测试样品的状态以及溶剂极性的不同引起基团频率的位移。

1. 样品测试状态的影响

红外光谱可在气、液、固等不同相中测定，一般情况下气态测定时，伸缩振动频率最高；在液态或固态测定时，伸缩振动频率降低。

2. 溶剂极性的影响

同一物质在不同极性溶剂中，由于溶质和溶剂之间的相互作用不同，测得的吸收光谱也不同。通常极性基团的伸缩振动频率随溶剂极性增大而向低频移动。

四、影响吸收峰强度的因素

（一）吸收峰强度的表示方法

分子吸收光谱的吸收峰强度都可以用摩尔吸光系数 ε 表示。一般来说，红外吸收光谱中 ε 值较小，而且同一物质的 ε 值随不同仪器而变化，因而 ε 值在定性鉴定中作用不大。所以红外吸收峰的强度通常用表 2-2 中的 5 个级别来粗略地表示。

表 2-2　红外吸收峰的强度表示方法

级　别	vs	s	m	w	vw
强度	极强峰	强峰	中强峰	弱峰	极弱峰
对应 ε 值	>100	20~100	10~20	1~10	<1

（二）影响吸收峰强度的因素

红外吸收峰的强度主要取决于分子振动过程中偶极矩的变化程度和发生相应能级跃迁概率两个因素。瞬间偶极矩的变化越大，吸收峰越强；振动能级跃迁的概率越大，吸收峰越强。一般有以下几个规律可循。

（1）基频峰因为相应的能级跃迁概率最大，通常吸收峰较强。而倍频峰则由于相应的能级跃迁概率很低，因此吸收峰较弱。

（2）化学键两端连接的原子之间的电负性差别越大，伸缩振动引起的吸收峰越强。

（3）相同基团振动方式不同，相应的吸收峰强度也不同。通常，反对称伸缩振动的吸收峰强度大于对称伸缩振动的吸收峰强度，伸缩振动的吸收峰强度大于弯曲振动的吸收峰强度。

（4）分子对称性差，振动偶极矩变化大，相应的吸收峰较强；而对称性较强的分子，相应的吸收峰则较弱。中心对称的分子，没有净的振动偶极矩变化，就没有红外吸收峰出现。

（5）分子中氢键的形成、极性基团的共轭效应及诱导效应等因素使吸收峰的强度增加。

五、常见官能团的特征吸收频率

表 2-3 列出了有机化合物中常见官能团红外光谱的特征吸收频率。

表2-3　常见官能团的特征吸收频率

化合物	官能团	振动形式	振动频率/cm^{-1}
芳烃	=C—H	伸缩振动	3000～3100
	C=C	苯环骨架振动	～1600 和～1500
	C—H（苯）	面外变形振动	～670
	C—H（单取代）	面外变形振动	770～730 和 715～685
	C—H（邻位双取代）	面外变形振动	770～735
	C—H（间位双取代）	面外变形振动	～880 和 780～690
	C—H（对位双取代）	面外变形振动	850～800
醇	O—H	伸缩振动	～3650 或 3400～3300（含有氢键）
	C—O	伸缩振动	850～802
醚	C—O—C（脂肪烃）	伸缩振动	1300～1000
	C—O—C（芳香烃）	伸缩振动	～1250 和～1120
醛	O=C—H	伸缩振动	2820 和 2720
	C=O	伸缩振动	～1725
酮	C=O	伸缩振动	～1715
	C—C	伸缩振动	1300～1100
酸	O—H（游离 OH）	伸缩振动	3580～3500
	O—H（二聚体）	伸缩振动	3200～2500
	C=O	伸缩振动	1760～1710
	C—O—C	伸缩振动	1320～1210
	O—H	面内变形振动	1440～1400
	O—H	面外变形振动	950～900
酯	C=O	伸缩振动	1750～1735
	C—O—C（乙酸酯）	伸缩振动	1260～1230
	C—O—C	伸缩振动	1210～1160
酰卤	C=O	伸缩振动	1810～1775
	C—Cl	伸缩振动	730～550
酸酐	C=O	伸缩振动	1830～1800 和 1775～1740
	C—O	伸缩振动	1300～900
胺	N—H	伸缩振动	3500～3300（双峰）
	N—H	变形振动	1600～1500
	C—N（烷基碳）	伸缩振动	1200～1025
	C—N（芳基碳）	伸缩振动	1360～1325
	N—H	变形振动	～800
酰胺	N—H	伸缩振动	3500～3180
	C=O	伸缩振动	1680～1630
	N—H（伯酰胺）	变形振动	1640～1550
	N—H（仲酰胺）	变形振动	1570～1515
	N—H	面外变形振动	～700

第三节　红外光谱仪

红外光谱仪又称红外分光光度计，目前生产和使用的红外光谱仪主要有色散型和干涉型两大类。

一、色散型红外光谱仪

（一）结构

色散型红外光谱仪，又称经典红外吸收光谱仪，其构造基本上和紫外－可见分光光度计类似，也是由光源、吸收池、单色器、检测器和显示装置（含放大器和数据记录处理）五个部分组成，如图2－6所示。

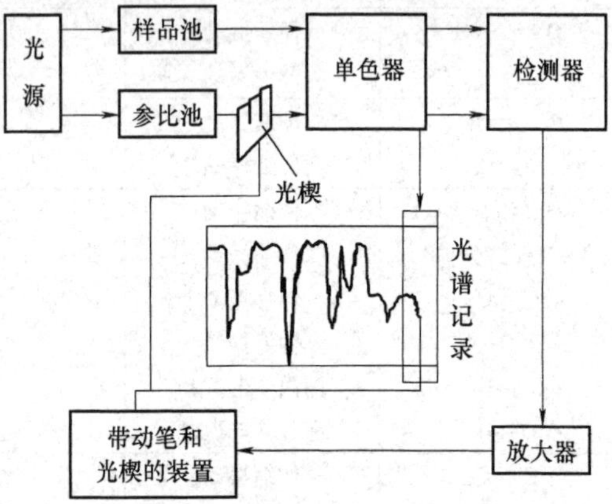

图2－6　双光束色散型红外光谱仪结构示意图

1. 光源

红外光谱仪所用的光源通常是一种惰性固体，用电加热使之达到1500～2000K,以发射高强度连续红外辐射。常用的红外光源主要有能斯特灯和硅碳棒等。

（1）能斯特灯　能斯特灯由氧化锆（ZrO_2）、氧化钇（Y_2O_3）和氧化钍（ThO_2）烧制而成，是一根直径为1～3mm，长20～50mm的中空棒或实心棒，两端绕有铂丝作为导线。在室温下它是非导体，一旦通电加热至2000K就会发射出红外光。这种光源的优点是发出的光强度高，使用寿命可达1年，但其机械强度差，稍受压或被扭就会损坏，经常开关也会缩短其寿命。使用中还应注意限流，以防止烧损。

（2）硅碳棒　一般为两端粗中间细的实心棒，中间为发光部分，其直径约5mm，长约50mm。硅碳棒在室温下是导体，其电阻值随温度升高而增大，工作前不需预热。与能斯特灯比较，它的优点是坚固、寿命长、发光面积大、比较安全，缺点是操作时电极接触部分需用水冷却。

2. 吸收池

由于玻璃、石英等材料不能透过红外光，因此红外吸收池要用可透过红外光的 NaCl、KBr、CsI，KRS－5（TlI 58%，TlBr 42%）等材料制成窗片。常用吸收池池窗材料的特性见表 2－4。用 NaCl、KBr、CsI 等材料制成的窗片需注意防潮。固体试样常与纯 KBr 混匀压片，然后直接进行测定。

表 2－4　　常用吸收池池窗材料的特性

材　　料	透光波长范围 λ/μm	注 意 事 项
氯化钠	0.2～25	易潮解，低于 40% 湿度下使用
溴化钾	0.25～40	易潮解，低于 35% 湿度下使用
氟化钙	0.13～12	不溶于水，可测水溶液红外光谱
氯化银	0.2～25	不溶于水，可测水溶液红外光谱
KRS－5（TlI 58%，TlBr 42%）	0.5～40	微溶于水，可测水溶液红外吸光谱

3. 单色器

与紫外－可见分光光度计的单色器类似，红外光谱仪中的单色器也是由色散元件、准直镜和狭缝等构成。在红外光谱仪中一般不使用透镜，以避免产生色差。色散元件有棱镜和光栅两种，由于光栅的光学性能相比更优越，所以在这类仪器中常使用光栅作为色散元件。目前最常使用的色散元件是复制的闪耀光栅，它的分辨本领高，且易于维护。

4. 检测器

由于红外光本身是一种热辐射，因而不能使用光电池、光电管等作为红外光的检测器。红外光谱仪常用的检测器有高真空热电偶、测辐射热计和气体检测器，此外还有光电导检测器等。

（1）高真空热电偶　它是根据热电偶的两端点由于温度不同产生温差热电位的原理而制成的。当红外光照射热电偶的一端时，两端点间的温度不同，产生电位差，在回路中就有电流通过，而电流的大小随照射的红外光的强弱而改变。因此，测定该电流的大小即可确定红外光的吸收强弱。为了减小热损失提高灵敏度，将热电偶密封在一个高真空度的玻璃容器内。高真空热电偶是红外光谱仪中最常用的一种检测器。

（2）测辐射热计　以一个极薄的热感元件做受光面，并被装置在惠斯登电桥的一个臂上，当红外光照射到受光面上时，由于温度的变化，使得热感元件的电阻也随之变化，从而实现对红外光强度的测量。

（3）气体检测器　常用的气体检测器为高莱池，是一种灵敏度较高的气胀式检测器，其结构如图 2－7 所示。

当红外光透过盐窗照射在黑色的金属薄膜 B 上时，B 吸收热能后，使气胀压力又使封闭气室另一端的软镜膜凸起。同时来自光源射出的光到达软镜膜时，它将光反射到光电池上，于是产生了与软镜膜的凸出度成正比，也是最初进入气室的辐射成正比的光电流。高莱池检测器可用于全部红外光波谱区域的检测。但由于软镜膜采用有机材料制成，易老化、寿命短、时间常数较长，不适于做快速扫描检测器使用。

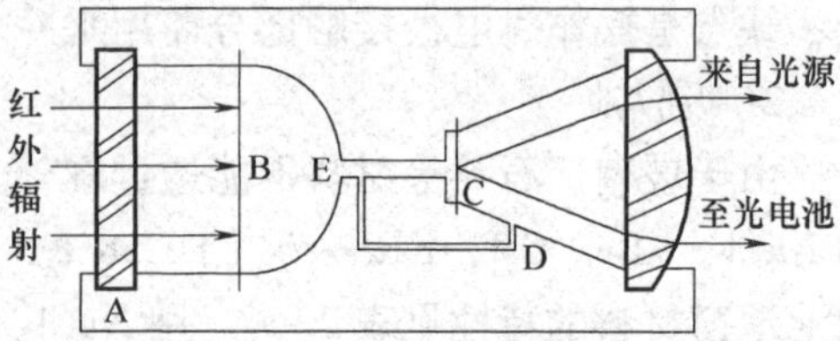

图2－7　高莱池检测器示意图

A—盐窗　B—涂黑金属膜　C—软镜膜

D—泄气支路　E—氪气盒

(4) 光电导检测器　光检测器的敏感元件是砷化铟、硒化铅、锑化铟以及掺杂痕量铜或汞的锗半导体小晶片。当它们吸收红外光后，其电导相应地也发生变化，因此测量电导即可检测红外光的强度。

5. 显示器

红外光谱仪必须用记录器记录吸收光谱。

（二）工作原理

从光源发出的红外光分为两束，一束通过样品池，一束通过参比池，然后进入单色器，单色器内有一个以一定频率（旋转 13 次/s）转动的扇形镜，周期性地切割两束光，使样品光束和参比光束每隔 1/13s 交替进入单色器的棱镜或光栅，经色散分光后最后到达检测器。

光在单色器内被光栅或棱镜色散成各种波长的单色光。若某波长（频率）的单色光不被样品吸收，则两束光的强度相等，检测器不产生交流信号；改变波长（频率），若该波长下的单色光被样品吸收，则两束光的强度就有差别，在检测器上就产生一定频率的交流信号（其频率决定于扇形镜的转动频率），通过放大器放大，此信号带动可逆马达，移动光楔进行补偿。样品对某一频率的红外光吸收愈多，光楔就愈多地遮住参比光路，即将参比光路同样量减弱，使两束光重新处于平衡。

样品对于各种不同波长的红外光吸收有多少，参比光路上的光楔也相应地按比例移动，以进行补偿。记录笔是和光楔同步的，记录笔就记录下样品光束被样品吸收后的强度——百分透射比（T），作为纵坐标直接被描绘在记录纸上。

单色器内的光栅或棱镜可以移动以改变单色光的波长 λ（或波数 $\bar{\nu}$），而光栅或棱镜的移动与记录纸的移动是同步的，这就是横坐标。这样在记录纸上就描绘出 $T-\lambda$（或 $T-\bar{\nu}$）的红外吸收光谱图。

二、傅里叶变换红外光谱仪

（一）傅里叶变换红外光谱仪的结构

傅里叶变换红外光谱仪（Fourier transform infrared spectrophotometer，FTIR）

主要由光源、迈克尔逊干涉仪、检测器、计算机及记录仪等组成，仪器结构如图 2－8 所示。

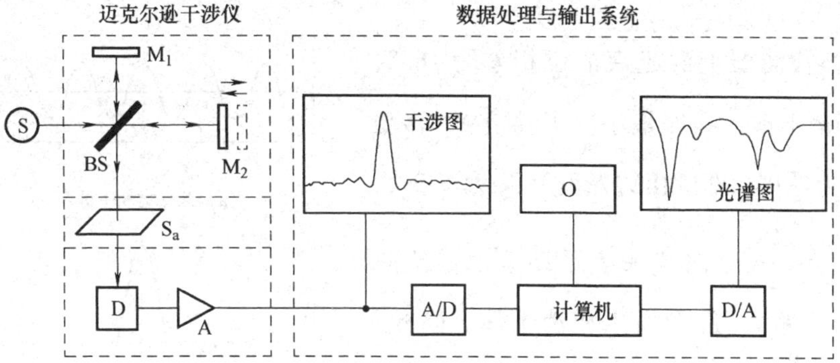

图 2－8　傅里叶变换红外光谱仪结构示意图

S—光源　M_1—定镜　M_2—动镜　BS—分光板　D—检测器　S_a—样品

A—放大器　A/D—模数转换器　D/A—数模转换器　O—外部设备

1. 光源

傅里叶变换红外光谱仪同样使用能斯特灯和碳化硅等作光源。

2. 迈克尔逊干涉仪

傅里叶变换红外光谱仪的核心部件是迈克尔逊干涉仪。如图 2－9 所示，干涉仪由定镜、动镜、分光板和检测器等组成。定镜和动镜相互垂直放置，定镜 M_1 固定不动，动镜 M_2 可沿图所示方向平行移动，再放置一呈 45°角的半透膜分光板 BS（由半导体锗和单晶 KBr 组成），即 BS 可让入射的红外光一半透过，另一半被反射。

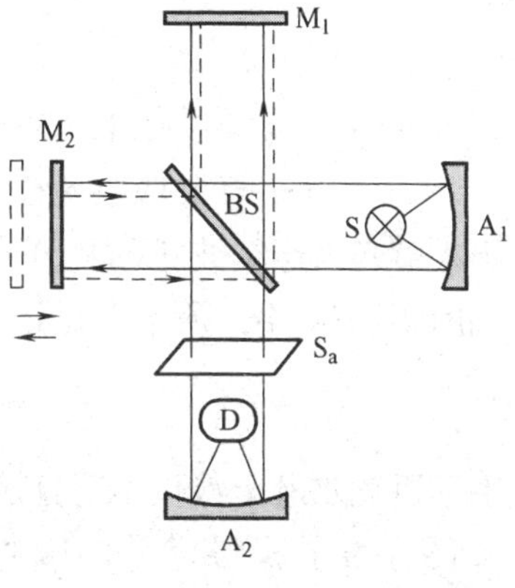

图 2－9　迈克尔逊干涉仪示意图

M_1—定镜　M_2—动镜　S—光源　BS—分光板

S_a—样品　D—检测器　A_1、A_2—凹面反光镜

3. 检测器

常用热释点检测器，如热电型氘化硫酸三苷单晶（DTGS）、光电导型汞镉碲（MCT）检测器等。

（二）傅里叶变换红外光谱仪工作原理

如图 2－8 所示，由光源 S 发出的红外光由凹面反射镜 A_1 变成平行光束，射入干涉仪内的分光板 BS 上，其中一半（称为Ⅰ）透过 BS 射到定镜 M_1，另一半（称为Ⅱ）被反射到动镜 M_2，Ⅰ和Ⅱ再由 M_1、M_2 反射回到 BS 上（为便于理解，图中将反射光束移位绘成虚线）。同理，Ⅰ和Ⅱ又被反射和透射到检测器 D 上。

如果进入干涉仪的是波长 λ 的单色光，开始时，因 M_1 和 M_2 与分光板 BS 的距离相等（此时 M_2 称为零位），Ⅰ光束和Ⅱ光束到达检测器时相位相同，发生相长干涉，亮度最大。当动镜移动到入射光的$\frac{1}{4}\lambda$ 距离时，则Ⅰ光的光程变化为$\frac{1}{2}\lambda$，在检测器上两光束的位相差为180°，发生相消干涉，亮度最小。当动镜 M_2 移动$\frac{1}{4}\lambda$ 的奇数倍，即Ⅰ和Ⅱ的光程差 X 为 $\pm\frac{1}{2}\lambda$，$\pm\frac{3}{2}\lambda$，$\pm\frac{5}{2}\lambda\cdots$时（±表示动镜由零位向两边的位移），都会发生相消干涉。同样，当动镜 M_2 移动$\frac{1}{4}\lambda$ 的偶数倍时，则会发生相长干涉。因此，当动镜 M_2 匀速移动时，即匀速连续地改变Ⅰ和Ⅱ光束的光程差，就会得到如图 2－10（a）所示的干涉图。该干涉图为一余弦曲线，其数学表达式为：

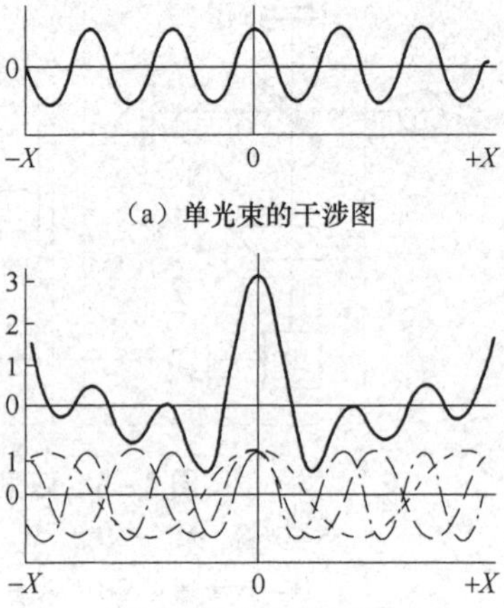

（a）单光束的干涉图

（b）复合光的干涉图

图 2－10　迈克尔逊干涉图
（a）单光束的干涉图　（b）复合光的干涉图

$$I_{(X)} = B_{(\bar{\nu})}\cos 2\pi\,\bar{\nu}X \qquad (2-2)$$

式中　$I_{(X)}$——干涉图上某点的强度，它是光程差 X 的函数；

$B_{(\bar{\nu})}$——样品吸收光谱上某点的强度，它是波数 $\bar{\nu}$ 的函数。

当入射光为连续波长的复合光时，则所得干涉图为所有单色光干涉图的加和，如图 2－10（b）所示，显然，其数学表达式为式（2－2）的积分：

$$I_{(X)} = \int_{-\infty}^{+\infty} B_{(\bar{\nu})}\cos 2\pi\bar{\nu}X\mathrm{d}\bar{\nu} \qquad (2-3)$$

由于迈克尔逊干涉仪不能直接获得样品的吸收光谱，只能得到样品吸收光谱的干涉图。为了获得样品的吸收光谱图，必须对式（2－3）进行傅里叶变换，即

$$B_{(\bar{\nu})} = \int_{-\infty}^{+\infty} I_{(X)}\cos 2\pi X\bar{\nu}\mathrm{d}\bar{\nu} \qquad (2-4)$$

式（2－4）是傅里叶变换光谱学的基本方程式，由于变换处理复杂，必须由计算机来完成。

（三）傅里叶变换红外光谱法的特点

与经典色散型红外光谱仪相比，FTIR 具有以下优点：

①扫描速度极快。一般在 1s 内即可完成光谱扫描，扫描速度最快可达 60 次/s；

②光束全部通过，辐射通量大，检测灵敏度高；

③分辨率高且测量范围宽（$10^4 \sim 10cm^{-1}$）；

④扫描过程的每一瞬间测量都包括了分子振动的全部信息，有利于动态过程和瞬间变化的研究；

⑤利用计算机储存、多次累加大大提高信噪比。

第四节　红外光谱法的应用

一、定性分析

红外光谱的定性分析大致分为官能团定性和结构分析两个方面。官能团定性是根据化合物的特征基团频率来推定待测物质中含有哪些基团，从而确定有关化合物的类别；结构分析（或称结构剖析）是将化合物的红外吸收光谱与纯物质的标准谱图（如谱库）进行对照，如果两张谱图各吸收峰的位置和形状完全相同，峰的相对吸收强度也一致，就可初步判定该样品即为该纯物质；相反，如果两谱图各吸收峰的位置和形状不一致，或峰的相对强度不一致，则说明样品与纯物质不是同一物质或样品中含有杂质。

（一）定性分析的一般步骤

1. 收集未知样品的有关资料和数据

了解试样的来源和性质（如相对分子质量、熔点、沸点、溶解度等），收集相关资料（如紫外吸收光谱、核磁共振波谱、质谱等），对图谱的解析有很大帮助，可以大大节省谱图的解析时间。

2. 试样的分离与纯化

用各种分离方式（如分馏、萃取、重结晶、层析等）提纯未知试样，以得到单一的纯物质。否则，试样不纯不仅会给光谱的解析带来困难，还可能引起“误诊”。

3. 确定未知物的不饱和度

不饱和度（U）是表示有机分子中碳原子的不饱和程度。计算不饱和度的经验公式为：

$$U = 1 + n_4 + \frac{1}{2}(n_3 - n_1) \qquad (2-5)$$

式中，n_1、n_3、n_4 分别为分子中 1 价、3 价和 4 价原子的数目（2 价原子如 O、S 等不参加计算）。通常规定双键和饱和环状结构的不饱和度为 1，三键的不饱和度为 2，苯环的不饱和度为 4。

例如，$C_6H_5NO_2$ 的不饱和度 $U = 1 + 6 + (1 - 5)/2 = 5$，即一个苯环和一个 NO 键。

4. 图谱解析

获得红外光谱图后，即可进行谱图解析。即根据物质的红外吸收光谱确定物质含有哪些基团。

5. 标准红外光谱图库的应用

最常见的标准红外光谱图库有萨特勒（Sadtler）标准红外光谱图库、Aldrich红外光谱图库和Sigma Fourier红外光谱图库。其中萨特勒标准图库最常用，其突出优点如下：

（1）谱图收集丰富，已收录七万多张红外光谱图。

（2）备有多种索引，包括化合物名称索引、化合物分类索引、分子式索引、官能团字母顺序索引、相对分子质量索引、波长索引等，检索方便。

（3）同时检索紫外、红外、核磁氢谱和核磁碳谱的标准谱图，还备有这些谱的总索引，可以很快地从总索引查到某一种化合物的这几种谱图。

（二）红外光谱图解析示例

【例2-1】已知某化合物的化学式为 C_4H_8O，其红外光谱图如图2-11所示，试解析其结构并说明依据。

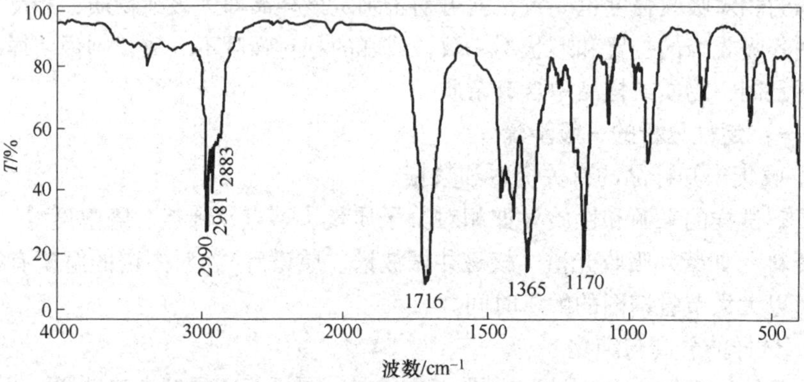

图2-11 未知化合物 C_4H_8O 的红外吸收光谱图

【解】（1）计算不饱和度：

由公式（2-5）计算得 $U=1+n_4+\frac{1}{2}(n_3+n_1)=1+4+\frac{1}{2}(0-8)=1$

分子不饱和度为1，判断为脂肪族的醛或酮。

（2）主要吸收峰的归属如下：

波数/cm^{-1}	归属	结构信息
2990，2981，2883	饱和碳氢（C—H）伸缩振动，$v_{(C-H)}$	CH_2，CH_3
1716	C═O 伸缩振动峰，$v_{(C=O)}$	C═O
1365	甲基对称变形振动峰，$\delta_{(CH_3)}$	O═C—CH_3
1170	C—C 伸缩振动峰，$v_{(C-C)}$	

（3）官能团：　CH_2，CH_3，C═O，O═C—CH_3

（4）推断结构式为：

$$H_3C—CH_2—\overset{\overset{\large O}{\|}}{C}—CH_3$$

二、定量分析

红外光谱的定量分析是通过对特征吸收谱带强度的测量来求出组分的含量。

（一）定量分析的理论依据

与紫外－可见分光光度法一样，红外光谱法定量分析的依据也是朗伯－比尔定律，即在单一波长下，吸光度与物质的浓度成正比，$A=\varepsilon bc$。

红外吸收光谱法对测定混合物中各组分的含量有独到之处。这是由于混合物的光谱实际上是每个纯组分的加和，因此可以利用红外吸收光谱各化合物的基团的特征吸收测定混合物中每个组分的含量。另外，该法不受样品状态的限制，能定量测定气体、液体和固体样品，因此，红外光谱定量分析应用广泛。

（二）吸光度的测量

由于红外光谱直接测量得到的是入射光强度 I_0 和透射光强度 I，需要根据 $A=-\lg(I/I_0)$ 算出吸收峰的吸光度 A。测量吸光度的方法有峰高法和基线法两种。

1. 峰高法

将测量波长固定在被测组分有明显的最大吸收而溶剂只有很小或没有吸收的波数处，使用同一吸收池，分别测定样品及溶剂的透光率，则待测组分的透光率等于两者之差，由此求出待测组分的吸光度。

2. 基线法

背景吸收较大不可忽略，并且有其他峰的影响使测量峰不对称时，可用基线法测量吸光度。如图 2－12 所示，在测量峰两边的峰谷作一切线，以两切点连线的中点确定 I_0，以峰的最大吸收处确定 I，从而计算吸光度。

（三）定量方法

红外光谱定量方法包括标准曲线法、混合组分联立方程求解法、比例法、内标法和差谱法等。前两种方法和紫外－可见分光光度法相同，不再赘述。

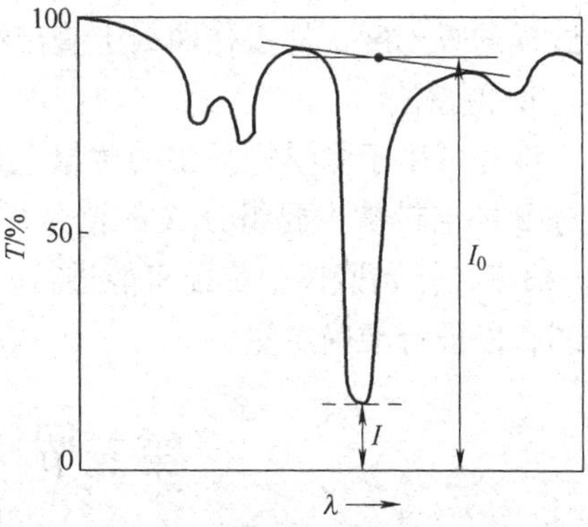

图 2－12　基线法测量吸光度

1. 比例法

比例法主要用于分析二元混合物中两个组分的相对含量。在两纯组分的红外光谱中各选择一个互不干扰的吸收峰作为测量峰。设两组分的浓度分别为 c_1、

c_2，如果 c 用质量分数或摩尔分数表示，则 $c_1+c_2=1$。根据吸收定律，则有

$$A_1=\varepsilon_1 bc_1 \tag{2-6}$$

$$A_2=\varepsilon_2 bc_2 \tag{2-7}$$

$$R=\frac{A_1}{A_2}=\frac{\varepsilon_1 bc_1}{\varepsilon_2 bc_2}=K\frac{c_1}{c_2} \tag{2-8}$$

式中，$K=\dfrac{\varepsilon_1}{\varepsilon_2}$是两组分摩尔吸光系数的比值，为常数，可通过两组分的纯物质测得。将 R 代入 $c_1+c_2=1$，则

$$c_1=\frac{R}{K+R} \tag{2-9}$$

$$c_2=\frac{K}{K+R} \tag{2-10}$$

由此可计算两个组分的浓度。

2. 内标法

选择一个样品中不含有的内标物，它的特征吸收峰与待测样品的定量峰互不干扰。取一定量的内标物与样品（包括待测样品的标准品和未知样品）混合，制成 KBr 压片或油糊状。测其吸光度（红外吸收光谱），则有

$$A_s=\varepsilon_s bc_s \tag{2-11}$$

$$A_r=\varepsilon_r bc_r \tag{2-12}$$

式中 A_s、A_r——待测样品标准品和内标物的吸光度；

ε_s、ε_r——待测样品标准品和内标物的摩尔吸光系数；

c_s、c_r——待测样品标准品和内标物的浓度。

将两式相除，因$\dfrac{\varepsilon_s b}{\varepsilon_r bc_r}$为常数（$c_r$ 在各样品中的浓度相同），则

$$\frac{A_s}{A_r}=\frac{\varepsilon_s bc_s}{\varepsilon_r bc_r}=kc_s \tag{2-13}$$

以吸光度比 A_s/A_r 为纵坐标，以 c_s 为横坐标，绘制工作曲线。在相同的条件下测得试样的吸光度，从工作曲线上查出试样的浓度。

3. 差谱法

该法可用于测量样品中的微量杂质。例如有两组分 A 和 B 的混合物，微量组分 B 的谱带被主要组分 A 的谱带严重干扰或遮蔽，可用差示法测量微量组分 B。很多红外光谱仪中都配有能进行差谱计算的计算机软件，可以得到良好的差谱图，以进行准确定量。

第五节　实验技术

要获得一张高质量的红外光谱图，除了仪器本身因素外，还必须有合适的试

样制备方法。

一、红外光谱对试样的要求

（1）试样应该是单一组分的纯物质，纯度应大于98%或符合商业标准。多组分样品应在测定前用分馏、萃取、重结晶、离子交换等方法进行分离提纯，否则各组分光谱相互重叠，难以解析。

（2）试样中应不含游离水。水本身有红外吸收，会严重干扰样品谱图，还会侵蚀吸收池的盐窗。

（3）试样的浓度和测试厚度应选择适当，以使光谱图中大多数吸收峰的透射比在15%～80%范围内。

二、红外试样制备方法

1. 固体试样的制备

（1）压片法　将固体样品0.5～1.0mg与150mg左右的光谱纯KBr在玛瑙研钵中研细混匀后，放在压模内，在压片机上边抽真空边加压，制成厚度约1mm，直径约为10mm的透明薄片，然后直接进行测定。

注意事项：①为减少光的散射，应尽可能将样品研细（小于2μm），由于粒度大小影响样品的吸光度，每次研磨中无法准确控制样品的粒度，因而准确度和精确度不如溶液法；②由于KBr具有吸湿性，研磨应快速操作，或在干燥箱中进行，压片后还要用红外灯烘烤干燥；③对于不稳定的化合物不宜采用压片法；④压片法测试后的样品可以回收。

（2）调糊法　将干燥的样品（5～10mg）置于研钵中充分研细，滴入1～2滴重烃油（液体石蜡）调成糊状，然后夹在两窗片之间进行测定。

注意事项：①该法不适用难以粉碎的试样；②液体石蜡用量过多会出现自吸现象，过少又难以制成糊状，因此应准确掌握其用量；③用石蜡油做糊剂不能用来测定饱和碳氢键的吸收情况，此时可改用氯丁二烯做糊剂；④此法适用于样品中含有羟基的测定。

（3）薄膜法　此法适用于高分子化合物的测定。一些高分子薄膜可直接用来测定，而更多的是将样品制成薄膜。常用的是熔融法和溶液成膜法。熔融法适用于一些低熔点、热稳定性好的样品。具体方法是：将样品放在窗片上用红外灯烤，使其受热成流动性液体后加压成膜。溶液成膜法是将样品溶于挥发性溶剂后倒在洁净的玻璃板上，在减压干燥器中使溶剂挥发后形成薄膜，再用组合窗板固定后测定。

2. 液体试样的制备

（1）液膜法　也可称之为夹片法。即在可拆池两侧之间，滴上1～2滴液体样品，使之形成一层薄的液膜。液膜厚度可借助于池架上的紧固螺丝做细小调节。该法操作简单，适用于对高沸点及浓溶液样品进行定性分析。

（2）溶液法　适用于液体样品（挥发性液体）及固体样品溶液的测定，可用于定量分析。将样品溶于适当溶剂（如 CS_2、CCl_4、$CHCl_3$ 等）配成一定浓度的溶液，用注射器注入液体池中进行测定。

3. 气体试样的制备

气体试样可直接在气体吸收池中测试。但气体分子彼此相距较远，因此需要光路很长。常用于气体或气体混合物试样测定的吸收池一般都具有氯化钠晶体窗的玻璃筒，它的光程可以从几厘米到几米。

（1）气体槽　为便于更换盐窗，气体槽通常做成可拆卸式。常用光程为 5cm 和 10cm 的气体槽，容积在 50～150mL，如图 2－13 所示。

（2）长光程气体槽　对于痕量组分的气体试样（如污染空气）、吸收较弱的气体试样以及低蒸气压物质试样的测定，应采用长光程的气体槽。为了减小吸收池的体积，通常使用具内表面反射的吸收池，使光束在吸收池内反复多次反射（每次都经过样品），以增加光程长度，如图 2－14 所示。使用气体吸收池测定气体试样时，应先将气体吸收池排空，再充入样品气体，密闭后测试。

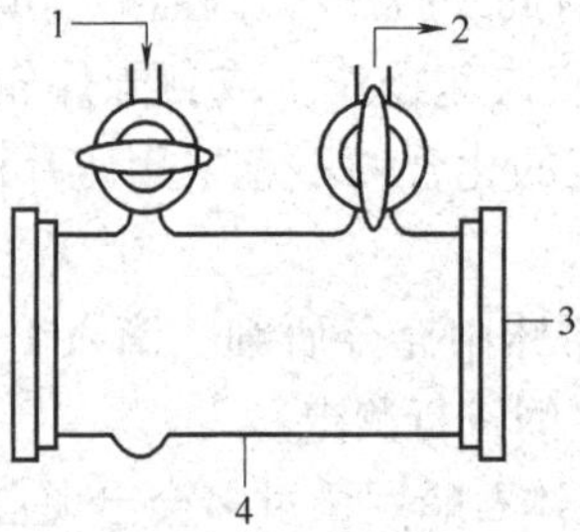

图 2－13　红外气体槽

1—试样进口　2—抽气口（接真空泵）

3—盐窗　4—玻璃槽体

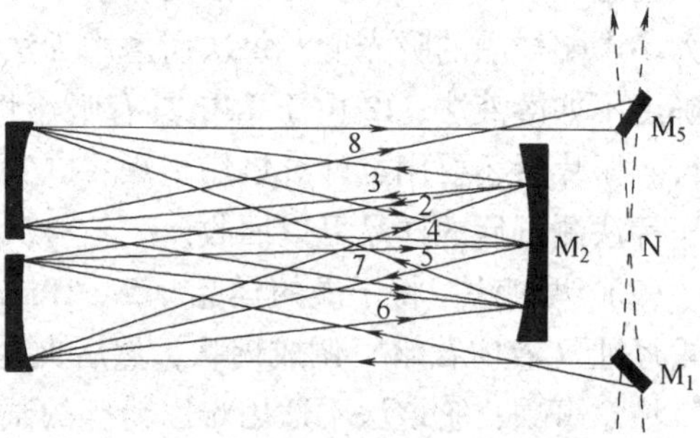

图 2－14　长光程气体槽光路图

M_1、M_5—平面反射镜　M_2～M_4—球面镜

N—通常试样的位置

第六节　实训操作

实训项目一　红外光谱法鉴定邻苯二甲酸氢钾和正丁醇

一、目的要求

1. 了解红外光谱仪的基本结构、工作原理及操作技术。

2. 熟悉有机化合物特征基团的红外吸收频率，初步掌握红外定性分析方法。

3. 掌握常规试样的制备方法。

二、相关知识

当一束连续变化的红外光照射样品时，其中一部分光被样品吸收（吸收的光能转变为分子的振动能量和转动能量），另一部分光透过样品。若将透过的光用单色器色散，可以得到一暗条的谱带。以波长 λ 或波数 $\bar{\nu}$ 为横坐标，以百分透过率 T 为纵坐标，将谱带记录下来，就得到该样品的红外吸收光谱图。通过解析红外光谱图，可以判定有机化合物的基团（官能团）以及鉴定有机化合物的结构。

三、仪器与试剂的准备

1. 仪器

红外光谱仪，溴化钾窗片，液体池，玛瑙研钵，油压机、压片模具、样品架。

2. 试剂

除非特别说明，所用试剂均为分析纯。

溴化钾，无水乙醇，丙酮，四氯化碳，邻苯二甲酸氢钾，正丁醇。

四、实训内容

1. 试样制备

（1）液膜法　取 1 ~ 2 滴正丁醇样品滴到两个溴化钾窗片之间，形成一层薄的液膜（注意不要有气泡），用夹具轻轻夹住后测定光谱图。如果样品吸收很强，需用四氯化碳配成浓度较低的溶液再滴入液体池中测定。

（2）压片法　取 1.3mg 左右的邻苯二甲酸氢钾与 200mg 干燥的溴化钾在玛瑙研钵中充分研磨，混匀后压片（本底采用纯溴化钾压片）。

2. 试样检测

（1）打开仪器电源开关和计算机电源，运行工作站。

（2）插入样品片进行红外光谱测定。

3. 图谱对比

在 Sadtler 标准图谱库中查得邻苯二甲酸氢钾和正丁醇的标准红外谱图，并将实验结果与标准图谱进行对照。

4. 谱图解析

在测定的谱图中根据吸收带的位置、强度和形状，利用各种基团特征吸收峰，确定吸收带的归属。红外光谱图上的吸收峰并非要一一解释清楚，一般只要解释较强的峰，同时查看基团的相关峰是否也存在，作为佐证。

五、数据记录与处理

待测样品	理论数据		实验数据	
	特征吸收峰/cm^{-1}	振动类型	特征吸收峰/cm^{-1}	强　度
邻苯二甲酸氢钾				
正丁醇				

六、注意事项

1. 溴化钾的浓度和厚度要适当，在样品的研磨和放置过程中要特别注意干燥。

2. 不可用手触摸溴化钾窗片表面，实验完成后用丙酮清洗窗片，用镜头纸或脱脂棉擦拭后放入干燥器中保存。

3. 处理谱图时，平滑参数不要选择过高，否则会影响谱图的分辨率，并使谱图失真。

4. 用压片法时，一定要用镊子从压片模具中取出压好的薄片，切忌用手直接触摸，以免玷污薄片。

5. 在液膜法中固定窗片时，旋转螺帽要采用对角线法，否则易将窗片挤裂。

七、思考题

1. 如何用红外光谱鉴定化合物中存在的基团及其在分子中的相对位置?

2. 特征吸收峰的数目、位置、形状和强度取决于哪些因素?

3. 用压片法制样时有哪些注意事项?

实训项目二　红外光谱法测定车用汽油中苯的含量

（美国材料与试验协会标准 ASTMD 4053－98）

一、目的要求

1. 掌握红外光谱法定量分析原理。

2. 掌握液体样品的制备技术。

3. 掌握液体池的使用方法。

4. 了解红外光谱法测定车用汽油中苯含量的方法。

二、相关知识

红外光谱定量分析是通过对特征吸收谱带（特征吸收峰）强度的测量来求出组分含量，其理论依据是朗伯－比尔定律。

在 400 ~ 690cm^{-1} 波数范围内，分别测出甲苯标准溶液和苯系列标准溶液的红外光谱图。分别用 460cm^{-1}（甲苯特征吸收峰）和 673cm^{-1}（苯特征吸收峰）分析峰的峰面积减去基线 500cm^{-1} 的峰面积，得到相应波数的净峰面积，利用 673cm^{-1} 和 460cm^{-1} 的净峰面积之比求出甲苯校正系数。测定波数 673cm^{-1}、460cm^{-1} 和 500cm^{-1} 的峰面积，计算校正后的苯的峰面积（$A_{校正} = A_{673} - A_{460} \times$ 甲苯校正系数）。用苯标准液浓度对校正后的苯峰面积作图绘制标准曲线。测定未知样品的谱图，计算未知样品中苯的浓度。

苯是一种有毒化合物，测定汽油中苯的含量有助于评价汽油使用过程中对人体的伤害。本实验用红外光谱法测定车用汽油中苯的含量。由于汽油中有甲苯干扰测定，需要对结果进行校正。

三、仪器与试剂的准备

1. 仪器

红外光谱仪，溴化钾窗片，液体池，样品架。

2. 试剂

除非特别说明，所用试剂均为分析纯。

苯，甲苯，异辛烷或正庚烷，车用汽油样品。

四、实训内容

1. 标准溶液的配制

（1）苯系列标准溶液　移取一定量的苯于 100mL 容量瓶中，用不含苯的汽油稀释至刻度，摇匀。配成浓度为 1%，2%，3%，4%，5%（体积分数）苯系列标准溶液。

（2）甲苯标准溶液　准确移取 2.00mL 甲苯于 10mL 容量瓶中，用正庚烷或异辛烷稀释至刻度，混匀后备用。

2. 标准曲线的绘制

（1）测定甲苯的校正系数　用微量注射器准确移取 100μL 甲苯标准溶液，在 400 ~ 690cm^{-1} 波数范围内扫描，获取甲苯标准溶液的红外光谱图，分别用 460cm^{-1}（甲苯特征吸收峰）和 673cm^{-1}（苯特征吸收峰）分析峰的峰面积减去基线 500cm^{-1} 的峰面积，得到相应波数的净峰面积。甲苯的校正系数等于 673cm^{-1} 和 460cm^{-1} 的净峰面积之比。测量温度为 25℃，相对湿度为 50%。

（2）苯系列标准溶液的测定　用微量注射器准确移取 100μL 苯标准溶液，在 400 ~ 690cm^{-1} 波数范围内扫描获取红外光谱图，并测定波数为 673cm^{-1}、460cm^{-1} 和 500cm^{-1} 的峰面积，计算校正后的苯的峰面积（$A_{校正} = A_{673} - A_{460} \times$ 甲苯校正系数）。

（3）标准曲线的绘制　用苯标准液浓度对校正后的苯峰面积作图，绘制标准曲线。

3. 样品测定

测定未知样品的谱图，并计算待测样品中苯的浓度。

五、数据记录与处理

1. 甲苯校正系数数据记录

特征吸收峰/cm^{-1}	673	460	500	校正系数 A_{673}/A_{460}
峰面积				

2. 样品测定数据记录

苯标准溶液浓度/%	峰面积			
	673cm^{-1}	460cm^{-1}	500cm^{-1}	苯校正峰面积
1				
2				
3				
4				
5				
待测样品				

六、注意事项

1. 样品池需用异辛烷或类似溶剂进行洗涤，并真空干燥。
2. 所有测试均在室温条件下进行，装样时要避免形成气泡。
3. 由于湿气对本实训有影响，所以测定过程中要避免样品吸湿。

七、思考题

1. 如何选取红外定量分析中的分析峰?
2. 红外光谱定量分析过程中的关键因素有哪些?
3. 使用液体池法测定红外光谱图有哪些优点?
4. 峰面积校正的原理是什么?

实训项目三　奶粉中苯甲酸钠含量的测定

一、目的要求

1. 掌握标准曲线法定量分析的原理和方法。

2. 了解红外光谱法进行单组分定量分析的全过程。

3. 掌握不同浓度固体标准样品的配制方法。

二、相关知识

红外光谱定量分析法的依据是朗伯－比尔定律。苯甲酸钠的特征吸收峰为 $1555cm^{-1}$，测定一系列浓度不同的固体标准溶液（苯甲酸钠－溴化钾）压片的红外光谱图，求得不同浓度苯甲酸钠固体溶液在该波数下的吸光度，并以吸光度为纵坐标，以相应的浓度为横坐标，绘制标准曲线（或建立回归方程），用同样的方法和操作条件测得待测奶粉样品的吸光度，从而求出样品溶液中苯甲酸钠的浓度，计算奶粉中苯甲酸钠的含量。

三、仪器与试剂的准备

1. 仪器

傅里叶变换红外光谱仪，玛瑙研钵，压片机、压片模，分析天平，红外灯，不锈钢药匙、不锈钢镊子、电吹风机、样品夹板、干燥器、擦镜纸、脱脂棉。

2. 试剂

除非特别说明，所用试剂均为分析纯。

苯甲酸钠，溴化钾（光谱纯），丙酮，市售奶粉样品。

四、实训内容

1. 0.5% 固体标准溶液的配制

准确称取苯甲酸钠 5.0mg 和溴化钾 995.0mg，放入玛瑙研钵中研细混匀，放入干燥器中备用。

2. 样品制备

准确称取 2g 溴化钾和 5mg 的奶粉，混匀研细，放入干燥器中备用。

3. 开机准备

（1）打开红外光谱仪主机电源，预热 30min。

（2）打开计算机，进入工作软件系统。

（3）用脱脂棉蘸取丙酮擦洗玛瑙研钵及研锤、不锈钢药匙及镊子、压片模各部件，用电吹风机吹干。

4. 测定

（1）标准曲线的绘制　分别准确称取 0.5% 固体标准溶液 20.0，40.0，60.0，80.0，100.0mg，各加入相应余量的溴化钾，混合研细制成 200mg 样品，每一样品取 50mg 压片，测定红外光谱图。根据 $1555cm^{-1}$ 处的吸光度，以苯甲酸钠浓度为横坐标，吸光度为纵坐标绘制标准曲线。

（2）样品测定　将制好的样品从干燥器中取出，称取三份各 50mg，分别压片并测定红外光谱图，求得其在 $1555cm^{-1}$ 处的吸光度，取三次测得吸光度的平均值，根据标准曲线查得样品溶液中苯甲酸钠的浓度，计算奶粉中苯甲酸钠的含量。

五、数据记录与处理

1. 标准曲线数据记录

苯甲酸钠浓度/%					
吸光度					

2. 样品测定数据记录

样　　品	1	2	3	平均值
吸光度				
浓度				

六、注意事项

1. 移动压片时注意不要使盐片碎裂。

2. 实验结束后须用丙酮清洗玛瑙研钵、不锈钢药匙及镊子、压片模各部件，用电吹风机吹干。

七、思考题

固体标准溶液的配制应注意哪些问题？

实训项目四　磺胺嘧啶红外光谱的绘制和识别

一、目的要求

1. 熟悉溴化钾压片法。
2. 掌握绘制红外光谱的方法。
3. 熟悉用标准图谱对比法鉴别药物真伪的方法。

二、相关知识

绘制待试品的光谱图与药品标准图谱对比，比较其最强吸收峰和较强吸收峰的峰形、峰位、相对强度是否一致，并在图上标识磺酰基、苯环骨架、芳香伯氨基和磺酰亚氨基的特征峰位。

三、仪器与试剂的准备

1. 仪器

红外光谱仪，玛瑙研钵，压片机、压片模，分析天平，红外灯，不锈钢药匙、不锈钢镊子、电吹风机、样品夹板、干燥器、擦镜纸、脱脂棉。

2. 试剂

溴化钾（光谱纯），丙酮（分析纯），磺胺嘧啶供试品。

四、实训内容

1. 试样制备

取磺胺嘧啶供试品 1mg，置玛瑙研钵中，加 200 目光谱纯干燥的溴化钾 200mg，充分研磨混匀后，移入直径为 13mm 的压模中。用冲头将样品铺均匀，把模具放入油压机，压模与真空泵相连，抽气约 2min 后，加压至$(0.8 \sim 1) \times 10^6$kPa，保持压力 2～5min。除去真空，缓缓减压至常压，取下模具，得厚约 1mm 的透明溴化钾片，目视检查应均匀透明。

2. 试样测定

用镊子将溴化钾样品片置片架上，放于红外光谱仪的测定光路中。再在参比光路中置一按同样方法制成的空白溴化钾片作为补偿。在波数 400～4000cm^{-1}范围内扫描绘制红外吸收光谱。

五、数据记录与处理

将绘制的图谱与药品标准图谱对比，其最强吸收峰和较强吸收峰的峰形、峰位、相对强度应一致。

在图上标出磺酰基、苯环骨架、芳香伯氨基和磺酰亚氨基的特征峰位。

六、注意事项

1. 样品的纯度需大于98%，以便与纯物质光谱对照。
2. 样品应不含水，若含水（结晶水、游离水）则对羟基峰有干扰。
3. 试样研磨应适度，常以粒度 2～5μm 为宜。
4. 压片模具用过后应及时擦拭干净，并保存在干燥器中。
5. 由于各种型号仪器分辨率的差异，不同研磨条件、样品的纯度、吸水情况、晶型变化以及其他外界因素的干扰，会影响光谱形状，比较试样的光谱与对照品光谱，只要求基本一致，不宜要求完全相同。

七、思考题

1. 红外光谱仪和紫外－可见分光光度计在仪器部件和基本构造上有什么不同？
2. 磺胺嘧啶的红外光谱特征吸收峰有哪些？其位置、形状和相对强度如何？

思考与练习

1. 解释下列名词术语

基频峰　泛频峰　特征峰　相关峰　官能团区　指纹区

2. 试计算下列红外辐射的波数所对应的红外吸收峰的波长（μm）。

（1）$1.54\times10^3 cm^{-1}$；（2）$8.52\times10^3 cm^{-1}$；

（3）$7.84\times10^3 cm^{-1}$；（4）$7.25\times10^3 cm^{-1}$

3. 已知近红外区、中红外区、远红外区的波长范围分别为 0.75 ~ 2.5μm、2.5 ~ 25μm、25 ~ 200μm，试求它们的波数和频率范围各为多少？

4. 红外光谱法与紫外光谱法有什么区别？

5. 物质分子产生红外吸收的条件是什么？

6. 影响红外吸收峰强度的主要因素有哪些？同一样品浓度不同或溶剂不同时，红外吸收峰强度是否一样，为什么？

7. 测定样品的 UV 光谱时，甲醇是良好的常用溶剂，而测定红外光谱时，不能用甲醇做溶剂，为什么？

8. 红外光谱法定性分析的基本依据是什么？它与紫外吸收光谱法有何异同？简述红外光谱定性分析过程。

9. 定量分析中，为什么红外光谱法比紫外和可见分光光度法更容易偏离朗伯 – 比尔定律？如何克服？

10. 红外分光光度计与紫外 – 可见分光光度计在仪器部件和基本构造上有什么不同？

11. 比较色散型红外光谱仪和傅里叶变换型红外光谱仪的特点。

12. 某化合物分子式为 C_6H_{14}，红外光谱如下图所示，试推断其结构。

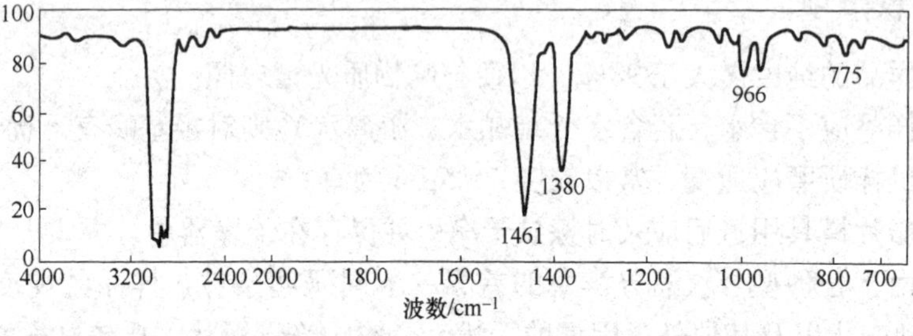

13. 某化合物的化学式为 $C_4H_{10}O$，红外光谱图如下所示，试推测其结构。

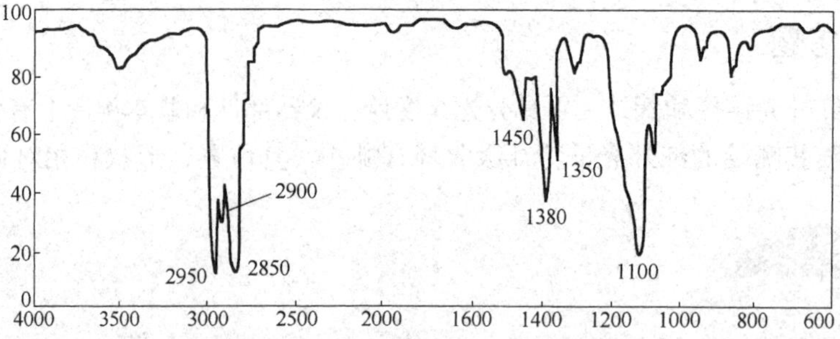

第三章 电位分析法

知识目标

- 掌握电位分析法的基本原理。
- 了解选择性电极的基本结构和膜电位。
- 掌握直接电位法测定溶液的 pH。
- 掌握电位滴定法的基本原理以及滴定终点的确定方法。

能力目标

- 能正确使用和维护常用的离子选择性电极。
- 能正确使用酸度计测定溶液的 pH。
- 能用电位滴定法分析实际样品，并获得准确的测量结果。

电位分析法是电化学分析法中的一个重要组成部分，它是利用物质的电学及电化学性质进行分析的仪器分析方法。

电位分析法包括直接电位法和电位滴定法两种。直接电位法是通过测量原电池的电动势，根据电动势与溶液中某种离子的浓度（活度）之间的定量关系来测定待测物质浓度；电位滴定法是通过测量滴定过程中电池电动势的突变确定滴定终点，再由滴定终点时所消耗的标准溶液的体积和浓度求出待测物质的含量。

电位分析法具有如下特点：

（1）仪器设备简单，操作方便，测试费用低，易于普及。相对于其他仪器分析方法，电位分析仪器造价低，便于携带，适合现场操作。

（2）选择性好，操作快速简便。因为使用离子选择性电极，减少了样品预处理中分离干扰离子的操作步骤；对于有色、浑浊和黏稠溶液，可直接用电位分析法测定；电极响应速度快，一般在几秒钟内得到读数。

（3）灵敏度高。直接电位法的检出限一般为 $10^{-8} \sim 10^{-5}$ mol/L，特别适用于微量组分的测定。

（4）样品用量少。若使用特制的电极，所需试液可少至几微升。

（5）自动化程度高。由于电位分析所测的电位变化信号可以连续显示和自动记录，有利于实现自动化分析。

（6）应用范围广。广泛应用于食品、化工、环境监测、医药等领域。

缺点是精密度和重现性较差，受实验条件的影响较大，标准曲线不及光度法稳定，影响了该方法实际潜力的充分发挥。

第一节 基本原理

一、活度及活度系数

在水溶液或熔融状态下能够导电的化合物称为电解质，电解质的水溶液称为电解质溶液。电解质可以分为强电解质和弱电解质两类，强电解质在水溶液中完全电离成离子，如 NaCl、NaOH、HCl 等；弱电解质在水溶液中只有部分电离成离子，如 HAc、$NH_3 \cdot H_2O$、H_2S 等。在强电解质溶液中，实际上可起作用的离子浓度称为有效浓度，又称活度，用 a 表示，活度 a 与实际浓度（摩尔质量或物质的量浓度）c 的关系为

$$a = \gamma c \tag{3-1}$$

式中 γ 为离子的活度系数。γ 不仅决定于该离子的浓度和电荷，还受溶液中其他离子的浓度和电荷的影响，也即离子强度的影响。离子强度反映了离子间作用力的强弱，离子强度越大，离子间作用力越强，活度系数 γ 就越小；反之，离子强度越小，离子间作用力越弱，活度系数 γ 就越大。在稀溶液中活度系数 γ 近似为1。

二、化学电池

化学能与电能互相转变的装置称为电池，它是任何一类电化学分析法中必不可少的装置。每个电池由两支电极和适当的电解质溶液组成，一支电极与它所接触的电解质溶液组成一个半电池，两个半电池构成一个电池。电池分为原电池和电解池两类，图 3-1 为 Cu-Zn 原电池示意图，图 3-2 为 Cu-Zn 电解池示意图。

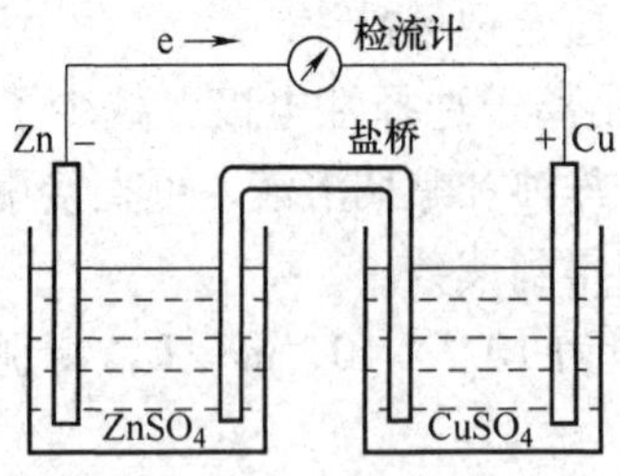

图3-1 Cu-Zn 原电池示意图

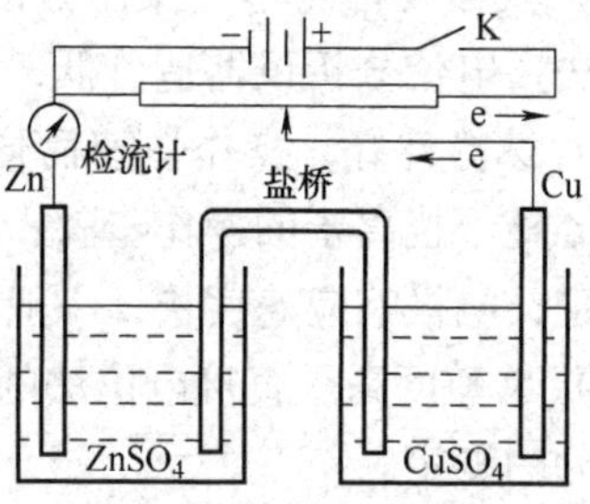

图3-2 Cu-Zn 电解池示意图

原电池能自发地将化学能转化为电能；电解池则需要消耗外部电源提供的电能，使电池内部发生电化学反应。当实验条件改变时，原电池和电解池能互相转

化。两电池工作原理如下：

Cu－Zn 原电池，在外电路接通的情况下，反应可以自发地进行并向外电路供给电能。Zn 片放入 $ZnSO_4$ 溶液中，Cu 片放入 $CuSO_4$ 溶液中，两电解质溶液之间用烧结玻璃或半渗透膜隔开（管中装满用饱和 KCl 溶液和琼脂做成的凝胶，称为“盐桥”）。当两电极接通后，在 Zn 和 Cu 电极上的电化学反应如下：

$$Zn \rightleftharpoons Zn^{2+} + 2e \quad \text{（氧化反应）} \quad \text{阳极（负极）}$$

$$Cu^{2+} + 2e \rightleftharpoons Cu \quad \text{（还原反应）} \quad \text{阴极（正极）}$$

电池的总反应为：

$$Zn + Cu^{2+} \rightleftharpoons Zn^{2+} + Cu$$

Zn 失去 2 个电子氧化成 Zn^{2+} 而进入溶液，失去的电子通过外电路流到 Cu 电极被溶液中 Cu^{2+} 接受，使 Cu^{2+} 还原为金属 Cu 而沉积在 Cu 电极上。Zn 电极带负电，是原电池的负极；Cu 电极带正电，是原电池的正极。电流方向与电子流动的方向相反，电流从电位高的正极流向电位低的负极。电池的电动势可用电位计测量。

Cu－Zn 电解池是由两个称为电极的导体浸在适当的电解质溶液中组成的。当外加电源的电压大于电池的电动势且方向相反时，则外电路电子流动方向由外电源的极性来决定。

此时两电极上的反应与上述电池相反：

$$Zn^{2+} + 2e \rightleftharpoons Zn \quad \text{（还原反应）} \quad \text{阴极（负极）}$$

$$Cu \rightleftharpoons Cu^{2+} + 2e \quad \text{（氧化反应）} \quad \text{阳极（正极）}$$

这样，Zn 电极变为阴极，Cu 电极变为阳极。该反应不能自发地进行。这种由于外加电能引起化学反应的电池，即将电能转化成化学能的电化学装置，就称为电解池。

为了简化对电池的描述，通常用电池表达式来表示。如图 3－1 的原电池可以表示为：

$$(-)Zn \mid ZnSO_4(a_1) \parallel CuSO_4(a_2) \mid Cu(+)$$

a_1、a_2 分别表示两电解质溶液的活度；单竖线“｜”表示不同相界面；双竖线“‖”代表盐桥，表示两种浓度或组成不同的电解质界面处存在的电位差。双竖线两侧为两个半电池，习惯上把正极（＋）写在右边，负极（－）写在左边。

电位分析法是在原电池内进行的。

三、电极电位

（一）电极电位的产生

将金属片 M 插入含有该金属片离子 M^{n+} 的电解质溶液中，此时在金属与电解质溶液的界面上发生电子转移，形成双电层，产生电极电位，其电极半反应为：

$$M^{n+} + ne \rightleftharpoons M$$

实验证明：金属的电极电位大小与金属本身的活泼性、金属离子在溶液中的浓度（活度）以及温度等因素有关。

（二）电极电位与离子活度的关系

电极电位 $\varphi_{M^{n+}/M}$ 与 M^{n+} 离子活度的关系，可用能斯特（Nernst）方程式表示：

$$\varphi_{M^{n+}/M} = \varphi^0_{M^{n+}/M} + \frac{RT}{nF}\ln a_{M^{n+}} \tag{3-2}$$

式中 $\varphi^0_{M^{n+}/M}$——标准电极电位，V；

R——标准气体常数，8.3145J/(mol·K)；

T——热力学温度，K；

n——电极反应中转移的电子数；

F——法拉第常数，96486.7C/mol；

$a_{M^{n+}}$——金属离子 M^{n+} 的活度，mol/L。

为了便于使用，将上述参数代入式（3-2），并用常用对数代替自然对数，在25℃时，能斯特方程式可简化为：

$$\varphi_{M^{n+}/M} = \varphi^0_{M^{n+}/M} + \frac{0.0592}{n}\lg a_{M^{n+}} \tag{3-3}$$

由式（3-3）可以看出，如果测量出 $\varphi_{M^{n+}/M}$，就可以确定 M^{n+} 的活度。但实际上，单支电极的电位是无法测量的，它必须用一支电极电位随待测离子活度变化而变化的指示电极和一支电极电位已知且恒定的参比电极与待测溶液组成工作电池，通过测量工作电池的电动势（E）来获得 $\varphi_{M^{n+}/M}$ 电极电位。设电池为：

$$(-)\mathrm{M} \mid \mathrm{M}^{n+} \parallel \text{参比电极}(+)$$

则电池电动势为

$$E = \varphi_{\text{参比}} - \varphi_{M^{n+}/M} = \varphi_{\text{参比}} - \varphi^0_{M^{n+}/M} - \frac{0.0592}{n}\lg a_{M^{n+}} \tag{3-4}$$

式（3-4）中 $\varphi_{\text{参比}}$ 在一定温度下为常数，因此，只要测量出电池电动势 E，就可以求出待测离子 M^{n+} 的活度，这是直接电位法的理论依据。

若 M^{n+} 是被滴定的离子，在滴定过程中，电动势 E 随溶液中 M^{n+} 的活度（$a_{M^{n+}}$）变化而变化，当滴定进行至化学计量点附近时，由于 $a_{M^{n+}}$ 发生突变，因而电动势 E 也相应发生突跃。因此通过测量 E 的变化就可以确定滴定的终点，根据标准滴定溶液消耗的体积即可以算出被测物的含量，这是电位滴定法的理论依据。注意：若参比电极为负极，则式（3-4）中 $-\frac{0.0592}{n}\lg a_{M^{n+}}$ 项变为

$+\frac{0.0592}{n}\lg a_{M^{n+}}$。

四、参 比 电 极

参比电极是电位已知且恒定，与被测物质无关，只用来提供电位标准的电极。对参比电极的要求是：①电极电位值已知且恒定，受外界影响小；②具有良好的重现性和稳定性；③使用寿命长。电位分析法中常用的参比电极是甘汞电极和银－氯化银电极。

（一）甘汞电极

甘汞电极是由金属 Hg、甘汞（Hg_2Cl_2）和 KCl 溶液组成。其结构如图 3－3 所示，电极由两个玻璃套管组成，内玻璃套管（内参比电极）上端封接一根铂丝，铂丝插入纯汞中，下接一层甘汞和汞的糊状物；外玻璃套管中装入 KCl 溶液。两套管下端（与溶液接触部位）是熔结陶瓷芯或玻璃砂芯等多孔物质。

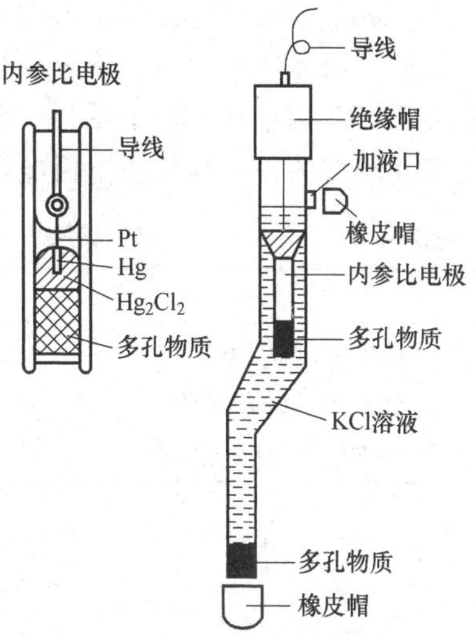

图 3－3　甘汞电极结构示意图

甘汞电极的半电池组成：Hg，Hg_2Cl_2（固）｜KCl（溶液）。

电极反应为：

$$Hg_2Cl_2 + 2e \rightleftharpoons 2Hg + 2Cl^-$$

25℃时的电极电位为：

$$\varphi_{Hg_2Cl_2/Hg} = \varphi^0_{Hg_2Cl_2/Hg} - \frac{0.0592}{2}\lg a^2_{Cl^-} = \varphi^0_{Hg_2Cl_2/Hg} - 0.0592\lg a_{Cl^-} \qquad (3-5)$$

可见，当温度一定时，甘汞电极的电位取决于 Cl^- 的活度，当 Cl^- 的活度一定时，其电极电位值是一定的。表 3－1 给出了不同浓度的 KCl 溶液制得的甘汞电极的电位值。

表 3－1　　25℃时甘汞电极的电极电位

名　　称	KCl 溶液浓度/(mol/L)	电极电位/V
饱和甘汞电极（SCE）	饱和溶液	0.2438
标准甘汞电极（NCE）	1.0	0.2828
0.1mol/L 甘汞电极	0.10	0.3365

电位分析法最常用的甘汞电极的 KCl 溶液为饱和溶液，因此称为饱和甘汞电极（SCE）。

（二）银－氯化银电极

将表面镀有一层 AgCl 的金属银丝，浸入一定浓度的 KCl 溶液中，即构成银－氯化银电极，其结构如图 3－4 所示。银－氯化银电极的半电池组成：Ag，AgCl(固)｜KCl(液)。

电极反应为：

$$AgCl + e \rightleftharpoons Hg + Cl^-$$

25℃时电极电位为：

$$\varphi_{AgCl/Ag} = \varphi^0_{AgCl/Ag} - 0.0592 \lg a_{Cl^-} \qquad (3-6)$$

可见，当温度一定时，银－氯化银的电极电位取决于 KCl 溶液中 Cl^- 的活度。25℃时，不同浓度 KCl 溶液的银－氯化银电极电位见表 3－2。

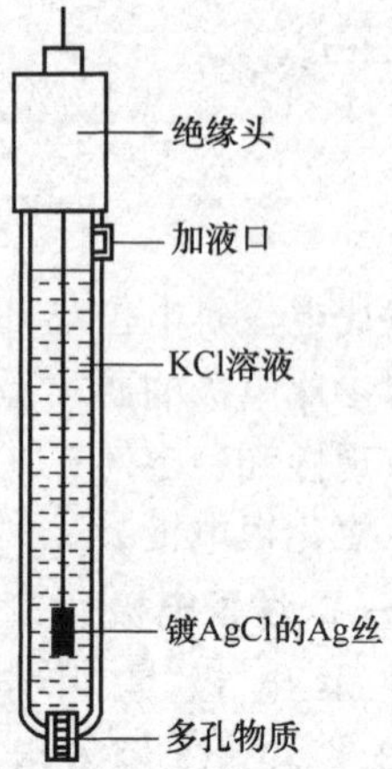

图 3－4　银－氯化银电极结构示意图

表 3－2　25℃时银－氯化银电极的电极电位

名　称	KCl 溶液浓度/(mol/L)	电极电位/V
饱和银－氯化银电极	饱和溶液	0.2000
标准银－氯化银电极	1.0	0.2223
0.1mol/L 银－氯化银电极	0.10	0.2880

五、指示电极

电位分析法中，电极电位随溶液中待测离子活（浓）度的变化而变化，并指示出待测离子活（浓）度的电极称为指示电极。指示电极共有以下几类。

（一）金属－金属离子电极

这类电极又称为活性金属电极或第一类电极。它是由能发生可逆氧化还原反应的金属片或棒，插入含有该金属离子的溶液中构成。例如 Zn 片插入 $ZnSO_4$ 溶液中，构成 $Zn-ZnSO_4$ 电极；将金属 Ag 丝插入 $AgNO_3$ 溶液中，构成 $Ag-AgNO_3$ 电极等。发生的电极反应为：

$$M^{n+} + ne \rightleftharpoons M$$

25℃时的电极电位为：

$$\varphi_{M^{n+}/M} = \varphi^{\circ}_{M^{n+}/M} + \frac{0.0592}{n} \lg a_{M^{n+}} \qquad (3-7)$$

金属电极的电位仅与金属离子的活度有关，故可用金属电极测定溶液中相同金属离子的活度或浓度。

（二）金属－金属难溶盐电极

金属－金属难溶盐电极又称为第二类电极。它由金属、该金属难溶盐和难溶盐的阴离子溶液构成。甘汞电极和银－氯化银电极就属于此类电极。其电极电位随所在溶液中的难溶盐阴离子活度变化而变化。如 Ag - AgCl/Cl^-电极可用来测定 Cl^-活度。由于这类电极具有制作简单、电位稳定和重现性好等优点，因此主要用作参比电极。

（三）惰性金属电极

惰性金属电极又称零类电极。它是由铂、金等惰性金属插入含有氧化还原离子对（如 Fe^{3+}/Fe^{2+}、Ce^{4+}/Ce^{3+}等）的溶液中构成。这类电极本身不参与反应，只充当溶液中氧化态和还原态获得电子或释放电子的场所。例如将 Pt 电极插入含有 Fe^{2+}、Fe^{3+}溶液构成的电极，其电极组成表示为 Pt ｜ Fe^{2+}，Fe^{3+}。

电极反应为：

$$Fe^{3+} + ne \rightleftharpoons Fe^{2+}$$

25℃时的电极电位为：

$$\varphi_{Fe^{3+}/Fe^{2+}} = \varphi^{0}_{Fe^{3+}/Fe^{2+}} + 0.0592\lg\frac{a_{Fe^{3+}}}{a_{Fe^{2+}}} \tag{3-8}$$

由式（3－8）可以看出，这类电极的电位能指示出溶液中氧化态和还原态离子活度之比。

（四）离子选择性电极

离子选择性电极是电位分析最常用的电极，仅对溶液中特定离子有选择性的响应，但并没有发生电极反应。其电极电位与特定离子活度之间符合能斯特方程关系。相关内容将在第二节中介绍。

第二节　离子选择性电极

离子选择性电极（ISE）又称离子敏感电极或膜电极，它是由一种对溶液中某种特定离子具有选择性响应的敏感膜为关键部件所构成的指示电极，其电位与溶液中响应离子活度的对数呈线性关系。离子选择性电极与金属电极在原理上有本质的不同，它不发生电子转移，只是在膜表面上发生离子交换而形成膜电位，因此，它是一种电化学传感器。离子选择性电极是电位分析中使用最多、应用最广的指示电极。

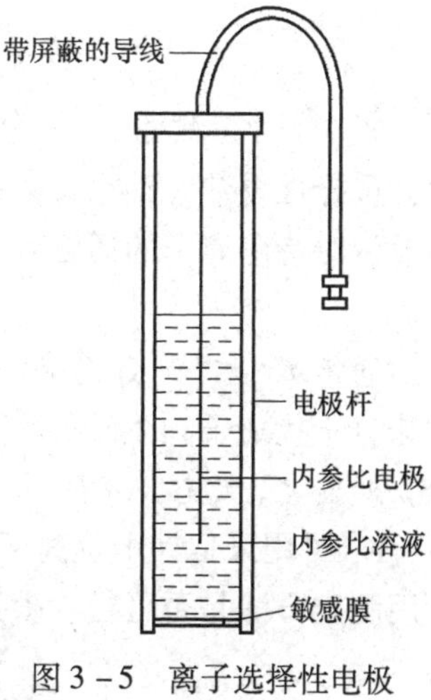

图 3－5　离子选择性电极结构示意图

一、离子选择性电极的基本结构

离子选择性电极一般由内参比电极、内参比液和敏感膜三部分组成。结构如图 3－5 所示，内参比电极一般用银－氯化银电极；内参比液一般由响应离子的强电解质及氯化物溶液组成；敏感膜由不同敏感材料制成（如单晶、混晶、液膜、功能膜及生物膜等），它是离子选择性电极的关键部件。由于敏感膜内阻很高，故需要良好的绝缘。

二、离子选择性电极的膜电位

将离子选择性电极插入含有一定活度的响应待测离子溶液中，在敏感膜的内外两个相界面处进行离子交换和扩散，产生电位差，这个电位差就是膜电位（$\varphi_{膜}$）。

离子选择性电极的膜电位与溶液中待测离子活度的关系符合能斯特方程，即25℃时有：

$$\varphi_{膜} = K \pm \frac{0.0592}{n_i} \lg a_i \tag{3-9}$$

式中，K 为离子选择性电极常数，在一定实验条件下为一常数，它与电极的敏感膜、内参比电极、内参比溶液及温度等有关；a_i 为 i 离子的活度；n_i 为 i 离子的电荷数。当 i 为阳离子时，式中第二项取正值；i 为阴离子时该项取负值。

三、离子选择性电极的性能指标

离子选择性电极性能的好坏，主要从电极的选择性、线性范围、检测下限、灵敏度和响应时间等方面考虑。

（一）离子选择性电极的选择性

理想的离子选择性电极应是只对特定的一种离子产生电位响应，对其他共存离子不干扰。但实际上，目前所使用的各种离子选择性电极都不可能只对一种离子产生响应，而是或多或少地对共存离子产生不同程度的响应。考虑到干扰离子共存产生的电位，式（3－9）可以改写为：

$$\varphi_{膜} = K \pm \frac{0.0592}{n} \lg(a_i + K_{i,j} a_j^{n_i/n_j}) \tag{3-10}$$

式中 i 为待测离子；j 为干扰离子；n_i、n_j 分别为 i 离子和 j 离子的电荷；$K_{i,j}$ 称为选择性系数，其意义为：在相同的测定条件下，待测离子和干扰离子产生相同电位时待测离子的活度 a_i 与干扰离子活度 a_j 的比值：

$$K_{i,j} = a_i / a_j \tag{3-11}$$

通常 $K_{i,j} \leqslant 1$，$K_{i,j}$ 值越小，表明电极的选择性越高。例如，$K_{i,j} = 0.001$ 时，意味着干扰离子 j 的活度是待测离子 i 的活度的1000倍时，两者产生相同的电位，换言之，电极对 i 离子的敏感程度是 j 离子的1000倍。

$K_{i,j}$ 可用来估计干扰离子存在时产生的测定误差，以判断某干扰离子存在时所用测定方法是否可行。根据 $K_{i,j}$ 的定义，估量测定的误差可用下式计算：

$$相对误差 = K_{i,j} \times \frac{(a_j)^{n_i/n_j}}{a_i} \times 100\% \tag{3-12}$$

【例 3－1】有一氟离子选择性电极，$K_{F^-,OH^-}=0.10$，当 $[F^-]=1.0\times10^{-2}$mol/L 时，能允许 $[OH^-]$ 为多大？（设允许测定误差为 5%）

【解】根据式（3－12）

$$相对误差=\frac{0.10\times[OH^-]}{1.0\times10^{-2}}=5\%$$

$$[OH^-]=5.0\times10^{-3}(mol/L)$$

对于离子选择性电极，干扰离子数量越少、干扰离子的选择性系数越小，电极的性能就越好。

（二）线性范围和检测下限

离子选择性电极的电位与待测离子活度的对数值只在一定的范围内呈线性关系。图 3－6 是以活（浓）度的对数为横坐标，以电位值为纵坐标，绘制不同离子浓度标准溶液的电位与浓度对数的关系曲线。

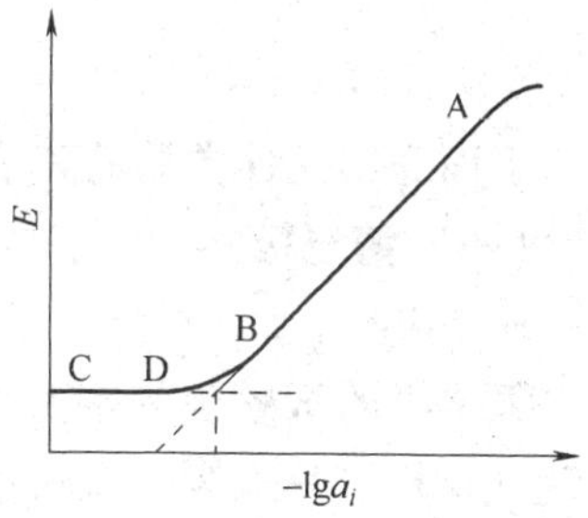

图 3－6　电位随浓度变化曲线

1. 线性范围

活（浓）度的对数与电位呈线性关系时（图 3－6 中的 AB 段）对应的离子的活（浓）度范围。离子选择性电极的线性范围通常为 10^{-6} ～ 10^{-1}mol/L。

2. 检测下限

图中 AB 与 CD 延长线的交点所对应的离子活（浓）度称为电极的检测下限。在检测下限附近，电极电位不稳定，测量结果的重现性和准确度较差。

（三）灵敏度

电极的灵敏度又称电极的斜率。是指活（浓）度的对数与电位呈线性关系时直线（图 3－6AB 段）的斜率，即活度相差一个数量级时电位改变的数值，理论值为 $2.303RT/nF$，在一定温度下为常数。如 25℃时，一价离子为 59.2mV；二价离子为 29.6mV，离子电荷数越大，级差越小，测定灵敏度也越低，因此电位法多用于低价离子的测定。

（四）响应时间

电极的响应时间又称电位平衡时间，是指离子选择性电极和参比电极一起接触试液开始到电极电位达到稳定值（波动在 1mV 以内）所需的时间。它与以下因素有关：

（1）待测离子到达电极表面的速度。搅拌可缩短响应时间。

（2）待测离子的活度。活度越小，响应时间越短。

（3）介质的离子强度。通常情况下，含有大量非干扰离子时响应较快。

（4）敏感膜的厚度、表面光洁度等。膜越薄响应越快；光洁度越好，响应越快。

响应时间是决定电极性能好坏的重要参数，特别是在用离子选择性电极进行连续自动测定时，尤其需要考虑电位响应的时间因素。

四、几种常见的离子选择性电极

离子选择性电极的种类很多，根据敏感膜的类型，1975 年，国际纯粹与应用化学联合会（IUPAC）推荐的关于离子选择性电极的命名和分类如下：

- 离子选择性电极
  - 原电极
    - 晶体膜电极
      - 均相晶体膜电极
      - 多相晶体膜电极
    - 非晶体膜电极
      - 刚性载体电极
      - 流动载体电极
  - 敏化电极
    - 气敏电极
    - 酶电极

下面介绍几种常见的离子选择性电极。

（一）氟电极

1. 构造

氟电极的敏感膜为掺有痕量氟化铕（EuF_2）的氟化镧（LaF_3）单晶膜。其构造如图 3－7 所示，将膜封在塑料电极管的一端，管内装 0.1mol/L 的 NaCl 和 0.001mol/L 的 NaF 溶液作为内参比液，其中插入 Ag－AgCl 丝作内参比电极。

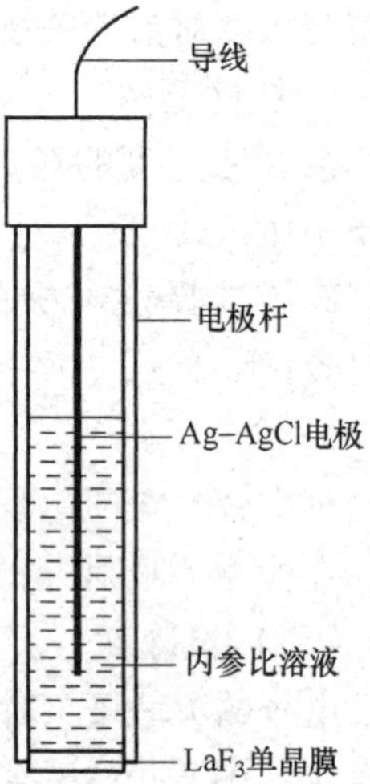

图 3－7　氟电极结构示意图

2. 响应机理

LaF_3 的晶格中有 F^- 可以进入的空穴，当氟电极插入含 F^- 离子的溶液中时，F^- 在晶体膜表面进行交换，产生膜电极电位。25℃时电极电位为：

$$\varphi_F = K - 0.0592\lg a_{F^-} = K + 0.0592\,pF \qquad (3-16)$$

当氟电极与饱和甘汞电极和试样组成测量电池时，

$$Ag|AgCl, Cl^-(a_{Cl^-}), F^-(a_{F^-})|试液(a_{F^-}=x)\,\|\,Cl^-(a_{Cl^-}饱和), Hg_2Cl_2|Hg$$

25℃时电池电动势为：

$$E = \varphi_{Hg} - \varphi_F = K + 0.0592\lg a_{F^-} = K - 0.0592\,pF \qquad (3-13)$$

3. 电极特性

氟电极具有较高的选择性，但需要在 pH 5～7 之间使用。pH 高时，溶液中的 OH^- 与氟化镧晶体膜中的 F^- 交换；pH 较低时，溶液中的 F^- 生成 HF 或 HF_2^-，使测量结果偏低。测量过程中的主要干扰离子有 Al^{3+}、Fe^{3+} 等。

（二）玻璃（pH）电极

1. 构造

玻璃电极是以活性玻璃膜作为敏感膜的离子选择性电极。玻璃电极的敏感膜

是在 SiO_2 基质中加入 Na_2O 和 CaO 等烧结而成的特殊玻璃膜，厚度约为 0.05mm；内参比电极为 Ag - AgCl 电极；内参比溶液为 0.1mol/L 的 HCl 溶液，其结构见图 3 - 8。

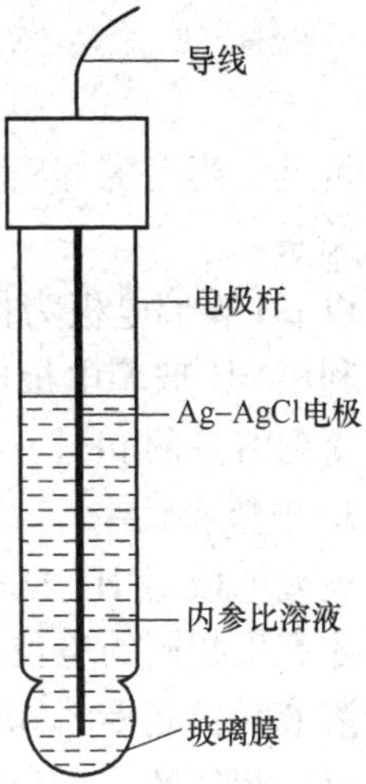

图 3 - 8　玻璃电极结构示意图

pH 玻璃电极的玻璃配方为：21.4% Na_2O，6.4% CaO，72.2% SiO_2（摩尔分数），其 pH 测量范围为pH 1 ~ 10，若加入一定比例的 Li_2O，可以扩大测量范围。

2. 响应机理

pH 玻璃电极使用前，必须在水溶液中浸泡，浸泡膜时，表面的 Na^+ 与水中的 H^+ 交换，在表面形成水合硅胶层。测定时，膜内外生成三层结构，即中间的干玻璃层和两边的水化硅胶层，见图 3 - 9。

水化硅胶层厚度为 0.01 ~ 10um。在水化层中，玻璃上的 Na^+ 与溶液中的 H^+ 发生离子交换而产生相界电位。水化层表面可视作阳离子交换剂。溶液中的 H^+ 经水化层扩散到干玻璃层，干玻璃层的阳离子向外扩散，以补偿溶出的离子，离子的相对移动产生扩散电位。

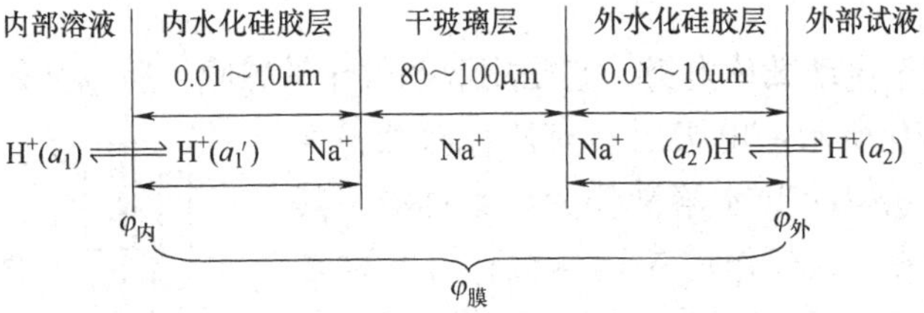

图 3 - 9　玻璃膜的水化胶层及膜电位的产生

玻璃电极插入待测溶液中，当离子交换和扩散达到平衡时，膜电位（25℃）为：

$$\varphi_{膜} = \varphi_{外} - \varphi_{内} = 0.0592 \lg \frac{a_2}{a_1} \tag{3-14}$$

由于内参比溶液中 H^+ 的活度 a_1 是固定的，则：

$$\varphi_{膜} = K + 0.059 \lg a_2 = K - 0.0592 \mathrm{pH}_{试液} \tag{3-15}$$

式中 K 是由玻璃膜电极本身的性质决定，对某一确定的玻璃电极，K 为常数。由式（3 - 15）可以看出，在一定温度下，玻璃电极的膜电位与外部溶液的 pH 呈线性关系。

由于玻璃电极具有内参比电极（通常用 Ag - AgCl 电极），其电位是恒定的，与待测 pH 无关，所以玻璃电极的电极电位是内参比电极电位与膜电位之和：

$$\varphi_{玻璃}=\varphi_{AgCl/Ag}+\varphi_{膜}=\varphi_{AgCl/Ag}+K-0.0592pH_{试液}=K_{玻璃}-0.0592pH_{试液} \quad (3-16)$$

可见，当温度等实验条件一定时，pH 玻璃电极的电极电位与试液的 pH 呈线性关系。

以 pH 玻璃电极为指示电极，饱和甘汞电极为参比电极，与待测溶液构成电池，利用 pH 玻璃电极电位与待测溶液的 pH 呈线性关系，通过测量电池电动势就可得到溶液的 pH。

3. 电极特性

玻璃电极对 H^+ 具有高选择性。溶液中的 Na^+ 浓度比 H^+ 浓度高 10^{15} 倍时，两者才产生相同的电位。pH 玻璃电极测定 pH 大于 10 的碱性溶液或 Na^+ 浓度较高的溶液时，测得的 pH 比实际数值偏低，这种现象称为碱差或钠差；测定强酸溶液时，测得的 pH 比实际数值偏高，这种现象称为酸差。碱差是由于在水化凝胶层与溶液界面间的离子交换过程中，不仅有 H^+，而且还有 Na^+ 参与所致，结果由电极电位值反映出来的是 H^+ 活度增加，pH 下降；酸差的产生是由于在强酸溶液中，水分子活度减小，而 H^+ 以 H_3O^+ 形式传递，结果到达电极表面的 H^+ 减少，pH 增加。

（三）钙电极

1. 构造

钙电极属于流动载体电极，它是用液态膜作敏感膜，所以又称液膜电极，其构造如图 3-10 所示。电极内装有两种溶液，一种是 0.1mol/L 的 $CaCl_2$ 水溶液作为内参比液，其中插入 Ag-AgCl 电极作内参比电极；另一种是 0.1mol/L 二癸基磷酸钙的苯基磷酸二辛酯溶液，作为液体离子交换剂被置于内外管之间，该溶液不溶于水，故不能进入试液但极易扩散进入多孔膜。底部为一层离子交换薄膜（液态敏感膜），敏感膜把内参比液和试液隔开。

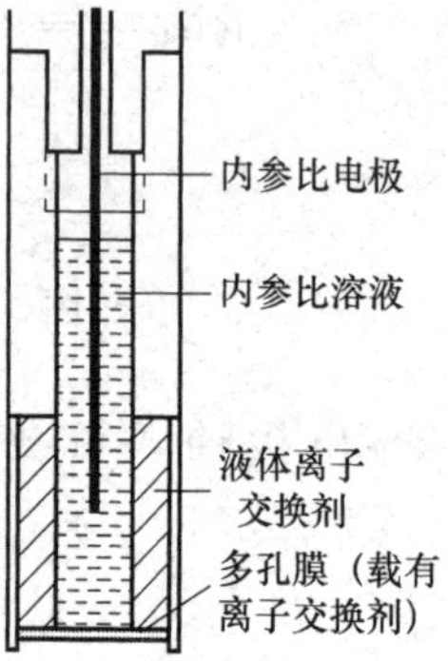

图 3-10　钙电极结构示意图

2. 响应机理

在薄膜与两种溶液接触的界面上，二癸基磷酸根传递 Ca^{2+}，由于 Ca^{2+} 在水相中的活度与在有机相中的活度的差异，在液膜两侧发生离子交换，离子的交换破坏了界面附近正负电荷分布的均匀性，形成双电层，在膜两侧产生电位差（膜电位）。25℃时，产生的膜电位为：

$$\varphi_{膜}=K+0.0296\lg a_{Ca^{2+}} \quad (3-17)$$

3. 电极特性

钙电极适宜的 pH 范围是 5～11，线性范围 10^{-5}～1mol/L。干扰离子有

Zn^{2+}、Pd^{2+}、Fe^{2+}、Cd^{2+}、Mg^{2+}等。

（四）气敏电极

1. 构造

气敏电极是一种气体传感器，常用于分析溶于水中的气体和能在水溶液中生成这些气体的离子。一般由基体电极（离子选择性电极）、参比电极、中介液和透气膜组成，结构如图 3－11 所示。例如，氨气敏电极，其基体电极为 pH 玻璃电极，参比电极为 Ag－AgCl 电极，中介液为 0.1mol/L 的 NH_4Cl 溶液。透气膜由醋酸纤维、聚四氟乙烯等材料制成，具有疏水性，将溶液和电极中介液隔开，只允许气体通过，不允许溶液中的离子通过。

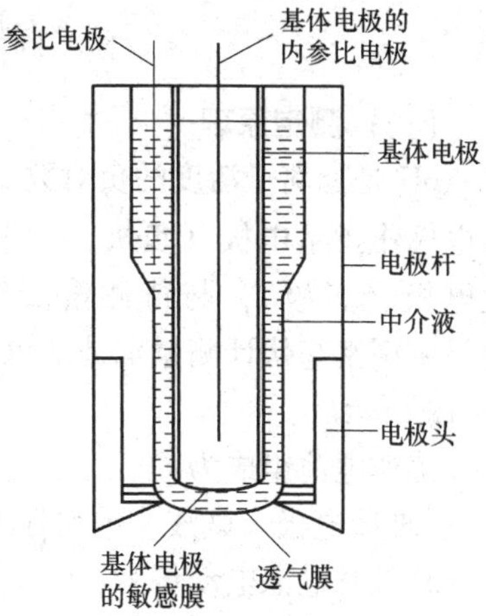

图 3－11　气敏电极结构示意图

2. 响应机理

当氨敏电极浸入试液时，试液中溶解的 NH_3 通过透气膜，进入 NH_4Cl 中介液，发生下列反应：

$$NH_3 + H_2O \rightleftharpoons NH_4^+ + OH^-$$

由于中介液吸收 NH_3，引起其 pH 发生变化，这种变化由 pH 玻璃电极指示出来，由此测定试液中氨的含量。如果试液为 NH_4^+，则可加 NaOH，使 NH_4^+ 以 NH_3 的形式逸出，这样就可测定试液中 NH_4^+ 的含量。

如果中介液为 0.01mol/L 碳酸氢钠溶液，可制成 CO_2 气敏电极，同样可测出试液中 CO_2 的含量。

（五）酶电极

酶电极是基于界面酶催化化学反应的一类敏化电极。酶电极是将离子选择性电极与某种特异性酶结合起来构成的，也就是在离子选择性电极的敏感膜上覆盖一层固定化酶而构成的复合电极。

酶是具有生物活性的催化剂，酶的催化反应选择性强，催化效率高，而且大多数酶催化反应可在常温下进行。酶电极就是利用酶的催化活性，将某些复杂化合物分解为简单的化合物或离子，而这些简单化合物或离子可以被离子选择性电极测出，从而间接测定这些化合物的浓度。如尿素在脲酶的催化作用下发生如下反应：

$$CO(NH_2)_2 + H_2O \xrightleftharpoons{\text{脲酶}} 2NH_3 + CO_2$$

生成的产物 NH_3 可以通过氨气敏电极测定，从而间接测定出尿素的浓度。

由于酶反应的重要特征是高度的选择性和专一性，所以酶电极的研究已成为固定化酶的应用及离子电极的发展的一个重要方面。

第三节　直接电位法

直接电位法应用最多的是 pH 的电位测定和离子选择性电极法测定溶液中离子活度。

一、直接电位法测定溶液 pH

（一）测定原理

pH 是氢离子活度的负对数，即 $pH = -\lg a_{H^+}$。测定溶液的 pH 通常用 pH 玻璃电极作指示电极（负极），甘汞电极作参比电极（正极），与待测溶液组成工作电池，用精密毫伏计测量电池的电动势，如图 3－12 所示。

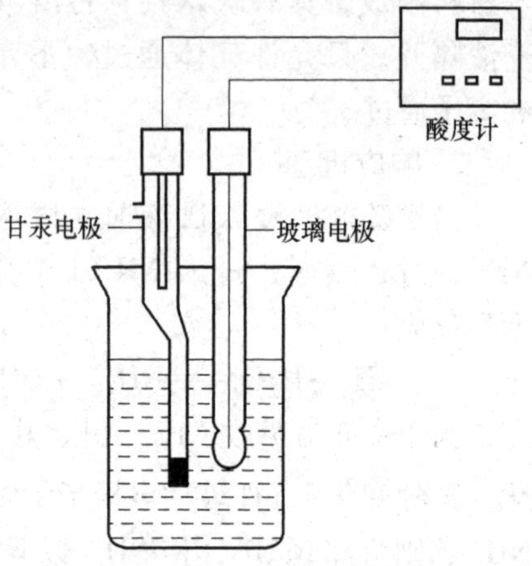

图 3－12　pH 的电位测定示意图

工作电池组成为：

玻璃电极｜试液‖饱和甘汞电极

25℃时电池电动势为：

$$E = \varphi_{甘汞} - \varphi_{玻璃} = \varphi_{甘汞} - K_{玻璃} + 0.0592pH_{试液}$$

由于式中 $\varphi_{甘汞}$，$K_{玻璃}$ 在一定条件下为常数，所以上式可表示为：

$$E = K' + 0.0592pH_{试液} \tag{3-18}$$

可见，工作电池电动势 E 与试液的 pH 呈线性关系，据此可以进行溶液 pH 的测量。

（二）溶液 pH 的测定

式（3－18）说明，只要测出工作电池的电动势，并求出 K' 值，就可以计算试液的 pH。但 K' 是个十分复杂的项目，它包括饱和甘汞电极的电位、内参比电极的电位、玻璃膜的不对称电位及参比电极与溶液间的接界电位，很难测出。因此，实际工作中用已知 pH 的标准缓冲溶液为基准，通过比较由标准缓冲溶液参与组成和待测溶液参与组成的两个工作电池的电动势，来确定待测溶液的 pH。即测定一标准缓冲溶液（pH_s）的电动势 E_s，然后测定试液（pH_x）的电动势 E_x。25℃时，E_s 和 E_x 分别为：

$$E_s = K'_s + 0.0592pH_s$$

$$E_x = K'_x + 0.0592pH_x$$

在同一测量条件下，采用同一支 pH 玻璃电极和甘汞电极，则上两式中 $K'_s \approx K_x$，将两式相减得：

$$pH_x = pH_s + \frac{E_x - E_s}{0.0592} \tag{3-19}$$

式中 pH_s 为已知值，测量出 E_x、E_s 即可求出 pH_x。通常式（3－19）称为pH 实用定义或 pH 标度。实际测定中，将 pH 玻璃电极和甘汞电极插入 pH_s 标准缓冲溶液中，通过调节测量仪器上的“定位”旋钮使仪器显示出测量温度下的 pH_s，就可以达到消除 K 值、校正仪器的目的，然后再将电极对浸入试液中，直接读取溶液 pH。

由式（3－19）可知，E_x 和 E_s 的差值与 pH_x 和 pH_s 的差值呈线性关系，在25℃时直线斜率为0.0592，直线斜率（$S=2.303RT/F$）是温度的函数。为保证在不同温度下测量精度符合要求，在测量中要进行温度补偿。用于测量溶液 pH 的仪器都设有此功能。式（3－19）还表明，E_x 与 E_s 差值改变 0.0592V，溶液的 pH 也相应改变 1 个 pH 单位。测量 pH 的仪器的表头即按此间隔显示读数。

由于式（3－19）是在假定 $K'_s=K_x$ 情况下得出的，而实际测量过程中往往因为某些因素（如试液与标准缓冲液的 pH 或温度的变化等）的改变，导致 K 值发生变化。为了减少测量误差，测量过程中应尽可能保持溶液的温度恒定，并选用 pH 与待测溶液相近的标准缓冲溶液来校正仪器。

（三）pH 标准缓冲溶液

pH 标准缓冲溶液是具有准确 pH 的缓冲溶液，是 pH 测定的基准。故缓冲溶液的配制及 pH 的确定是至关重要的。一般实验室常用的标准缓冲物质是邻苯二甲酸氢钾、混合磷酸盐（$KH_2PO_4-Na_2HPO_4$）及四硼酸钠。目前市场上销售的成套 pH 缓冲剂就是上述三种物质的小包装产品，使用很方便。配制时不需要干燥和称量，直接将袋内试剂全部溶解稀释至一定体积（一般为 250mL）即可使用。

二、直接电位法测定离子活（浓）度

（一）测定原理

与 pH 的电位法测定相似，离子活（浓）度的电位法测定也是将对待测离子有响应的离子选择性电极与参比电极浸入待测溶液组成工作电池，并用仪器测量其电池电动势（如图 3－13 所示）。例如，用氟离子选择性电极测定氟离子的活（浓）度，其工作电池为：

饱和甘汞电极‖试液｜氟离子选择性电极

则 25℃时，电池电动势与 a_{F^-} 或 pF（$pF=-\lg a_{F^-}$）的关系为：

$$E=K'-0.0592\lg a_{F^-} \quad (3-20)$$

或

$$E=K'+0.0592pF \quad (3-21)$$

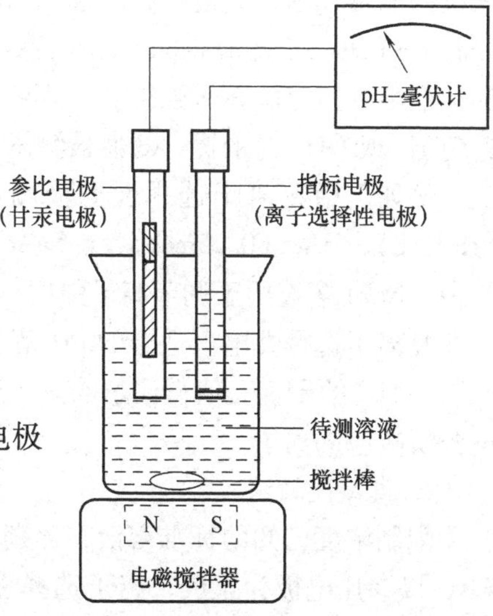

图 3－13　离子活（浓）度的电位法测定装置

式中，K' 在一定实验条件下为一常

数。用各种离子选择性电极测定与其响应的离子的活度时，可用下列通式：

$$E = K' \pm \frac{2.303RT}{nF}\lg a_i \quad (3-22)$$

当离子选择性电极作正极时，对阳离子响应的电极，后一项取正值；对阴离子响应的电极，后一项取负值。

与测定 pH 同样原理，K'的数值也决定于离子选择性电极的薄膜，内参比溶液及内外参比电极的电位，它同样是一项很复杂的项目，也需要用一个已知离子活度的标准溶液为基准，比较包含待测溶液和包含标准溶液的两个工作电池的电动势，来确定待测试液的离子活度。

（二）定量分析方法

由于能提供离子选择性电极校正用的标准活度溶液很少（目前只有测 Cl^-、Na^+、F^-、Ca^{2+}用的 NaCl、KF 和 $CaCl_2$ 标准参比溶液），故在保证离子活度系数不变的情况下，通常用浓度代替活度进行测定。

1. 离子选择性电极测定离子浓度的条件

离子选择性电极响应的是离子的活度，根据活度与浓度的关系 $\alpha_i = \gamma_i c_i$（γ_i 为 i 离子的活度系数，c_i 为 i 离子的浓度），用离子选择性电极测定溶液中被测离子浓度的条件是：在使用标准溶液校正电极和用此电极测定试液这两个步骤中，必须保持溶液中 γ_i 不变；由于 γ_i 是 α_i 的函数，因此也就要求保持溶液的 α_i 不变。

要保持溶液的 α_i 不变，常用的方法是：在试液和标准溶液中加入相同量的离子强度调节剂（惰性电解质），有时将离子强度调节剂与 pH 缓冲溶液及消除干扰的掩蔽剂等事先混合在一起，这种混合液称为总离子强度调节缓冲剂（totle ionic strength adjustment buffer，简称 TISAB）。TISAB 的作用主要有：①维持试液和标准溶液恒定的离子强度；②保持试液在离子选择性电极适合的 pH 范围内，避免 H^+或 OH^-的干扰；③使被测离子释放成为可检测的游离离子。

例如，用氟离子选择性电极测定水中的 F^- 所加入 TISAB 的组成为 NaCl（1mol/L）、HAc（0.25mol/L）、NaAc（0.75mol/L）及柠檬酸钠（0.001mol/L）。其中，NaCl 溶液用于调节离子强度；HAc - NaAc 组成缓冲体系，使溶液 pH 保持在氟离子选择性电极适合的 pH 范围（5～6）之内；柠檬酸钠作为掩蔽剂消除 Fe^{3+}、Al^{3+}的干扰。值得注意的是，所加入的 TISAB 中不能含有能被离子选择性电极所响应的离子。

2. 直接比较法

配制浓度已知的标准溶液，分别在标准溶液和待测溶液中加入相同量的 TISAB，以参比电极为正极，离子选择性电极为负极，在同一温度下，测定两种溶液的电动势值 E_s 和 E_x。由于 TISAB 的加入，被测离子在两种溶液中的活度系数相等，电动势 E 与 $\lg c$ 之间呈线性关系。

如果被测离子为阳离子，则：

$$\lg c_x = \lg c_s - \frac{E_x - E_s}{2.303RT/nF} \quad (3-23)$$

如果被测离子为阴离子，则：

$$\lg c_x = \lg c_s + \frac{E_x - E_s}{2.303RT/nF} \quad (3-24)$$

以标准溶液作对比，通过测定两种溶液的电动势，确定未知溶液浓度的方法称作直接比较法。

3. 标准曲线法

配制一系列已知浓度的含待测离子的标准溶液，依次加入相同量的 TISAB，在同一条件下，测出各溶液的电动势 E，然后以所测得的电动势 E 为纵坐标，以浓度 c 的对数（或负对数值）为横坐标，绘制 $E-\lg c$ 的关系曲线。如图 3－14 为测 F^- 的标准曲线。

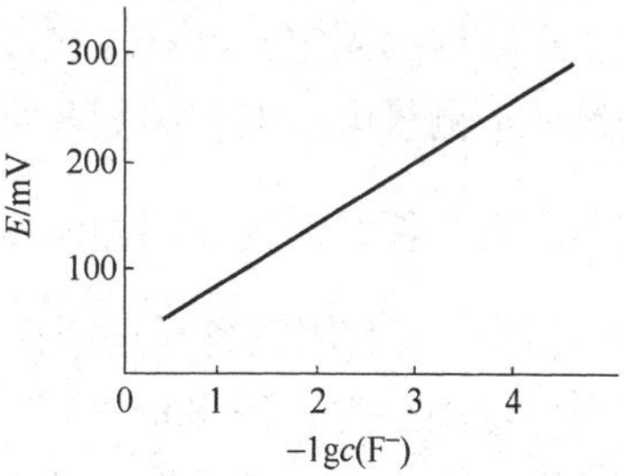

图 3－14　F^- 的标准曲线

在待测溶液中加入相同量的同一 TISAB，并用同一对电极测定其电池电动势 E_x，再从所绘制的标准曲线上查出 E_x 所对应的 $\lg c_x$，换算为 c_x。

由于 K' 值容易受温度、搅拌速度及液接电位等的影响，标准曲线不是很稳定，容易发生平移。实际工作中，每次使用标准曲线都必须先选定 1～2 个标准溶液测出 E 值，确定曲线平移的位置，再分析试液。若试剂等更换，应重做标准曲线。采用标准曲线法进行测量时，实验条件必须保持恒定，否则将影响其线性。

4. 标准加入法

分析复杂样品时宜采用标准加入法，即将标准溶液加入到样品溶液中进行测定。具体做法是：在一定实验条件下，先测定含 TISAB 体积为 V_x，浓度为 c_x 的试液电池的电动势 E_x，然后在其中加入浓度为 c_s，体积为 V_s 的待测离子标准溶液（要求：V_s 约为试液体积的 1/100，而 c_s 则为 c_x 的 100 倍左右），在同一条件下再测其电池电动势 E_{x+s}，则 25℃时

$$E_x = K' + \frac{0.0592}{n}\lg \gamma c_x \quad (3-25)$$

式中，γ 为离子活度系数；n 为离子的电荷数。同理

$$E_{x+s} = K' + \frac{0.0592}{n}\lg \gamma' (c_x + \Delta c) \quad (3-26)$$

式中，γ' 为加入标准溶液后溶液的离子活度系数；Δc 为加入标准溶液后试液浓度的增量，其值为：

$$\Delta c=\frac{c_s V_s}{V_x+V_s}$$

由于 V_x 远大于 V_s，因而 $$\Delta c=\frac{c_s V_s}{V_x} \qquad (3-27)$$

则有 $$\Delta E=E_{x+s}-E_x=\frac{0.0592}{n}\lg\frac{\gamma'(c_x+\Delta c)}{\gamma c_x}$$

因为 $\gamma\approx\gamma'$，则 $$\Delta c=\frac{0.0592}{n}\lg\frac{c_x+\Delta c}{c_x}$$

令 $S=\frac{0.0592}{n}$，则 $$c_x=\Delta c\ (10^{\Delta E/S}-1)^{-1} \qquad (3-28)$$

因此，只要测出 ΔE、S，计算出 Δc，就可以求出 c_x。

标准加入法的优点是只需要一种标准溶液，溶液的配制简便，适于组成复杂的个别试样的测定，准确度较高。不过需要指出的是，标准加入法需要在相同实验条件下测量电极的实际斜率 S（简便的测量方法：在测量 E_x 后，将所测试液用空白溶液稀释 1 倍，再测定 E_x'，则 $S=\frac{|E_x'-E_x|}{\lg 2}=\frac{|E_x'-E_x|}{0.301}$）。

【例 3 - 2】用氯离子选择性电极测定果汁中氯化物含量时，在 100mL 的果汁中测得电动势为 -26.8mV，加入 1.00mL 0.500mol/L 经酸化的 NaCl 溶液，测得电动势为 -54.2mV。计算果汁中氯化物浓度（假定加入 NaCl 前后离子强度不变）。

【解】根据式（3 - 27）

$$\Delta c=\frac{c_s V_s}{V_x}=\frac{0.500\times 1.00}{100}$$

利用式（3 - 28） $$c_x=\Delta c(10^{\Delta E/S}-1)^{-1}$$

$$c_x=\frac{0.500\times 1.00}{100}\times\left[10^{\frac{(54.2-26.8)\times 10^{-3}}{0.0592}}-1\right]^{-1}=2.63\times 10^{-3}\ (\text{mol/L})$$

5. 格氏作图法（多次标准加入法）

假设试液的浓度为 c_x，体积为 V_x，加入浓度为 c_s 含待测离子的标准溶液 V_s 后，测得电池电动势为 E，则

$$E=K'+S\cdot\lg\frac{c_x V_x+c_s V_s}{V_x+V_s}$$

即 $$(V_x+V_s)10^{E/S}=(c_x V_x+c_s V)10^{K'/S} \qquad (3-29)$$

在体积为 V_x 的试液中，每加一次待测离子标准溶液 V_s（mL）就测量一次电池电动势 E，并计算出相应的（V_x+V_s）$\times 10^{E/S}$，再在一般坐标纸上，以此值为纵坐标，以加标准溶液体积 V_s 为横坐标作图，将得一直线，如图 3 - 15 所示。将直线外推，在横轴相交于 V_x，此时：

$$(V_x+V_s)\times 10^{E/S}=0 \qquad (3-30)$$

根据式（3 - 29），则

$$c_xV_x + c_sV_s = 0$$

所以
$$c_x = \frac{c_sV_s}{V_x} \qquad (3-31)$$

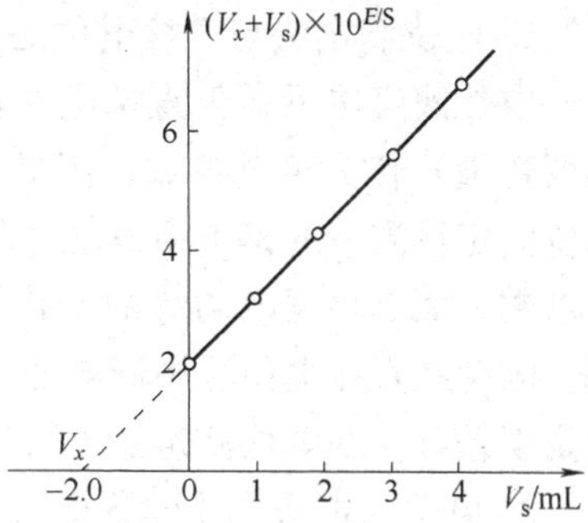

图 3-15　格氏作图法

格氏作图法具有简便、准确及灵敏度高的特点。现在市场上可以购到格氏坐标纸，它可以避免将 E 换算 $10^{E/S}$ 数学计算，加快分析速度。格氏作图法适于低浓度物质的测定。

使用格氏坐标纸时，要注意以下几点：

（1）格氏坐标纸是已校准 10% 体积变化的半反对数坐标纸。即试液 V_x 取 100mL，则横坐标每一大格为 1mL；若取 50mL，则每一大格为 0.5mL。

（2）格氏坐标纸制作时纵坐标按 $10^{E/S}$ 标度。S 是离子选择电极的斜率，规定一价离子是 58mV。E 是电位值，纵坐标的 $10^{E/S}$ 按 $10^{5/58}$ 制成。因此在标定纵坐标时，一价离子每一大格代表 5mV。

（3）应进行空白试验。格氏坐标纸规定的电极斜率 S 是 58mV，若离子选择性电极的实际斜率比该值大或小，则所绘制的直线与横坐标的交点将稍偏离至零点的右侧或左侧。为了校正这种误差，应做空白试验。同时空白试验还能校正试剂中的空白值。

第四节　电位滴定法

一、基本原理

电位滴定法是根据滴定过程中指示电极电位的突跃来确定滴定终点的一种滴定分析方法。如图 3-16 所示，进行滴定时，在待测溶液中插入一支对待测离子或滴定剂有电位响应的指示电极，并与参比电极组成工作电池。随着滴定剂的加入，由于待测离子与滴定剂之间发生化学反应，待测离子浓度不断变化，造成指示电极电位也相应发生变化。在化学计量点附近，待测离子活度发生突变，指示电极电位也相应发生突跃。因此，测量电池电动势的变化，可以确定滴定终点。最后根据滴定剂浓度和终点时滴定剂消耗体积，计算试液中待测组分的含量。

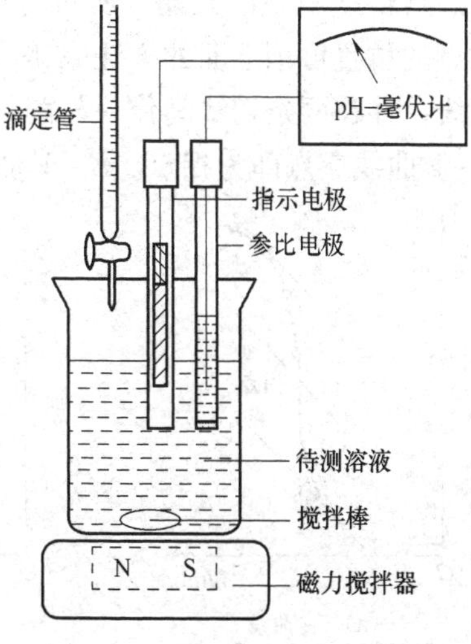

图 3-16　电位滴定装置示意图

1. 电位滴定法与直接电位法比较

电位滴定法不同于直接电位法，直接电位法是以所测得的电池电动势（或其变化量）作为定量参数，因此其测量值的准确与否直接影响定量分析结果；电位滴定法测量的是电池电动势的变化情况，它不以某一电动势的变化量作为定量参数，而是根据电动势的变化情况确定滴定终点，其定量参数是滴定剂的体积。因此在直接电位法中影响测定的一些因素如不对称电位、液接电位、电动势测量误差等，在电位滴定法中可得以抵消。

2. 电位滴定法与化学分析法比较

电位滴定法与普通化学分析法的区别在于终点指示的不同。普通的滴定法是利用指示剂颜色的变化来指示滴定终点；电位滴定法是利用电池电动势的突跃来指示滴定终点。因此电位滴定虽然没有用指示剂确定终点那样方便，但可以用在浑浊、有色溶液以及找不到合适指示剂的滴定分析中。另外，电位滴定的诱人之处是可以连续滴定和自动滴定。

二、滴定终点的确定方法

进行电位滴定时，每加入一定体积的滴定剂 V，就测定一个电池的电动势 E，并对应的将它们记录下来，然后再利用所得的 E 和 V 来确定滴定终点。

下面以银电极作指示电极，饱和甘汞电极（SCE）作参比电极，用 0.1000mol/L $AgNO_3$ 标准溶液滴定 Cl^- 为例，说明终点的确定方法。

（一）*E*－*V* 曲线法

根据表 3－3 的实验数据，以电动势 E 为纵坐标，以消耗标准 $AgNO_3$ 体积 V 为横坐标，在坐标纸上绘制 $E-V$ 曲线，如图 3－17（a）所示。$E-V$ 曲线上的拐点（曲线斜率最大处）所对应的滴定体积即为终点时滴定剂所消耗体积 V_e。拐点的位置可用下面的方法来确定：作两条与横坐标成45°的 $E-V$ 曲线的平行切线，并在两条切线间作一与两切线等距离的平行线［图 3－17（a）］，该线与 $E-V$ 曲线交点即为拐点。$E-V$ 曲线法适于滴定曲线呈对称情况，对突跃不明显

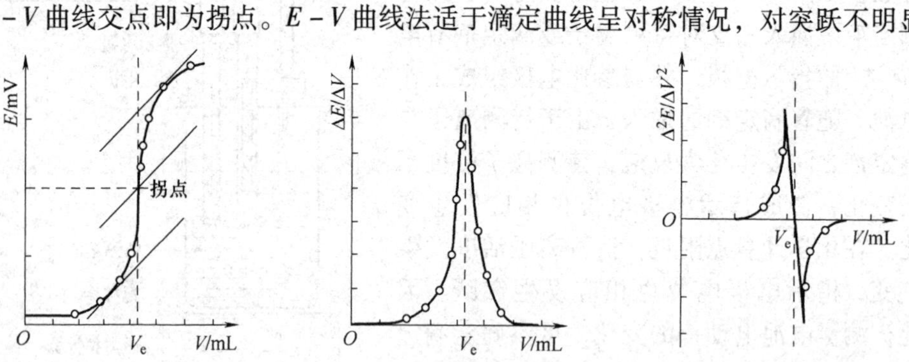

（a）*E*-*V*曲线　（b）一阶微商曲线　（c）二阶微商曲线

图 3－17　电位滴定曲线

的体系误差大。

表 3－3　　0.1000mol/L $AgNO_3$ 标准溶液滴定 Cl^-

加入 $AgNO_3$ 体积 V/mL	电动势 E/mV	$\bar{V}$/mL	$\Delta E/\Delta V$/(mV/mL)	$\Delta^2 E/\Delta V^2$
15.00	85			
		17.50	4.4	
20.00	107			
		21.00	8.0	
22.00	123			
		22.50	15	
23.00	138			
		23.25	16	
23.50	146			
		23.75	50	
23.80	161			
		23.90	65	
24.00	174			
		24.05	90	
24.10	183			
		24.15	110	
24.20	194			2800
		24.25	390	
24.30	233			+4400
		24.35	830	
24.40	316			－5900
		24.45	240	
24.50	340			－1300
		24.55	110	
24.60	351			
		24.65	70	
24.70	358			
		24.85	50	
25.00	373			
		24.25	24	
25.50	385			

（二）$\Delta E/\Delta V-\bar{V}$ 曲线法

$\Delta E/\Delta V-\bar{V}$ 曲线法又称一阶导数法（或一阶微商法）。$\Delta E/\Delta V$ 为单位体积滴定剂引起电位的变化值。如表 3－3 中，在加入 $AgNO_3$ 体积为 24.30mL 和 24.40mL 之间，相应的

$$\frac{\Delta E}{\Delta V}=\frac{316-233}{24.40-24.30}=830$$

其对应的体积：
$$\bar{V}=\frac{24.40+24.30}{2}=24.35\text{mL}$$

将 $\Delta E/\Delta V$ 对 $\bar{V}$ 作图，可得到一呈峰形状曲线，如图 3－17（b）所示。曲线最高点（极大值）所对应的体积为滴定终点的滴定体积 V_e。

（三）二阶微商法

二阶微商法又称二阶导数法。此法的依据是一阶微商曲线的极大点是滴定终点体积 V_e，那么二阶微商 $\Delta^2 E/\Delta V^2=0$ 处对应的体积也是滴定终点体积 V_e。二阶微商法有计算法和作图法两种。

1. 计算法

如表 3－3 所示，当加入 24.30mL 时，

$$\frac{\Delta^2 E}{\Delta V^2}=\frac{\left(\frac{\Delta E}{\Delta V}\right)_{24.35}-\left(\frac{\Delta E}{\Delta V}\right)_{24.25}}{V_{24.35}-V_{24.25}}=\frac{830-390}{24.35-24.25}=+4400$$

同法，当加入 24.40mL 时

$$\frac{\Delta^2 E}{\Delta V^2}=\frac{240-830}{24.45-24.35}=-5900$$

可见，在终点附近微小体积 ΔV 变化能引起很大的 $\Delta^2 E/\Delta V^2$，并由正极大值变为负极大值，中间必有 $\Delta^2 E/\Delta V^2=0$，可用内插法计算终点体积 V_e。

滴定剂体积/mL	24.30	V_e	24.40
$\Delta^2 E/\Delta V^2$	4400	0	−5900

$$\frac{24.40-24.30}{-5900-4400}=\frac{V_e-24.30}{0-4400}$$

$$V_e=24.30+\frac{0-4400}{-5900-4400}\times 0.1=24.34(\text{mL})$$

2. 作图法

以 $\Delta^2 E/\Delta V^2$ 对滴定体积 V 作图，得到图 3－17（c）的二阶导数曲线（即二阶微商曲线），曲线与 V 轴交点，即 $\Delta^2 E/\Delta V^2=0$ 所对应的体积为滴定终点的滴定体积 V_e。

三、自动电位滴定终点的确定

在上述电位滴定过程中，用人工操作进行滴定并随时测量、记录滴定电池的电位，最后通过绘图法或计算法来确定终点，这种方法麻烦且费时。随着电子技术和自动化技术的发展，出现了以仪器代替人工滴定的自动电位滴定仪。

自动电位滴定仪确定终点的方式通常也有三种：第一种是保持滴定速度恒定，自动记录完整的 $E-V$ 滴定曲线，然后再根据前面介绍的方法确定终点；第二种是将滴定电池两极间电位差同预设置的某一终点电位差（可先用手动方法对待测试液预滴定 $E-V$ 曲线，并以此确定滴定终点的电位）相比较，两信号差值经放大后用来控制滴定速度，近终点时滴定速度降低，终点时自动停止滴定，最后由滴定管读取终点滴定剂消耗体积；第三种是基于在化学计量点时，滴定电池两极间电位差的二阶微分值由大降至最小，从而启动继电器，并通过电磁阀将滴定管的滴定通路关闭，再从滴定管上读出滴定终点时滴定剂消耗体积。

四、电位滴定的类型与应用

（一）酸碱滴定

酸碱滴定一般选择 pH 玻璃电极作指示电极，饱和甘汞电极作参比电极。用

pH 计滴定溶液的 pH，以 pH 作纵坐标，滴定剂体积作横坐标绘制曲线，按前述方法确定滴定终点，按滴定时消耗的滴定剂体积和已知浓度，计算出被测物浓度。

（二）氧化还原滴定

氧化还原滴定常采用惰性金属铂或金作指示电极，饱和甘汞电极作参比电极。铂电极可用 Pt 片或 Pt 丝作电极，使用前用 10% 热 HNO_3 浸洗以除去表面油污等。

例如，$K_2Cr_2O_7$ 法滴定硫酸亚铁铵溶液。在 H_2SO_4 存在下，$K_2Cr_2O_7$ 与 $FeSO_4$ 发生如下反应：

$$6Fe^{2+} + Cr_2O_7^{2-} + 14H^+ = 6Fe^{3+} + 2Cr^{3+} + 7H_2O$$

等量点附近产生电位突跃，可根据消耗的 $K_2Cr_2O_7$ 溶液的体积和相应的电位作 $E-V$ 曲线、$\Delta E/\Delta V-\overline{V}$ 曲线和二阶微商法确定终点，再根据终点消耗的 $K_2Cr_2O_7$ 溶液体积和浓度计算硫酸亚铁铵溶液的浓度。

（三）沉淀滴定法

以沉淀反应进行的电位滴定，必须根据不同的沉淀反应选择不同的指示电极。参比电极一般都使用饱和甘汞电极。常见的沉淀滴定有银量法和汞量法。

（1）银量法　以硝酸银为标准溶液，银电极作指示电极，饱和甘汞电极（SCE）或 pH 玻璃电极作参比电极，可用于滴定 Cl^-、Br^-、I^-、S^{2-}、CN^-、SCN^-等离子。当 Cl^-、Br^-、I^-离子共存时，可连续滴定。例如，以硝酸银标准溶液滴定 Cl^-、Br^-、I^-混合溶液时，选用银电极作指示电极，饱和甘汞电极作参比电极，依据分级沉淀的原理进行分步滴定。AgI 的 K_{sp}最小，I^-的滴定突跃最先出现，其次是滴定 Br^-的突跃，最后滴定 Cl^-的突跃。

（2）汞量法　以硝酸汞为标准溶液，汞电极作指示电极，饱和甘汞电极（SCE）或 pH 玻璃电极作参比电极，可用于滴定 Cl^-、Br^-、I^-、S^{2-}、$C_2O_4^{2-}$、SCN^-等离子。

值得注意的是：在测定 Cl^-时，直接插入甘汞电极作参比电极是不合适的，因为甘汞电极漏出的 Cl^-对测定有干扰，因此，需要用 KNO_3 盐桥将待测溶液与甘汞电极隔开，或直接选用双盐桥饱和甘汞电极作参比电极。

（四）配位滴定

利用配位反应进行电位滴定时，也需根据不同配位反应选择不同的指示电极。

（1）用 $AgNO_3$ 标准溶液滴定氰化物时，生成 $Ag(CN)_2^-$配离子，可用银电极或碘化银晶膜电极作指示电极，饱和甘汞电极作参比电极。

（2）EDTA 配位滴定：应根据被滴定的金属离子的不同选择不同的指示电极。例如，滴定 Fe^{3+}时可用 Pt 电极；滴定 Ca^{2+}时可用钙电极；对稳定常数 K'小于汞离子配合物的稳定常数的所有金属离子，都可用 J 形汞电极作指示电极。

有关电位滴定的应用列于表3－4。

表3－4　　电位滴定的应用

被测离子	滴定剂	反应类型	指示电极
Fe^{2-}、I^-、Sn^{2+}	$KMnO_4$，$K_2Cr_2O_7$	氧化还原	Pt电极
X^-	$AgNO_3$	沉淀反应	Ag或AgI膜电极
S^{2-}	$AgNO_3$ 或 $Pb(NO_3)_2$	沉淀反应	Ag或 Ag_2S 膜电极
CNS^-	$AgNO_3$	沉淀反应	Ag或AgBr膜电极
Ag^+	$MgCl_2$	沉淀反应	Ag或Ag玻璃电极
F^-	$La(NO_3)_3$ 或 $Th(NO_3)_4$	沉淀反应	氟离子电极
${SO_4}^{2-}$	$BaCl_2$	沉淀反应	$PbSO_4$ 膜电极
Zn^{2+}、Cd^{2+}、La^{3+}、Sc^{3+}	$K_4[Fe(CN)_6]$	沉淀反应	Pt电极
ClO_4^-	$(C_6H_5)_4AsCl$	沉淀反应	ClO_4^- 液膜电极
K^+	$Ca[B(C_6H_5)_4]_2$	沉淀反应	K^+ 玻璃电极
CN^-	$AgNO_3$	配位反应	Ag或AgI膜电极
Mn^{2+}	EDTA	配位反应	Hg电极
Fe^{3+}	EDTA	配位反应	Pt电极
Ca^{2+}	EDTA	配位反应	Ca^{2+} 液膜电极
Al^{3+}	NaF	配位反应	氟电极

第五节　仪器的使用与维护

一、pHS－3C型酸度计的使用与维护

pHS－3C型酸度计是一台精密数字显示的pH计。它既可用于测量溶液的酸度，又可以用作毫伏计测量电池电动势。采用E－201－C型pH复合电极和手动温度补偿装置，如图3－18所示。

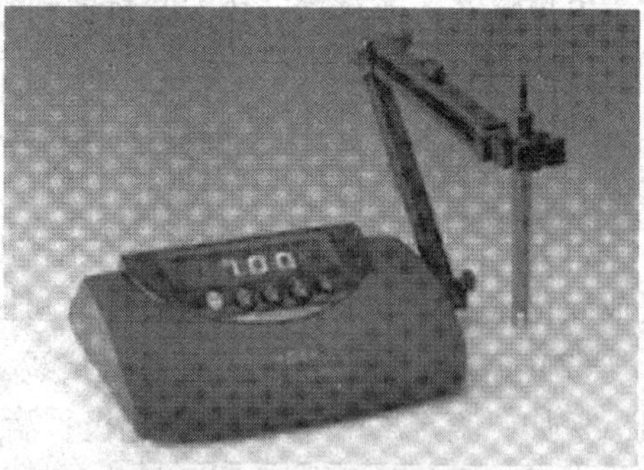

图3－18　pHS-3C型酸度计

（一）主要技术参数

测量范围：pH挡：0～14.00pH；mV挡：0～±1999mV（自动极性显示）；温度补偿范围：0～60℃。

分辨率：pH：0.01pH；mV：1mV。

电子单元基本误差：pH：±0.01pH；mV：±1mV1 个字。

输入电流：不大于 2×10^{-12}A；输入阻抗：不小于 $1\times10^{12}\Omega$。

重现性误差：pH：0.01　pH；mV：1mV；稳定性：±0.01pH ±1 个字/3h。

（二）pHS－3C 型酸度计的使用方法

1. 溶液 pH 的测量

（1）测量前的准备

①将多功能电极架插入电极架座中。

②将 pH 复合电极安装在电极架上，将电极插头插入测量电极插座上（注意：在插入前先将插座上的短路插头拔去）。

③将 pH 复合电极下端的电极保护套拔下，并取下电极上端小孔上的橡皮套使其露出。

④用蒸馏水清洗电极，并用滤纸吸干电极外壁上的水。

（2）标定（以二点校正法为例）

①打开仪器电源开关，预热 20min，按"pH/mV"按钮使仪器进入 pH 测量状态。

②用温度计测量待测溶液温度，按"温度"按钮，再按"△、▽"键使显示为溶液温度值（此时温度指示灯亮），按"确认"键，仪器确定溶液温度后回到 pH 测量状态。

③将用蒸馏水洗后的电极插入 pH＝6.86 的标准缓冲溶液中，待读数恒定后，按"定位"键（此时 pH 指示灯慢闪烁，表明仪器在定位标定状态），按"△、▽"键使显示为该溶液当时温度下的 pH（例如混合磷酸盐 10℃ 时，pH＝6.92，见表 3－5。），然后按"确认"键，仪器进入 pH 测量状态，pH 指示灯停止闪烁。

表 3－5　缓冲溶液的 pH 与温度关系对照表

温度/℃	pH4.00 邻苯二甲酸氢钾	pH6.86 混合磷酸盐	pH9.18 四硼酸钠
5	4.00	6.95	9.39
10	4.00	6.92	9.33
15	4.00	6.90	9.28
20	4.00	6.88	9.23
25	4.00	6.86	9.18
30	4.01	6.85	9.14
35	4.02	6.84	9.11
40	4.03	6.84	9.07
45	4.04	6.84	9.04
50	4.06	6.83	9.03
55	4.07	6.83	8.99
60	4.09	6.84	8.97

④将用蒸馏水洗后的电极插入 pH = 4.00（或 pH = 9.18）的标准缓冲溶液中，待读数稳定后，按“斜率”键（此时 pH 指示灯快闪烁，表明仪器在斜率标定状态），按“△、▽”键使显示为该溶液当时温度下的 pH，然后按“确认”键，仪器进入 pH 测量状态，pH 指示灯停止闪烁，标定完成。

⑤用蒸馏水清洗电极后即可对被测溶液进行测量。

（3）待测溶液 pH 测定

①用温度计测出待测溶液的温度值（若待测溶液与标定缓冲溶液温度一致，此步骤略）。

②用蒸馏水清洗电极头部并用吸水纸吸干，再用待测溶液润洗一次。

③将电极插入待测溶液中，轻摇待测溶液促使电极平衡（可使用磁力搅拌器），待显示稳定后读出该溶液的 pH。

④取出电极，用蒸馏水清洗。

2. 电极电位（mV）的测量

（1）测量前的准备

①将多功能电极架插入电极架座中。

②将离子选择性电极和参比电极安装在电极架上，将离子选择性电极插头插入测量电极插座中（注意：在插入前先将插座上的短路插头拔去），将参比电极插头插入参比电极接口。

（2）测量

①用蒸馏水清洗电极头部，再用待测溶液润洗一次。

②将两种电极插入待测溶液中，轻摇待测溶液促使电极平衡（可使用磁力搅拌器），待显示稳定后即可读出该离子选择性电极的电极电位（mV 值），同时显示 ± 极性。

③取出电极用蒸馏水清洗。

（三）仪器维护

1. pH 复合电极的维护

（1）初次使用或久置重新使用时，将电极球泡及砂芯浸在 3mol/L KCl 溶液中活化 8h。

（2）保持电极插头清洁干燥。

（3）电极的内参比溶液为 AgCl 饱和的 3.33mol/L KCl 溶液，当溶液量不足内腔容量的 1/2 时，可从上端小孔补充，不用时小孔用橡皮套盖上。

（4）测量时拔去外罩，去掉小孔上的橡皮套，以保持电极内 KCl 溶液的液压差。

（5）测量浓度较大的溶液时，尽量缩短测量时间，用后仔细清洗（根据污染物性质选择适当溶剂），防止被测液黏附而污染电极。

（6）清洗电极后，不要用滤纸擦拭玻璃膜，而应用滤纸吸干，避免损坏玻璃膜。

（7）电极洗净后，重新套上外罩（外罩内盛放少量3mol/L KCl溶液）和小孔橡皮套保存。

（8）电极避免长期浸泡在酸性氟化物溶液中。

2. 主机维护

（1）仪器的输入端（测量电极插座）必须保持干燥清洁，仪器不用时，将短路插头插入插座，防止灰尘及水汽进入。

（2）仪器所使用的电源应有良好的接地。

（3）用缓冲溶液标定仪器时，要保证缓冲溶液的可靠性，否则将导致测量结果产生误差。

（四）缓冲溶液的配制

（1）pH4.00缓冲溶液　称取邻苯二甲酸氢钾（GR）10.12g，溶于1000mL无CO_2去离子水中。

（2）pH6.86缓冲溶液　称取磷酸二氢钾（GR）3.387g、磷酸氢二钠（GR）3.533g，溶于1000mL无CO_2去离子水中。

（3）pH9.18缓冲溶液　称取四硼酸钠（GR）3.80g，溶于1000mL无CO_2去离子水中。

二、ZDJ-4A型自动电位滴定仪的使用与维护

ZDJ-4A型自动电位滴定仪（见图3-19）是根据“终点电位补偿”的原理设计的。主要由指示电极、参比电极、搅拌系统和滴定系统组成。其中搅拌系统采用PWM调制技术，软件调速；滴定系统采用抗高氯酸腐蚀的材料制成。根据选用不同电极可进行酸碱滴定、氧化还原滴定、沉淀滴定、络合滴定、非水滴定等多种滴定和pH测量。具有预滴定、预设终点滴定、空白滴定或手动滴定功能。采用微处理技术，软件控制，液晶显示。可在计算机上即时显示滴定曲线及其一阶、二阶导数和作图谱对比分析。

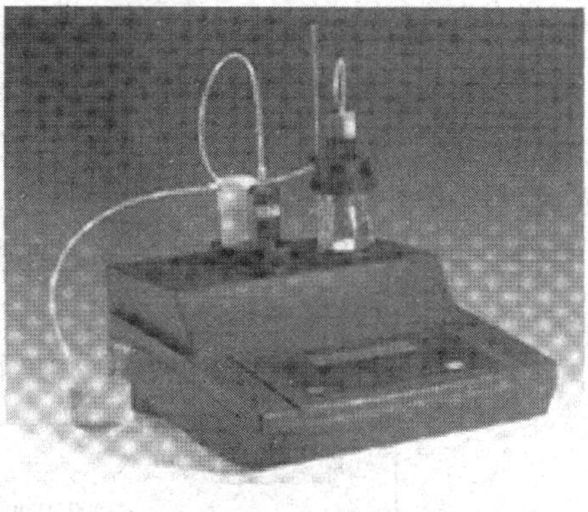

图3-19　ZDJ-4A型自动电位滴定仪

（一）主要技术参数

测量范围：pH：0～14.00pH；mV值：0～±1800mV；温度值：-5.0～105.0℃。

分辨率：pH：0.01pH；mV值：1mV；温度值：0.1℃。

电子单元基本误差：pH：±0.01pH±1 个字；mV 值：±0.03%满度；温度值：±0.3℃。

滴定管容量允差：10mL 滴定管：±0.025mL；20mL 滴定管：±0.035mL。

滴定分析的重复性：0.2%。

电子单元重复性误差：不大于 0.2mV。

电子单元稳定性：±0.3mV±1 个字/3h。

控制滴定灵敏度：±0.2mV。

（二）ZDJ－4A 型自动电位滴定仪的使用方法

1. 仪器操作键盘介绍

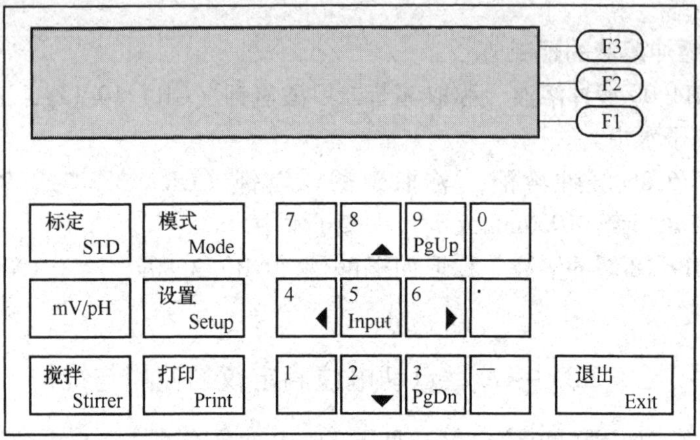

（1）负号、小数点和 0～9 数字键　用于数据输入。其中 2/▼、3/PgDn、4/◀、5/Input、6/▶、8/▲和 9/PgUp 是复用键。其中▲、▼、◀和▶，在许多功能状态下，用于移动高亮条或调节数值；PgDn 和 PgUp 键用于菜单翻页；Input 键用于模式名称的输入。

（2）F1～F3 键　仪器的主要功能操作由这三个键来实现，其含意由显示屏右端方格中对应的文字提供。

例 1：仪器在起始状态下，显示如下：

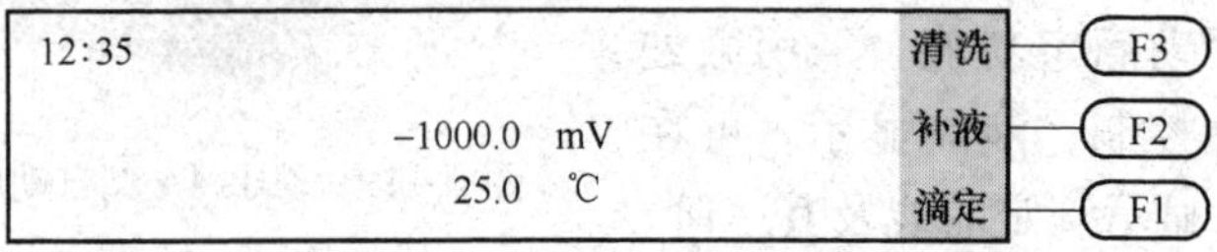

此时，“F1”即对应“滴定”，按“F1”键，仪器进入滴定功能；“F2”对应“补液”，按“F2”键，仪器进入补液功能；同样，按“F3”键仪器进入清洗功能。

例 2：仪器在预设终点滴定下的操作界面：

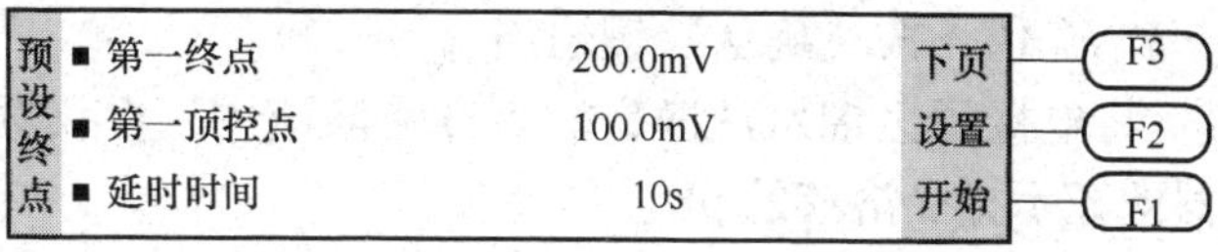

此时，“F1”对应“开始”，按“F1”键，仪器开始滴定；“F2”对应“设置”，按“F2”键，进行仪器参数设置、修改；同样，按“F3”键仪器显示下一页。

（3）模式键　按下此键，仪器即进入模式滴定功能。包括模式的载入、模式参数的修改、模式的删除以及模式的生成等（详见仪器说明书）。

（4）设置键　用于设置参数。包括设置测量电极插口、滴定管、滴定管系数、日期、时间、预滴定参数、预控滴定参数等（详见仪器说明书）。

（5）mV/pH 键　用于 mV 和 pH 两种测量方式的切换。

（6）标定键　用于标定 pH 电极的斜率。

（7）打印键　用于检测打印机，打印滴定结果、滴定数据、滴定曲线等。

（8）搅拌键　用于启动搅拌器，并可设置搅拌的速度。

（9）退出键　用于退出仪器的当前功能模块，返回到上一级菜单。

2. 仪器的使用方法

根据测量方式不同，选择好电极并将电极连接到仪器相应电极接口，安装好仪器和样品，打开仪器电源开关，进入 pH 或 mV 起始测量状态。

（1）电位（mV）测量

①按“mV/pH”键将仪器切换到 mV 测量状态。

②按“设置”键设置好电极插口（详见说明书）。

③按“搅拌”键设置好搅拌速度，确认后仪器即显示待测溶液的 mV 值。

注意：若仪器未接电极（电极接口 1 和 2 全部用短路插头短路）时，仪器显示应在 0mV 左右。

（2）pH 测量

①按“mV/pH”键将仪器切换到 pH 测量状态。

②连接好 pH 电极，按“设置”键设置好电极插口；按“搅拌”键设置好搅拌速度。

③pH 标定（二点标定法）：将 pH 电极用蒸馏水洗净，插入 pH 标准缓冲溶液 B 中（规定的三种标准缓冲溶液中的任意一种），在仪器的起始状态下，按“标定”键，仪器即进行一点标定，当显示的 pH 趋于稳定后，按下“确认”键，仪器显示电极的百分斜率和 E_0 值，至此第一点标定结束。仪器同时显示是否进行第二点标定，按“确认”键进入第二点标定。将电极取出重新用蒸馏水清洗干净，插入 pH 标准缓冲溶液 C 中，再按“确认”键，仪器进入第二点标定，当显示的 pH 趋于稳定后，按下“确认”键，仪器显示标定结束。同时显示

电极的标定斜率和E_0值，按“确认”键退出。

④pH测量：将电极用蒸馏水洗净，插入样品溶液中，在仪器的pH测量起始状态下，仪器即显示样品溶液的pH。

(3) 滴定　下面以氧化还原滴定为例（重铬酸钾滴定硫酸亚铁铵），说明滴定的一般操作过程。

滴定前的准备：

①选择铂电极作指示电极、甘汞电极作参比电极，将两电极插入仪器电极接口1和2（参照说明书）。

②配制溶液：配制0.0167mol/L重铬酸钾（$K_2Cr_2O_7$）溶液1000mL；配制0.1mol/L硫酸亚铁铵［$FeSO_4\cdot(NH_4)_2SO_4\cdot6H_2O$］溶液1000mL；配制1.5mol/L硫酸（$H_2SO_4$）溶液1000mL。

③选用10mL或20mL滴定管。

④按说明书要求安装好仪器和样品。

开机准备：

①打开仪器电源开关，进入pH/mV起始状态。

②清洗：按“F3（清洗）”键，按“▲”或“▼”键选择清洗次数后，再按“F2（确认）”键，用0.0167mol/L重铬酸钾（$K_2Cr_2O_7$）溶液反复冲洗滴定管，使溶液充满整个滴定管路。

③样品准备：用移液管吸取10mL 0.1mol/L硫酸亚铁铵溶液于反应杯中，加入20mL去离子水及20mL 1.5mol/L硫酸溶液，加入搅拌子，将电极组及插入溶液，调整滴定管至适当高度（勿接触样液）。

滴定步骤：

①设置电极插口、滴定管及滴定管系数：在仪器起始状态下，按“设置”键设置好电极插口、滴定管及滴定管系数（参见说明书）。

②设置搅拌速度：按“搅拌”键，再按“▲”或“▼”键选择合适的搅拌速度，再按“确认”键退出。

③预滴定：按“滴定”键，仪器显示“滴定模式”状态，按“▲”或“▼”键选择“预滴定”，再按“确认”键，再按“▲”或“▼”键选择“mV”，再按“确认”键，仪器自动进行预滴定，找到终点时仪器自动长声提示，按“终止”键，再按“确认”键，终止滴定。仪器自动进行补液，结束后显示终点结果。

④滴定数据储存为模式：按“模式”键，仪器显示“滴定数据 = > 模式”，按“F2”，仪器显示模式说明输入界面，输入必要的模式说明（例如：$K_2Cr_2O_7 \rightarrow Fe^{2+}$），按“确认”键，仪器自动按顺序储存模式（NO **），结束后回到滴定结束状态，按“退出”键仪器返回起始状态。

⑤模式滴定：重新准备好样品，按“搅拌”键设置好搅拌速度；按“滴定”

键，仪器显示“滴定模式”状态，按“▲”或“▼”键选择“模式滴定”，再按“确认”键，再按“下页”键选择模式“02/XX $K_2Cr_2O_7 \rightarrow Fe^{2+}$ (0.1)”，再按“确认”键，仪器自动进行预滴定，找到终点时仪器自动长声提示，结束滴定。仪器自动进行补液，结束后显示终点结果，按“浓度”键设定“滴定剂浓度”及“样品体积”，可进行样品浓度计算。按“退出”键返回起始状态。

⑥滴定完成后，用去离子水反复清洗滴定管。

（三）仪器的维护

(1) 仪器的插座必须保持清洁、干燥，切忌与酸、碱、盐溶液接触，防止受潮，确保仪器绝缘和高输入阻抗性能。

(2) 仪器不用时，将 Q9 短路插头插入测量电极的插座内，防止灰尘及水汽浸入。

(3) 整个滴定管经常用蒸馏水清洗，特别是会产生沉淀或结晶的滴定剂（如 $AgNO_3$），在使用完毕后应及时清洗，以免破坏阀门。

第六节 实训操作

实训项目一 水样 pH 的测定

一、目的要求

1. 学习用直接电位法测定水样 pH 的原理和方法。
2. 学会酸度计的使用与维护。

二、相关知识

在生产和科研中常会遇到溶液的 pH 测量问题，粗略的 pH 测量可用 pH 试纸，而比较精确的 pH 测量则需要用酸度计。酸度计由玻璃电极（指示电极）和饱和甘汞电极（参比电极）组成。将两电极浸入待测溶液组成工作电池：

$$(-)\text{玻璃电极} \mid \text{试液} \parallel \text{饱和甘汞电极}(+)$$

根据能斯特公式，25℃时电池电动势为：

$$E = K' + 0.0592\text{pH}_{\text{试液}}$$

式中，K'在一定条件下虽有定值，但不能准确得到。在实际测量中要按 pH 实用定义式：$\text{pH}_x = \text{pH}_s + \frac{E_x - E_s}{0.0592}$，用 pH 已知的标准缓冲溶液先校正酸度计（定位），再在相同条件下测量溶液 pH。酸度计上的 pH 示值按 pH 实用定义中 $\frac{\Delta E}{0.0592}$分度，此分度值只适用于温度为 25℃时。为适应不同温度下的测量，在用标准缓冲溶液“定位”前先要进行温度补偿（将“温度补偿”旋钮调至溶液的温度处）。在进行“温度补偿”和“定位”后，将电极插入待测溶液中，仪器即直接显示溶液的pH。

pH测量结果的准确度取决于标准缓冲溶液pH_s的准确度、两电极的性能及酸度计的精度和质量。

三、仪器与试剂的准备

1. 仪器

（1）pHS-3C型酸度计（或其他型号酸度计）：附pH复合电极（或玻璃电极、饱和甘汞电极）。

（2）酒精温度计：0~100℃。

2. 试剂

（1）pH=4.00邻苯二甲酸氢钾标准缓冲溶液。

（2）pH=6.86混合磷酸盐标准缓冲溶液。

（3）pH=9.18四硼酸钠标准缓冲溶液。

（4）未知水样。

四、实训内容

1. 测量前的准备

（1）将多功能电极架插入电极架座中。

（2）将pH复合电极安装在电极架上，将电极插头插入测量电极插座上（注意：在插入前先将插座上的短路插头拔去）。

（3）将pH复合电极下端的电极保护套拔下，并取下电极上端小孔上的橡皮套使其露出。

（4）用蒸馏水清洗电极，并用滤纸小心吸干电极上的水分。

2. 标定（以二点校正法为例）

（1）打开仪器电源开关，预热20min，按“pH/mV”按钮使仪器进入pH测量状态。

（2）用温度计测量待测溶液温度，按“温度”按钮，再按“△、▽”键使显示为溶液温度值（此时温度指示灯亮），按“确认”键，仪器确定溶液温度后回到pH测量状态。

（3）将用蒸馏水洗后的电极插入pH=6.86的标准缓冲溶液中，小心轻摇几下试杯，待读数稳定后，按“定位”键（此时pH指示灯慢闪烁，表明仪器在定位标定状态），按“△、▽”键使显示为该溶液当时温度下的pH（例如混合磷酸盐10℃时，pH=6.92），然后按“确认”键，仪器进入pH测量状态，pH指示灯停止闪烁，完成一点标定。

（4）取出电极，用蒸馏水洗净并用吸水纸吸干后插入 pH = 4.00（或 pH = 9.18）的标准缓冲溶液中，轻摇几下试杯，待读数稳定后，按“斜率”键（此时 pH 指示灯快闪烁，表明仪器在斜率标定状态），按“△、▽”键使显示为该溶液当时温度下的 pH，然后按“确认”键，仪器进入 pH 测量状态，pH 指示灯停止闪烁，完成二点标定。

3. 待测溶液 pH 测定

（1）用温度计测出待测溶液的温度值，按“温度”按钮，再按“△、▽”键使显示为待测溶液的温度值（此时温度指示灯亮），按“确认”键，仪器确定溶液温度后回到 pH 测量状态（若待测溶液与标定缓冲溶液温度一致，此步骤略）。

（2）用蒸馏水清洗电极头部并用吸水纸吸干，再用待测溶液润洗一次。

（3）将电极插入待测溶液中，轻摇几下试杯，待显示稳定后读出该溶液的 pH。

（4）取出电极，用蒸馏水清洗。

（5）平行测量二次，取平均值。

五、注意事项

1. 标准溶液的配制要准确无误，否则测量结果不准确。

2. 电极插入待测溶液深度以溶液浸没玻璃球泡为限，不宜插入太深或太浅。

3. 在用 pH = 6.86 标准缓冲溶液“定位”仪器后，应根据待测溶液的 pH 选择 pH = 4.00（或 pH = 9.18）标准缓冲溶液校准仪器的“斜率”。当待测溶液偏酸性时，应选择 pH = 4.00 标准缓冲溶液校准“斜率”；当待测溶液偏碱性时，应选择 pH = 9.18 标准缓冲溶液校准“斜率”。

六、思考题

1. 在测量溶液的 pH 时，为什么酸度计要用标准缓冲溶液进行校准？

2. 测量过程中，读数前轻摇试杯起什么作用？

实训项目二　饮用水中氟离子含量的测定

一、目的要求

1. 掌握直接电位法测定水中氟离子浓度的原理和方法。

2. 学会使用离子计（或精密酸度计）。

3. 掌握用标准曲线法和标准加入法测定水中微量氟的方法。

二、相关知识

以氟离子选择电极为指示电极，饱和甘汞电极为参比电极，将两电极浸入待测溶液组成工作电池为：

$$(-)\text{饱和甘汞电极} \parallel F^{-}\text{试液}(c=x) \mid \text{氟离子选择性电极}(+)$$

25℃时，电池电动势 E 与氟离子活度 a_{F^-} 的关系为：

$$E = K' - 0.0592\lg a_{F^-}$$

当溶液的总离子强度不变时，上式可写为：

$$E = K - 0.0592\lg c_{F^-}$$

因此，在一定条件下，电池电动势 E 与试液中的氟离子浓度的对数呈线性关系，可用标准曲线法和标准加入法进行定量测定。

由于温度、溶液 pH、离子强度及共存离子（如 Fe^{3+}、Al^{3+} 等）干扰等影响，实验中需要向标准溶液和待测试液中加入 TISAB（总离子强度调节缓冲溶液），以使溶液中离子活度系数保持定值，并控制溶液的 pH 和消除共存离子的干扰。

三、仪器与试剂的准备

1. 仪器

精密 pH 计或离子计（活度计），氟离子选择电极，饱和甘汞电极，电磁搅拌器（包括塑料包裹的搅拌子），容量瓶等玻璃器皿。

2. 试剂

（1）0.100mol/L F^- 标准贮备液　准确称取于 120℃干燥 2h 并冷却至定温的 NaF（GR）4.199g，用去离子水溶解后移入 1000mL 容量瓶中，定容、混匀。贮于洁净的聚乙烯塑料瓶中备用。

（2）总离子强度调节缓冲溶液（TISAB）　称取氯化钠 58g、二水合柠檬酸钠 12g 溶于 800mL 蒸馏水中，再加冰醋酸 57mL，用 6mol/L NaOH 溶液调 pH 至 5.0～5.5，再用蒸馏水稀释至 1000mL。

四、实训内容

1. 测试前的准备

（1）氟电极准备　氟电极在使用前，应在 0.01mol/L 的 NaF 溶液中浸泡 1～2h，然后用去离子水清洗电极数次，直至测得的电位值约为 -300mV（此值各支电极不同）。

（2）饱和甘汞电极准备　取下电极下端和上测橡皮套，检查电极内液位、晶体、气泡及微孔砂芯渗漏情况并作适当处理。用去离子水清洗电极外部，并用滤纸吸干外壁水分。

（3）仪器与电极安装　将氟电极和甘汞电极固定在电极夹上，并插入仪器相应接口。接通电源，选择“mV”测量方式，开机预热 20min。

2. 测量

（1）标准曲线法

①标准曲线的绘制：取5只洁净的100mL容量瓶，用0.100mol/L F^-标准贮备液，分别配制内含10mL TISAB的1.00×10^{-2}，1.00×10^{-3}，1.00×10^{-4}，1.00×10^{-5}，1.00×10^{-6}mol/L F^-系列标准溶液。

将上述配好的系列标准溶液分别倒入5只洁净的50mL塑料杯（可先用少量标液润洗）中，放入搅拌子，插入氟离子选择电极和饱和甘汞电极，启动电磁搅拌器，在搅拌条件下，由稀至浓依次测量标准溶液的电位值E（mV值）。

注意：读数时应停止搅拌。每测完一次，均要用去离子水清洗电极至原空白电位值，同时清洗搅拌子，并用滤纸吸干附着在电极和搅拌子上的溶液。

②水样的测定：准确移取饮用水50mL于100mL容量瓶中，加入10mL TISAB，用去离子水稀释至刻度，摇匀。然后倒入洁净的50mL塑料杯中，放入搅拌子，插入氟离子选择电极和饱和甘汞电极，启动电磁搅拌器，在搅拌条件下，待稳定后读取电位值E_x（此溶液保留，供下步实验用）。重复测定2次，取平均值。

（2）标准加入法　在上步实验测得的水样电位值E_x的溶液中，准确加入1.00mL 1.00×10^{-4}mol/L F^-标准溶液，搅拌后，在相同条件下测得电位值E_1（若读得的电位值变化ΔE小于20mV，应使用1.00×10^{-3}mol/L F^-标准溶液，此时实验需重新开始）。重复测定2次，取平均值。

3. 数据记录与处理

（1）数据记录

标准曲线法原始数据记录表

c_{F^-}/(mol/L)	10^{-6}	10^{-5}	10^{-4}	10^{-3}	10^{-2}	水样1#	水样2#
电位E/mV							

标准加入法原始数据记录表

水　样	水样1#	水样2#
加标前电位E/mV		
加标后电位E/mV		

（2）数据处理

①以测得的F^-标准溶液的电位值E为纵坐标，以F^-标准溶液浓度的对数$\lg c_{F^-}$为横坐标，作$E-\lg c_{F^-}$标准曲线，从标准曲线的线性部分求出氟离子选择电极的实际斜率S，并由E_x值求试样中F^-的浓度（mg/L）。

②根据标准加入法公式［式（3－28）］求出试样中F^-浓度。

五、注意事项

1. 实验用玻璃器皿，使用前应充分洗净，并用去离子水润洗。

2. 测量时浓度应由稀至浓。每次测定前用被测试液润洗电极、塑料杯及搅拌子。

3. 绘制标准曲线时，测定一系列标准溶液后，应将电极清洗至原空白电位值，然后再测定未知试液的电位值。

4. 测定过程中更换溶液时，“测量”键必须处于断开位置，以免损坏离子计。

5. 测定过程中搅拌溶液的速度应恒定。

六、思考题

1. 测量溶液中氟离子含量为什么要加入总离子强度调节剂?

2. 试比较标准曲线法和标准加入法的优缺点。

实训项目三　自动电位滴定法测定酱油中氨基酸态氮

一、目的要求

1. 学习用自动电位滴定法测定酱油中氨基酸态氮的原理和方法。

2. 学会使用 ZDJ－4A 型自动电位滴定仪。

二、相关知识

根据氨基酸的两性作用，加入甲醛固定氨基的碱性，使溶液显示羧基的酸性，采用预设 pH 滴定终点的方法，用氢氧化钠标准溶液自动电位滴定，根据滴定终点消耗滴定剂（氢氧化钠标准溶液）的体积和浓度计算酱油中氨基酸态氮的含量。

三、仪器和试剂的准备

1. 仪器

ZDJ－4A 型自动电位滴定仪：附 pH 复合电极、温度传感器。

2. 试剂

甲醛溶液（体积分数为 36%），0.0500mol/L NaOH 标准溶液，pH = 6.86（25℃）标准缓冲溶液，pH =9.18（25℃）标准缓冲溶液。

四、实训内容

1. 滴定前的准备

将 pH 复合电极、温度传感器插入仪器的测量电极插座内（参照说明书）。

2. 电极标定（二点标定法）

（1）打开仪器电源开关，进入 pH/mV 起始状态，按“mV/pH”键选择测量模式为 pH。

（2）将 pH 复合电极和温度传感器用蒸馏水清净并用吸水纸吸干，浸入 pH 6.86标准缓冲溶液中（启动磁力搅拌）。在仪器的起始状态下，按“标定”键，仪器即进入一点标定工作状态，此时，仪器显示当前测得的 pH 和温度。当显示的 pH 读数趋于稳定后，按“F2 确认”键，仪器显示电极的百分斜率和 E_0 值，至此一点标定结束，仪器同时提问是否继续进行二点标定，按“F2 确认”键进行二点标定。

（3）将电极取出重新用蒸馏水清净并用吸水纸吸干，浸入 pH 9.18 标准缓冲溶液中（启动磁力搅拌），再按“确认”键，仪器进入第二点标定，当显示的 pH 趋于稳定后，按下“确认”键，仪器显示标定结束。同时显示电极的标定斜率和 E_0 值，按“确认”键退出。

3. 滴定前准备

（1）按说明书要求安装好仪器和滴定液。

（2）选用 20mL 滴定管。

（3）清洗：按“F3（清洗）”键，按“▲”或“▼”键选择清洗次数后，再按“F2（确认）”键，用 0.0500mol/L NaOH 标准溶液反复冲洗滴定管，使溶液充满整个滴定管路。

（4）样品准备：用移液管吸取 5.0mL（含量低的样品多取）试样于滴定杯中，加入 40mL 去离子水，加入搅拌子，将 pH 复合电极和温度传感器插入溶液，调整滴定管至适当高度（勿接触样液）。

（5）设置电极插口、滴定管及滴定管系数：在仪器起始状态下，按“设置”键设置好电极插口、滴定管及滴定管系数（参见说明书）。

（6）设置搅拌速度：按“搅拌”键，再按“▲”或“▼”键选择合适的搅拌速度，再按“确认”键退出。

4. 预设终点滴定

（1）样品总酸度测定

①在仪器的起始状态下，按“F1 滴定”键，进入滴定模式选择状态，移动亮条至“预设终点滴定”上，按“F2 确认”键，进入预设终点滴定模式。

②选择 pH 预设终点滴定，按“F2 确认”键，按“◀”或“▶”键选择“滴定终点数”为 1，按“确认”键，再按“设置”键设置预控点 pH = 8.2，延迟时间为 10s。按“F1 开始”键，仪器即开始预设终点滴定。

③滴定至终点后，仪器自动停止滴定并显示滴定结果。仪器自动补液，同时提示输入滴定剂浓度和样品体积，按“确认”键退出，返回仪器起始状态。记录消耗滴定剂（0.0500mol/L NaOH 标准溶液）体积 V_1（可用于计算样品总酸度）。

（2）甲醛固定后氨基态氮的测定　在上述滴定杯中加入 10.0mL 甲醛溶液，

再按（1）样品总酸度测定中①~③步骤设置与滴定（注意：此时 pH 预设滴定终点为 pH = 9.2）。记录加入甲醛溶液后滴定消耗滴定剂（0.0500mol/L NaOH 标准溶液）体积 V_2。

重复进行 2 次，滴定结果取平均值。

（3）试剂空白滴定　用 5.0mL 蒸馏水代替样品，与样品滴定步骤相同操作。记录加入甲醛溶液后滴定试剂空白消耗滴定剂（0.0500mol/L NaOH 标准溶液）体积 V_0。

5. 滴定后工作

滴定完成后，用去离子水反复清洗滴定管。

五、结果计算

试样中氨基酸态氮的含量按下式计算：

$$X = \frac{(V_2 - V_0) \times c \times 0.014}{5} \times 100$$

式中　X——试样中氨基酸态氮的含量，g/100mL；

V_2——测定加入甲醛后试样滴定消耗 NaOH 标准溶液的体积，mL；

V_0——试剂空白加入甲醛后滴定消耗 NaOH 标准溶液的体积，mL；

c——NaOH 标准溶液的浓度，mol/L；

5——取样体积，mL；

0.014——与滴定 1.00mL NaOH 标准溶液（$c_{NaOH} = 1.000$mol/L）相当的氮的质量，g。

计算结果保留两位有效数字。

六、思考题

1. 试述自动电位滴定法操作注意事项。
2. 通过本实验你能体会到自动电位滴定法的哪些优点？

实训项目四　重铬酸钾法电位滴定硫酸亚铁铵溶液中的亚铁含量

一、目的要求

1. 学习氧化还原电位滴定法的原理和方法。
2. 学习用作图法和二阶微商滴定法确定滴定终点。

二、相关知识

用 $K_2Cr_2O_7$ 滴定 Fe^{2+}，反应如下：

$$Cr_2O_7^{2-}+6Fe^{2+}+14H^+\longrightarrow 2Cr^{3+}+6Fe^{3}+7H_2O$$

本实验利用铂电极作指示电极，饱和甘汞电极作参比电极，与被测溶液组成工作电池。在滴定过程中，由于滴定剂（$Cr_2O_7{}^{2-}$）加入，待测离子氧化态（Fe^{3+}）与还原态（Fe^{2+}）的活度比值发生变化，因此铂电极的电位也发生变化，在化学计量点附近产生电位突跃，可用作图法或二阶微商法确定滴定终点。

三、仪器和试剂的准备

1. 仪器

离子计（或精密酸度计），铂电极，饱和甘汞电极，磁力搅拌器。

2. 试剂

（1）0.1000mol/L $K_2Cr_2O_7$ 标准溶液：准确称取在 120℃ 干燥过的基准 $K_2Cr_2O_7$ 试剂 4.9033g，溶于蒸馏水，移入 1000mL 容量瓶中，稀释至刻度，混匀。

（2）$H_2SO_4-H_3PO_4$ 混合酸（1+1）。

（3）邻苯氨基苯甲酸指示剂（2g/L）。

（4）硝酸溶液（质量分数为 10%）。

（5）硫酸亚铁铵试液。

四、实训内容

1. 滴定前准备

（1）铂电极预处理　将铂电极浸入热的硝酸溶液（质量分数为 10%）中数分钟，取出用水冲洗干净，再用蒸馏水冲洗，置电极夹上。

（2）饱和甘汞电极的准备　检查饱和甘汞电极内液位、晶体、气泡及微孔砂芯渗漏情况，并作适当处理后，用蒸馏水清洗外壁，并吸干外壁水珠，套上充满饱和 KCl 溶液的盐桥套管，用橡皮圈扣紧，再用蒸馏水清洗盐桥套管外壁，并吸干包外壁上水珠，置电极夹上。

（3）在洁净的滴定管中加入 $K_2Cr_2O_7$ 标准溶液，调节液位至 0.00 刻度，置滴定架上。

（4）开启仪器电源开关，预热 20min。

2. 试液中 Fe^{2+} 含量的测定

移取 20.00mL 试液于 250mL 洁净烧杯中，加入 10mL $H_2SO_4-H_3PO_4$ 混合酸（1+1）和 20mL 蒸馏水，加 1 滴邻苯氨基苯甲酸指示剂，放入搅拌子，将两电极插入试液（注意：电极不能接触杯底，插入深度以溶液浸没电极端部为限）。

开启搅拌器，将选择开关置“mV”挡，记录溶液的起始电位，然后滴加滴定剂（$K_2Cr_2O_7$ 标准溶液），等电位稳定后读取电位值及滴定剂加入体积。在滴定开始时，每加 5mL 滴定剂记录一次电位值，然后依次减少滴定剂体积为 1.0，0.5mL 后记录。在化学计量点附近（电位突跃前后 1mL 左右）每加 0.1mL 记录一次电位，过化学计量点后再每加 0.5mL 或 1.0mL 记录一次，直至电位变化不再大为止。观察并记录溶液颜色变化和对应电位值及滴定体积。平行测定三次。

3. 数据记录与处理

（1）数据记录

$Cr_2O_7^{2-}$ 电位滴定待测离子 Fe^{2+} 数据记录表

加入 $K_2Cr_2O_7$ 体积 V/mL	电动势 E/mV	$\bar{V}$/mL	$(\Delta E/\Delta V)$/(mV/mL)	$\Delta^2 E/\Delta V$

（2）数据处理

①用记录的数据作图确定滴定终点。

②用二阶微商法确定滴定终点。

五、结果计算

根据确定的滴定终点体积和 $K_2Cr_2O_7$ 标准溶液浓度，计算试液中 Fe^{2+} 的含量。

六、注意事项

1. 滴定速度不宜过快，尤其是接近化学计量点处，否则体积不准。

2. 滴入滴定剂后，继续搅拌至仪器显示稳定，然后停止搅拌，放置至电位稳定后，再读数。

七、思考题

1. 为什么氧化还原滴定能用铂电极作指示电极?

2. 本实验采用两种滴定终点指示方法，哪一种指示灵敏准确且不受试液颜色的影响?

思考与练习

1. 解释下列名词术语

直接电位法　　电位滴定法　　参比电极　　指示电极　　离子选择性电极

2. 直接电位法测定离子活度的方法有哪些? 哪些因素影响测定的准确度?

3. 测定 F^- 浓度时，在溶液中加入 TISAB 的作用是什么?

4. 电位滴定法的基本原理是什么? 确定终点的方法有哪些?

5. 试比较直接电位法和电位滴定法的特点。

6. 在下列各电位滴定中，应选择何种指示电极和参比电极?

NaOH 滴定 HAc; $K_2Cr_2O_7$ 滴定 Fe^{2+}; EDTA 滴定 Ca^{2+}; $AgNO_3$ 滴定 NaCl。

7. 在 25℃ 时用标准加入法测定 Cu^{2+} 浓度，于 100mL 铜盐溶液中添加 0.1mol/L $Cu(NO_3)_2$溶液 1mL，电动势增加 4mV。求原溶液的总 Cu^{2+} 浓度。

8. 已知 $\varphi^0_{Zn^{2+}/Zn} = -0.761V$，试计算当 Zn^{2+} 浓度为 0.001mol/L 时，锌电极对饱和甘汞电极（SCE）的电极电位。($\varphi_{SCE} = 0.245V$)

9. 电池 Pt | H_2(g,100kPa) | 待测溶液 ‖ KCl(1mol/L) | Hg_2Cl_2 | Hg，在 25℃ 时测得电池电动势 $E = 0.664V$，试计算待测溶液的 pH。(25℃ 时，甘汞电极的电极电位 $\varphi = 0.280V$)

10. 用 0.1000mol/L NaOH 溶液电位滴定某弱酸试液，用酸度计测定不同滴定体积（V）时溶液的 pH，下面表格内是实验数据:

(1) 绘制 pH - V 滴定曲线，并求 V_e。

(2) 绘制 $\Delta pH/\Delta V - V$ 曲线，并求 V_e。

(3) 用二阶微商法计算 V_e，并与 (1) 的结果比较。

(4) 计算弱酸的浓度。

NaOH 滴入量/mL	pH	NaOH 滴入量/mL	pH	NaOH 滴入量/mL	pH
0.00	2.90	6.00	4.03	9.00	6.80
1.00	3.01	7.00	4.34	9.20	9.10
2.00	3.15	8.00	4.81	9.40	9.80
3.00	3.34	8.40	5.25	9.60	10.15
4.00	3.57	8.60	5.61	9.80	10.41
5.00	3.80	8.80	6.20	10.00	10.71

第四章 原子吸收光谱法

知识目标

- 掌握原子吸收光谱分析的基本原理。
- 了解原子吸收分光光度计的结构、工作原理及主要部件的作用。
- 掌握常用原子吸收光谱分析的定量方法。
- 熟悉原子吸收光谱测量条件的选择和主要干扰及其消除方法。
- 了解原子荧光光谱法的基本原理。

能力目标

- 能掌握火焰原子吸收和石墨炉原子吸收分析技术。
- 能正确使用原子吸收分光光度计。
- 能掌握样品的前处理技术。
- 能根据待测样品性质和实验条件制定测定方案。

原子吸收光谱法（Atomic Absorption Spectrometry，AAS）是一种基于气态的待测元素基态原子对特征谱线的吸收而建立起来的一种测定试样中待测元素的分析方法。原子吸收光谱法是一种重要的成分分析方法，具有以下特点：

（1）灵敏度高　火焰原子吸收光谱法的检出限可达 10^{-9}g/mL（某些元素可更高）；无火焰原子吸收光谱法的检出限可达 10^{-14} ~ 10^{-10}g/mL。

（2）选择性好　由于共振发射线和共振吸收线是元素的特征谱线，分析不同元素时，选用不同元素灯，故共存元素产生的干扰少；该法只考虑基态原子的跃迁，原子吸收线数目远远小于原子发射线数目，谱线简单，由谱线重叠引起的干扰几率小。

（3）具有较高的精密度和准确度　火焰原子吸收光谱法的相对误差（RSD）为0.1% ~0.5%；石墨炉原子吸收光谱法的 RSD 为3% ~5%。

（4）操作简单，分析速度快　试样处理简单，一般不需要对样品进行分离提纯；处理后的样品，几分钟即可完成一种元素的测定。

（5）应用范围广　可定量测定70多种金属元素和部分非金属元素；既可以常量分析，也可以微量和痕量分析，石墨炉等无火焰原子化法试液的用量可达微升级别。广泛应用于冶金、采矿、农药、轻工、化工、医疗、食品和环境监测等领域。

（6）局限性　难熔元素、多数非金属元素测定困难，不能多元素同时分析，校准曲线的线性范围窄，一般为 1 个数量级范围。

第一节　基本原理

一、共振线和吸收线

任何元素的原子都由原子核和围绕原子核运动的电子组成。这些电子按其能量的高低分层分布，而具有不同的能级。在正常状态下，原子的外层电子处于最低能级状态（最稳定态），称为基态（E_0）。处于基态的原子称基态原子。基态原子受到外界能量（如热能、光能等）激发时，其外层电子吸收一定能量而跃迁到较高的不同能级上，原子的这种状态称为激发态（E^*）。原子中的电子吸收能量由基态跃迁到激发态，产生原子吸收光谱。而基态和激发态之间的能级差 ΔE 必须符合下列条件：

$$\Delta E = E^* - E_0 = h\nu \tag{4-1}$$

式中　E_0、E^*——基态和激发态的能级；

h——普朗克常数；

ν——入射光的频率。

当电子吸收一定能量从基态跃迁到能量最低的激发态（第一激发态）时，所产生的吸收谱线称为共振吸收线；当电子从第一激发态跃回基态时，则发射出同样频率的光（谱线），这种谱线称为共振发射线。共振吸收线和共振发射线都简称为共振线。

各种元素的原子结构和外层电子排布不同，不同元素的原子从基态激发至第一激发态（或由第一激发态跃迁返回基态）时，吸收（或发射）的能量不同，因而各种元素的共振线不同且各有其特征，因此共振线又称为元素的特征谱线。由于原子的能态从基态到最低激发态的跃迁最容易发生，对大多数元素来说，共振线也是元素最灵敏线。原子吸收光谱分析法就是利用处于基态的待测原子蒸气对从光源发射的共振发射线的吸收来进行分析的，所以元素的共振线又称分析线。

二、谱线轮廓与谱线变宽

（一）谱线轮廓

从理论上讲，原子吸收光谱应该是线状光谱，但实际上原子吸收或发射的谱线并非是单色的几何线，而是具有一定宽度的谱线。若将透射光强度 I 对频率 ν 作图，可得图 4-1（a）吸收曲线；若将吸收系数 K 对频率 ν 作图，可得到图 4-1（b）吸收曲线，该吸收曲线形象地描述了吸收线轮廓。

原子吸收线的轮廓常用吸收线的特征（中心）频率 ν_0（或波长 λ_0）和吸收线的半宽度（频率差 $\Delta\nu$）来表征。所谓特征频率是指最大吸收系数 K_0 所对应的频率 ν_0（或波长 λ_0）；吸收线的半宽度是指最大吸收系数一半（即 $K_0/2$）处的吸收线轮廓上 A、B 两点间的频率差 $\Delta\nu$（或 $\Delta\lambda$），如图 4－1（b）所示。中心频率 ν_0 处的最大吸收系数 K_0 称为峰值吸收系数。原子吸收线的 $\Delta\lambda$ 约为 10^{-3}nm。

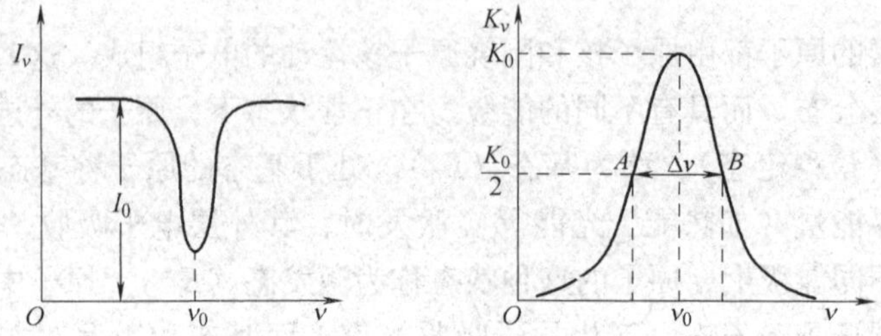

（a）I_ν-ν曲线　　（b）K_ν-ν曲线

图 4－1　吸收线轮廓

（二）谱线变宽

原子吸收线的谱线变宽原因较为复杂，主要由两方面因素决定：一方面是由原子本身的性质决定了谱线自然宽度；另一方面是由于外界因素的影响引起的谱线变宽。

1. 自然变宽 $\Delta\nu_N$

在没有外界因素影响的情况下，谱线本身固有的宽度称为自然宽度，不同谱线的自然宽度不同，它与原子发生能级跃迁时激发态原子平均寿命有关，寿命长则谱线宽度窄。谱线自然宽度造成的影响与其他变宽因素相比要小得多，其大小一般在 10^{-5}nm 数量级。

2. 多普勒变宽 $\Delta\nu_D$

多普勒变宽（又称热变宽）是由于原子在空间作无规则热运动引起的，是自然界的一个普遍规律。从物理学中已知，从一个运动着的原子发出的光，在观测者看来，如果运动方向离开观测者，其频率较静止原子所发的光的频率低；如原子向着观测者运动，则其频率较静止原子发出的光的频率为高，这就是多普勒效应。

在原子吸收光谱中，在原子蒸气中的原子处于无规则的热运动中，对观测者（检测器）来说，有的基态原子向着检测器运动，有的基态原子背离检测器运动，相对于中心吸收频率，既有升高，又有降低。因此，原子的无规则运动就使该吸收谱线变宽。随温度升高、谱线的中心频率增加和原子量减小，多普勒变宽增大。$\Delta\nu_D$ 一般在 10^{-3} ~ 10^{-2}nm。

3. 碰撞变宽

碰撞变宽（又称压力变宽）是由吸光原子与蒸气中原子或分子相互碰撞

引起的谱线变宽。这种谱线变宽是由原子之间相互碰撞导致激发态原子平均寿命缩短而引起的。根据与之碰撞的粒子不同，可分为两类：一类是和同种原子碰撞而产生的变宽，称为共振变宽或赫鲁兹马克变宽，以 $\Delta\nu_R$ 表示；另一类是和其他粒子（如火焰气体粒子）碰撞而产生的变宽，称为劳伦兹变宽，以 $\Delta\nu_L$ 表示。赫鲁兹马克变宽只有在被测元素浓度较高时才有影响，在通常的条件下，主要是劳伦兹变宽。$\Delta\nu_L$ 和 $\Delta\nu_R$ 具有相同的数量级，一般在 10^{-3} ~ 10^{-2}nm。

4. 其他变宽

除上述因素外，影响谱线变宽的还有其他一些因素，如场致变宽、自吸变宽等，所引起的谱带宽度为 10^{-5} ~ 10^{-3}nm。在通常的原子吸收实验条件下，吸收线的轮廓主要受多普勒和劳伦兹变宽的影响。当采用火焰原子化器时，劳伦兹变宽为主要因素；当采用无火焰原子化器时，多普勒变宽为主要因素。

三、积分吸收与峰值吸收

（一）积分吸收

原子蒸气中的基态原子吸收共振线的全部能量称为积分吸收。它相当于图 4-1（b）所示吸收线轮廓下所包围的面积，以数学式表示为 $\int K_\nu \mathrm{d}\nu$ 。根据经典色散理论，积分吸收与基态原子数目之间存在如下关系：

$$\int K_\nu \mathrm{d}\nu = \frac{\pi e^2}{mc} f N_0 \qquad (4-2)$$

式中　e——电子电荷；

m——电子质量；

c——光速；

f——振子强度，代表每个原子中能够吸收特定频率光而激发的平均电子数，在一定条件下对一定元素，f 为定值；

N_0——单位体积原子蒸气中吸收辐射的基态原子数，即基态原子密度。

根据式（4-2），积分吸收与单位体积基态原子数（待测元素的浓度）呈线性关系，只要测得积分吸收值，即可算出待测元素的浓度，从而实现定量分析。但由于吸收轮廓线的峰宽非常窄（通常只有 10^{-3}nm），需要分辨率高达 50 万的单色器，才能获得如此小峰宽的“单色光”，现有的技术条件尚无法达到。因此，原子吸收中的定量分析，通常以测量峰值吸收来代替测量积分吸收而实现的。

（二）峰值吸收

1955 年，澳大利亚物理学家 A. Walsh 提出以锐线光源为激发光源，在一定温度的稳定火焰中，峰值吸收系数 K_0 与火焰中待测元素的基态原子浓度 N_0 之间存在线性关系，用测量峰值吸收系数代替积分吸收，解决了原子吸收定量分析的难题，这种方法称为峰值吸收法。

实现峰值吸收测量的条件是：光源必须是锐线光源，即光源发射出的谱线半峰宽 $\Delta\nu_e$ 远小于吸收线的半峰宽 $\Delta\nu_a$，同时通过原子蒸气的发射线的中心频率 ν_0 恰好与吸收线的中心频率相重合，如图 4－2 所示。

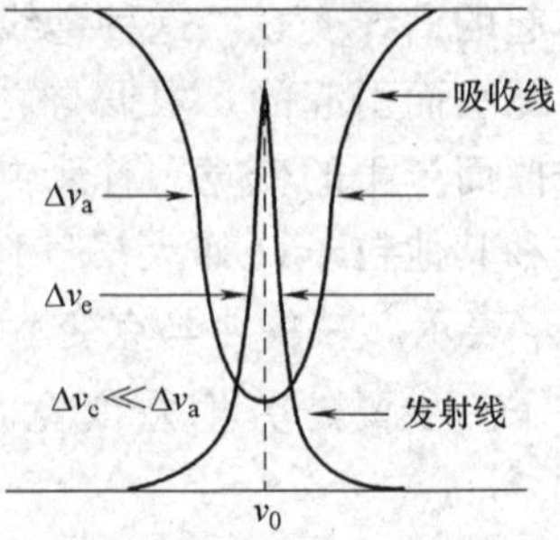

图 4－2　峰值吸收示意图

四、原子吸收与原子浓度的关系

（一）基态原子数（N_0）与总原子数（N）的关系

在进行原子吸收测定时，试样在高温下挥发变成气态，并解离成气态原子，称为原子化过程。在原子化过程中，有一部分基态原子可能进一步被激发成激发态原子。在一定温度下，处于热力学平衡时，激发态原子数 N_j 与基态原子数 N_0 之比服从玻尔兹曼分布定律：

$$\frac{N_j}{N_0}=\frac{P_j}{P_0}e^{-\frac{\Delta E}{kT}} \tag{4-3}$$

式中　P_j、P_0——基态和激发态的统计权重；

ΔE——激发态与基态间的能级差；

k——波尔兹曼常数，其值为 1.38×10^{-23}J；

T——热力学温度，K。

由式（4－3）可以看出，温度愈高，N_j/N_0 愈大；电子跃迁的能级差愈小，吸收波长愈长，N_j/N_0 也愈大。但在原子吸收测量中，原子化温度一般小于3000K，大多数元素的共振线波长都低于600nm，N_j/N_0 值绝大多数在 10^{-3} 以下，即激发态的原子数不足基态的千分之一，激发态的原子数在总原子数中可以忽略不计，即基态原子数近似等于总原子数。

（二）原子吸收与浓度之间的关系

在通常的原子吸收分析条件下，若吸收线的轮廓主要取决于多普勒变宽，则峰值吸收系数 k_0 与基态原子数 N_0 之间存在如下关系：

$$k_0=\frac{2\sqrt{\pi\ln2}}{\Delta\nu_D}\cdot\frac{e^2}{mc}fN_0 \tag{4-4}$$

当频率为 ν、强度为 I_0 的平行辐射垂直通过均匀的原子蒸气时，原子蒸气对辐射产生吸收，符合朗伯（Lambert）定律，即：

$$I_\nu=I_{0\nu}e^{-k_\nu L} \tag{4-5}$$

式中　$I_{0\nu}$——入射辐射强度；

I_ν——透过原子蒸气吸收层的辐射强度；

L——原子蒸气吸收层的厚度；

k_ν——吸收系数。

当在原子吸收线中心频率附近一定频率范围 $\Delta\nu$ 测量时，则：

$$I_0 = \int_0^{\Delta\nu} I_{0\nu}\mathrm{d}\nu \tag{4-6}$$

$$I = \int_0^{\Delta\nu} I_\nu \mathrm{d}\nu = \int_0^{\Delta\nu} I_{0\nu} e^{-k_\nu L}\mathrm{d}\nu \tag{4-7}$$

当使用锐线光源时，$\Delta\nu$ 很小，可以近似地认为吸收系数在 $\Delta\nu$ 内不随频率 ν 而改变，并以中心频率处的峰值吸收系数 k_0 来表征原子蒸气对辐射的吸收特性，则吸光度 A 为

$$A = \lg\frac{I_0}{I} = \lg\frac{\int_0^{\Delta\nu} I_{0\nu}\mathrm{d}\nu}{\int_0^{\Delta\nu} I_{0\nu}e^{-k_\nu L}\mathrm{d}\nu} = \lg\frac{\int_0^{\Delta\nu} I_{0\nu}\mathrm{d}\nu}{e^{-K_\nu L}\int_0^{\Delta\nu} I_{0\nu}\mathrm{d}\nu} = 0.43k_0L \tag{4-8}$$

将式（4－4）代入式（4－8），得到：

$$A = 0.43\frac{2\sqrt{\pi\ln 2}}{\Delta\nu_{\mathrm{D}}}\cdot\frac{e}{mc}fN_0L \tag{4-9}$$

当实验条件一定时，各有关参数为常数，故式（4－9）可写为：

$$A = kN_0L \tag{4-10}$$

在通常的原子吸收测定条件下，原子蒸气相中基态原子数 N_0 近似地等于总原子数 N。若控制条件使进入火焰的试样保持一个恒定的比例，则 A 与溶液中待测元素的浓度成正比，因此，在一定浓度范围内上式可改写为：

$$A = kcL \tag{4-11}$$

即吸光度与待测物质的浓度成正比，这是原子吸收光谱法定量分析的理论依据。

第二节　原子吸收分光光度计

原子吸收分光光度计按其结构原理分为单光束和双光束两种类型。单光束原子吸收分光光度计结构如图 4－3（a）所示；双光束原子吸收分光光度计结构如图 4－3（b）所示。原子吸收分光光度计主要由光源、原子化器、分光系统和检测系统四个部分组成。

一、光　　源

光源的作用是发射待测元素的特征共振线。对光源的基本要求是：能发射待测元素的共振线；发射线宽度远小于原子吸收线的宽度；辐射强度足够大；稳定性好，背景干扰小；使用寿命长；操作方便。空心阴极灯、蒸气放电灯、高频无

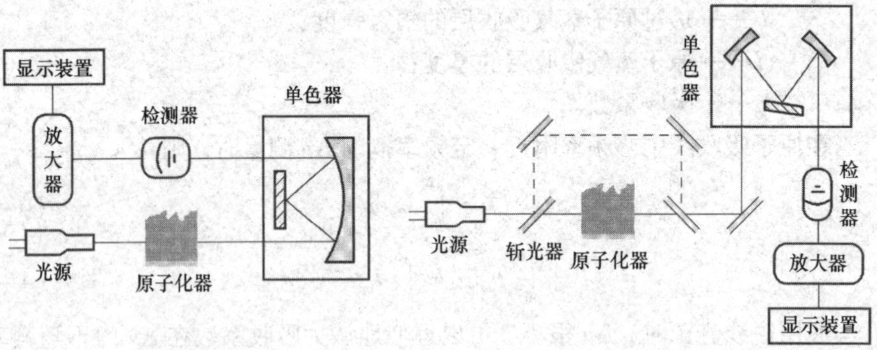

（a）单光束　　（b）双光束

图 4－3　原子吸收分光光度计结构示意图

极放电灯都符合这些要求，而目前应用最广泛的是空心阴极灯。

1. 空心阴极灯构造

空心阴极灯又称元素灯，其构造如图 4－4 所示。它由一个在钨棒上镶钛丝或钽片的阳极和一个由待测元素的金属或合金制成的空心筒状阴极组成。阳极和阴极封闭在带有光学石英窗的硬质玻璃管内，管内充有低压（260～400Pa）惰性气体氖或氩。

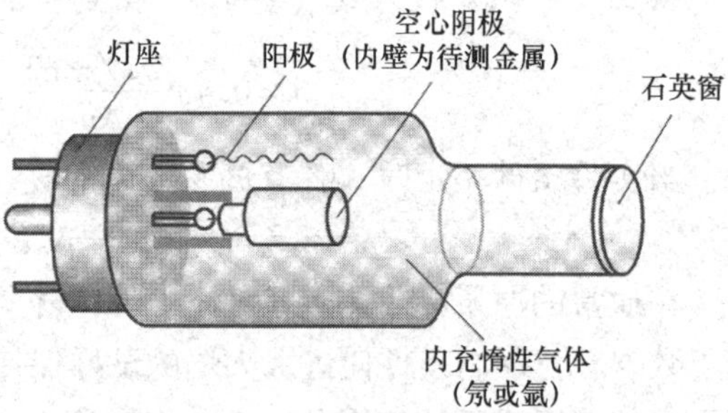

图 4－4　空心阴极灯结构示意图

2. 空心阴极灯工作原理

当在空心阴极灯两极间施加 300～500V 直流（或脉冲）电压时，阴极灯开始发光放电。在电场作用下，电子从空心阴极射向阳极，并与周围惰性气体碰撞使之电离，放出二次电子及惰性气体阳离子，因电子和惰性气体阳离子数目增加，得以维持放电。惰性气体阳离子在电场的作用下，获得足够动能撞击阴极内壁，使阴极表面的金属原子溅射出来，溅射出来的金属原子再与电子、惰性气体原子及离子发生碰撞而被激发，激发态的金属原子不稳定，再次回到基态时，发射出相应元素的特征共振线（特征频率的锐线光谱）。

为了保证光源仅发射频率范围很窄的锐线，要求阴极材料具有很高的纯度。通常单元素的空心阴极灯只能用于一种元素的测定，这类灯发射线干扰少、强度高，但每测一种元素需要更换一种灯。若阴极材料使用多种元素的合金，可制得多元素灯。多元素灯工作时可同时发出多种元素的共振线，可连续测定几种元素，减少了换灯的麻烦，但光强度较弱，容易产生干扰。

3. 空心阴极灯的工作电流

空心阴极灯的发光强度与灯的工作电流有关。增大电流可以增加发光强度，但工作电流过大会使辐射的谱线变宽，灯内自吸收增加，使锐线光强度下降，背景增大。同时还会加快灯内惰性气体消耗，缩短灯寿命；灯电流过小，又使发光强度减弱，导致稳定性、信噪比下降。因此，在实际工作中要选择合适的灯电流。空心阴极灯一般使用稳流电源，输出电流为0～50mA，输出电压为450～500V。

二、原子化器

原子化器的作用是提供能量，使样品中的待测元素转变为气态的基态原子（这一过程称为样品原子化）。实现样品原子化的方法主要有火焰原子化法和无火焰原子化法两种，前者是利用火焰热能使样品原子化；后者是利用电加热或化学还原等方法使样品原子化。

在原子吸收光谱分析中，试样中待测元素的原子化是整个分析过程的关键环节。对原子化器的要求是：①原子化效率要高；②稳定性和重现性要好；③干扰少（低背景、低噪声）；④操作简便。

（一）火焰原子化器

火焰原子化器主要由雾化器、雾化室和燃烧器三部分组成，如图4－5所示。它是先用雾化器将试液雾化，在雾化室（又称膨胀室或混合室）内将较大的雾滴除去，使试液的雾滴均匀化，然后再喷入火焰。

1. 雾化器

雾化器的作用是将试液分散成极细小（直径约10μm）的雾滴，即使试液雾化。其性能好坏对测定灵敏度、准确度、精密度和化学干扰等都有显著影响，是火焰原子化器的核心部件。因此，对雾化器的要求是，喷雾要稳定，雾滴要细而均匀，雾化效率要高，有较好的适应性。目前广泛采用的是气动雾化器，其结构如图4－6所示，高速助燃气（压缩空气）流过毛细管口时，在毛细管口形成一个负压区，于是试液沿毛细管吸入并被快速气流分散成小雾滴喷出，喷出的雾滴撞击在距毛细管喷口前端几毫米处的撞击球上，进一步分散成更为细小的细雾。这类雾化器的雾化效率一般为10%～30%，影响雾化效率的因素有助燃气的流速、试液的黏度及表面张力、毛细管孔径大小和相对位置等。

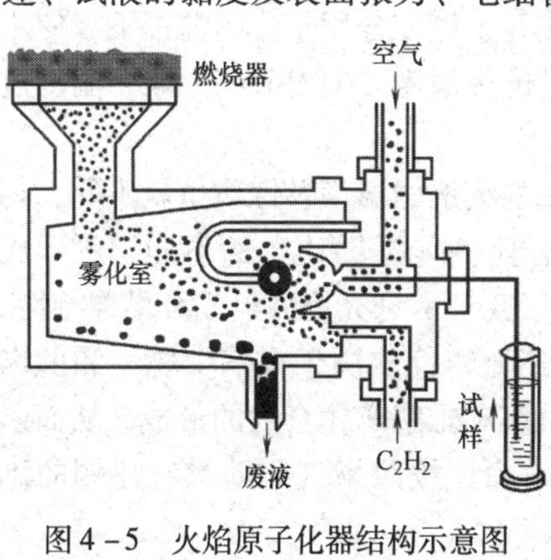

图4－5　火焰原子化器结构示意图

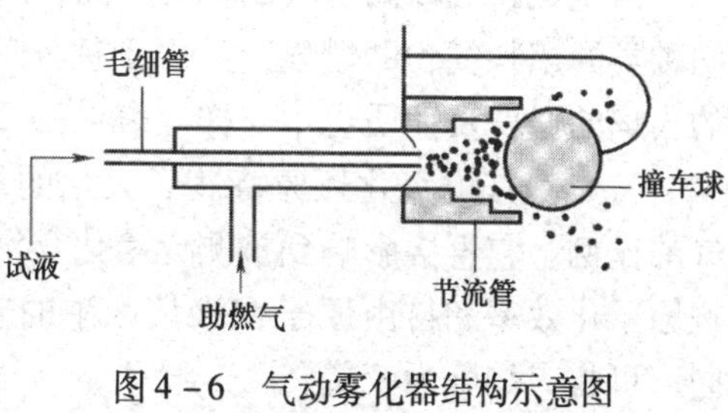

图4－6　气动雾化器结构示意图

2. 雾化室

雾化室（又称预混合室）的作用是进一步细化雾滴，使雾化后的雾滴与燃气充分混合形成气溶胶，再进入火焰原子化；部分未细化的雾滴在雾化室内凝结成残液，由废液口排出，以减少前试样被测组分对后试样被测组分记忆效应的影响。为了避免回火爆炸的危险，雾化室的残液排出管必须用导管弯曲或将导管插入水中水封。雾化室的另一个作用是稳定（缓冲）混合气气压，使燃烧器产生稳定的火焰。对雾化室的要求是能使雾滴与燃气、助燃气混合均匀，“记忆”效应小。

3. 燃烧器

燃烧器的作用是使燃气在助燃气的作用下产生火焰，使进入火焰的试样气溶胶蒸发和原子化。对燃烧器的要求是火焰燃烧稳定，原子化程度高，有较长的吸收光程，耐高温耐腐蚀。燃烧器有“孔型”和“长缝型”之分，后者又分单缝和三缝。在预混合型燃烧器中，一般采用吸收光程较长的长缝型单缝燃烧器。

4. 火焰及其类型

火焰是由燃料气（还原剂）和助燃气（氧化剂）相遇后发生强烈的化学反应而形成的。

正常燃烧的火焰结构由预热区、第一反应区、中间薄层区和第二反应区组成，如图4－7所示。样品原子化主要在第一反应区和中间薄层区进行。中间薄层区的温度达到最高点，是原子吸收分析的主要应用区。

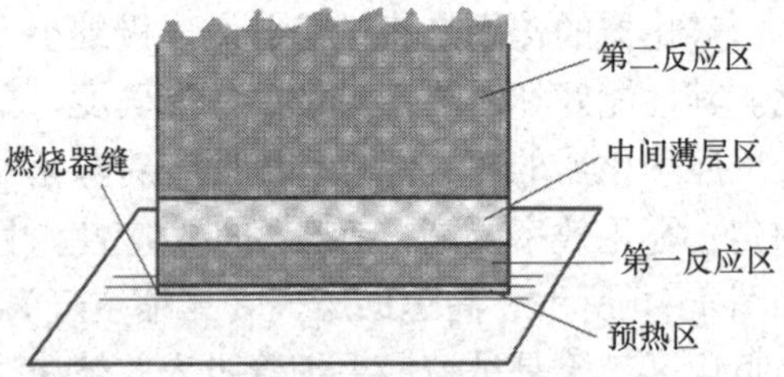

图4－7　火焰结构示意图

（1）火焰温度　火焰温度是影响原子化过程的一个重要因素。原子吸收所使用的火焰温度，只要能使待测元素离解成自由的基态原子就可以了，如超过所需温度，则激发态原子增加，电离度增大，基态原子减少，这对原子吸收是很不利的。因此，在确保待测元素能充分原子化的前提下，使用较低温度的火焰比使用较高温度火焰具有较高的灵敏度。但对某些元素，温度过低，盐类不能离解，产生分子吸收，干扰测定。

由于燃料气和助燃气的种类不同，所形成的火焰的温度及性质也就不同；相同种类的燃料气和助燃气，又由于彼此间混合比例（燃助比）的不同，所形成的火焰的温度及性质也不一样。表4－1列出了几种常见火焰的组成及燃烧特性。

（2）火焰的氧化还原特性　火焰的氧化还原特性取决于火焰中燃气和助燃气的比例。它直接影响到被测元素化合物的分解和难解离化合物的形成，从而影响原子化效率和自由原子在火焰区中的有效寿命。按照燃气和助燃气比例的不同，可将火焰分为三类：

表 4-1　常见火焰的组成及燃烧特性

燃　气	助 燃 气	燃烧速度/(cm/s)	火焰温度/℃
氢气	氧气	900	2700
氢气	空气	320	2050
乙炔	氧气	1130	3060
乙炔	空气	160	2300
煤气	空气	55	1840

①化学计量火焰：是指燃气和助燃气之比等于燃烧反应的化学计量关系的火焰，又称中性火焰。这类火焰燃烧完全，具有温度高、干扰小、背景低及稳定性好等特点，适合于大多数元素的测定。

②富燃火焰：是指燃气和助燃气之比大于其燃烧反应化学计量关系的火焰。这类火焰燃烧不完全，有丰富的半分解产物，温度低于化学计量火焰，具有还原性质，所以也称还原火焰。适合测定较易形成难熔氧化物的元素如 Mo、Cr、Al、稀土等。

③贫燃火焰：是指燃气和助燃气之比小于其燃烧反应化学计量关系的火焰。这类火焰的氧化性较强，火焰温度低，适用于测定易离解、易电离的元素，如碱金属等。

5. 火焰原子化过程

试样在火焰中的原子化是一个复杂的物理化学过程，包括试液雾化、溶剂蒸发、原子化等阶段，如图 4-8 所示。

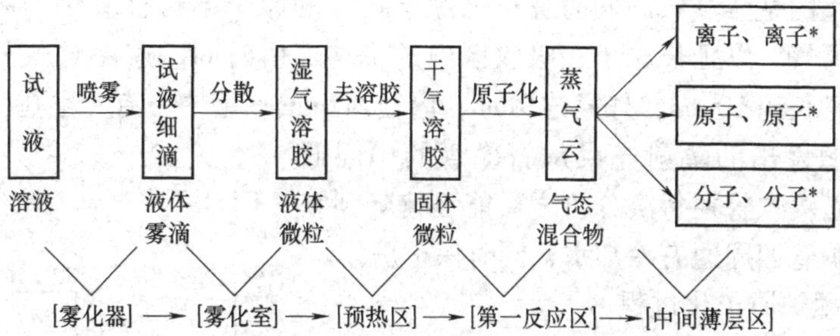

图 4-8　样品在火焰中原子化过程示意图（*表示激发态）

火焰原子化法具有操作简便，重现性好，有效光程大，对大多数元素有较高灵敏度，因此应用广泛。缺点是原子化效率低，灵敏度不够高，不能直接分析固体样品。

（二）无火焰原子化器

无火焰原子化器是利用电热、阴极溅射、等离子体或激光等方法使试样中待测元素形成基态自由原子，其原子化效率高于火焰原子化器。目前应用最广泛的是电热高温石墨炉原子化器。

1. 石墨炉原子化器的结构

石墨炉原子化器主要由电源、保护气控制系统和石墨炉管组成，如图4－9所示。

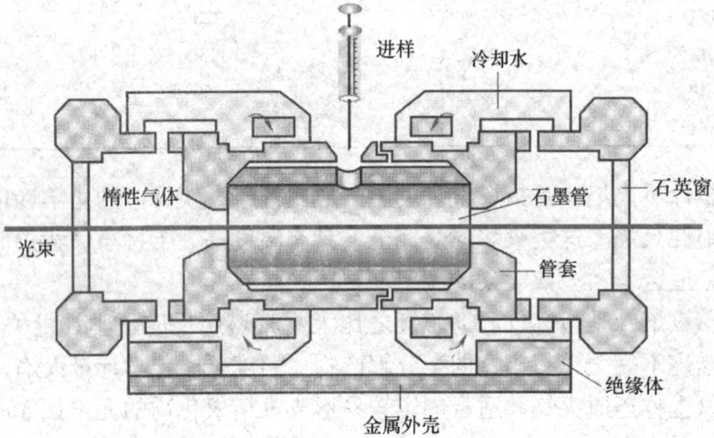

图4－9　石墨炉原子化器结构示意图

电源提供10～25V 的低电压和500A 的大电流，它能使石墨管迅速加热升温，而且通过控制可以进行程序升温，最高温度可达3000K。保护气通常使用惰性气体氩气，保护气控制系统用于控制保护气：仪器启动后，氩气流通，空烧完毕，氩气流切断。外气路中的氩气沿石墨管外壁流动，以保护石墨管不被烧蚀，内气路中氩气从管两端流向管中心，由管中心孔流出，以有效除去在干燥和灰化过程中产生的基体蒸气，同时保护已原子化了的原子不再被氧化。在原子化阶段，停止通气，以延长原子在吸收区内的平均停留时间，避免对原子蒸气的稀释。石墨管长约50mm，外径约9mm，内径约6mm，管中央有一小孔，用以加入样品。光源发出的辐射光束从石墨管的中间通过。为使石墨炉管在每次分析之后能迅速降到室温，石墨炉管四周通有冷却水，同时保护炉体。

2. 石墨炉原子化过程

石墨炉原子化器采用直接进样和程序升温方式对样品进行原子化，其过程包括干燥、灰化、原子化和净化四个阶段，见图4－10。

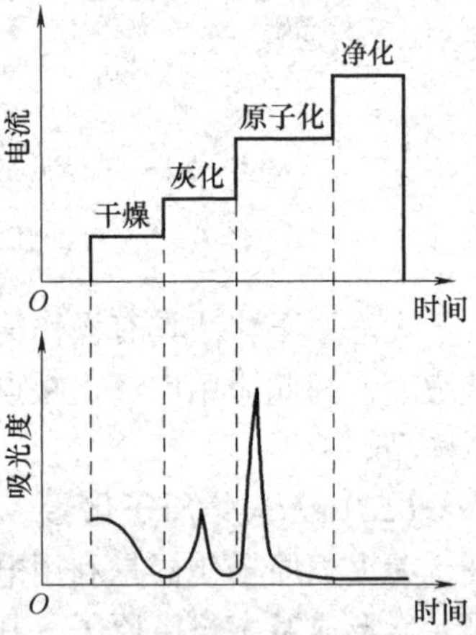

图4－10　石墨炉原子化过程示意图

(1) 干燥　干燥的目的是除去溶剂，以免因溶剂存在引起灰化和原子化过程飞溅。干燥温度一般要高于溶剂的沸点，干燥时间取决于试样体积，一般每微升溶液干燥时间约需1.5s。

(2) 灰化　灰化的目的是尽可能除去试样中易挥发的基体和有机物等干扰物质，同进富集待测元素。灰化的温度和时间取决于试样中的基体及待测元素的性质，应通过实验选择。一般灰化温度在 100 ~ 1800℃，灰化时间为 0.5 ~ 300s。

（3）原子化　原子化的目的是使待测元素的化合物蒸气化，并解离为基态原子。原子化温度和时间随待测元素的不同而不同，应通过实验选择最佳的原子化温度和时间，这是原子吸收光谱分析的重要条件之一。一般原子化温度在 2500 ~ 3000℃，时间为 3 ~ 10s。

（4）高温除残　又称净化，是在一个样品测定结束后，将温度提高并保持一段时间，以除去石墨管中的残留物，净化石墨管，减少因样品残留所产生的记忆效应。除残温度一般高出原子化温度 10% 左右，除残时间通过选择确定。

3. 石墨炉原子化器的特点

优点是原子化效率高；原子在吸收区域中平均停留时间长，因而灵敏度高；原子化温度高，可用于较难挥发和原子化的元素分析；在惰性气体保护下原子化，有利于易形成难解离氧化物的元素分析；进样量小。

缺点是精密度差，基体效应、化学干扰严重，背景吸收较强。

（三）低温原子化法

低温原子化法又称化学原子化法，其原子化温度为室温至几百摄氏度。常用的有汞低温原子化法和氢化物原子化法。

1. 汞低温原子化法

汞在室温下有较大的蒸气压，沸点仅为 375℃。只要对样品进行适当的化学预处理，还原出汞原子，然后由载气（Ar 或 N_2）将汞原子蒸气送入吸收池内测定。

2. 氢化物原子化法

在酸性溶液中，硼氢化钠（$NaBH_4$）或硼氢化钾（KBH_4）能使 As、Sb、Bi、Sn、Ge、Se、Pb、Ti 等元素还原成极易挥发和分解的氢化物，如 AsH_3、SnH_4 等。用载气（N_2 或 H_2）将这类氢化物送入石英吸收管中，在 300 ~ 900℃温度范围内，氢化物立即完全被分解成基态原子，然后测定其吸光度。

三、分光系统

分光系统又称单色器，其作用就是将待测元素的特征谱线与邻近其他谱线分开，只让待测元素的共振线通过。分光系统主要由色散元件（光栅或棱镜）、狭缝和反射镜等组成。

四、检测系统

检测系统主要由光电转换元件、放大器、对数变换器和显示记录装置组成。

光电转换元件的作用是将单色器分出的光信号转变成电信号的装置。原子吸收分光光度计常用光电倍增管作为光电转换元件；放大器的作用是将光电倍增管输出的较弱信号，经电子线路进一步放大；对数变换器的作用是实现光强度与吸光度之间的转换；显示记录装置是将实验数据用文字、图表的形式记录并显示的装置。

第三节 定量分析方法

原子吸收光谱的定量分析方法有标准曲线法和标准加入法。

一、标准曲线法

标准曲线法是原子吸收分析法中最常用的定量分析方法。该法简单、快速，适于大批量组成简单和相似的试样分析。

配制一系列浓度不同的标准溶液，在相同测定条件下，以空白溶液调整零吸收，测定标准溶液和待测溶液的吸光度，绘制 $A-c$ 标准曲线，用内插法在标准曲线上求得试样中被测定元素的含量。为保证结果的准确性，分析过程中应注意以下几点：

（1）所配标准溶液的浓度，应在 A 与 c 呈线性关系的范围内，最佳分析范围的吸光度应控制在 0.1 ~0.7 之间。绘制标准曲线的点应不少于 4 个。

（2）标准溶液与试样溶液应用相同的试剂和方法来处理，配制标准溶液时应加入与试样组成相同的基体，以形成相似的组成。

（3）用与试样基体相同的空白来进行仪器调零。

（4）在整个分析过程中，操作条件应保持不变。必要时，在每次测定前，应用标准溶液对吸光度进行检查和校正。

二、标准加入法

当样品中被测元素成分很少，基体成分复杂，难于配制与样品组成相似的标准溶液时，可采用标准加入法来克服这一困难。

取两份等体积试样，分别置于等体积的容量瓶 A 和容量瓶 B 中，于容量瓶 B 中加入一定量的标准溶液，然后将两份溶液稀释至刻度，在相同条件下测定 A 和 B 溶液的吸光度。设样品中待测元素的浓度（稀释后容量瓶 A 中的浓度）为 c_x，加入标准溶液的浓度（稀释后容量瓶 B 中标准溶液浓度）为 c_s，A 和 B 溶液的吸光度分别为 A_x 和 A_s，则

$$A_x = kc_x \tag{4-12}$$

$$A_s = k(c_x + c_s) \tag{4-13}$$

整理以上两式得：

$$c_x = \frac{A_x}{A_s - A_x} c_s \tag{4-14}$$

实际测定时，通常采用作图外推法：取若干份（4 ~5 份）相同体积的试液，

从第2份开始，依次按比例加入不同量的待测元素的标准溶液，用溶剂稀释至相同体积后，待测元素的浓度依次为：

$$c_x,\ c_x+c_s,\ c_x+2c_s,\ c_x+3c_s,\ c_x+4c_s,\cdots$$

分别测得吸光度为：

$$A_x,\ A_1,\ A_2,\ A_3,\ A_4,\cdots$$

以吸光度 A 对浓度 c 作图，得图4－11所示的标准加入法工作曲线。该曲线是一条直线，且一般不通过原点。显然，外延直线使与横坐标相交，交点到原点的距离即为试样中待测元素的含量（浓度）。

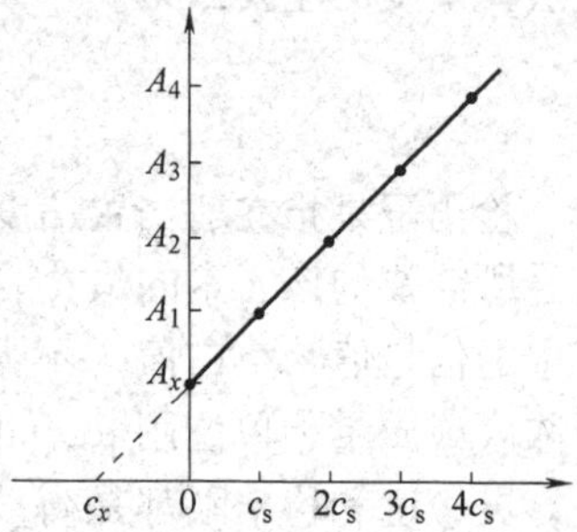

图4－11　标准加入法工作曲线

使用标准加入法时应注意以下几点：

（1）待测元素的浓度与其对应的吸光度 A 必须呈线性关系。

（2）至少应采用四个点来作外推曲线，加入的标准溶液增量要合适，尽量使第一个加入量产生的吸光度约为原试样吸光度的1/2。

（3）本法能消除基体效应，但不能消除背景吸收的影响。

（4）对于斜率太小的曲线，容易引起较大误差。

第四节　灵敏度与检出限

一、灵　敏　度

根据国际纯粹与应用化学联合会（IUPAC）规定，原子吸收光谱法的灵敏度 S 的定义是分析标准函数 $A=f(c)$ 的一次导数，即标准曲线的斜率。其代表的含义是，当待测元素的浓度 c 改变一个单位时，吸光度 A 的变化量。

在火焰原子化法中，常用特征浓度来表征灵敏度。特征浓度是指产生1%吸收时溶液中待测元素的浓度，通常用（μg/mL）/1%表示，可用公式（4－15）计算。

$$S=\frac{c\times 0.0044}{A} \tag{4-15}$$

式中　S——灵敏度，（μg/mL）/1%；

c——试液浓度，μg/mL；

0.0044——1%吸收的吸光度；

A——试液的吸光度。

在非火焰原子化法中，常用绝对灵敏度表示，即待测元素在一定条件下产生1%的吸收时的质量，以g/1%来表示，可用公式（4－16）计算。

$$S=\frac{c\times V\times 0.0044}{A} \tag{4-16}$$

式中 S——灵敏度，g/1%；

c——试液浓度，g/mL；

V——试液的体积，mL。

在实际分析中，元素的性质、仪器的性能和操作条件的选择，是影响原子分析法灵敏度的主要因素。

二、检 出 限

检出限是指在适当置信度下，产生一个能够确证在试样中存在某元素的分析信号所需要的该元素的最小含量。在 AAS 中，检出限（D）表示被测定元素能产生的信号值为空白值（不少于十次读数）的标准偏差 3 倍（3σ）时元素的质量浓度或质量，单位用 μg/mL 或 g 表示。

灵敏度和检出限都是衡量分析方法和仪器性能的重要指标，既反映了仪器的质量和稳定性，也反映仪器对某种元素的检测能力。检出限考虑了噪声的影响，其意义比灵敏度更明确，是说明仪器性能的主要实用指标。

第五节 实验技术

一、样品前处理技术

在用原子吸收法分析试样之前，需要将试样转变为溶液。由于待测的试样种类繁多，组成复杂，往往不能直接溶于一般溶剂，需要用物理化学的方法对试样进行适当的预处理，使其转变为溶液的形式。样品预处理的原则是：完整保留被测组分，消除干扰因素，使被测组分浓缩。

常用的样品预处理方法有以下几种。

（一）干法灰化法

干法灰化法是将试样置于坩埚中，先在电炉上小火炭化，再将其移入高温炉中，在 500～600℃ 条件下灼烧灰化，然后用适当的酸将灰化物溶解制成测试溶液。

为了促进灰化反应，缩短反应时间，防止某些元素挥发损失，常常加入硝酸、双氧水等灰化助剂（灼烧后不残留，只起加速灰化作用）；为了防止炭粒包裹灰化不完全，有时还要添加氧化镁、硝酸盐等助剂。

干法灰化法的优点是灰化彻底、操作简单、使用试剂较少。缺点是高温灼烧金属元素易损失，不适用于汞、砷等高温易挥发元素的测定。

（二）湿法消化法

湿法消化法是指在加热的条件下用强酸氧化分解试样中的有机物，使其中的碳、氢、氧元素生成二氧化碳和水呈气态逸散，待测元素生成简单的无机化合物留在溶液中。常用的强酸有盐酸、硝酸、高氯酸、硫酸或是它们的混合物。整个消化反应都在溶液中进行，故称为湿法消化。

近年来，高压消解法得到了广泛使用。此法是将样品和消化液放入密闭的聚四氟乙烯容器中，置于120～150℃的烘箱中保温数小时，样品即被消化。

湿法消化法的优点是反应温度较低，金属元素损失小。缺点是使用试剂较多，须做空白实验。

（三）微波消解法

微波消解法是一种利用微波能量促进样品消化的新技术。样品和消化液放在聚四氟乙烯焖罐中，在2450MHz的微波电磁场的辐射下，分子间高速振动摩擦而迅速升温，分子极化重新排列产生张力，从而使样品迅速分解消化。

微波消解法与传统的消解法比较具有下列优点：①速度快，时间短。样品的消解时间从几小时缩短为几十分钟；②污染少。由于使用密闭容器，减少了样品交叉污染的机会，也减少了实验室酸气的排放；③使用的试剂少，空白值低；④节约能源，易于实现自动化。

（四）溶剂萃取法

溶剂萃取法是采用与水互不相溶的溶剂，如甲基异丁酮，萃取金属离子的螯合物，然后直接将萃取物进行火焰原子化。

这种操作不仅因有机溶剂的引入增强了信号，提高了分析灵敏度，同时对样品也起到了富集和分离作用，降低了干扰。常用的螯合剂有吡咯二硫代甲酸铵等。

二、测量条件的选择

（一）分析线的选择

通常选择元素的共振线作分析线，可使测定具有较高的灵敏度。但并非在任何情况下都是如此。在分析被测元素浓度较高试样时，可选用灵敏度较低的非共振线作为分析线，否则 A 值太大。此外，还要考虑谱线的自吸收和干扰等问题。

（二）空心阴极灯电流的选择

空心阴极灯的发射特性取决于工作电流。灯电流过小，放电不稳定，光输出的强度小；灯电流过大，发射谱线变宽，导致灵敏度下降，灯寿命缩短。选择灯电流时，应在保持稳定和有合适的光强度输出的情况下，尽量选用较低的工作电流。一般商品的空心阴极灯都标有允许使用的最大电流与可使用的电流范围，通常选用最大电流的1/2～2/3为工作电流。实际工作中，最合适的电流应通过实验确定，即通过测定吸收值随灯电流的变化而选定最适宜的工作电流。

（三）火焰的选择

火焰的选择与调节是影响原子化效率的重要因素。选何种火焰，取决于分析对象。对于低温、中温火焰，适合的元素可使用乙炔－空气火焰；在火焰中易生成难离解的化合物及难溶氧化物的元素，宜用乙炔－氧化亚氮高温火焰；分析线在220nm以下的元素，可选用氢气－空气火焰。

火焰类型选定以后，须通过试验调节燃气与助燃气比例，以得到所需特点的火焰。易生成难离解氧化物的元素，用富燃火焰；氧化物不稳定的元素，宜用化学计量火焰或贫燃火焰。合适的燃助比应通过实验确定。

（四）燃烧器高度的选择

在火焰区内，自由原子浓度随火焰高度的变化而不同。调节燃烧器的高度，使测量光束从火焰中自由原子浓度大的区域内通过，以获得较高的检测灵敏度。最适合的燃烧器高度可以通过实验确定：在其他条件不变的情况下，调节燃烧器高度并测定其相应的吸光度，选择最大吸光度时的燃烧器高度。

（五）光谱通带的选择

光谱通带的选择以能使吸收线与邻近干扰线分开为原则。对于大多数元素来说，可选择大的光谱通带，以提高信噪比。对于多谱线及背景较大的元素，宜采用较小的光谱通带，以利提高灵敏度。光谱通带可通过调节狭缝的宽度来实现，合适的狭缝宽度须通过实验确定。

三、干扰及其消除

凡是能影响试样进入火焰及火焰中基态原子数目的各种因素均可造成干扰。干扰会严重影响分析结果，因而研究干扰的类型、发生机理以及消除方法是十分重要的。在原子吸收分析中，常见的干扰有物理干扰、化学干扰、光谱干扰和电离干扰。

（一）物理干扰及其消除

物理干扰是指试样在转移、蒸发和原子化过程中，由于其物理性质（如黏度、表面张力、相对密度和蒸气压等）的变化而引起原子吸收强度下降的效应。物理干扰是非选择性干扰，对试样中各元素测定的影响基本相同。物理干扰主要发生在试液抽吸过程、雾化过程和蒸发过程中。

消除办法：配制与被测试样组成相近的标准溶液，是消除物理干扰最常用的方法。在样品组分未知时，可采用标准加入法或稀释法来减小和消除物理干扰对定量分析的影响。

（二）化学干扰及其消除

化学干扰是由于被测元素原子与共存组分发生化学反应而引起的干扰。它主要影响被测元素的原子化效率，使参与吸收的基态原子数减少而造成的。化学干扰是原子吸收法中的主要干扰来源。常见的化学干扰有以下两类：

①待测元素与干扰组分形成更稳定的化合物。这是产生化学干扰的主要来源，如 PO_4^{3-} 干扰 Ca 的测定；Co、Si、B、Ti、Be 在火焰中易生成难熔化合物；

硫酸盐、硅酸盐与 Al 生成难挥发物等。

②待测元素在火焰中形成稳定的氧化物、氮化物、氢氧化物、碳化物等。如用空气 - 乙炔火焰测定 Al 时，由于形成稳定的氧化物，原子化效率低，测定的灵敏度很低；在石墨炉原子化器中，W、La、Zr、Mo 等易形成稳定的碳化物，使测定的灵敏度降低。

化学干扰是一种选择性干扰，消除化学干扰的方法有以下几种：

（1）加入释放剂　释放剂的作用是能与干扰物质生成比被测元素更稳定的化合物，使被测元素释放出来。例如，PO_4^{3-} 干扰 Ca 的测定，可在试液中加入 La、Sr 的盐类、它们与 PO_4^{3-} 生成比 Ca 更稳定的磷酸盐，把 Ca 释放出来。

（2）加入保护剂　保护剂的作用是它能与被测元素生成稳定且易分解的配合物，以防止被测元素与干扰组分生成难离解的化合物，即起了保护作用。保护剂一般是有机配合剂，用得最多的是 EDTA 和 8 - 羟基喹啉。例如，PO_4^{3-} 干扰 Ca 的测定，可在试液中加入 EDTA，此时 Ca 转化为 EDTA - Ca 配合物，它在火焰中容易原子化，消除了 PO_4^{3-} 的干扰。Al 对 Ca、Mg 的干扰可用 8 - 羟基喹啉作保护剂。

（3）加入缓冲剂　某些干扰当干扰物质达到一定浓度时，干扰趋于稳定。如果在被测溶液和标准溶液中均加入一定量的干扰物质，使干扰达到饱和并趋于稳定，就可消除干扰。如用乙炔 - N_2O 火焰测定 Ti 时，Al 抑制 Ti 的吸收，但如果在试样和标准溶液中均加入 200μg/mL 的 Al 盐，Al 对 Ti 的干扰就趋于稳定，从而消除其干扰。

（4）采用标准加入法来消除干扰。

（5）用物理和化学方法分离待测元素　在以上方法都无效的情况下，可以采取溶剂萃取、离子交换、沉淀分离等物理和化学方法分离和富集待测元素。

（三）光谱干扰及其消除

在原子吸收分光光度法中，光谱干扰主要有谱线干扰和背景吸收两类。

1. 谱线干扰

（1）吸收线重叠　当共存元素吸收线与待测元素的吸收线（分析线）很接近时，两谱线重叠，使测定结果偏高。此时应另选其他无干扰的分析线进行测定或预先分离干扰元素。

（2）光谱通带内存在非吸收线　在待测元素的分析线附近存在非吸收线，这些非吸收线可能出自待测元素的其他共振线与非共振线，也可能是光源中所含杂质（阴极材料不纯）的发射线，如果单色器不能将其分开，就会产生干扰，使测定的灵敏度下降，工作曲线弯曲。消除的方法是减小狭缝宽度；降低灯电流；采用单元素灯。

（3）原子化器的发射　来自火焰本身或原子蒸气中待测元素的发射。消除方法是对光源进行调制；适当增大灯电流，提高信噪比。

2. 背景吸收

背景吸收是指除了待测元素以外的所有能引起光源辐射信号减弱的因素。

产生背景吸收的原因主要有以下几个方面：

(1) 光散射　指的是当光源的共振辐射经过样品蒸气时，蒸气中存在的微小颗粒（如火焰中未被原子化的分子、石墨炉中的碳粒等）会使其偏离原光路，造成“假吸收”。

(2) 分子吸收　是指火焰中存在的气体、氧化物、氢氧化物、盐类等分子对光源辐射的吸收。如在空气 - 乙炔火焰中，当试样中有 Na、Ba 以及 Ca 共存时，Ca 将形成 $Ca(OH)_2$ 分子，在 530 ~ 560nm 范围内有一吸收峰，会干扰对 Na（589nm）和 Ba 的测定等。

(3) 火焰吸收　火焰气体也会对光源的共振辐射产生吸收，并且是辐射波长越短，吸收越严重。

背景吸收是宽带吸收，可以通过校正背景的方法加以消除。常采用的方法有：邻近线校正背景法；用与试样溶液有相似组成的标准溶液来校正；用分离基体的方法来消除影响；氘灯扣背景；塞曼效应校正法等。

（四）电离干扰及其消除

高温导致基态原子电离，从而使基态原子数减少，吸光度下降。电离作用大小与待测元素的电离电位大小及火焰温度有关，火焰温度越高，越易发生电离（如碱及碱土元素）。

消除方法：加入消电离剂，如 NaCl、KCl、CsCl 等。消电离剂是比被测元素电离电位低的元素，相同条件下消电离剂首先电离，产生大量的电子，抑制被测元素的电离。如加入足量的铯盐，可以有效地抑制 K、Na 的电离。

第六节　原子荧光光谱法

原子荧光光谱法（atomic fluorescence spectrometry，AFS）是 20 世纪 60 年代中期以后发展起来的一种新的痕量分析技术。该方法是通过测量待测元素的原子蒸气在特定频率辐射能激发下所产生的荧光强度来测定元素含量的一种仪器分析方法。

一、基 本 原 理

（一）原子荧光光谱的产生

气态自由原子吸收光源的特征辐射后，原子的外层电子跃迁到较高能级，接着又以辐射形式去活化，跃迁返回基态或较低能级，同时发射出与原激发辐射波长相同或不同的辐射即为原子荧光。

（二）原子荧光的类型

原子荧光可分为共振荧光、非共振荧光与敏化荧光三种类型。

1. 共振荧光

气态自由原子吸收共振线被激发后，再发射出与激发辐射波长相同的辐射即为共振荧光。

2. 非共振荧光

当荧光与激发光的波长不相同时，产生非共振荧光。非共振荧光包括直跃线荧光、阶跃线荧光和反斯托克斯荧光。

3. 敏化荧光

受光激发的原子与另一种原子碰撞时，将激发能传递给另一个原子使其激发，后者再以辐射形式去激发而发射荧光即为敏化荧光。在火焰原子化器中敏化荧光很难观察到。

在上述原子荧光中，共振荧光的强度最大，最为常用。

（三）荧光强度与原子浓度的关系

荧光强度正比于基态原子对某一频率激发光的吸收强度。若激发光源是稳定的，入射光是平行而均匀的光束，自吸可忽略不计。当仪器与操作条件一定时，单位体积基态原子的数目与试样中被测元素浓度成正比，即荧光强度正比于被测元素浓度，这是原子荧光定量分析的基础。

（四）量子效率与荧光猝灭

受激发的原子和其他粒子碰撞，把一部分能量变成热运动与其他形式的能量，因而产生非荧光去激发过程，使荧光减弱或完全不发生的现象，这种现象称为荧光猝灭。

荧光猝灭会使荧光的量子效率降低，荧光强度减弱。

二、原子荧光光谱仪

原子荧光光谱仪由激发光源、原子化器、分光系统、检测器、信号放大器和数据处理器等部分组成，其大部分组件的工作原理与原子吸收光谱仪相同。按照有无色散系统，可将原子荧光光谱仪分为非色散型和色散型两类，它们的结构基本相似，只是单色器不同，如图 4－12 所示。

（一）激发光源

原子荧光光谱仪的激发光源可以是锐线光源，也可以是连续光源。常用的光源有高强度空心阴极灯、无极放电灯、电感耦合等离子焰、氙弧灯或激光等，其中应用最广泛的是空心阴极灯。

（二）原子化器

原子化器的作用是提供待测自由原子蒸气的装置。与原子吸收光谱相类似，原子荧光分析中采用的原子器主要分为火焰原子器和电热原子化器两大类，如火

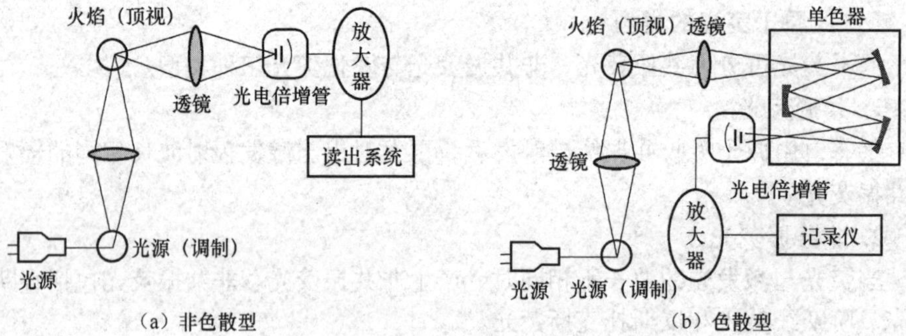

（a）非色散型　　（b）色散型

图4-12　原子荧光光谱仪结构示意图

焰原子化器、电感耦合高频等离子体（ICP）、石墨炉、汞及可形成氢化物元素用原子化器等。

（三）分光系统

在原子荧光光谱仪中，为了避免激发光源对荧光信号测量的影响，要求激发光源、原子化器和检测器三者处于直角状态。这与原子吸收光谱仪中三者处于同一条直线上不同。

检测与显示系统与原子吸收光谱仪相同。

三、原子荧光光谱法的特点

（1）高灵敏度、低检出限。如Cd元素的检出限可达0.001ng/cm^3，Zn元素的检出限为0.04ng/cm^3，特别适用于环境检测中痕量元素的分析。由于原子荧光的辐射强度与激发光源成比例，采用新的高强度光源可进一步降低其检出限。

（2）谱线简单、干扰少。

（3）分析校准曲线线性范围宽，可达3~5个数量级。

（4）多元素同时测定。

虽然原子荧光法有许多优点，但由于荧光猝灭效应，以致在测定复杂基体的试样及高含量样品时，尚有一定的困难。此外，散射光的干扰也是原子荧光分析中的一个麻烦问题。因此，原子荧光光谱法在应用方面不及原子吸收光谱法和原子发射光谱法广泛，但可作为这两种方法的补充。原子荧光光谱法常用于食品、化工、电子等产品中As、Hg、Cd、In、Ge、Pb、Sb、Se、Te、Tl、Zn等元素的测定。

第七节　原子吸收光谱仪器的使用

一、岛津AA-6300原子吸收分光光度计的使用

（一）AA-6300原子吸收分光光度计简介

AA-6300原子吸收分光光度计配有火焰原子化器和石墨炉原子化器。光度

测量采用火焰光学双光束和石墨炉电子双光束；背景采用 D2 法（氘灯法）和 SR 法（自吸收法）校正；测定波长范围 185 ~ 900nm；有光电倍增管检测器（短波长范围）和半导体检测器（长波长范围），6 灯插座，计算机软件控制。如图 4 - 13 所示。

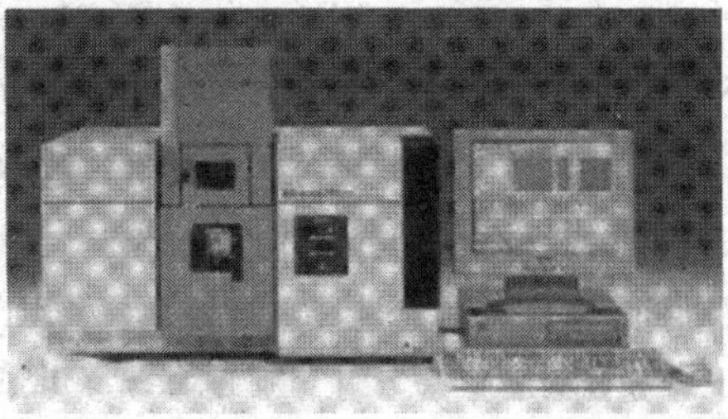

图 4 - 13　AA - 6300 原子吸收分光光度计

（二）AA - 6300 原子吸收分光光度计结构

AA - 6300 原子吸收分光光度计结构如图 4 - 14 所示。

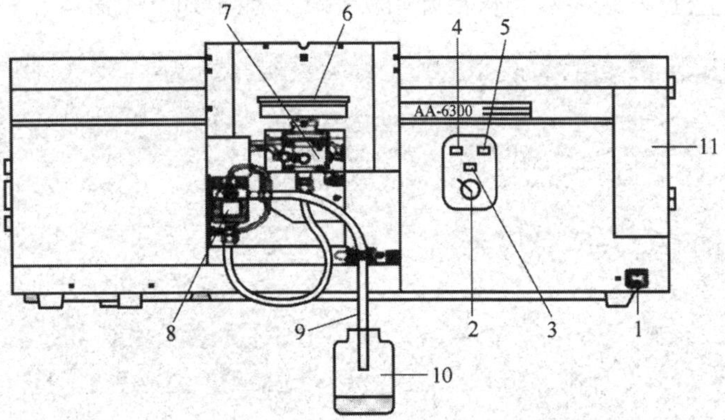

图 4 - 14　AA - 6300 原子吸收分光光度计结构

1—电源开关　2—燃烧器选择开关　3—EXTINGUISH 键　4—PURGE 键　5—IGNITE 键　6—燃烧头　7—雾化室　8—废液位探头　9—废液管　10—废液瓶　11—空心阴极灯座罩

（三）AA - 6300 原子吸收分光光度计使用操作步骤

1. 火焰法操作程序

（1）开机前的准备工作

①确认仪器与气路已连接。

②检查水密封：可往废液罐内加蒸馏水至废液管中有水流出。

（2）开机

①打开电脑至待机状态。

②打开主机电源开关（图 4 - 14 中 1）。

③启动软件：双击电脑界面“WizAArd”图标，启动 AA - 6300 控制软件。

④编辑测量参数：

选择测量元素。

用单选键选择测定方法为“火焰连续”。

当使用普通空心阴极灯时，选择［普通灯］（只有在 SR 背景校正时才能选择［SR灯］)。

设置完毕，点击“确定”，弹出灯位置提示信息，点击“是”。

在显示的“编辑参数”页中的“光学参数”标签中，设置灯位置。

校准曲线设置：选择标准曲线法，［次数］选“1st”；选择［零截距］将强制校准曲线通过原点；［浓度单位］点击下拉菜单选择；设置校准行数并更新，输入各行浓度值；点击［重复条件］设置同一样品重复测定次数，设置完毕，点击“确认”。

样品组设置：在样品组设置界面，设置样品数并更新，输入各样品名称。

⑤打开乙炔气，调节分压为0.09MPa；打开空气发生器，调输出压力为0.4MPa。

⑥连接主机/发送参数：仪器开始初始化，显示如下图窗口。

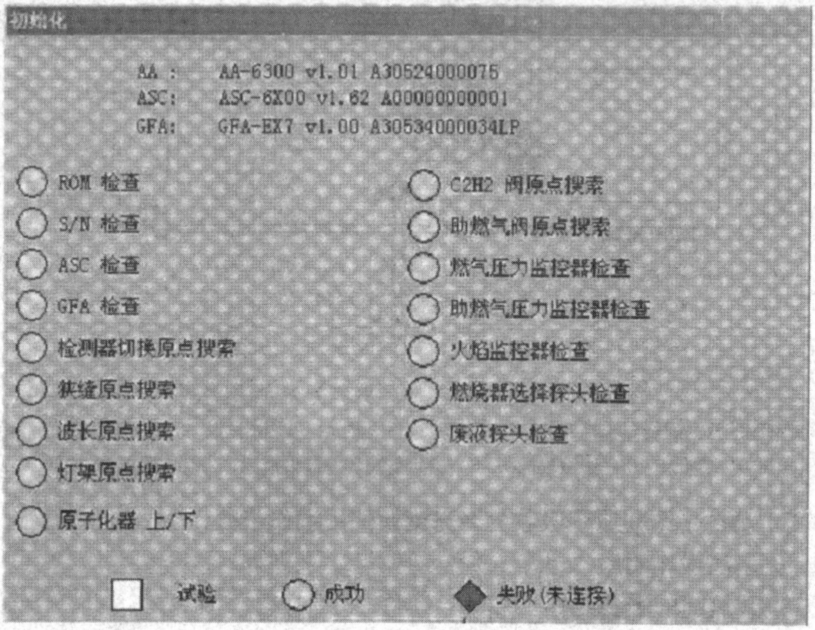

在初始化过程中，仪器3次提示进行有关安全装置检查，均点击“No”继续初始化。如仪器未安装石墨炉原子化器，在初始化过程中“GFA检查”项和“检测器切换原点搜索”项显示自检失败，属正常。

⑦初始化结束，在弹出的“火焰分析的仪器检查目录”中，标记（1）到（9）的所有项目，点击“确认”。

⑧光学参数设置：设置测量波长、狭缝宽、灯插座号、灯电流及点灯方式。一般采用仪器默认值。

⑨谱线搜索：点击“光学参数”界面“谱线搜索”，进入如下谱线搜索界面。

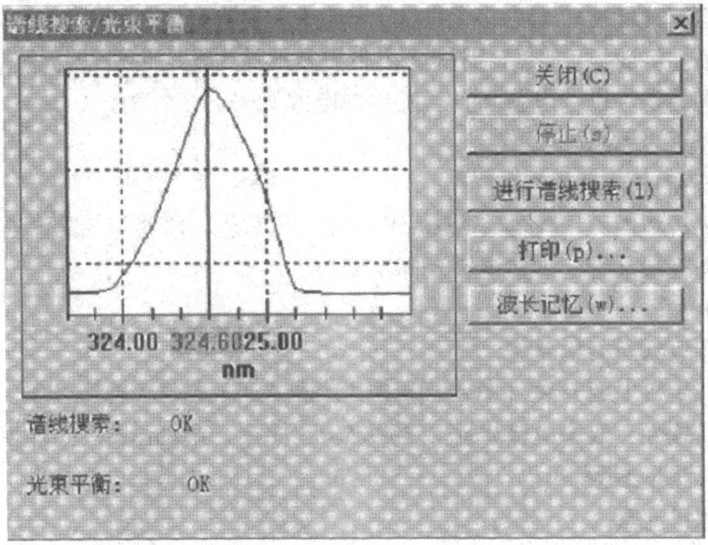

搜索结束，关闭窗口，进入“原子化器/气体流量设置”界面，设置气体流量：选择火焰类型为“Air－C_2H_2”，燃气以及助燃气的流量用默认值。

⑩在所有的设置完成后，退出 Wizard 显示屏，将设定的条件另存为模板。

（3）测定操作

①点火：双指同时按下主机面板 PURGE 键和 IGNITE 键，点燃火焰。

②自动调零：将进样管口插入蒸馏水（或空白溶剂），当 MRT 工作界面的实时图像信号趋于稳定时，按“自动调零”。

③空白测定：将进样管插入试剂空白样，待实时信号稳定时，按“开始”键测定空白吸光值。

注意：空白测定结果自动显示在 MRT 工作单中，如果标准或未知样品的测定在执行空白测定后进行，则它们的吸光值是实际测定值减去空白值以后的数值。

④标准样品测定：标准样品按输入 MRT 工作单中的 STD 行的次序进行测量。将进样管插入 STD1 样液，待实时信号稳定时，按“开始”键测定吸光值，依次测 STD2、STD3…。

⑤检查校准曲线：标准样品测定完毕，检查显示在窗口右上方的校准曲线，如果校正曲线的相关系数在 0.9990 以上，即可进入未知样品测定。否则需重新校准曲线。

⑥未知样品测定：按次序将进样管插入未知样品，待实时信号稳定时，按“开始”键依次测定未知样品吸光值。

（4）关机程序

①样品测定完毕，按主机面板 EXTINGUISH 键，关灭火焰。

②关闭乙炔气钢瓶总开关，再同时按下主机面板 PURGE 键和 IGNITE 键点

火直至火焰灭（除去仪器内多余气体）。

③单按主机面板 PURGE 键直至乙炔气分压降为零，再松开乙炔气分压阀。

④依次关闭主机、电脑和空气发生器电源开关。

2. 石墨炉法操作程序

（1）开机前的准备工作

①确认石墨炉原子化器（ASC - EX7. i）已安装，仪器与气路已连接。

②检查冷却水管、加热电缆已固定到位。

（2）开机

①打开电脑至待机状态。

②打开主机电源开关（图 4 - 14 中 1）和 ASC - EX7. i 电源开关。

③启动软件：双击电脑界面“WizAArd”图标，启动 AA - 6300 控制软件。

④编辑测量参数：

选择测量元素。

用单选键选择测定方法为“石墨炉”。

当使用普通空心阴极灯时，选择［普通灯］（只有在 SR 背景校正时才能选择［SR 灯］）。

设置完毕，点击“确定”，弹出灯位置提示信息，点击“是”。

在显示的“编辑参数”页中的“光学参数”标签中，设置灯位置。

校准曲线设置：选择标准曲线法，［次数］选“1st”；选择［零截距］将强制校准曲线通过原点；［浓度单位］点击下拉菜单选择；设置校准行数并更新，输入各行浓度值；点击［重复条件］设置同一样品重复测定次数，设置完毕，点击“确认”。

样品组设置：在样品组设置界面，设置样品数并更新，输入各样品名称。

⑤打开氩气（Ar），调节分压为 0. 5MPa；打开循环冷却水箱开关。

⑥连接主机/发送参数：仪器开始初始化，显示如下窗口。

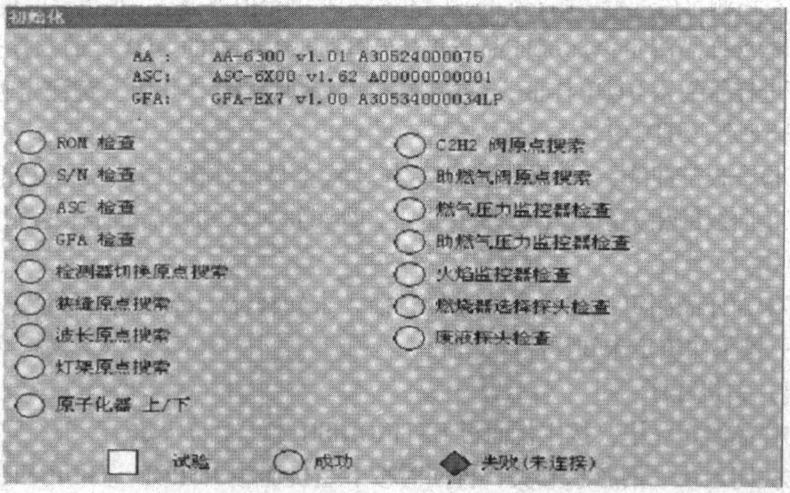

在初始化过程中，仪器 3 次提示进行有关安全装置检查，均点击“No”继续初始化。

⑦初始化结束，绕过火焰分析时仪器检查的项目（在弹出的对话框中点击“No”）进入下一步。

⑧光学参数设置：设置测量波长、狭缝宽、灯插座号、灯电流及点灯方式。一般采用仪器默认值。

⑨谱线搜索：点击“光学参数”界面“谱线搜索”，进入谱线搜索界面。搜索结束，关闭窗口，点击“下一步”进入“石墨炉程序”设置界面。

⑩石墨炉程序：在石墨炉测定中，改变石墨炉程序的设置可以改变灵敏度或降低背景的影响。下图显示的是 Cu 元素的石墨炉测定程序。多数场合下，可直接使用调出元素的标准（默认）石墨炉程序。

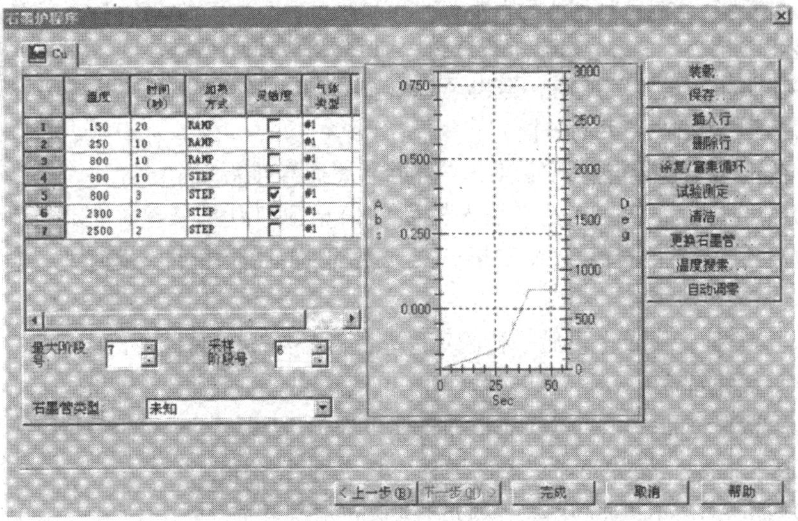

表 4－2 为石墨炉程序示例。

表 4－2　　石墨炉程序示例

阶段	温度/℃	时间/s	加热方式	灵敏度	气体类型	流量/(L/min)
1	150	20	斜坡	□	#1	0.1
2	250	10	斜坡	□	#1	0.1
3	800	10	斜坡	□	#1	1.0
4	800	10	阶梯	□	#1	1.0
5	800	3	阶梯	☑	#1	0.0
6	2300	2	阶梯	☑	#1	0.0
7	2500	2	阶梯	□	#1	1.0

采样阶段号#6

对表4－6的石墨炉程序示例解释如下：

在本程序中，样品中的水分在“干燥”阶段#1蒸发；共存的有机物质在从#2～#5的“灰化”阶段挥发；目标元素在阶段#6“原子化”；阶段#7是“净化”，以除去石墨炉内的残渣。

在“灰化”阶段中，根据共存的物质改变“温度”和“时间”，如含有大量有机物时，设置较高温度和较长时间。

在“干燥”阶段以及“灰化”阶段的开始，将“加热方式”设置为“斜坡”(温度逐渐增加)；在余下的“灰化”和“原子化”阶段，将“加热方式”设置为“阶梯”(直接加热到设置温度)。

在“原子化”阶段和其前一阶段中，“灵敏度”作了复选标记，执行高灵敏度测定。同时，内部气体固定在0（L/min）。

“采样阶段号”表示数据采集阶段，通常选择原子化阶段。

⑪在所有的设置完成后，退出Wizard显示屏，将设定的条件另存为模板。

（3）测定操作（手动进样）

①在正式开始测定前，先点击“开始”键，校准温度。

②温度校准完毕，出现“注入样品”信息窗口，用微量注射器吸取10μL样品注入石墨管。样品注入完毕，点击信息对话框中的“确定”键，开始测定。

③当MRT工作单上最后一行测定完毕，仪器处于等待状态。

（4）关机程序

①样品测定完毕，关闭冷却水和气体（Ar）主阀。

②退出软件。先关闭与仪器的通信，再关闭主窗口。

③关闭AA主机电源开关，关闭外围设备电源开关。

④当使用ASC－EX7.i时，要确认关闭HEAT开关。

二、ETHOS微波消解系统的使用

ETHOS微波消解系统由自动控温系统、自动压力控制系统、微波腔体系统、样品罐转子、分离式控制终端和功能强大的EasyControl软件组成，如图4－15所示，广泛应用于食品、生物、化工、医药、环境等领域样品消解和萃取。

（一）ETHOS微波消解系统使用

操作步骤

1. 分体转子操作程序

（1）将罐体洗净、晾干（图4－16a）。

（2）称样：准确称取（或移取）样品（固体0.1～0.5g、液体1～5mL）于消解罐中（图4－16b）。

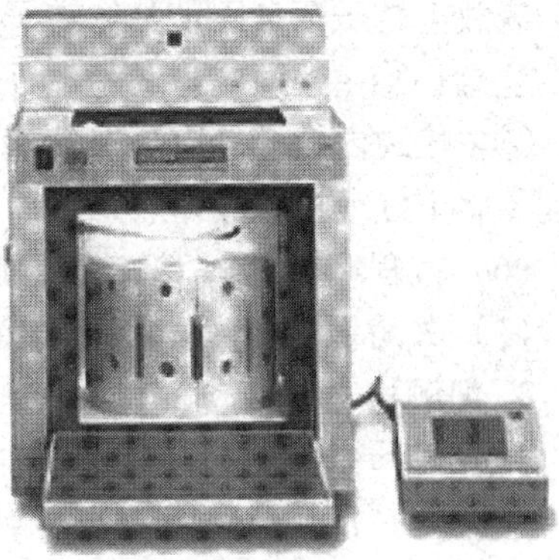

图 4-15　ETHOS 微波消解系统

（3）加试剂：于消解罐中分别加入 7mL 硝酸和 1mL 过氧化氢，轻轻摇匀（图 4-16c），盖上罐盖，擦干外部（图 4-16d）。

（4）罐体密封：将罐体置于外罐中（图 4-16e），将 HTC 垫片和弹簧片放在罐体盖上（图 4-16f，g），再将泻压环套在罐体上部并压紧（图 4-16h，i），然后将罐体送入聚丙烯转子内，置工作台上（图 4-16j，k），用力矩扳手拧紧转子上方的 HTC 螺丝，当听到一声“咔嗒”响声时，则罐盖已拧紧（图 4-16l），将转子插入腔体圆盘上。

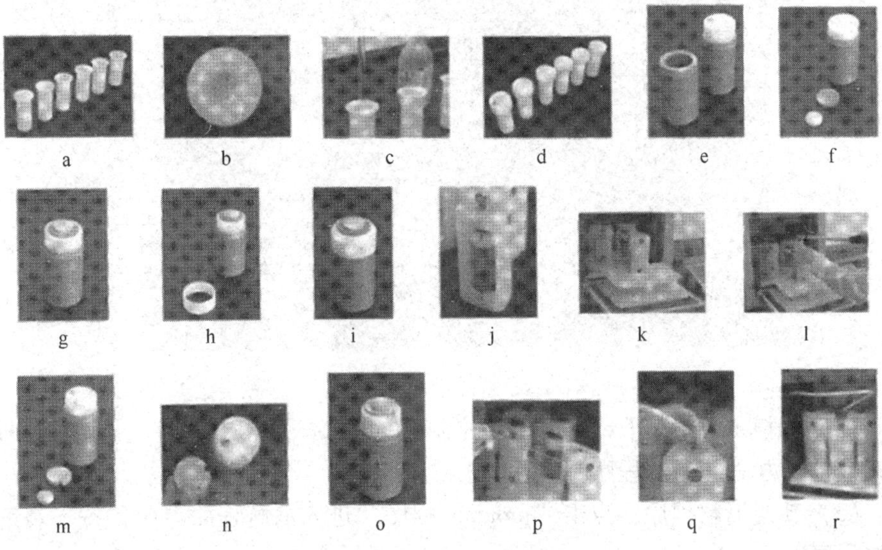

图 4-16　分体转子操作流程

注意：①当听到响声后应停止转动力矩扳手，如继续转动力矩扳手将引起 HTC 的超负荷；②各样品转子应对称插入腔体圆盘上。

（5）主控罐（用于控温）操作：

①将 HTC 弹簧片放在 HTC 垫片上（图 4-16m，n，o）；

②用同样方法密封罐体；

③将温度传感轻轻插入主控罐 HTC 螺丝上的小孔中（图 4-16p，q）；

④将主控罐转子放入腔体圆盘 1# 位置，并将热电偶温度传感器插入传感器插座（图 4-16r）；

⑤放上转子顶盘固定分体转子。

注意：①主控罐应与其他罐子具有相同的样品、相同的样品量和相同的试剂；②主控罐内的样品应具有代表性；③主控罐内应使用至少 8mL 的溶液以便温度传感更好地接触液体。

（6）按程序键盘上 Twist 键，测试转子及温度传感器的位置是否正确。

（7）关闭 ETHOS 门体，开始消解程序。

2. 消解程序

（1）打开微波主机电源开关，此时 T640 终端电源接通，程序打开。登录后，屏幕显示下图 easyCONTROL 软件的初始界面：

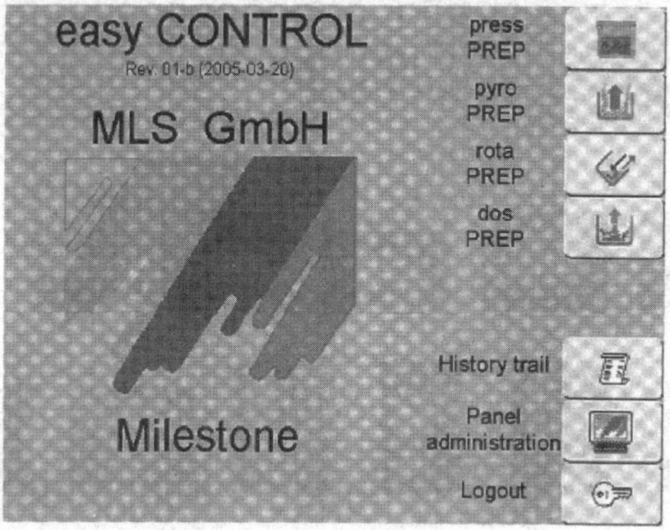

（2）触摸，打开 easyControl 控制软件的 pressPREP 程序，点击 Methods 新建或打开方法（消解程序）。

（3）新建消解程序：点击“program 程序”进入消解程序界面，按下表编辑升温程序：

步　数	时间/min	功率/W	T_1/℃
1	5.0	1000	160
2	3.0	1000	210
3	15.0	1000	210
Vent 冷却	10.0		

（4）按“START”开始运行程序。

3. 消解后的样品定容

（1）消解结束，待罐体冷却后（45℃以下），将消解转子取出，放在通风橱中，用扭力扳手缓缓旋开转子（注意：在松开过程中，会有棕红色 NO_2 气体由泻压口冲出）。

（2）打开盖子，用去离子水将盖子上的液滴洗入消解罐中。

（3）最后将消解罐中的消解液定量转移至容量瓶，用去离子水定容，混匀。

4. 消解罐清洗

将内罐、外罐及盖子用5%硝酸溶液浸泡12h以上，用去离子水冲洗后，放在150～180℃烘箱中烘3h。

（二）ETHOS微波消解系统使用操作注意事项

（1）除TFM盖子和TFM/PFA容器外，不要使用任何有机试剂和酸清洁或干燥转子任何部件，转子放入微波炉之前，建议用棉花或毛巾擦干转子每一个单元，确保无水。

（2）加试剂和样品之后，确保容器杯上沿和TFM盖子上无溶液沾污，若有用棉花等物擦干。

（3）严禁消解易燃易爆的有机试剂或包含这些试剂的样品（如酒精、易燃油），如需消解则应先蒸发试剂，再消解。

（4）TFM盖子和TFM/PFA容器每次使用前或使用后用10%硝酸浸泡（一般12h），再用去离子水洗净，晾干后密封保存。

第八节　实训操作

实训项目一　原子吸收光谱法测定自来水中钙、镁的含量

一、目的要求

1. 了解原子吸收光谱法进行定量测定的基本原理。
2. 掌握原子吸收分光光度计的主要结构及操作方法。
3. 学会用校正曲线法进行定量分析。

二、相关知识

将试样喷入火焰中，使钙、镁原子化，在火焰中形成的基态原子对特征谱线产生选择性吸收：由光源钙空心阴极灯辐射出钙的特征谱线（波长为422.7nm）被钙吸收测定钙；由光源镁空心阴极灯辐射出镁的特征谱线（波长为285.2nm）被镁吸收测定镁。测得的样品吸光度和校准溶液的吸光度进行比较，确定样品中被测元素的浓度。

自来水中其他离子对钙、镁的测定会产生干扰，使测定结果偏低。加入锶、镧或其他释放剂作干扰抑制剂，可以获得较好的效果。

三、仪器与试剂的准备

1. 仪器

原子吸收分光光度计（配有钙元素空心阴极灯、镁元素空心阴极灯），空气压缩机、乙炔钢瓶，容量瓶、移液管等。

2. 试剂

除另有说明外，本实验用水均为去离子水或超纯水（电阻率 18.2MΩ）。

（1）硝酸溶液（1+1）。

（2）碳酸钙（$CaCO_3$） 优级纯。

（3）氧化镁（MgO） 分析纯。

（4）镧溶液（0.1g/mL） 称取氧化镧（La_2O_3）23.5g，用少量硝酸溶液（1+1）溶解，蒸至近干，加 10mL 硝酸溶液及适量水，微热溶解，冷却后用水定容至 200mL。

（5）钙标准储备液（1000mg/L） 准确称取 105～110℃烘干过的碳酸钙 2.4973g 于 100mL 烧杯中，加 20mL 水，小心滴加硝酸溶液至溶解，再多加 10mL 硝酸溶液，加热煮沸，冷却后用水定容至 1000mL。

（6）镁标准储备液（100mg/L） 准确称取 800℃灼烧至恒重的氧化镁 0.1658g 于 100mL 烧杯中，加 20mL 水，滴加硝酸溶液至完全溶解，再多加 10mL 硝酸溶液，加热煮沸，冷却后用水定容至 1000mL。

（7）钙、镁混合标准储备液（钙 50mg/L、镁 5.0mg/L） 准确吸取钙标准储备液和镁标准储备液各 5.0mL 于 100mL 容量瓶中，加入 1mL 硝酸溶液，用水稀释至刻度。

（8）钙、镁混合系列标准溶液的配制 按照表 4-3，在 50mL 容量瓶中，依次加入适量钙、镁混合标准储备液，配制混合系列标准溶液。

表 4-3　钙、镁混合标准系列溶液

序号	1	2	3	4	5	6	7	8
混合标准贮备液体积/mL	0.00	0.50	1.00	2.00	3.00	4.00	5.00	6.00
钙含量/(mg/L)	0.00	0.50	1.00	2.00	3.00	4.00	5.00	6.00
镁含量/(mg/L)	0.00	0.05	0.10	0.20	0.30	0.40	0.50	0.60

四、实训内容

1. 试样预处理

准确吸取自来水 10.0mL 于 50mL 容量瓶中，加入 1mL 硝酸溶液和 1mL 镧溶液，用水稀释至刻度，混匀。

2. 仪器工作条件的选择

按变动一个因素，固定其他因素来选择仪器最佳工作条件的方法，确定原子火焰光度法测钙、镁的最佳工作条件见表4-4。

表4-4　　原子火焰光度法测钙、镁最佳工作条件

	测　钙	测　镁
空心阴极灯工作电流/mA	9	8
狭缝宽度/mm	0.7	0.7
波长/nm	422.7	285.2
燃烧器高度/mm	7	7
乙炔流量/（L/min）	2.0	1.8

3. 测定

（1）混合系列标准溶液的测定：按选定的工作条件，由低到高浓度依次测定各标准溶液钙、镁的吸光度值，将吸光度对浓度作图，即得钙、镁校正曲线。并求出吸光值与浓度关系的一元线性回归方程。

（2）试样溶液的测定：按测钙、镁标准溶液相同的工作条件，测定试样溶液的吸光度，再从工作曲线中查出试样中钙、镁的浓度。

五、结果计算

$$X = f c$$

式中　X——钙或镁含量，以Ca或Mg计，mg/L；

f——试样定容体积与试样体积之比；

c——由标准曲线查得钙或镁的浓度，mg/L。

六、思考题

1. 简述原子吸收光谱的基本原理。
2. 造成标准曲线弯曲的原因有哪些？
3. 从实验安全上考虑，在操作时应注意什么问题？

实训项目二　原子吸收光谱法测定黄酒中铜的含量（标准加入法）

一、目的要求

1. 熟悉原子吸收分光光度计的使用操作。
2. 学会用标准加入法进行定量分析。

3. 学习试样中有机物的消解方法。

二、相关知识

将处理后的试样导入原子吸收分光光度计，火焰原子化后，测量铜元素的吸光度（铜特征共振线波长为324.8nm），用标准加入法测量样品试液中铜元素的浓度。

标准加入法：取若干份（4～5份）相同体积的样品试液，从第2份开始，依次按比例准确加入相同浓度不同体积的待测元素标准溶液，定容并充分混匀后，测量各溶液的吸光度。以吸光度 A 对溶液增量浓度 c 作图，绘制标准加入法工作曲线，延长工作曲线使与横坐标相交，交点到原点的距离即为试样中待测元素的浓度。

三、仪器与试剂的准备

1. 仪器

原子吸收分光光度计（配有铜元素空心阴极灯），空气压缩机、乙炔钢瓶，容量瓶、移液管等。

所用玻璃器皿均以硝酸（1+5）浸泡24h以上，用水反复冲洗，最后用去离子水冲洗晾干后，方可使用。

2. 试剂

除另有说明外，本实验用水均为去离子水或超纯水（电阻率18.2MΩ）。

（1）浓硫酸　分析纯。

（2）浓硝酸　分析纯。

（3）硝酸溶液（1+1）。

（4）硝酸溶液（1∶100，体积比）　吸取浓硝酸5mL于500mL容量瓶中，用去离子水稀释定容至刻度。

（5）铜标准储备液（1000μg/mL）　准确称取1g（精确至0.0002g）金属铜（99.99%）置于50mL烧杯中，加入20mL（1+1）硝酸，加热溶解，冷却后定量转移至1000mL容量瓶中，用去离子水稀释定容至刻度，摇匀。

（6）铜标准使用液（100μg/mL）　准确移取10mL铜标准储备液于100mL容量瓶中，用1∶100硝酸溶液稀释定容至100mL，摇匀备用。

四、实训内容

1. 试样预处理

量取100mL黄酒试样于250mL烧杯中，加热蒸发至浆液状，慢慢加入10mL浓硫酸并搅拌，加热消化，若一次消化不完全，可再加入10mL浓硫酸继续消化，然后加入5mL浓硝酸，加热，若溶液呈黑色，再加入2.5mL浓硝酸，继续加热，如此反复直至溶液呈淡黄色（黄酒中有机物全部被消化），将消化液转移至100mL容量瓶中，用去离子水稀释定容至刻度，混匀。

同时，取100mL去离子水，按与试样相同的预处理方法做试剂空白试验。

2. 仪器工作条件的选择

①吸收线波长：324.8nm；②空心阴极灯电流：10.0mA；③狭缝宽度：0.2mm；④燃烧器高度：5.0mm；⑤乙炔流量：1.0L/min；⑥空气流量：6.0L/min。

3. 标准系列溶液的配制

取5只50mL容量瓶，各加入5.0mL上述黄酒消化液，然后分别加入0，1.0，2.0，3.0，4.0mL 100μg/mL铜标准溶液，用去离子水定容至刻度，摇匀，配成浓度为0，2，4，6，8μg/mL的标准系列溶液；另取1只50mL容量瓶，加入5.0mL上述试剂空白消化液，用去离子水定容至刻度，摇匀。

4. 测定

按选定的仪器工作条件，以试剂空白消化液作空白，由低到高浓度依次测定各标准溶液的吸光度值。

5. 数据记录与处理

（1）数据记录

标准系列溶液浓度/（μg/mL）	吸光度 A
0	
2	
4	
6	
8	

（2）数据处理

以吸光度 A 为纵坐标，浓度 c 为横坐标，绘制 $A-c$ 工作曲线。延长工作曲线使与横坐标相交，交点到原点的距离 c_x 即为试样中铜元素的浓度。

五、结果计算

$$X=\frac{c_x\times 50\times 1000}{V\times 1000}$$

式中　X——黄酒中铜的含量（以Cu计），mg/L；

c_x——标准曲线的延长线与横坐标相交，交点到原点的距离，μg/mL；

V——测试样液体积，mL。

六、思考题

1. 标准曲线法和标准加入法的应用范围有何不同？

2. 采用标准加入法定量分析应注意哪些问题？

实训项目三　石墨炉原子吸收光谱法测定茶叶中铅的含量

一、目的要求

1. 了解石墨炉原子化器的工作原理。
2. 掌握石墨炉原子吸收光谱仪的使用操作方法。
3. 学习用微波消解仪消化处理样品操作技术。

二、相关知识

试样经消解（或灰化）后，再用适当酸溶解稀释，注入原子吸收分光光度计石墨炉中，电热原子化后，吸收 283.3nm 共振线，在一定浓度范围其吸收值与铅含量成正比，与标准系列比较定量。

三、仪器与试剂的准备

1. 仪器

原子吸收分光光度计（附石墨炉及铅空心阴极灯），微波消解装置，马弗炉，瓷坩埚，可调式电热板（或可调式电炉）。

所用玻璃仪器均以硝酸（1 +5）浸泡 24h 以上，用水反复冲洗，最后用去离子水冲洗晾干后，方可使用。

2. 试剂

（1）硝酸　分析纯。

（2）高氯酸　分析纯。

（3）过氧化氢（30%）　分析纯。

（4）硝酸溶液（1 +1）　取 50mL 硝酸慢慢加入 50mL 水中。

（5）硝酸（0.5mol/L）　取 3.2mL 硝酸加入 50mL 水中，稀释至 100mL。

（6）混合酸：硝酸 + 高氯酸（4 +1）　取 4 份硝酸与 1 份高氯酸混合。

（7）铅标准储备液（1.0mg/mL）　准确称取 1.000g 金属铅（99.99%），分次加少量（1 +1）硝酸溶液，加热溶解，总量不超过 37mL，移入 1000mL 容量瓶中，加水稀释至刻度，混匀。

（8）铅标准系列使用液　每次吸取铅标准储备液 1.0mL 于 100mL 容量瓶中，用 0.5mol/L 硝酸稀释至刻度，如此经多次稀释配成浓度分别为 10.0，20.0，40.0，60.0，80.0ng/mL 铅标准系列使用液。

四、实训内容

1. 试样预处理

将茶叶挑去杂物，磨碎，过20目筛，储于塑料瓶中，备用。

2. 试样消解（可根据实验室条件选择下列两种方法中的一种方法消解）

（1）微波消解法　称取0.1～0.5g试样于消解罐中，加7mL硝酸和1mL过氧化氢（30%），盖好安全阀后，将消解罐放入微波炉消解系统中，按表4－5设置的样品消解程序消解。消解结束，待罐体冷却至室温（45℃以下）后打开，用0.5mol/L硝酸溶液将消化液定量转移至25mL容量瓶，并定容至刻度，混匀备用。同时做试剂空白。

表4－5　　茶叶微波消解程序

步　数	时间/min	功率/W	T_1/℃
1	5.0	1000	160
2	3.0	1000	180
3	10.0	1000	180
风冷	10.0		

（2）干法灰化　称取1.00～5.00g试样于瓷坩埚中，先小火在可调式电热板上炭化至无烟，移入马弗炉500℃灰化6～8h，冷却。若个别试样灰化不彻底，则加1mL混合酸在可调式电炉上小火加热，反复多次直到消化完全，放冷，用0.5mol/L硝酸溶液将灰分溶解，定量转移至25mL容量瓶中，用水少量多次洗涤坩埚，洗液合并于容量瓶中，并定容至刻度，混匀备用。同时做试剂空白。

3. 仪器工作条件的选择

根据各自仪器的性能调至最佳状态。参考条件为波长283.3nm；狭缝宽0.2～1.0mm；灯电流5～7mA；干燥温度120℃，持续20s；灰化温度450℃，持续15～20s；原子化温度1700～2300℃，持续4～5s；背景校正为氘灯。

4. 测定

（1）铅标准系列使用液的测定　准确吸取浓度为10.0，20.0，40.0，60.0，80.0ng/mL的铅标准使用液各10μL，依次注入石墨炉，测其吸光度。

（2）试样的测定　分别吸取样液和试剂空白液各10μL，注入石墨炉，测其吸光度。

5. 数据记录与处理

（1）数据记录

序　号	1	2	3	4	5	6	7
铅标准溶液浓度 c/(ng/mL)	10.0	20.0	40.0	60.0	80.0	试样	试剂空白
吸光度 A							

（2）数据处理　以吸光度 A 为纵坐标，浓度 c 为横坐标，绘制 $A-c$ 工作曲

线，求出 $A-c$ 一元线性回归方程。根据测得的试样吸光值，带入一元线性回归方程，求出试样中铅的含量。

五、结果计算

试样中铅含量按下式计算：

$$X=\frac{(c_1-c_0)\times V\times 1000}{m\times 1000}$$

式中 X——试样中铅的含量，μg/kg；

c_1——从标准曲线中查得测定样液中铅含量，ng/mL；

c_0——从标准曲线中查得试剂空白液中铅含量，ng/mL；

V——试样消化液定量总体积，mL；

m——试样质量，g。

六、思考题

1. 简述石墨炉原子吸收光谱仪的基本结构。
2. 非火焰原子吸收光谱法具有哪些特点？

实训项目四　原子荧光光度法测定水产品中汞的含量

一、目的要求

1. 了解原子荧光光度法测定水产品中汞含量的原理和方法。
2. 掌握原子荧光光度计的使用操作技术。

二、相关知识

试样经酸加热消解后，在酸性介质中，试样中汞被硼氢化钾（KBH_4）或硼氢化钠（$NaBH_4$）还原成原子态汞，由载气（Ar）带入原子化器中，在汞高强度空心阴极灯照射下，基态汞原子被激发至高能态，在去活化回到基态时，发射出特征波长的荧光，其荧光强度与汞含量成正比，与标准系列比较定量。

三、仪器与试剂的准备

1. 仪器

双道原子荧光光度计，汞高强度空心阴极灯，微波消解装置，高压消解罐（100mL 容量），干燥恒温箱。

2. 试剂

（1）硝酸　优级纯。

（2）30%过氧化氢　分析纯。

（3）硫酸　优级纯。

（4）硫酸＋硝酸＋水（1＋1＋8）　量取10mL硫酸和10mL硝酸，缓缓倒入80mL水中，冷却后小心混匀。

（5）硝酸溶液（1＋9）　量取50mL硝酸，缓缓倒入450mL水中，混匀。

（6）氢氧化钾溶液（5g/L）　称取5.0g氢氧化钾，溶于水并稀释至1000mL，混匀。

（7）硼氢化钾溶液（5g/L）　称取5.0g硼氢化钾（KBH_4），溶于5g/L的氢氧化钾溶液中，并稀释至1000mL，混匀，现用现配。

（8）汞标准储备液（1mg/mL）　准确称取0.1354g于硅胶干燥器中充分干燥的氯化汞（$HgCl_2$），用硫酸＋硝酸＋水（1＋1＋8）溶解后转移至100mL容量瓶中，并稀释至刻度，混匀。

（9）汞标准中间液（10μg/mL）　准确移取汞标准储备液（1mg/mL）1mL于100mL容量瓶中，用硝酸溶液（1＋9）稀释至刻度，混匀。

（10）汞标准使用液（500ng/mL）　准确移取5mL汞标准中间液（10μg/mL）于100mL容量瓶中，用硝酸溶液（1＋9）稀释至刻度，混匀。

四、实训内容

1. 样品预处理

将水产品（鱼类）用捣碎机打成匀浆，储存于干燥洁净的广口瓶中，备用。

2. 样品消解（可根据实验室条件选择下列两种方法中的一种方法消解）

（1）高压消解法　称取匀浆1.00～5.00g，置于聚四氟乙烯塑料内罐中，加盖留缝放于65℃鼓风干燥箱中烘至近干，取出，加5mL硝酸，再加7mL过氧化氢，盖上内盖放入不锈钢外套中，旋紧密封，然后将消解罐放入干燥箱中加热，升温至120℃后保持恒温2～3h，至消解完全。自然冷至室温后，将消解液用硝酸溶液（1＋9）定量转移至25mL容量瓶，并定容至刻度，混匀。同时做试剂空白试验。

（2）微波消解法　称取0.10～0.50g匀浆于消解罐中，加入7mL硝酸，1mL过氧化氢，盖好安全阀后，将消解罐放入微波炉消解系统中，按表4－6设置的样品消解程序消解。消解结束，待罐体冷却至室温（45℃以下）后打开，用硝酸溶液（1＋9）将消化液定量转移至25mL容量瓶，并定容至刻度，混匀备用。同时做试剂空白。

表4-6 水产品微波消解程序

步　数	时间/min	功率/W	T_1/℃
1	5.0	1000	160
2	3.0	1000	210
3	10.0	1000	210
风冷	10.0		

3. 标准系列溶液配制

分别准确吸取500ng/mL汞标准溶液0.25，0.50，1.00，1.50，2.00mL于25mL容量瓶中，用硝酸溶液(1+9)稀释至刻度，混匀。配成浓度分别为5.00，10.00，20.00，30.00，40.00ng/mL汞系列标准溶液。

4. 仪器工作条件（仪器型号不同，参数设置不同，以下条件供参考）

光电倍增管负高压：240V；

汞空心阴极灯电流：30mA；

原子化器温度：300℃，高度：8.0mm；

氩气流速：载气500mL/min，屏蔽气：1000mL/min；

测量方式：标准曲线法；

读数方式：峰面积，读数延迟时间：1.0s，读数时间：10.0s；

硼氢化钾加液时间：8.0s；

标液或样液加液体积：2mL。

5. 测定

设置好仪器的最佳工作条件，逐步将炉温升至所需温度，稳定10~20min后开始测量。先连续用硝酸溶液(1+9)进样，待读数稳定之后，转入汞标准系列溶液测量，绘制标准工作曲线（标准工作曲线相关系数应大于0.9990，否则应查明原因重新测定标准曲线）。再转入试样测量，先用硝酸溶液(1+9)进样使读数回零，再分别测量试样空白和试样消化液。注意：每测不同的试样前，都用硝酸溶液(1+9)进样使读数回零。

五、结果计算

试样中汞的含量按下式计算：

$$X=\frac{(c-c_0)\times V\times 1000}{m\times 1000\times 1000}$$

式中　X——试样中汞的含量，mg/kg；

c——从标准曲线查得试样消化液中汞的含量，ng/mL；

c_0——从标准曲线查得试剂空白液中汞的含量，ng/mL；

V——试样消化液总体积，mL；

m——试样质量，g。

六、思考题

1. 简述原子荧光光度计结构。
2. 简述原子荧光光度法特点。

思考与练习

1. 什么是原子吸收分光光度法？它与紫外-可见分光光度法有什么异同？

2. 原子吸收分光光度计主要组成部分及各部分的作用是什么？

3. 简述空心阴极灯的工作原理。

4. 说明原子吸收分光光度法中产生背景吸收的原因及影响，如何消除和减少这一影响？

5. 什么是原子吸收分光光度法中的化学干扰？有哪些方法可以消除此类干扰。

6. 标准加入法的特点是什么？如何正确运用该方法进行测定？

7. 原子吸收分光光度计的测量条件有哪些？应如何选择。

8. 用火焰原子吸收光谱法测定合金中 Ni 的含量：吸取 0.00，1.00，2.00，3.00，4.00mL 浓度为 10μg/mL 的 Ni 标准溶液，分别置于 25mL 容量瓶中，稀释至刻度，摇匀，在火焰原子吸收光谱仪上测得吸光度分别为：0.000、0.060、0.120、0.180、0.230。另称取 Ni 合金试样 0.3125g，经溶解后移入 100mL 容量瓶并稀释至刻度，摇匀。准确吸取此溶液 2.00mL 于另一 25mL 容量瓶，稀释至刻度，摇匀后在与标准溶液相同的条件下，测得吸光度为 0.15。求试样中 Ni 的含量（%）。

9. 用原子吸收法测定某样品中 Cu 的含量获得如下数据：

Cu 标准溶液/(μg/mL)	2.0	4.0	6.0	8.0	10.0	样品
吸光度 A	0.101	0.198	0.300	0.405	0.510	0.320

样品处理方法：称取样品 0.9986g，经化学处理溶解后移入 250mL 容量瓶中，用蒸馏水稀释至刻度，摇匀后测其吸光度。

（1）绘制 Cu 标准工作曲线；

（2）计算样品中 Cu 的含量（%）。

10. 用原子吸收分光光度法测定试液中 Pb 的含量：准确移取 50mL 试液 2 份，用 Pb 空心阴极灯在波长 283.3nm 处，测得一份试液的吸光度为 0.325，在另一份试液中加入浓度为 50.0mg/L Pb 标准溶液 300μL，测得吸光度为 0.670。计算试液中 Pb 的质量浓度（g/L）。

第五章　原子发射光谱法

知识目标

- 掌握原子发射光谱法的基本原理。
- 了解原子发射光谱仪的基本结构和类型。
- 掌握原子发射光谱的定性定量分析方法。

能力目标

- 能掌握原子发射光谱样品前处理技术。
- 能正确使用原子发射光谱仪。
- 能根据待测样品性质和实验条件制定测定方案。

原子发射光谱法（Atomic Emission Spectrometry，简称 AES），是利用原子（或离子）在一定条件下受激发后所发射的特征光谱来研究物质的化学组成和含量的分析方法。原子发射光谱法的特点：

（1）多元素同时检测　样品经激发后，样品中的不同元素发射出各自的特征光谱，可同时检测样品中的数十种元素。

（2）准确度较高　采用一般激发源，相对误差为 5% ~10%；采用 ICP 光源，相对误差可在 1% 以下。

（3）灵敏度高　采用一般激发源，检出限为 10 ~0.1μg/g（或 μg/mL）；采用 ICP 光源，检出限可达 ng/mL 级。

（4）选择性好　由于不同元素的原子产生不同的特征光谱，依此可进行元素的定性分析。一般样品无须进行复杂的分离操作即可直接进行分析。

（5）试样用量少，测定范围广　一般样品用量不足 10mg 即可进行全分析。可同时测定 70 余种元素。用 ICP 光源校正曲线线性范围可达 4 ~6 个数量级，可测定不同含量的各种元素。

（6）简便快速　在 1 ~2min 内可给出数十种元素的分析结果。

原子发射光谱法也有其局限性，它只能用以确定物质的元素组成及含量，而不能给出物质分子的结构信息；一些常见的非金属元素如 O、S、N 等，因其谱线在远紫外区，尚无法进行检测。通过 ICP 与 LC（或 GC）联机，可实现元素的价态和形态分析。

第一节　基本原理

一、原子发射光谱的产生

试样接受外界能量（如热能）后，试样分子分解为原子。通常情况下，原子处于稳定状态（最低能态），原子中的电子在各自的最低能级轨道上运动，这种状态称为基态（E_0）。当原子受到外来能量（如光能、电能、热能）的作用时，原子中的最外层电子就从基态跃迁到更高的能级上运动，原子的这种状态称为激发态（E^*）。处于激发态的原子不稳定，在极短的时间内（约 10^{-8}s）电子便从较高能级跃迁回基态，在这个过程中多余的能量以光的形式辐射出去，形成一条谱线。辐射光的能量等于跃迁前后两个能级的能量差，它决定了辐射光的频率 v 或波长 λ，即

$$\Delta E = E^* - E_0 = h\nu = \frac{hc}{\lambda} \tag{5-1}$$

式中　E^*、E_0——高能级、低能级的能量，通常以电子伏特（eV）为单位，$1eV = 1.602 \times 10^{-19}J$；

h——普朗克常数，$6.626 \times 10^{-34} J \cdot s$；

c——光在真空中的速度，$2.997 \times 10^8 m/s$。

处于高能级的电子可经过几个中间能级跃迁回到基态，这时可产生几种不同波长的光，在光谱中形成几条谱线。由于原子中的电子能级很多，电子跃迁方式也很多，每种跃迁方式都能发射出相应波长的光，形成一条谱线，因此原子发射光谱线是很多的，经过分光系统可得到按波长顺序排列的一系列谱线即原子发射光谱。由于原子内的各个电子能级是不连续的（量子化的），电子的跃迁也是不连续的，故得到的是线状光谱。

每一种元素的原子都有其特定的原子结构，即特定的电子构型和能级层次，原子发射光谱是元素原子的特征光谱。每一种元素的原子都有自己的特征光谱，通过检测这些特征光谱可鉴定某种元素的存在，这是原子发射光谱定性分析的依据；由于光谱线的强度与试样中某元素原子的含量有关，因此可利用谱线的强度来测定元素的含量。

（一）谱线的强度

特定元素的特征光谱中各个谱线的强度不同，且它们之间保持一定的强度比。

若激发处于热力学平衡状态，分配在各激发态和基态原子数目应遵循麦克斯韦－玻尔兹曼分布定律，即

$$N_i = N_0\left(\frac{g_i}{g_0}\right)e^{-\frac{E_i}{kT}} \tag{5-2}$$

式中 N_i——单位体积内的激发态原子数；

N_0——单位体积内的基态原子数；

g_i/g_0——激发态和基态统计权重之比；

E_i——谱线的激发能；

k——玻尔兹曼常数；

T——激发温度。

设电子在 i、j 两个能级间跃迁，其发射线的强度以 I_{ij}表示，则

$$I_{ij} = N_i A_{ij} h \nu_{ij} \tag{5-3}$$

式中 A_{ij}——电子在 i、j 两个能级间的跃迁几率；

h——普朗克常数；

ν_{ij}——发射谱线的频率。

把式（5-2）代入式（5-3）得谱线的强度为：

$$I_{ij} = N_0\left(\frac{g_i}{g_0}\right)\cdot A_{ij}\cdot h\cdot \nu_{ij}\cdot e^{-\frac{E_i}{kT}} \tag{5-4}$$

由式（5-4）可以看出，谱线的强度与下列因素有关：

（1）统计权重　谱线强度与激发态和基态的统计权重（g_i/g_0）之比呈正比。

（2）跃迁几率　谱线强度与跃迁几率 A_{ij}成正比。跃迁几率是一个原子在单位时间内两个能级之间跃迁的几率，可通过实验数据计算。

（3）激发能　谱线强度与激发能 E_i 呈负相关关系。在温度一定时，激发电位越高，处于该能量状态的原子数越少，谱线强度越小。激发电位最低的共振线通常是强度最大的线。

（4）激发温度　温度升高，谱线强度增大。但温度升高，电离的原子数目也会增多，而相应的原子数减少，致使原子谱线强度减弱，离子的谱线强度增大。

（5）基态原子数　谱线强度与基态原子数成正比。在一定的条件下，基态原子数与试样中该元素浓度成正比。因此，在一定的条件下谱线强度与被测元素浓度成正比，这是光谱定量分析的依据。

（二）原子线和离子线

原子外层电子吸收激发能后所产生的发射谱线称为原子线，以罗马数字Ⅰ表示。如 Ca（Ⅰ）422.67nm 为钙的原子线。

如果给予原子足够大的能量，则原子的最外层电子可能脱离原子核的束缚而逸出，原子成为带正电荷的离子，即电离。原子失去一个电子称为一级电离，失去两个电子称为二级电离，以此类推。各元素的离子也与中性原子一样，在得到足够外界能量时，其外层电子可被激发到更高的能级上去，在极短的时间内又从

较高能级跃迁回到较低能级，在这个过程中也会发射出光谱线，称为离子线。通常以Ⅱ表示一级电离线，以Ⅲ表示二级电离线，如 Ca（Ⅱ）396.85nm 和 Ca（Ⅲ）376.16nm 分别为钙的一级电离线和二级电离线。

由于离子比原子少了一个或几个电子，它的电子构型与原子相比有些不同，故同一元素的原子光谱与离子光谱有些不同。各元素的离子光谱也各有特征。

（三）谱线的自吸与自蚀

物质在高温下被激发时，通常激发态中心区域温度高，四周边缘区域温度较低，处于基态及低能级的原子也较多。当中心区域的原子发射出的某一波长的辐射光通过周围边缘区域时，该辐射光就有可能被该区域上的同种元素的基态或较低能态的原子所吸收，致使检测器接收到的谱线强度减弱，这种现象称为自吸。谱线的自吸程度，与原子蒸气云的厚度有关，随着蒸气云半径的增大，中心区域发射出的辐射光，经过原子蒸气的路径增长，发生自吸的现象越严重。

当原子浓度较低、原子蒸气云厚度较小时，不发生自吸现象，如图 5－1（Ⅰ）所示；当原子浓度和蒸气云厚度增加，产生自吸现象，导致谱线强度减弱，如图 5－1（Ⅱ）所示；当自吸现象非常严重时，谱线中心部分被完全吸收，谱线呈现马鞍状，这种现象称为自蚀，如图 5－1（Ⅲ）所示。

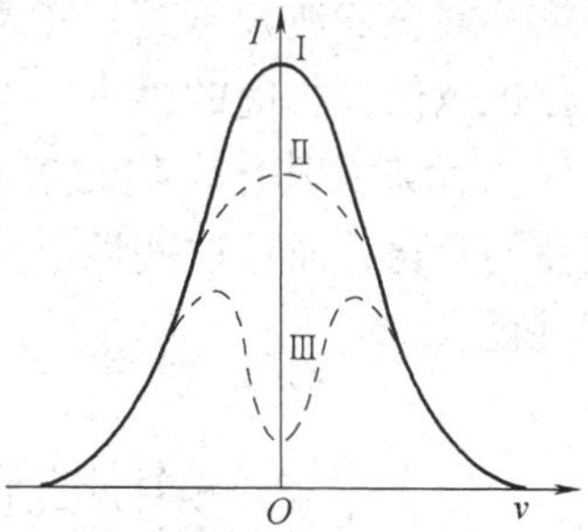

图 5－1　谱线的自吸

Ⅰ—无自吸　Ⅱ—有自吸　Ⅲ—自蚀

二、元素光谱化学性质与元素周期表的关系

如同元素的化学性质及物理性质一样，元素的光谱化学性质在元素周期表中，也遵循周期性的变化。

元素光谱的复杂性及谱线出现的情况，主要决定于元素基态原子价电子的状态及数目，而这些性质与元素周期表密切相关，因此，随着元素原子序数的增加，元素的光谱化学性质也出现周期性的变化。

（1）同一周期的元素，随着原子序数的增大，外层电子数增加，元素光谱趋于复杂，而谱线的强度逐渐减弱。

（2）大部分主族元素具有 s、p 外壳层的电子排列，其谱线数目较少，而谱线强度较大；同族元素由于外壳层具有相同数目的电子排列，所以元素光谱性质很相似。

（3）对于金、银、铜、锌、镉、汞等副族元素，其内层 d 电子都已饱和，只剩下外壳层的 s 电子排列，因而其谱线构成简单而强度较大；而其他副族元素由于具有 d 外壳层的电子排列，其谱线比较复杂而强度较弱；对于稀土元素以及超铀元素，由于具有 d、f 外层结构的电子排列，其谱线显得更加复杂，谱线的强度也更弱。

（4）同一元素的离子和原子，由于他们外壳层价电子数量不同，其离子光谱与原子光谱完全不同；对于原子序数为 $Z+n$ 的 n 级离子和原子序数为 Z 的原子，因为它们的外壳层价电子数目排列相同，所以它们的光谱相似，如碳的三级离子光谱 C（Ⅳ）、硼的二级离子光谱 B（Ⅲ）与锂原子的原子光谱很相似。

（5）元素的第一共振电位和电离电位的大小，与原子结构也有着密切的联系。由于价电子受原子核的力场影响较小，所以，一般原子的激发和电离的发生，只决定于价电子状态的变化，价电子离核越远，数目越少，受核的作用越小，相应的第一共振电位与电离电位均较小，第一共振的波长越长。因此，与元素的光谱线数目和强度一样，元素的第一共振电位、电离电位、光谱线波长的分布也随着原子序数 Z 的增大而出现周期性的变化。

对于同一周期的元素，原子序数越大，第一共振电位及电离电位也越高，相应的第一共振线波长越短；对于同一族元素，原子序数越大，第一共振电位及电离电位也越低，相应的第一共振线波长越长。

（6）元素及其化合物的熔点、沸点和电离能等性质在元素周期表中也呈现周期性的变化，而且这些性质在光谱分析中直接影响试样的蒸发及气态分子的离解等过程。

第二节　原子发射光谱仪

一、原子发射光谱仪的结构

原子发射光谱分析样品过程分为三步：激发、分光和检测。第一步是利用外加能量的作用使试样蒸发为气态分子，再离解为气态原子，然后使这些气态原子激发，使之产生特征辐射；第二步是利用分光系统将这些特征辐射按波长顺序展开，从而获得光谱；第三步是利用检测系统记录光谱，测量谱线波长、强度，进行定性、定量分析。因此，原子发射光谱仪主要由激发光源、分光系统和检测系统三部分组成。

（一）激发光源

激发光源的作用是使试样蒸发、解离、原子化、激发、跃迁产生光辐射。激发光源对光谱分析的检出限、精密度和准确度都有很大的影响。因此，激发光源需要满足：①有足够的蒸发、原子化和激发的能力；②放电稳定；③不与被测物发生化学反应；④光谱背景小；⑤结构简单，操作安全，适用性强。

目前常用的激发光源有火焰光源、直流电弧、交流电弧、高压（电）火花及电感耦合高频等离子体（ICP）等。

1. 火焰光源

火焰光源是利用可燃气体在燃烧的过程中产生的热量，使样品蒸发、激发的装置。火焰光源的温度较低，激发的谱线数目较少，发射光谱简单，可减少光谱的干扰。火焰光源仪器结构简单、操作简便，一般只用于溶液样品的定量分析。

2. 直流电弧

直流电弧（又称直流电弧发生器）的基本电路如图 5－2 所示，利用直流电作为激发能源，常用电压为 220～380V，电流为 5～30A；镇流电阻用以稳定和调节电流的大小；电感 L 用来减少电流的波动；G 为放电间隙（分析间隙）。直流电弧工作时，其过程与电焊操作相似，先使分析间隙两电极接触，然后拉开，形成电弧。由于接触点电阻很大，电流通过时发出强热，阴极产生热电子发射，阴极释放出来的电子不断轰击阳极表面，使其形成 3800K 炽热的阳极斑，使事先置于其上的试样被蒸发、解离和原子化。蒸发的原子又与电子碰撞，电离成正离子，并以高速运动轰击阴极表面，使其产生热电子发射。如此电子、原子、离子在分析间隙不断地互相碰撞交换能量，引起试样原子激发产生一定波长的光辐射。

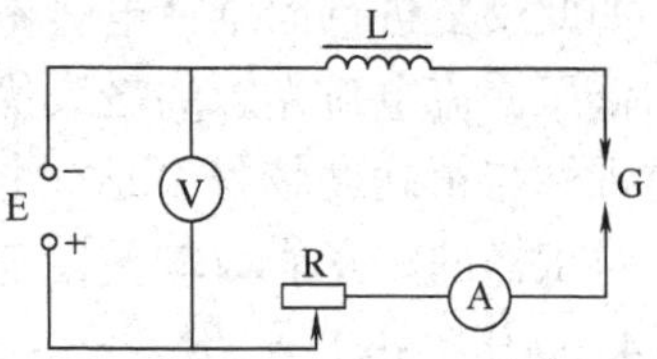

图 5－2　直流电弧发生器线路示意图

E—直流电源　R—镇流电阻

L—电感器　G—分析间隙

直流电弧的最大优点是电极头温度高（一般可达 3500～7000K），蒸发能力强，可使 70 种以上的元素激发，分析结果的绝对灵敏度高、光谱背景小，可进行痕量元素的定量分析，尤其适合于元素的定性分析。缺点是放电不稳定，弧光漂移不定，再现性差，自吸现象严重，不适合高含量元素的定量分析和低熔点元素的分析。

3. 交流电弧

交流电弧（又称交流电弧发生器）是一类由交流电维持电弧燃烧的光源。分为高压交流电弧和低压交流电弧两种。前者工作电压高达 2000～4000V，为的是利用高压将弧隙击穿而燃烧，但由于装置复杂，操作危险性大，因此实际工作中很少使用。低压交流电弧光源的工作电压较低，一般为 110～220V，设备简单，操作安全，实际工作中更多的是使用这种交流电弧光源。

由于交流电随时间以正弦波形式发生周期性变化，因而交流电弧光源不能像直流电弧光源那样，依靠两个电极的短暂接触来点弧，而必须采用一个引弧电路——高频引燃装置，使其在每一交流半周时自动引燃一次，以维持电弧不灭。交流电弧发生器的电路如图 5－3 所示。

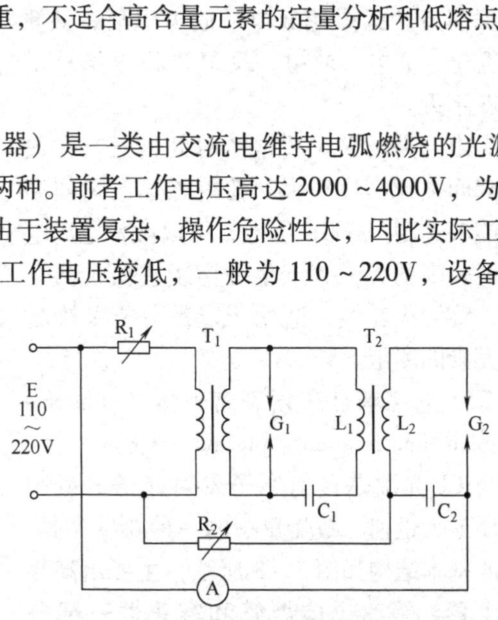

图 5－3　低压交流电弧发生器电路示意图

T_1、T_2—变压器　C_1、C_2—电容　R_1、R_2—可变电阻

L_1、L_2—电感　G_1—放电盘　G_2—分析间隙　E—电源

电源接通后，普通交流电由变压器 T_1 升压到 2.5～3kV，经 $L_1-C_1-G_1$ 高频振荡电路和变压器 T_2，使交流电频高达 10^5Hz，电压升到 10kV，通过 $L_2-C_2-G_2$ 高频电压电路使分析间隙的空气电离，形成等离子气体导电通道，引燃电弧，这一过程称为分析间隙被击穿。同时，低压交流电经 $R_2-L_2-G_2$ 低频低压电弧电路在分析间隙 G_2 产生电弧放电，随着分析间隙电流增大，电压出现明显的降低，当电压降至低于维持放电所需电压时，电弧即熄灭，此时第二个交流半周又开始，并重复着上述过程，使 G_2 又被高频放电击穿，随之又进行电弧放电，如此反复进行而维持电弧不灭。

低压交流电弧光源的最大优点是稳定性较直流电弧高，操作简便安全，分析的重现性与精确度较好，适于进行定性、定量分析。但是，由于电极的温度较低，对试样的蒸发能力较差，定量分析灵敏度较直流电弧低。

4. 高压（电）火花

高压火花发生器的电路如图 5－4 所示，电源 E 经调节电阻 R 适当降压后，经变压器 B，产生 10～25kV 的高压，然后通过扼流圈 D 向电容器 C 充电。当电容器 C 上的电压达到分析间隙 G 的击穿电压时，就通过电感 L 向分析间隙 G 放电，产生具有振荡特性的火花放电。放电以后，又重新充电，充电、放电，反复进行以维持电火花不灭。

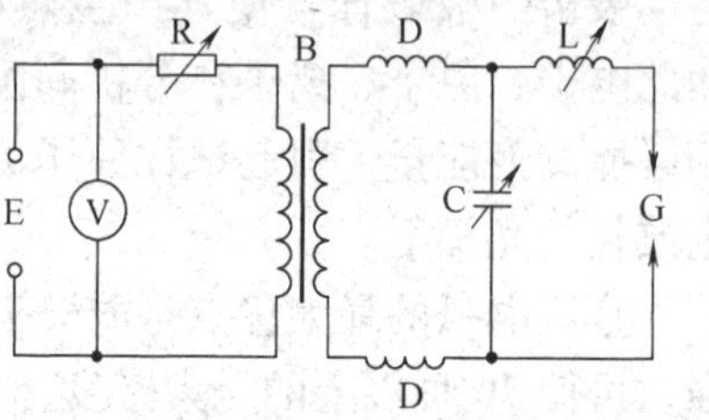

图 5－4　高压火花发生器电路示意图

B—变压器　C—电容器　D—扼流圈

E—电源　G—分析间隙　L—电感器

由于高压火花放电的时间极短，在放电瞬间电流密度很大，使得弧焰的瞬间温度能够达到 10000K 以上，可以激发电离电位能较高的元素，产生的谱线主要是离子线，称为火花线，适用于定量分析及难激发元素的测定。

5. 电感耦合高频等离子体（inductive coupled high frequency plasma，ICP）

ICP 光源是目前原子发射光谱分析中发展最为迅速、最受重视的一种新型光源。它的基本结构如图 5－5 所示，主要由高频发生器、等离子体炬管和雾化器三部分组成。

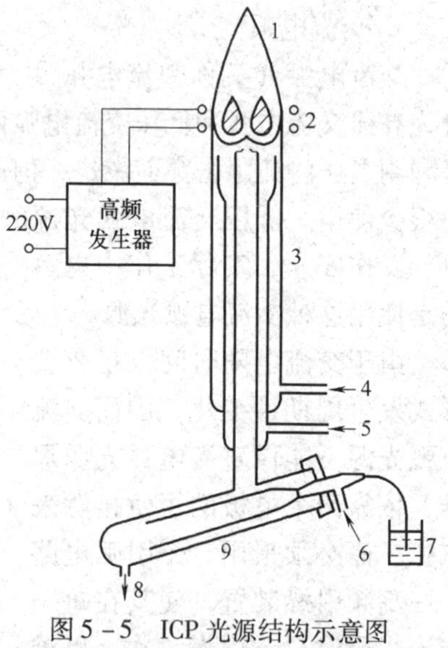

图 5－5　ICP 光源结构示意图

1—等离子体焰炬　2—高频感应线圈

3—石英炬管　4—等离子气流　5—辅助气流

6—载气　7—试样溶液　8—废液　9—雾化器

高频发生器的作用是产生高频磁场，通过高频加热效应供给工作气体能量，其频率一般为27~41MHz，最大输出功率通常是2~4kW。

等离子炬管是由三层同心石英玻璃管组合而成。外层以切线方向通入冷却气体，使等离子体离开管的内壁，浮在石英管上方，防止石英管烧融，并冷却外层管壁；中层气流起维持等离子体的作用，这种气流称为辅助气流；内层气流为载气（通常为氩气），试样气溶胶由载气从下端引入内层石英管，由喷嘴喷出，进入等离子体焰炬中央。ICP的形成原理同高频加热的原理相似：将石英玻璃炬管置于高频感应线圈中，等离子工作气体（通常为氩气）持续从炬管内通过。高频电流通过线圈，并在炬管方向形成一个高频磁场，由于气体在常温下不导电，因而没有电流产生，也不会出现等离子体（等离子体是指电离了的气体在宏观上呈现电中性），此时，若用感应线圈产生电火花触发少量气体产生电离，所产生的带电粒子在高频交变电场的作用下高速运动，碰撞气体原子，使之迅速、大量电离，产生一股垂直于管轴方向的环形涡电流，同相当于变压器初级线圈的感应线耦合，形成几百安培的感应电流，瞬间将气体加热、电离，并在管口形成一个火炬状的稳定的等离子体焰炬。试样经雾化器雾化后由焰炬内管喷射到等离子体内迅速蒸发、原子化和激发。

以ICP作为光源的原子发射光谱分析具有：①工作温度比其他光源高，在等离子体核心处温度高达10000K，在惰性气体的保护下，对大多数元素都有很高的分析灵敏度；②自吸现象小、无电极污染、光谱背景干扰小；③灵敏度高、检测限低、精密度高，工作曲线线性范围宽，基体和共存元素干扰小；④可同时测定几十种元素。

不同类型的光源，各有其本身的特点，应根据试样的性质和分析任务要求选择光源。表5-1列出原子发射光谱不同光源的特性及应用范围。

表5-1　　不同光源的特性及应用范围

光源类型	蒸发温度/K	激发温度/K	稳定性	应用范围
火焰光源	2000~3000	2000~3000	很好	溶液、碱金属、碱土金属
直流电弧	800~4000（高）	4000~7000	较差	矿物、纯物质、难挥发元素
交流电弧	中	4000~7000	较好	矿物、低含量金属
高压火花	低	约10000	好	高含量金属、难激发元素
ICP光源	6000~8000	约10000	很好	溶液、难激发元素、大多数元素

（二）分光系统

分光系统的作用是将样品中待测元素的激发态原子（或离子）所发射的特征谱线经分光（色散）后，得到按波长顺序排列的光谱。常见的分光系统有以下两种类型。

1. 棱镜分光系统

棱镜分光系统是利用棱镜为色散元件，利用其对光的折射作用来分光。不同光区可选用不同棱镜材料，如玻璃棱镜适用于可见光区，石英棱镜适用于紫外光区，萤石棱镜适用于远红外光区。棱镜分光的特点是疏密不均，长波区密而短波区疏，短波部分的谱线分的较开。

2. 光栅分光系统

光栅分光系统的色散元件是光栅，利用光在光栅上的衍射和干涉来实现分光。在光栅分光后的同一级光谱中，色散率基本上不随波长改变，均匀色散，这是光栅不同于棱镜的显著特点之一；且光谱级次越高，色散率越大。与棱镜分光系统相比，光栅分光系统具有适用光谱范围广、分光均匀、色散率和分辨率高等优点。

（三）检测系统

检测系统的作用是将原子的发射光谱记录或检测出来，以进行定性或定量分析。目前，检测系统有以下三种。

1. 摄谱检测系统

摄谱检测系统是将感光板置于分光系统的焦平面处，通过摄谱、显谱、定影等一系列操作，将分光后得到的光谱记录显示在感光板上，然后通过映谱仪放大、观察谱线，确定谱线的棱长位置以提供试样的定性信息，通过测微光度计来测量谱线的黑度以提供试样的定量数据。

照射至感光板上的光线越强，照射时间越长，则感光板上的谱线越黑。感光板受光变黑的程度用黑度 S 表示。如图 5－6 所示，若将一束光强度为 a 的光束投射在谱片上，谱片上未受光部分的透光强度为 I_0，面变黑部分的透光强度为 I，则黑度 S 定义为透光率 T 的负对数：

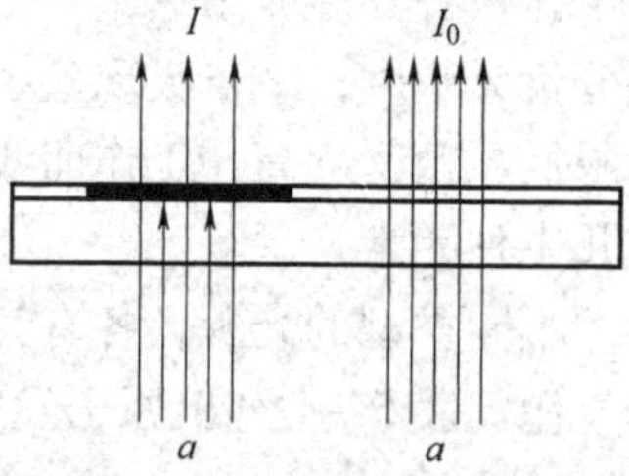

图 5－6　黑度测量示意图

$$S = \lg \frac{1}{T} = \lg \frac{I_0}{I} \tag{5-5}$$

2. 光电检测系统

光电检测系统是利用光电倍增管或光电池、光敏晶体管等光电转换器（常用光电倍增管），连接在分光系统的焦平面处（代替感光板）将色散元件分出的光信号转变为电信号，经放大器将电信号放大，再经对数转换器对信号进行对数转换后输入电子计算机，通过电子计算机来测量谱线的强度、处理数据并打印分析结果。

光电检测系统的优点是检测速度快，准确度较高，线性范围宽，适用于较宽的波长范围，特别适用于样品中含量范围差别很大的多种元素的同时分析。

3. 阵列检测器

阵列检测器常见的有电荷注入式阵列检测器（CID）和电荷耦合检测器（CCD），它们都是新型固体多通道光学检测器件，体积小，线性响应范围很宽，噪声低，可快速进行多元素检测，具有特别的价值和发展潜力。

二、原子发射光谱仪的类型

原子发射光谱仪根据检测系统的不同，主要分为摄谱仪和光电直读光谱仪两大类。

（一）摄谱仪

使用摄谱检测系统（即利用感光板来记录谱线）的原子发射光谱仪称为摄谱仪。按分光系统使用的色散元件的不同，又可将其分为棱镜摄谱仪和光栅摄谱仪。由于仪器的价格比较低，测试费用也较低，且感光板所记录的光谱可长期保存，还可直接用于固体样品的分析，作为传统光谱仪目前仍被普遍应用。但因摄谱操作费时费事，且摄谱仪只适宜于低含量及痕量元素的定量分析，现正逐步被光电直读光谱仪所取代。

（二）光电直读光谱仪

光电直读光谱仪的检测系统是光电倍增管或阵列检测器，将光信号转换为电信号后直接测定谱线强度，并通过计算机处理数据、打印分析结果。这类仪器主要用 ICP 作为激发光源。根据测量方式的不同，光电直读光谱仪又分为多通道直读光谱仪、单通道扫描光谱仪和全谱直读光谱仪。目前，ICP 光电直读光谱仪已占商品光谱仪的主要地位。

第三节　光谱定性和定量分析

一、光谱定性分析

每种元素的原子结构不同，因而受激发所产生的光谱线也不同。在光源的作用下，每一种元素都可以产生许多按一定波长次序排列的谱线组，这就是该元素的特征光谱。特征谱线的波长是由每种元素的原子本身的性质决定的，它随元素的存在而同时出现，随元素的消失而同时消失。因此，根据原子光谱中某元素的特征谱线就可以确定试样中是否存在该元素。

一般来说，元素的特征谱线有许多条，分析某种元素时，不必将该元素的所有谱线都检测出来，而只需检测几条合适的谱线就可以确定该元素的存在。这些用以进行定性或定量分析的特征线称为分析线。常用的分析线是元素的灵敏线或最后线。

灵敏线是各元素中最容易激发或激发电位较低，跃迁机会最大的谱线。一般来说，灵敏线大多都是共振线。

最后线是指当元素的含量降低时，各谱线渐次消失，灵敏度低、强度较弱的谱线先消失，灵敏度高、强度较大的谱线后消失，最后消失的一根谱线称为最后线。最后线一般是最强的谱线。

1. 纯样光谱比较法

将试样与待测元素的纯物质在相同的条件下并列摄谱于同一感光板上，然后在映谱仪上比较两者的光谱，如果试样光谱中出现与纯物质相同的特征谱线，表明试样中存在待测元素。这种方法只适用于少数几种元素的定性鉴定，若试样成分复杂，尤其是要进行全分析时，就需要用铁光谱比较法。

2. 铁光谱比较法（元素标准光谱图法）

铁的谱线较多，在常用的 210 ~ 660nm 波长范围内大约有 4600 条谱线，其中每条谱线的波长都作了精确的测定，且谱线间距离分配均匀，容易对比，适用面广，所以铁的谱线可作为波长标尺。“元素标准光谱图”就是通过将各个元素的分析线按波长位置标插在铁光谱图的相应位置上而制成的，如图5 - 7所示。

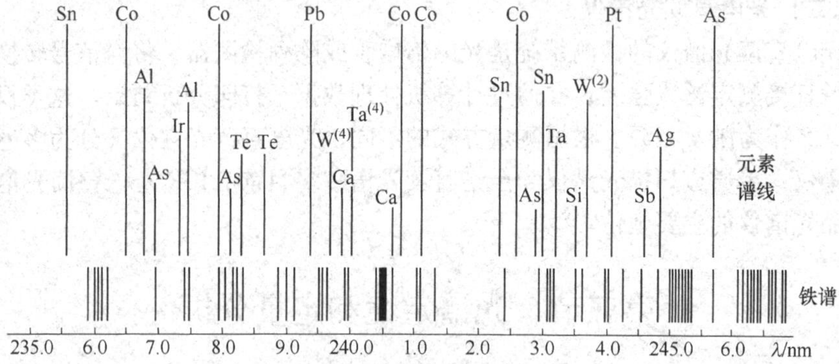

图 5 - 7　元素标准光谱图

在定性分析时，将试样与纯铁并列摄谱于同一感光板上，然后在映谱仪上观察所得谱片：先将摄取的纯铁谱线与“元素标准光谱图”相重合，这时如果试样中未知元素的谱线与“元素标准光谱图”中已标明的某元素谱线出现的位置相同，则说明该试样中可能存在该元素。

3. 定性摄谱分析法

在摄取光谱时，为了避免感光板移动机构的机械误差，造成摄取的铁光谱与试样光谱的波长位置不一致，在摄取每一组相互比较的光谱时，采用哈特曼光阑可以保证试样谱线的波长位置与铁光谱的波长位置完全相同。哈特曼光阑由金属片制成，在窄缝前的导轨中移动，光阑上的不同截口截取窄缝的不同位置，使所得到的光谱落在感光片的不同高度上。由于光谱仪窄缝的位置是固定不变的，哈特曼光阑的作用仅是摄谱时截取的高度不同，所以不同样品的光谱波长位置可以准确不变，便于将样品的光谱与铁光谱进行相互比较。

二、光谱定量分析

（一）半定量分析

有些试样，对分析结果的准确度要求不高，但要求快速分析。在这种情况下，可以应用光谱半定量分析。光谱半定量分析常用的方法有谱线强度比较法和谱线呈现法等。

1. 谱线强度比较法

配制一系列不同浓度的被检测元素标准溶液。将试样溶液与标准溶液在同一实验条件下，在同一块感光板上摄谱，然后，在映谱仪上比较同一谱线的黑度。如果试样的黑度与某一浓度的标样相同，则试样中该元素的浓度与标样相同；如果试样黑度在相邻两标样的黑度之间，则试样中该元素的浓度介于两标样浓度之间。

2. 谱线呈现法

每一种元素在光谱中出现的谱线数目与试样中元素的含量有关。在含量很低时，仅出现几条最灵敏的谱线；随着试样中该元素含量的增加，呈现的谱线数目也增加。据此，可在一定实验条件下编制一个谱线呈现表（见表5－2），根据某一谱线是否出现来估计试样中该元素的大致含量。

表5－2　铅的谱线呈现表

铅含量/%	谱线 λ/nm
0.001	283.31 清晰可见，261.42 和 280.20 很弱
0.003	283.31 和 261.42 增强，280.20 清晰
0.01	上述各谱线均增强，另外增加 263.32 和 287.33 两条弱谱线
0.1	上述各谱线均增强，但没有出现新的谱线
1	上述各谱线增强，241.095、243.383 和 244.62 出现，241.17 模糊可见
3	上述各谱线增强，新增谱线 322.05、233.242 模糊可见
10	上述各谱线增强，新增谱线 242.664 和 239.960 模糊可见
30	上述各谱线增强，新增谱线 311.890

（二）定量分析

1. 绝对强度法

原子发射光谱的定量分析是根据试样光谱中待测元素的谱线强度来确定元素浓度。元素的谱线强度 I 与该元素在试样中的浓度 c 的关系可表示为：

$$I = ac^b \tag{5-6}$$

式中　a——与实验测试条件（如试样的蒸发过程、激发条件、被测元素的性质等因素）有关的常数；

b——自吸系数，当谱线的强度不大，且无自吸现象发生时，$b=1$；当谱线的强度较大，且发生自吸现象时，$b<1$。

式（5-6）称为赛伯-罗马金公式。只有在恒定的实验条件下，待测元素在一定的含量范围内，a 和 b 才是常数。将式（5-6）取对数得：

$$\lg I = b\lg c + \lg a \tag{5-7}$$

这是光谱定量分析的基本关系式。该式表明，在一定工作条件下，$\lg I$ 与 $\lg c$ 呈线性关系，如图5-8所示。但当试样浓度较高时，b 不再是常数（$b<1$），故校正曲线发生弯曲。

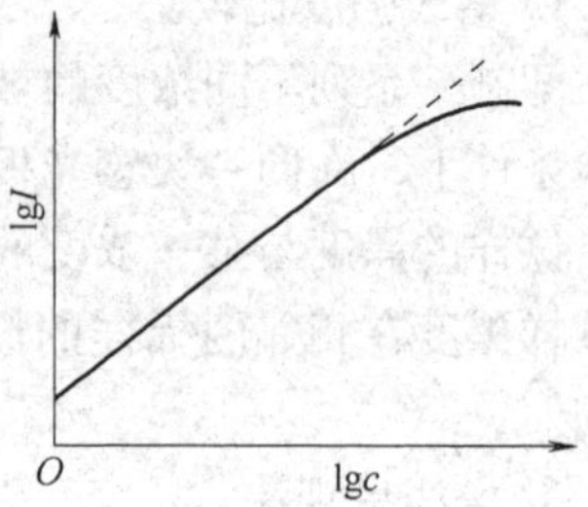

图5-8　光谱定量分析工作曲线

在实际工作中，由于很难保持试样的蒸发条件、激发条件和取样量恒定不变，a 和 b 很难为常数，所以通常不采用谱线的绝对强度来进行定量分析，而是采用内标法来消除实验条件对测定结果的影响。

2. 内标法

内标法又称相对强度法。首先在待测元素的谱线中选一条线作为分析线；另外，向试样中准确加入已知浓度的内标元素（内标元素一般是试样中不含有的元素或者是试样中某种浓度固定的元素，如基体元素），选内标元素谱线中的一条无自吸的谱线作为内标线。分析线和内标线合称为分析线对。内标法就是通过测量分析线与内标线的强度比，即分析线对的相对强度（R）来进行定量分析的。

设待测元素的含量为 c_x，对应的分析线强度为 I_x，根据赛伯-罗马金公式有：

$$I_x = a_x c_x^{b_x} \tag{5-8}$$

设内标元素的含量为 c_s，对应的内标线强度为 I_s，根据赛伯-罗马金公式有：

$$I_s = a_s c_s^{b_s} \tag{5-9}$$

则分析线对的相对强度 R 为：

$$R = \frac{I_x}{I_s} = \frac{a_x c_x^{b_x}}{a_s c_s^{b_s}} \tag{5-10}$$

由于内标元素的含量是一定值，c_s 可以视为常数；又因选择的内标线无自吸（$b_s=1$），故内标线强度为常数，即：

$$I_s = a_s c_s^{b_s} = 常数 \tag{5-11}$$

则分析线对的相对强度 R 可表示为：

$$R = \frac{a_x c_x^{b_x}}{a_s c_s^{b_s}} = A c_x^{b_x} \tag{5-12}$$

式中　$A = a_x / a_s c_s^{b_s}$，也是一个常数。将式（5-12）两边取对数得：

$$\lg R = b_x \lg c_x + \lg A \tag{5-13}$$

由式（5－13）可以看出，分析线对的相对强度 R 与待测元素的含量呈线性关系。以 $\lg R$ 对 $\lg c_x$ 作图，便可得到相应的工作曲线。因此，只要测出谱线的相对强度 R，便可以从相应的工作曲线中求得试样中待测元素的含量。式（5－13）是内标法进行光谱定量分析的基本公式。采用内标法可以消除由于光源波动所引起谱线强度变化的影响，因而提高了光谱定量分析的准确度。

为了获得准确的定量分析结果，在选择内标元素及内标线对时应注意以下几点：

（1）当加入其他元素作为内标元素时，所加内标元素在原来试样中应不含有或含量极少（可忽略）。同时，所加内标物中也不应含有待测元素。

（2）加入的内标元素含量必须适量且固定。

（3）分析线对应具有相同或接近的蒸发、激发和电离行为，以保证两者受操作条件波动的影响基本一致。

（4）分析线对的波长应尽可能接近，强度也不应相差过大，以使它们的相对强度尽量不受感光板或检测器的影响。

（5）分析线与内标线均应无自吸收，分析线对附近背景要小，不受其他谱线干扰。

第四节 实验技术

一、样品前处理技术

原子发射光谱法目前主要采用液体试样进行分析。试样的溶解是必不可少的重要环节，其作用是使试样中的被测组分在不受损失，不被污染的前提下，全部转变为适宜测定的形式。正确的试样溶解和稀释处理的方法，还能够补偿基体组分引起的干扰效应。

1. 无机固体试样的溶解

无机固体试样一般采用酸溶和碱熔方法处理。在选用溶（熔）剂时应充分考虑到：①被测元素迅速、完全溶解；②试样处理过程中，被测元素不应挥发损失；③不与被测元素发生反应生成不溶性物质；④过量溶（熔）剂对分析结果可能产生的影响（如污染和干扰效应等）；⑤不应损伤试样溶解过程中的容具以及喷雾器、燃烧器等。其分解方法详见本书第四章第五节。

2. 有机物固体试样的分解

有机物固体试样的分解方法一般有湿法消化、干法灰化和微波消解法等，详见本书第四章第五节。

等离子氧低温灰化法是使有机试样灰化除去有机物的很好手段。用高频电源将低压氧激发，使含原子态氧的等离子气体接触有机试样，并在低温下（100～150℃）缓慢氧化除去有机物。使有机试样中所含微量金属元素不被挥发损失。

二、样品的进样方法

1. 固体直接进样法

固体直接进样法是将固体试样悬浮在溶剂中，在外力作用下制成均匀的悬浮液，然后直接引入石墨炉原子化器进行程序加热蒸发、灰化和原子化的进样方法。是固体直接进样法的最新发展趋势。悬浮液进样法具有以下特点：①悬浮液进样可以使用液体进样所常用的微量注射器；②用悬浮液进样，不必像直接固体进样那样反复多次称量试样；③可以直接用标准水溶液校准；④可以充分利用稳定剂，润湿剂等各种各样的化学改进剂；⑤便于稀释；⑥精度完全可以达到痕量分析的要求，RSD＜5%；⑦用于液体进样的原子化器同样适用于悬浮液进样；⑧操作简单，费时少；⑨非常适用一些难分解的粉末，如钛白粉等；⑩样品需要量非常少。

2. 流动注射进样

流动注射进样技术（flow injection sampling）是用蠕动泵将试样连续泵入雾化器的一种高效微量动态进样技术。该技术的应用，加快了分析速度，提高了测定的灵敏度和精密度。为了克服使用蠕动泵进样造成的进样体积不稳定、检测结果重复性差的缺点，近年来发展了顺序注射新技术，即采用一个微量注射泵和一个多位顺序选择阀，在计算机程序控制下完成连续的自动化进样过程，大幅度减少了样品和试剂的消耗量，提高了仪器的运行稳定性和分析精密度。

三、实验条件的选择

实验条件的选择直接影响到测定的灵敏度、准确度、精密度和干扰的消除。在最佳实验条件下，才能够获得满意的分析结果。

1. 仪器的选择

应根据待测元素和试样的性质以及定性、定量分析需要，选择合适的仪器。对于发射谱线不太复杂以及用于定性分析的一般试样，选用中型光谱仪即可；用于不同含量的多元素分析以及像稀土等谱线复杂的元素分析，则需选用色散率大的大型光谱仪。

2. 光源的选择

应根据待测元素和试样的性质以及定性、定量分析需要，选择合适的光源。光谱定性分析一般要求所用光源的灵敏度高一些，故在定性分析中常用直流电弧光源；对于难激发元素的定量分析可选择高压火花电源；若同时定量分析几十种含量相差大又难于激发的元素，则选择 ICP 光源。

3. 仪器分析参数的优化

（1）蠕动泵速优化　蠕动泵转速太慢会造成检测灵敏度下降，蠕动泵转速太快又会影响溶液样品的雾化效率。实验中可将蠕动泵的转速设定在 80 ~ 140r/min 进行检测，采用信背比（信号与背景的比值）最高的泵速进行分析。

（2）雾化器压力优化　雾化器压力决定氩气通过雾化器的速度，直接影响样品引入的速度和雾化的均匀性。大多数元素随雾化器压力的增加谱线强度增加，但雾化器压力增大到一定程度后，信背比反而下降，影响雾化效果。实验中可调节雾化器压力在 24 ~ 32psi（1psi = 6894.76Pa），然后观察灵敏度和稳定性的变化情况，从而确定雾化气的压力。

（3）辅助气流量的优化　辅助气用来维持等离子体，对大多数待测元素而言，随着辅助气流量的增大，待测元素谱线强度随着增加。但辅助气流量增加到一定程度后，检测信号强度则呈下降的趋势，且背景增加。通常情况下，氩辅助气流量设在 0.5 ~ 1.0 L/min 范围内。

（4）冷却气流量的优化　冷却气流量过低会造成火焰不稳定，且容易烧炬管；冷却气流量过大，同样会造成火焰不稳定，且容易熄火和浪费气体。实验中可以由 14 ~ 18 L/min 改变冷却气流量，观察实验数据的稳定性，选择最合适的冷却气流量。

（5）射频功率优化　射频功率的大小直接影响等离子体的温度以及离子化的程度，从而改变灵敏度和精确度。实验中可以通过改变射频功率（950 ~ 1350W，增量为 50W，改变一次，测量一次），找出信背比最大的射频功率，作为输入功率。

4. 分析谱线的选择

因为样品中待测元素含量高低不同，在选择分析线时主要考虑低含量元素的灵敏度和各个元素之间的谱线干扰。尽可能选择波形完整、成像位置好、共存元素之间无光谱干扰、波长差值大、强度适中的谱线作为待测元素的分析线。

第五节　原子发射光谱仪器的使用

一、IRIS Intrepid 型 ICP 原子发射光谱仪分析样品操作步骤

1. 开机前的准备工作

（1）确定样品是否适用于 ICP 分析：ICP 主要以常量和微量分析为主，在没有基体干扰的情况下，样品溶液中元素的含量一般不应小于 5 倍检出限，在有基

体干扰的情况下，样品溶液中元素的含量一般不应小于25倍检出限。

（2）测试样品前处理：选择合适的消解方法将样品消解至完全，并定容至适当体积，混匀后备用。

（3）标准溶液的配制（混标）：根据样品中待测元素的含量，配制一系列待测元素的标准溶液，使其浓度范围函盖样品中该元素的含量。

（4）确认有足够的氩气用于连续工作（储量≥1瓶）。

（5）确认有废液桶收集废液。

2. 开机预热

（1）打开氩气钢瓶总开关（开至最大），并调节分压在0.5～0.7MPa之间。

（2）打开稳压电源开关，检查电源是否稳定。

（3）打开主机电源。仪器开始自检，此时光室开始预热。

（4）打开电脑待自检完成后，双击“TEVA”图标，进入软件操作主窗口，单击右下角点火图标，进入等离子体控制面板，如下图所示。

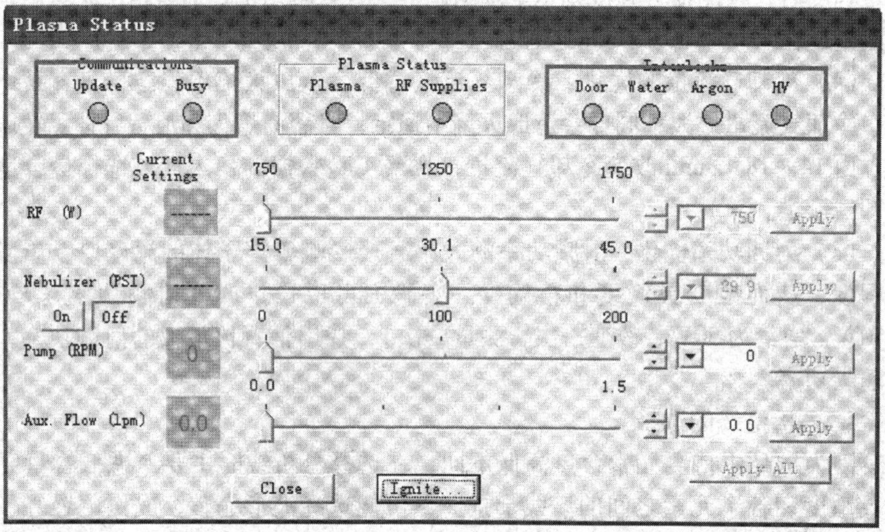

检查通信及联锁保护开关是否正常。若有红灯警示，则需要作相应的检查。如果一切正常，可进行下一步操作。

3. 建立分析方法

操作软件（TEVA）主窗口包括两个应用程序：①Analyst——分析模块；②Publisher——报告模块。

（1）单击Analyst进入分析模块，单击Method → New…，选择所需的元素及其谱线，如下图所示。

（2）单击Method → Analysis Preferences，设置重复次数，样品清洗时间，积分时间。

（3）点击 Automated Output，选择 Store results to data base，并点击 Apply to all sample type。选项 Report Preferences、Checks 、Sequence Automation 均忽略。

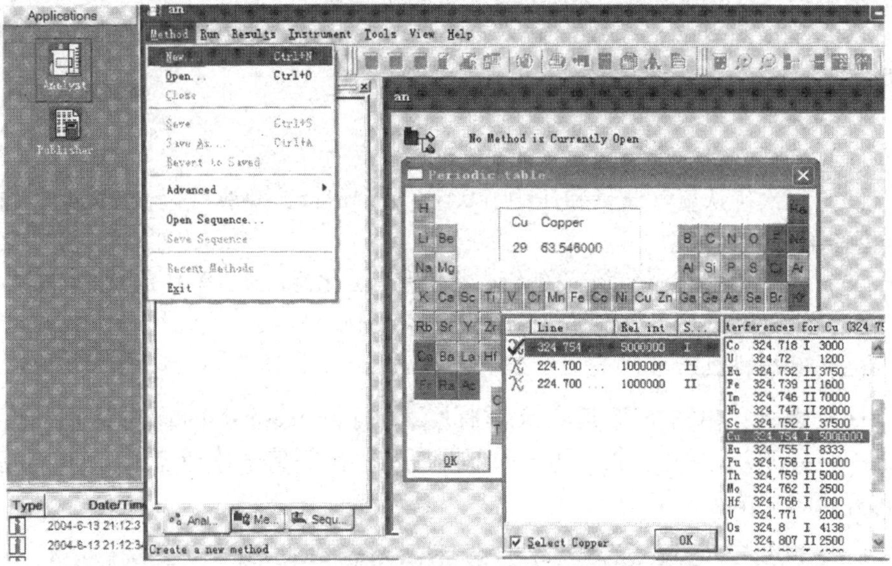

（4）点击 Source Settings，设置清洗泵速和分析泵速、RF 功率、雾化器压力及辅助气流量：清洗泵速和分析泵速一般设定在 80～130r/min 之间；RF 功率通常设定为 1150W；雾化器压力根据需要一般设定在 24～32psi 之间；辅助气流量一般设定为 0.5L/min，如下图所示。

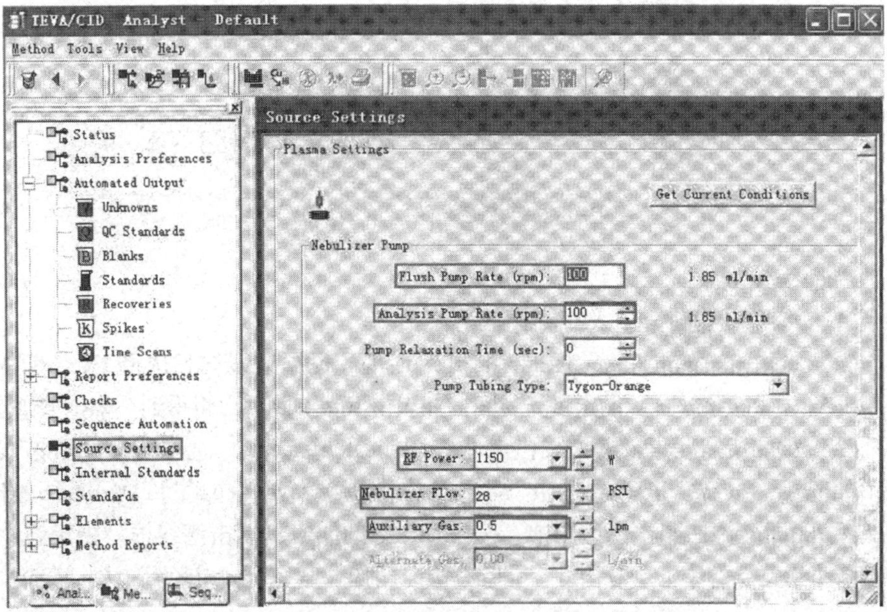

（5）标准定量方式设置：如用内标法定量，则点击 Internal Standards 进行设置；若用外标法定量，则点击 Standards，可添加和删除标准，选择标准中所含有的元素及其所需的谱线，设置和修改元素含量等。

（6）单击 Method → Save，输入方法名，点击 OK 保存方法，至此方法编辑完成。

4. 点火

（1）确认光室温度稳定在（90±0.5）°F。

（2）再次确认氩气储量和压力（0.5～0.7MPa），并驱气至少 30min，确保 CID 检测器不会结霜。

（3）检查并确认进样系统（矩管、雾化室、雾化器、泵管等）是否正确安装。

（4）上好蠕动泵夹，把样品管放入蒸馏水中。

（5）开启排风。

（6）点火：单击右下角点火图标，打开 plasma status 对话框，点击 Ignite… →Ignite，进行点火操作，如下图所示。待等离子体稳定 15～30min 后，即可开始测试样品。

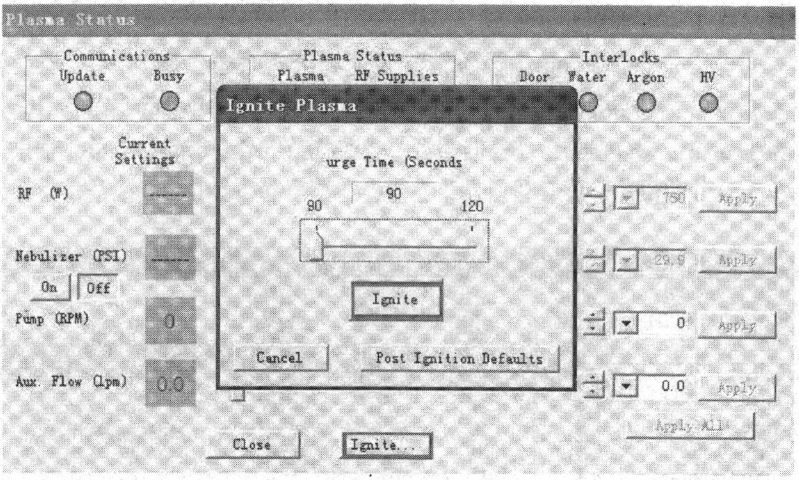

5. 谱线校准

（1）将吸样毛细管放入待测标准溶液中。

（2）点击 Run Full Frame 图标，打开对话框，根据谱线波长选择 UV（紫外波长）或 Vis（可见波长），设定曝光时间，并点击 Run。此后，将得到一幅全谱谱图。

（3）添加所需元素及其谱线：点击 Analytical Elements，选中待测元素谱线波长（如选择 Cu 224.700），右击鼠标点击 Add Wave Length to Method，谱线 Cu 224.700即会添加到全谱谱图中。按住 Ctrl 键的同时，点击谱线框，把虚线框的中心移动到亮点的中心，松开手，即会弹出对话框，点击 Yes 进行确认。谱线校准即告完成。此谱线可用于定量分析（注意：未经校准的谱线，不能用于定量分析）。

6. 建立标准曲线并分析样品

（1）通过 Method → Open⋯ → 选择分析方法，并确认所测元素的谱线都经过校准。

（2）点击标准化图标，打开标准化对话框，依次运行标准溶液，点击 Done 标准化完成。

（3）双击样品名称，打开 Subarray 谱图，察看谱峰是否有干扰，某些干扰可通过移动谱峰和背景的位置来消除干扰。

（4）通过 Method → Elemental → 谱线和级次 → Fit，察看谱线的线性关系和相关系数。以确定该谱线是否可用，如下图所示。如果没问题，就可点击未知样图标分析样品。

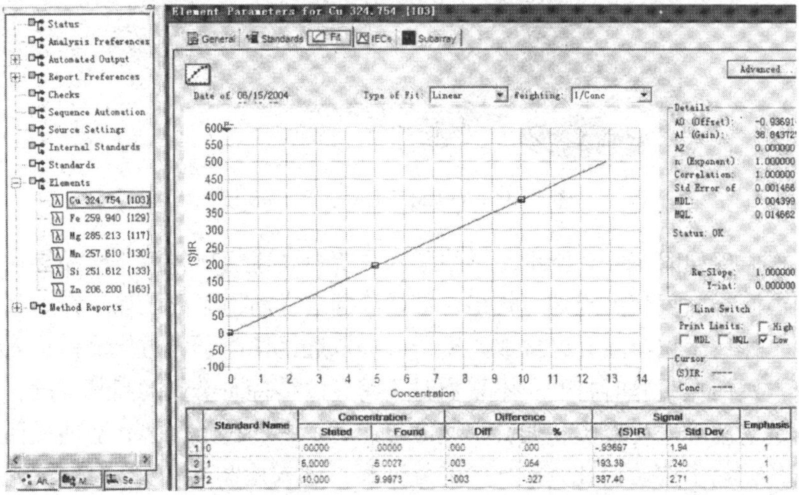

7. 关机程序

（1）样品分析结束，用蒸馏水冲洗 5 ~ 10min，点击 Shutdown 熄灭等离子体，松开泵夹。

（2）通过点击 TEVA 主界面下的 Tools → CID Temperature 来观察 CID 的温度，当温度回升到 20℃后，即可关闭氩气。

（3）关闭仪器主开关。

二、Agilent7500cx 电感耦合等离子体质谱仪（ICP - MS）简介

电感耦合等离子体质谱（Inductively Coupled Plasma Mass Spectrometry，简称 ICP - MS）技术是 20 世纪 80 年代发展起来的新的分析测测技术。它以将 ICP 的高温电离特性与四极杆质谱计的灵敏快速扫描的优点结合而形成的一种新型的强有力的元素分析、同位素分析和元素形态分析技术。它几乎能检测地球上的所有

元素。具有极低的检出限、极宽的动态线性范围、谱线简单、干扰少、分析精度高、分析速度快等特点。广泛应用于环境保护、生物、医药、冶金、石油化工、核材料、半导体分析等领域。

（一）Agilent7500cx ICP－MS 基本结构及工作原理

Agilent7500cxICP－MS 仪主要由样品引入系统、ICP 离子源、RF 发生器、接口与离子光学透镜、四极杆质量分析器、多级真空系统、检测与数据处理系统及计算机系统组成。如图 5－9 所示。

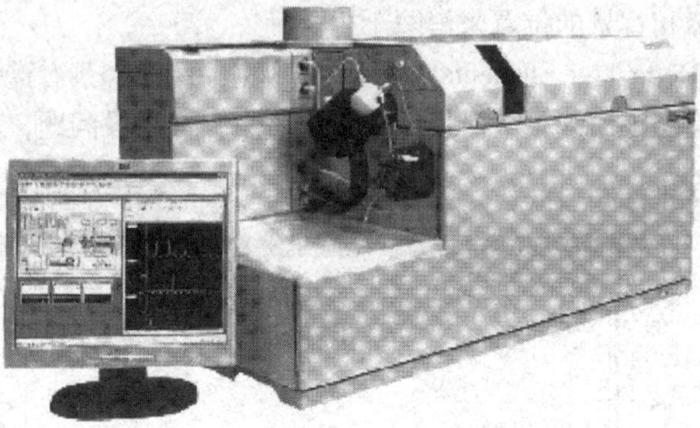

图 5－9　Agilent7500cx ICP－MS 仪

工作原理如图 5－10 所示。样品引入系统由高速氩气将液态样品雾化，其中大颗粒液滴碰撞积淀由废液口排出，细微液滴进入高温等离子体；在 ICP 离子源高温下，样品微粒解离并电离成正离子；提取透镜使离子通过样品锥进入真空系统，真空阀门在采样时打开，不采样时关闭，以维持质谱仪的高真空度；二代 Ω 离子透镜对离子进行聚焦和偏转，使之与光子、中性粒子分离；双曲面四极杆质量分析器使离子按质荷比（m/z）进行分离，进入检测器；具有双通道模式、9 个数量级线性动态范围的检测器对其进行检测；最后通过计算机软件对采集的数据进行分析与处理。

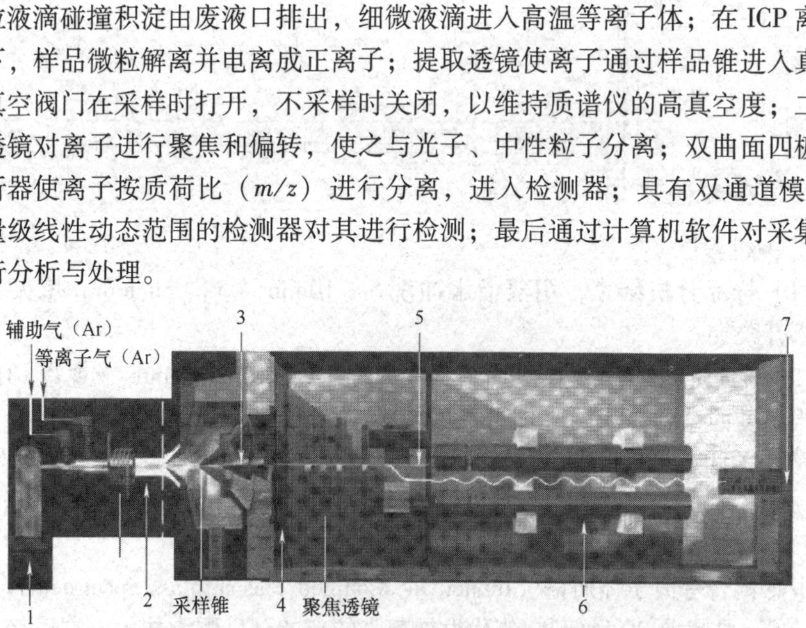

图 5－10　Agilent7500cx ICP－MS 仪工作原理示意图

1—样品引入系统　2—ICP 离子源　3—提取透镜　4—真空门阀　5—Ω 离子透镜　6—双曲面四极杆　7—双通道模式检测器

（二）Agilent7500cx ICP－MS 使用操作步骤

1. 开机前的准备

（1）气体准备　工作气体（氩气），压力 700kPa ±3.5%；反应气（氢气和氦气），压力（40 ±20）kPa。

（2）冷却循环水　蒸馏水；温度：15 ~20℃；压力：230 ~400kPa。

（3）排风　要求排风量为：7 ~8m³/min（8 ~10m/s）。

2. Agilent7500cx ICP－MS 化学工作站基本操作步骤

（1）打开电脑至待机状态。

（2）打开 ICP－MS 主机电源开关。

（3）双击桌面"ICP－MS Top"图标，进入工作站界面：

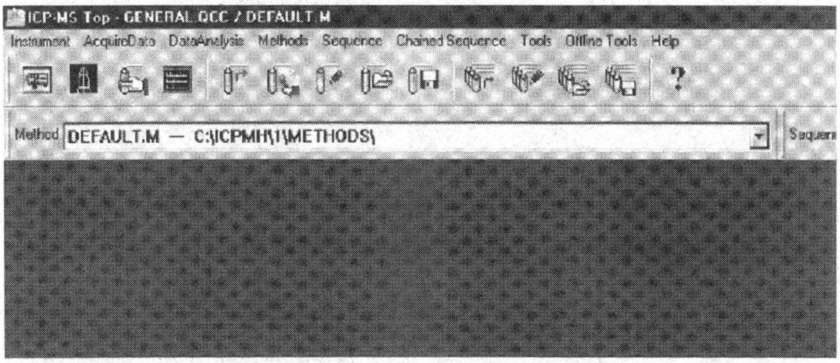

（4）从 Instument 菜单中选择 Instrument control 或单击 Instrument control 图标进入下列仪器控制界面：从 Vacuun 菜单中选择 Vacuun on，抽真空，仪器由 shutdown 状态向 standby 状态转换。

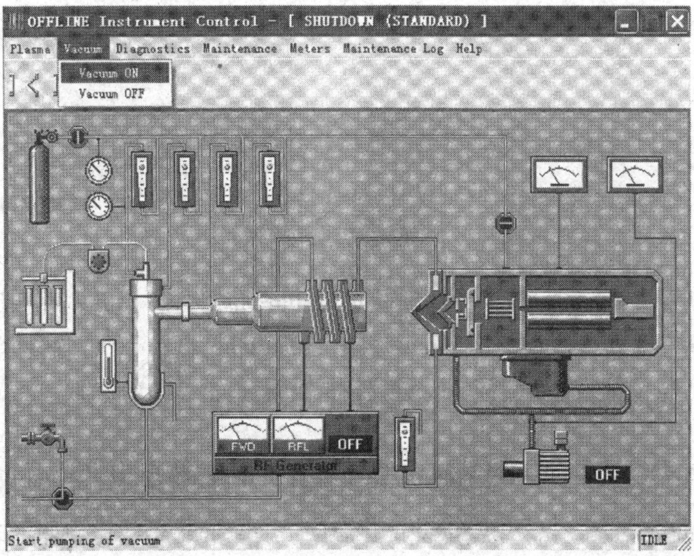

（5）从 Meters 菜单中选择 Meter Control Panel，可以对真空、水流量、环境温度、雾化室温度、气体压力及射频功率进行实时监测（最多同时监测 5 项）。

（6）如使用碰撞反应池，从 Maintenance 菜单中选择 Reaction Gas，勾选 Open Bypass Valve，设置所需反应气流量 2～5mL/min，进行反应气气路吹扫。如果每天使用，反应池吹扫 5～10min 即可；如长期不用，使用前以 2mL/min 吹扫过夜。

（7）仪器状态转换为“STANDBY”状态后，打开氩气（0.7MPa）、循环水、排风。卡上蠕动泵管，样品管必须放入 DIW（去离子水）中，若连有内标管，亦放入 DIW 中。

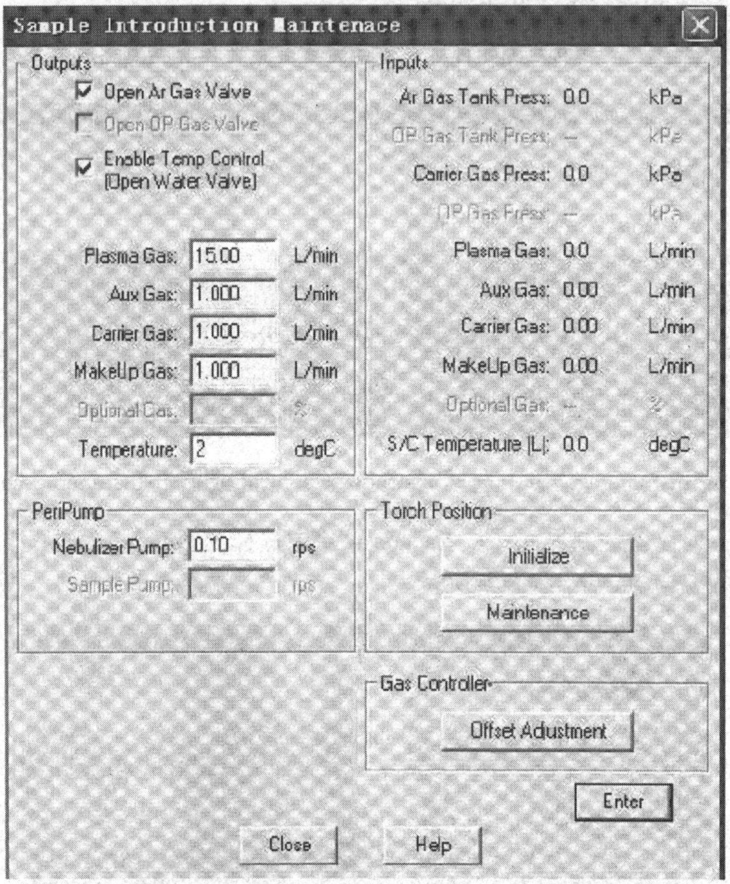

（8）从 Maintenance 菜单中选择 Sample Introduction…，进入右图界面，并按界面所示进行设置。检查确认 Inputs 显示与 Outputs 输入一致，蠕动泵的样品及排管工作正常（排液平滑、气体及液体排列均匀）。几分钟后，点击 Close，退出界面。

（9）点火。从 Instument control 界面选择 Plasma 菜单中 Plasma on 或单击点火图标进行点火，仪器由 Standby 状态向 Analysis 状态转换。如下图所示。

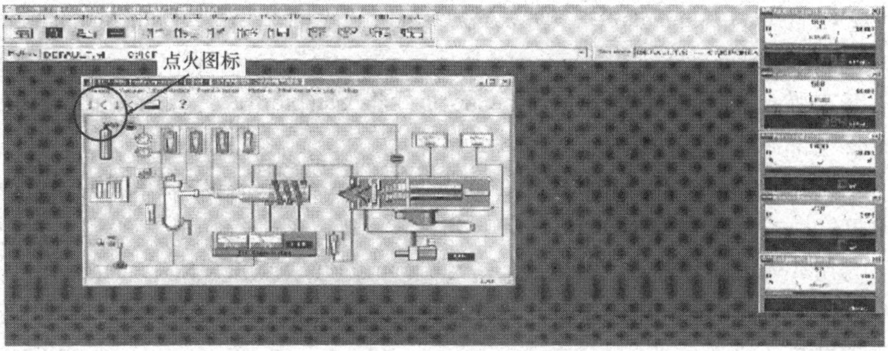

（10）调谐。点火后，预热仪器30min。点击ICP－MS Top界面上的Tune图标进入调谐界面。将样品管放入1ppb调谐液中，若连有内标管，将内标管放入DIW中。点击“调谐灵敏度”图标进入灵敏度调谐界面。从Acq. Parameters菜单中选择Acquisition parameters或单击采集参数图标输入采集的质量数为7、89、205、156/140（CeO/Ce氧化物）、70/140（Ce^{2+}/Ce双电荷），并选中Plot，点击OK。点击Start按钮开始采集，点击Stop按钮停止采集。确认灵敏度、氧化物、双电荷是否达到要求，否则调整参数。

单击“分辨率/质量轴调谐”图标，进入分辨率/质量轴调谐界面，点击Start按钮启动采集，点击Stop按钮停止采集。确认分辨率/质量轴是否达到要求，否则调整参数。

（11）P/A Factor调谐。将内标管插入1ppmP/A Factor内标调谐液［Sc（45），In（115），Bi（209）］中，在灵敏度调谐窗口观察Sc（45），In（115），Bi（209）元素灵敏度，待稳定后，确保元素灵敏度在40000～4000000 Counts之间，再点击Tune菜单，选择P/A Factor进入P/A Factor Tuning窗口，添加Li（6）、Sc（45）、Y（89）、In（115）、Tb（159）、Bi（209）元素。点击Run按钮，仪器将自动得到P/A Factor Tuning报告。

注意：若调谐时修改了Detector Parameters，一定要做P/A Factor调谐；做P/A Factor调谐时，要选中Merge in the current data；建议选择单He模式，该模式可以采用同一工作条件消除复杂基体对目标元素的各种干扰，无需切换气体，分析速度快，信号稳定。

3. 样品分析操作步骤

（1）试剂准备　标准溶液和P/A Factor调谐溶液准备（略）。

（2）建立分析方法

①在ICP－MS Top界面，从Methods菜单中选择Edit entire method进入方法编辑窗口。在弹出的Edit method窗口中，除Data Analysis外选中所有选项，点击OK。

②在 Method Connents 中，输入方法注解（可忽略），选中 Data Acquisition 和 Data Analysis，点击 OK。

③在弹出的 Select Sample Type 界面，将 SampleBLK、CalStd、QuantBLK、Sample 全部 add 到右边框中，点击 OK。

④在 Interference Equation 窗口，如使用 No gas 模式，选中 EPA200_ 8；如使用单氦气模式，选中 FOODORS，点击 OK。

⑤在 Acquisition Mode 界面，选中 Spectrum 选项，点击 OK。

⑥在 Peak Pattern 窗口，选中 Full Quant（3），然后点击 Periodic Table 进入下一个界面。

⑦点击 Clear All 按钮，再选中要分析的元素及内标（ISTD）元素，如：Na，Mg，K，Ca，Cu，Pd 等及内标元素 Sc，Ge，In，Bi。如下图所示。点击 OK。

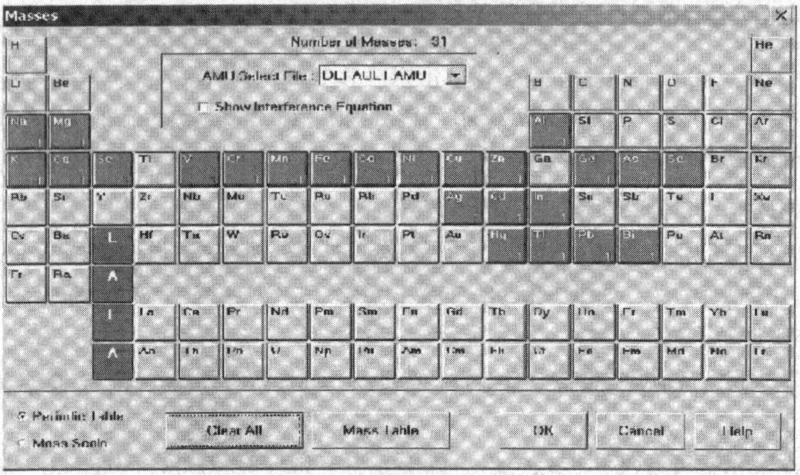

⑧选中 Set every Mass，在 Repetition 窗口输入“3”或“2”，然后在 Integration Time 窗口，设定为 0.3s；Se、Cd、Hg 设为 2s；As 为 1s。

⑨点击 Check Parameter 按钮，若 No Error，则点击 OK，进入 Peristaltic Pump Program 窗口；若有 error，则检查参数。

⑩在 Peristaltic Pump Program 窗口，设定 uptake speed：0.3r/s；uptake time：30s；stabilization time：30s。点击 OK 进入下一窗口。

⑪全选四项，点击 OK。在弹出的窗口，输入方法名，保存方法。

（3）采集数据

①将内标管插入 1ppm 内标溶液中，样品管插入 1% HNO_3 溶液中。在 Tuning 窗口检查 ISTD 元素（Ge、In、Bi 等）RSD% 应小于 5%。

②在 ICP - MS Top 窗口，点击 AcquireData 菜单，选中 Main Panel，进入下一窗口。

③点击 AcquireData 菜单，选中 Acquire Data 选项。将样品管插入 1% HNO_3

溶液中或 DIW 中，在弹出的窗口中输入文件名、文件储存路径、操作者姓名、样品名（如 1% HNO_3 或 DIW）。点击 Acquire，进入以下样品采集窗口：

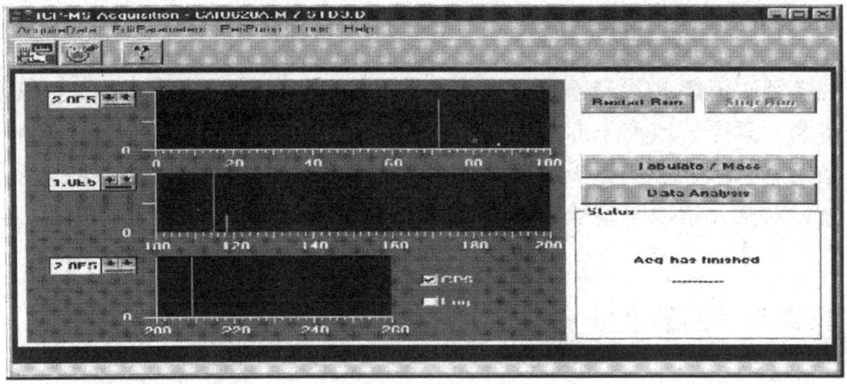

④当采集完成后，点击 Tabulate/Mass，检查 ISTD 元素（Ge、Sc、In、Bi）是否小于 5%。

⑤重复③～④，采集完其它标准品和样品。

（4）数据分析

①建立标准曲线：参见 Agilent7500cx ICP－MS 化学工作站数据分析软件。

②样品数据分析：参见 Agilent7500cx ICP－MS 化学工作站数据分析软件。

4. 关机程序

（1）点击 ICP－MS Top 界面的调谐图标，进入调谐界面，点击灵敏度调谐图标，进入灵敏度调谐窗口。先用 5% HNO_3 冲洗系统 5min，再用 DIW 冲洗系统 5min。

（2）点击 ICP－MS Top 界面的 ICP－MS Instrument control 图标，进入仪器控制界面，点击“灭火”图标，仪器将关火，仪器由 Analysis 状态转换至 Standby 状态。

（3）待转换为 Standby 状态后，点击 ICP－MS Top 界面的 ICP－MS Instrument control 图标，点击 Vacuum 菜单选择 Vacuum OFF 进行放真空程序，仪器由 Standby 状态转向 Shutdown 状态。

（4）待转换为 Shutdown 状态后，关闭氩气、循环水和排风。

（5）退出化学工作站，关闭主机电源开关，关闭计算机。松开蠕动泵。

第六节　实 训 操 作

实训项目一　电感耦合等离子体原子发射光谱法（ICP－AES）测定茶叶中铅、镉、铜、铁的含量

一、目的要求

1. 初步掌握电感耦合等离子体原子发射光谱仪（ICP－AES）的使用方法。

2. 学会用标准曲线法进行定量分析。

3. 学习湿法消解法去除试样中有机物的方法。

二、相关知识

试样经酸消解并稀释至一定体积。将试样溶液以气溶胶态引入ICP火焰中，待测元素原子或离子即与等离子体中的高能电子、离子发生碰撞吸收能量处于激发态，激发态的原子或离子返回基态时发射出相应的原子谱线或离子谱线，通过对某元素原子谱线或离子谱线的测定，可以对元素进行定性或定量分析。

三、仪器与试剂的准备

1. 仪器

电感耦合等离子体原子发射光谱仪（ICP－AES），空气压缩机、乙炔钢瓶，容量瓶、移液管等，瓷坩埚，可调式电热板。

所用玻璃仪器均以硝酸（1+5）浸泡24h以上，用水反复冲洗，最后用去离子水冲洗晾干后，方可使用。除另有说明外，本实验用水均为去离子水或超纯水（电阻率18.2MΩ）。

2. 试剂

（1）浓硝酸　分析纯。

（2）硝酸溶液（1+1）。

（3）硝酸溶液（1∶100，体积比）　吸取浓硝酸5mL于500mL容量瓶中，用去离子水稀释定容至刻度。

（4）铅、镉、铜、铁标准储备液（1000μg/mL）　各准确称取含1g铅、镉、铜、铁（精确至0.000 2g）的单质（99.99%）或化合物，置于50mL烧杯中，加入20mL（1+1）硝酸，加热溶解，冷却后定量转移至1000mL容量瓶中，用去离子水稀释定容至刻度，摇匀。

（5）混合系列标准溶液　准确移取上述标准储备液，用1∶100硝酸溶液稀释定容至50mL。配成含铅、镉、铜、铁的浓度均为0.00，0.40，2.00，10.00，20.00μg/mL的混合系列标准溶液。

四、实验内容

1. 样品前处理

茶叶样品经食用粉碎机粉碎后，过60目筛。

2. 样品消解

称取试样2g（精确至0.001g）于100mL三角瓶中，加入硝酸25mL，浸泡过夜。瓶口放一小漏斗置于电热板上加热消解。若消解液处理至10mL左右时仍有未分解物或颜色较深，取下放冷，补加硝酸5～10mL，如此反复直至消化液呈无色透明或略带黄色。继续加热去除过量硝酸，取下放冷。将消解液移入50mL容量瓶中并定容至刻度，混匀备用。同时做试剂空白。

3. ICP－AES工作参考参数

①功率：1.1kW；

②等离子气流量：20L/min；

③辅助气流量：0.3L/min；

④雾化气流压力：0.24MPa；

⑤蠕动泵转速：1.0mL/min；

⑥各目标元素分析谱线波长见表5－3。

表5－3　　各目标元素分析谱线波长

元　素	Pb	Cd	Fe	Cu
波 长/nm	220.35	228.80	238.20	324.75

4. 测定

（1）标准工作曲线的绘制　按试验要求设置仪器最佳分析条件，并调节仪器至最佳工作状态。按顺序依次测定标准系列溶液各元素的光谱强度，以光谱强度为纵坐标，以元素浓度为横坐标，绘制各元素的标准工作曲线。

（2）样品测定　与绘制标准工作曲线相同的测量条件，测定试样溶液和空白溶液中各待测元素的光谱强度。从工作曲线中查出或计算出相应组分的浓度。对于元素含量超出标准曲线浓度范围的样品，可定量稀释后测定。

五、结果计算

按下式计算茶叶中铅、镉、铜、铁的含量：

$$X = \frac{(c - c_0) \times V \times 1000}{m \times 1000}$$

式中　X——试样中目标元素的含量，mg/kg；

c——从标准曲线上查得的试样溶液中待测元素的浓度，μg/mL；

c_0——从标准曲线上查得的试剂空白液中待测元素的浓度，μg/mL；

V——试样消化液总体积，mL；

m——试样质量，g。

六、思考题

1. ICP原子发射光谱仪的组成和工作原理是什么？
2. ICP原子发射光谱法定性、定量分析的依据是什么？

实训项目二　ICP - AES 法测定塑料制品中铅、汞、铬、镉、钡的含量

一、目的要求

1. 掌握 ICP 原子发射光谱仪的使用方法和使用注意事项。
2. 学习微波消解法消化样品操作技术。
3. 初步掌握微波消解仪的使用方法。

二、相关知识

试样经微波消解并稀释至一定体积。将试样溶液以气溶胶态引入 ICP 火焰中，待测元素原子或离子吸收能量被激发，激发态的原子或离子返回基态时发射出相应的原子谱线或离子谱线，通过对某元素原子谱线或离子谱线的测定，可以对元素进行定性和定量分析。

微波消解法是一种利用微波能量促进样品消解的新技术。样品和消化液（一般用硝酸和过氧化氢）放在聚四氟乙烯密封罐中，在 2450MHz 的微波电磁场的辐射下，分子间高速振动摩擦而迅速升温，分子极化重新排列产生张力，从而使样品迅速分解消化。

微波消解法与传统的消解法比较具有的优点：①速度快，时间短；②由于使用密闭容器，减少了样品交叉污染的机会；③使用的试剂少，空白值低；④节约能源，易于实现自动化。

三、仪器与试剂的准备

1. 仪器

电感耦合等离子原子发射光谱仪（ICP - AES），空气压缩机、乙炔钢瓶，微波消解仪（配聚四氟乙烯密封消解容器），电热板。

所用玻璃仪器均以硝酸（1 +5）浸泡 24h 以上，用水反复冲洗，最后用去离子水冲洗晾干后，方可使用。除另有说明外，本实验用水均为去离子水或超纯水（电阻率 18. 2MΩ）。

2. 试剂

（1）浓硝酸　分析纯。

（2）过氧化氢　分析纯。

（3）硝酸溶液（1 +1）。

（4）硝酸溶液（1∶100，体积比）　吸取浓硝酸 5mL 于 500mL 容量瓶中，用去离子水稀释定容至刻度。

（5）铅、汞、铬、镉、钡标准储备液（1000μg/mL）　各准确称取含 1g 铅、

汞、铬、镉、钡（精确至0.0002g）的单质（99.99%）或化合物，置于50mL烧杯中，加入20mL（1+1）硝酸，加热溶解，冷却后定量转移至1000mL容量瓶中，用去离子水稀释定容至刻度，摇匀。

（6）混合系列标准溶液配制　准确移取上述标准储备液，用1∶100硝酸溶液稀释定容至50mL，配成含铅、汞、铬、镉、钡的浓度均为0.00，0.40，2.00，10.00，20.00μg/mL的混合系列标准溶液。

四、实训内容

1. 样品前处理

称取经低温冷冻破碎成均质材料的塑料样品200mg，置于聚四氟乙烯的容器中，加入7mL浓硝酸和1mL过氧化氢。然后将容器封闭，按表5－4的消解程序在微波消解仪中进行消解。消解结束，将容器冷却至室温后打开，可置电热板上加热驱除多余的硝酸，将消解液转移至100mL容量瓶中，用1∶100硝酸溶液冲洗容器数次至完全转移。最后用去离子水稀释至刻度，混匀备测。同时做试剂空白实验。

表5－4　　塑料制品微波消解程序

步骤	时间/min	温度/℃	步骤	时间/min	温度/℃
升温1	5	125	恒温3	45	210
升温2	10	210	降温4	—	室温

2. ICP－AES工作参考参数

①功率：1.1kW；

②等离子气流量：20L/min；

③辅助气流量：0.3L/min；

④雾化气流压力：0.24MPa；

⑤蠕动泵转速：1.0mL/min；

⑥各目标元素分析谱线波长见表5－5。

表5－5　　各目标元素分析谱线波长

元素	Pb	Cd	Cr	Hg	Ba
波长/nm	220.35	228.80	283.56	184.95	233.53

3. 测定

（1）标准工作曲线的绘制　按试验要求设置仪器最佳分析条件，并调节仪器至最佳工作状态。按顺序依次测定标准系列溶液各元素的光谱强度，以光谱强度为纵坐标，以元素浓度为横坐标，绘制各元素的标准工作曲线。

（2）样品测定　与绘制标准工作曲线相同的测量条件，测定试样溶液和空白溶液中各待测元素的光谱强度。从工作曲线中查出或计算出相应组分的浓度。对于元素含量超出标准曲线浓度范围的样品，可定量稀释后测定。

五、结果计算

按下式计算塑料制品中铅、汞、铬、镉、钡的含量：

$$X = \frac{(c - c_0) \times V \times 1000}{m \times 1000}$$

式中 X——试样中目标元素的含量，mg/kg；

c——从标准曲线上查得的试样溶液中待测元素的浓度，μg/mL；

c_0——从标准曲线上查得的试剂空白液中待测元素的浓度，μg/mL；

V——试样消化液总体积，mL；

m——试样质量，g。

六、思考题

1. 简述微波消解法消解试样的基本原理。
2. 简述 ICP 检测过程中需要对哪些条件进行优化。

实训项目三　ICP - AES 内标法测定白酒中铜、铅、锰的含量

一、目的要求

1. 熟练掌握 ICP 原子发射光谱仪的使用方法。
2. 学会 ICP - AES 内标定量分析方法。

二、相关知识

试样经消解后加入一定量内标元素并稀释至一定体积。将试样溶液和待测元素的标准溶液（内加与试样相同量的内标元素）以气溶胶态分别引入 ICP 火焰中，待测元素和内标元素的原子或离子吸收能量被激发，激发态的原子或离子返回基态时发射出相应的原子谱线或离子谱线。通过测量待测元素分析线与内标线的强度比，即分析线对的相对强度 R 即可进行定量（标准曲线法）。

三、仪器与试剂的准备

1. 仪器

电感耦合等离子原子发射光谱仪（ICP - AES），空气压缩机、乙炔钢瓶，水浴锅，可调式电热板（或可调式电炉）。

所用玻璃仪器均以硝酸（1 + 5）浸泡 24h 以上，用水反复冲洗，最后用去

离子水冲洗晾干后，方可使用。除另有说明外，本实验用水均为去离子水或超纯水（电阻率>18MΩ）。

2. 试剂

（1）硝酸　分析纯。

（2）高氯酸　分析纯。

（3）混合酸消化液　硝酸+高氯酸=5+1。

（4）硝酸（5%）　取5份硝酸与95份水混合。

（5）内标物：1000μg/mL铟标准溶液　准确称取含1g铟（精确至0.0002g）的单质（99.99%）或化合物，置于50mL烧杯中，加入20mL（1+1）硝酸，加热溶解，冷却后定量转移至1000mL容量瓶中，用去离子水稀释定容至刻度，摇匀。或按GB/T 602－2002标准方法配制。

（6）铜、铅、锰标准储备液（1000μg/mL）　各准确称取含1g铜、铅、锰（精确至0.0002g）的单质（99.99%）或化合物，置于50mL烧杯中，加入20mL（1+1）硝酸，加热溶解，冷却后定量转移至1000mL容量瓶中，用去离子水稀释定容至刻度，摇匀。或按GB/T 602－2002标准方法配制。

（7）铜、铅、锰标准使用液（100μg/mL）　吸取上述标准储备液10.00mL于100mL容量瓶中，用5%硝酸溶液稀释定容至刻度，混匀。

四、实训内容

1. 试样预处理

取100 mL白酒样品于250 mL三角瓶内，在水浴上蒸发至近干，加入20mL混合酸消化液，在电热板上消化，当棕色气体消失并冒浓白烟时，取下冷却，补加2mL硝酸继续消化至再冒白烟为止，取下放冷。用少量水冲洗瓶壁，将消解液移入50mL容量瓶中，并用水多次洗涤三角瓶，洗液合并于容量瓶中，加入0.50mL铟内标溶液，定容至刻度，混匀备用。同时做试剂空白实验。

2. ICP－AES工作参考参数

①功率：1.1kW；

②等离子气流量：20L/min；

③辅助气流量：0.3L/min；

④雾化气流压力：0.24MPa；

⑤蠕动泵转速：1.0mL/min；

⑥铜、铅、锰元素的分析谱线波长分别为324.75，220.35和257.61nm。

3. 测定

（1）标准曲线的绘制　分别吸取铜、铅、锰标准使用液0，0.25，0.50，1.00，1.50，2.00mL于50mL容量瓶中，各加入0.50mL铟内标溶液，用5%硝酸溶液稀释定容至刻度，配成含铜、铅、锰的浓度均为0.0，0.50，1.00，

2.00，3.00，4.00μg/mL 的混合系列标准溶液。按试验要求设置仪器最佳分析条件，并调节仪器至最佳工作状态，按顺序依次测定标准系列溶液各元素的光谱强度。以各元素的分析线对相对强度 R 为纵坐标、元素浓度 c 为横坐标绘制标准曲线。

（2）试样测定　与绘制标准工作曲线相同的测量条件，测定试样溶液和空白溶液中各待测元素的光谱强度。求出各元素分析线对的相对强度 R，从工作曲线中查出或计算出相应组分的浓度。对于元素含量超出标准曲线浓度范围的样品，可定量稀释后测定。

4. 数据记录

标准溶液浓度/（μg/mL）	内标线强度	铜		铅		锰	
		分析线强度	R	分析线强度	R	分析线强度	R
0.00							
0.50							
1.00							
2.00							
3.00							
4.00							
样品							
试剂空白							

五、结果计算

按下式计算白酒中铜、铅、锰的含量：

$$X=\frac{(c-c_0)\times V_2\times 1000}{V_1}\times 1000$$

式中　X——试样中目标元素的含量，mg/L；

c——从标准曲线上查得的试样溶液中待测元素的浓度，μg/mL；

c_0——从标准曲线上查得的试剂空白液中待测元素的浓度，μg/mL；

V_2——试样消化液总体积，mL；

V_1——试样体积，mL。

六、思考题

1. 简述消除白酒中有机物对检测的影响有哪些措施。
2. 内标法定量有何优点？

思考与练习

1. 原子发射光谱是由＿＿＿＿＿＿＿＿跃迁产生的，线光谱的形成原因是＿＿＿＿＿＿。

2. 原子发射光谱分析中各元素的谱线强度与光源的温度关系是＿＿＿＿＿，当光源温度一定时，某元素的原子发射谱线强度与＿＿＿＿＿＿＿＿成正比。

3. 原子发射谱线的自吸现象是由于＿＿＿＿＿＿＿＿，选用具有自吸的谱线进行原子发射光谱常量分析时，其工作曲线会处于＿＿＿＿＿＿＿弯曲。

4. 在原子发射光谱分析中，电离度增大会产生＿＿＿＿线减弱，＿＿＿＿线增强。

5. 在原子发射光谱用的感光板中，用来检测辐射能的物质是＿＿＿＿＿＿，光谱用感光板的显影作用是使已感光的＿＿＿＿＿＿被＿＿＿＿＿＿＿＿。

6. 摄谱法原子光谱定性分析时的狭缝宽度应为＿＿＿＿＿μm，在原子光谱定性分析摄谱时采用哈特曼光阑是为了＿＿＿＿＿＿。

7. 试说明光谱定量分析中选择分析线对的原则。

8. 比较原子吸收光谱法与原子发射光谱法的仪器结构、工作原理及应用范围。

第六章　色谱分析法导论

知识目标

- 掌握色谱分离的基本原理。
- 熟悉色谱分析中的常用术语。
- 理解色谱分离基本理论（塔板理论和速率理论）。
- 熟悉影响色谱柱柱效能、分离度的因素。
- 掌握色谱分析的定性和定量方法。

能力目标

- 熟悉色谱流出曲线，能利用色谱流出曲线计算分离度。
- 熟练掌握色谱峰的定性方法。
- 掌握归一化法、外标法和内标法的定量计算方法。

色谱分析法（以下简称色谱法，chromatography）是20世纪60年代迅速发展起来的一门分离技术，它是利用物质的物理或物理化学性质将多组分的混合物进行分离，并测定其含量的一种分离分析方法。色谱法既可以作为分析工具，也可以用于制备纯物质。目前该方法已广泛应用于食品、医药、农业、石油工业、化学工业、环境保护、宇宙航空等各个领域。

第一节　色谱基本原理及分类

一、色谱法简介

色谱法最早源于俄国植物学家茨维特在1906年进行的植物色素分离实验：在一根玻璃柱中装入细颗粒的碳酸钙固体，将其与吸滤瓶连接，实验装置如图6-1所示。实验时，用石油醚萃取植物叶片中的色素，将萃取液从玻璃管上端加入，萃取液中的色素便被碳酸钙吸附，然后用石油醚自上而下淋洗，随着石油醚的加入，色素不断地向下移动，因不同色素被碳酸钙的吸附作用不同而逐渐分成几个不同颜色的谱带，他将这种分离方法命名为色谱法。其中淋洗用的石油醚称为流动相，玻璃管中的碳酸钙称为固定相，装有碳酸钙的玻璃管称为色谱柱，用石油醚流动相淋洗吸附在固定相上的混合物并使其分离再依次流出色谱柱的过程称为洗脱。

随着色谱技术的发展，色谱法不断取得技术改进，先后经历了柱色谱、纸色谱、薄层色谱、气相色谱和高效液相色谱等的发展历程。

图 6－1　茨维特植物色素分离实验装置

二、色谱分离基本原理

色谱法是一种分离分析方法，它是将混合物样品中的各组分先进行分离，然后顺次进行检测的分离与分析技术。两相及两相的相对运动构成了色谱法的基础，其实质是样品组分在两相间的分配平衡。当流动相中携带的混合物流经固定相时，便与固定相产生相互作用，由于混合物中各组分在性质和结构上的差异，与固定相和流动相的作用力大小、强弱不同，宏观上表现为各组分在固定相中移动速度的微小差异，继而随着流动相的移动，各组分在两相间经过反复多次的分配平衡，使各组分与固定相间相互作用的微小差异被反复多次地累加和放大，最终表现为各组分被固定相保留的时间不同，从而按一定次序从固定相中先后流出，与适当的柱后检测方法相结合，即可实现混合物中各组分的分离与检测。

三、色谱法分类

色谱法有很多种类，从不同的角度出发可以有不同的分类方法。

（一）按两相所处的状态分类

1. 气相色谱

以气体为流动相的色谱称为气相色谱（GC）。按照固定相的状态，又可将气相色谱分为气－固色谱和气－液色谱，前者固定相为固体，后者固定相为涂渍在载体表面的液体。气相色谱中的流动相常称为载气。

2. 液相色谱

以液体为流动相的色谱称为液相色谱（LC）。按照固定相的状态，又可将液相色谱分为液－固色谱和液－液色谱，前者固定相为固体，后者固定相为涂渍在载体表面的液体。

3. 超临界流体色谱

以超临界流体为流动相，以固体或液体为固定相的色谱。所谓超临界流体是指温度和压力在超临界温度和超临界压力之上的流体，这种流体因其密度不同，对各种物质具有不同的溶解能力。

（二）按固定相的形式分类

1. 柱色谱

固定相装在柱内的色谱称为柱色谱。柱色谱分为填充柱色谱和毛细管柱色谱

（或称开管柱色谱），固定相填充在玻璃或金属管中的称为填充柱色谱；固定相涂敷在管内壁的称为毛细管柱色谱或开管柱色谱。

2. 平面色谱

固定相呈平面状的色谱称为平面色谱。平面色谱包括纸色谱和薄层色谱。纸色谱是以滤纸作固定相，有机溶剂作流动相，而进行分离分析的一种色谱方法。如图6-2（a）所示；薄层色谱是将固定相均匀地涂铺在平板（如玻璃板等）上，形成一薄层，以有机溶剂为流动相而进行分离分析的一种色谱方法。如图6-2（b）所示。

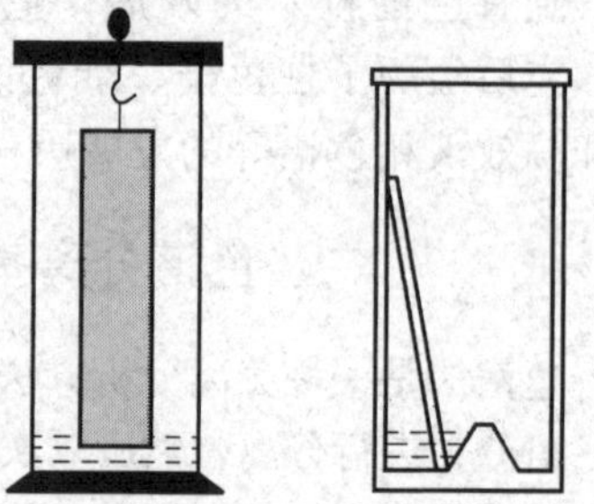
（a）纸色谱　（b）薄层色谱

图6-2　纸色谱和薄层色谱示意图

（三）按分离的原理分类

1. 吸附色谱

用吸附剂作固定相的色谱称为吸附色谱。它是利用吸附剂（一般是固体）对不同组分吸附能力的不同而将组分分离的一种色谱方法。包括气-固吸附色谱和液-固吸附色谱。

2. 分配色谱

用液体作固定相，利用不同组分在液体固定相和流动相中的溶解度不同而进行分离的一种色谱方法。包括气-液分配色谱法和液-液分配色谱法。

3. 离子交换色谱

固定相为离子交换剂，利用离子交换剂与不同离子交换能力的不同而进行分离的色谱方法。

4. 空间排阻色谱（凝胶色谱）

利用多孔性物质作固定相，因其对不同大小分子的排阻能力不同而进行分离的色谱方法。

5. 电色谱

利用带电物质在电场作用下移动速度不同而进行分离的色谱方法。

（四）按使用的目的分类

1. 分析型色谱

将待测组分从复杂的样品组分中分离，再进行定性与定量分析。其特点是色谱柱较细，样品用量少。

2. 制备型色谱

主要用于纯物质的分离与制备。如高纯度化学试剂的制备、蛋白质的纯化、手性药物的拆分和提纯等。其特点是色谱柱较粗，样品用量大。

3. 流程色谱

工业生产流程中在线连续使用的色谱。如用于化肥、石油精炼、石油化工及冶金工业中的气相色谱。

第二节　色谱分离过程与术语

一、色谱分离过程

色谱分离过程是利用试样中各组分在固定相和流动相之间具有不同的溶解与分配、吸附与脱附或其他亲和性的差异来实现分离的。现以分离 A、B 两组分的液－固色谱为例说明色谱的分离过程。如图 6－3 所示，试样由流动相携带进入色谱柱，试样中的 A、B 两组分被固定相吸附，随着流动相的极性改变与不断流入，被吸附的组分又从固定相中脱附，脱附的组分随着流动相向前移动时又再次被固定相吸附，由于 A、B 两组分的理化性质不同，与固定相和流动相之间的作用即吸附与脱附的能力有差异，结果表现为差速迁移，经过反复吸附、脱附与移动，最终使 A、B 两组分彼此分离。

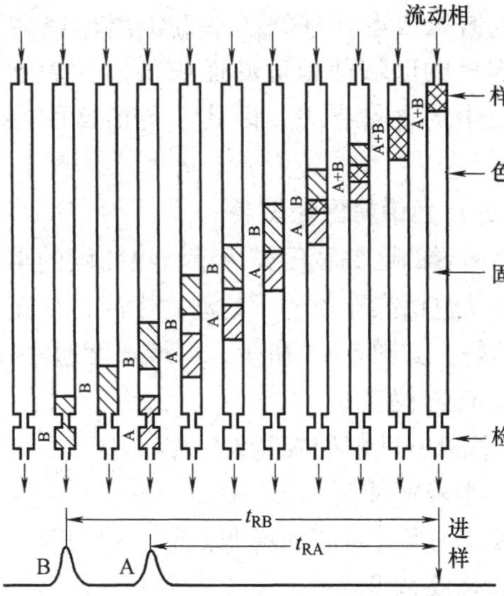

图 6－3　色谱分离过程示意图

二、色谱流出曲线

试样中的各组分经色谱柱分离后，按先后次序随流动相一起进入检测器，检测器将流动相中各组分浓度（或含量）的变化转变为相应的电信号，由记录仪记录下来，得到一条信号随时间变化的曲线，称为色谱流出曲线，又称色谱图，如图 6－4 所示。

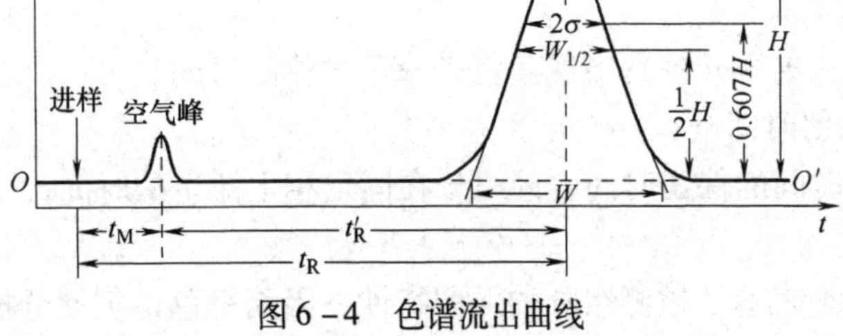

图 6－4　色谱流出曲线

在色谱流出曲线上，检测器检测到的待测组分的浓度（或含量）表现为峰状，称为色谱峰，每一分离组分表现为一个色谱峰。

三、色谱常用术语

（一）基线

操作条件稳定后，仅有流动相通过检测器时，检测器所记录的信号随时间变化的曲线称为基线。稳定的基线应是一条水平直线，如图 6－4 中的 OO'线。

（二）峰高（H）和峰面积（A）

色谱峰顶点到基线的垂直距离称峰高，以 H 表示；色谱峰曲线与峰底基线所围成的区域面积称峰面积，以 A 表示。峰高或峰面积的大小和每个组分在样品中的含量有关，因此，色谱峰的峰高或峰面积是色谱进行定量分析的依据。

（三）色谱峰区域宽度

色谱峰的区域宽度是色谱流出曲线的重要参数之一，可用于衡量色谱柱的柱效及反映色谱操作条件下的动力学因素。宽度越窄，说明色谱柱柱效越高，分离效果越好。如图 6－4 所示，区域宽度通常有三种表示方法。

1. 标准偏差 σ

峰高 0.607 倍处峰宽的一半。

2. 半峰宽 $W_{1/2}$

峰高一半处对应的峰宽，$W_{1/2}=2.354\sigma$。

3. 峰底宽 W

色谱峰两侧拐点上的切线与基线交点间的距离，也称基线宽度，$W=4\sigma$。

（四）保留值

保留值表示试样中各组分在色谱柱中的滞留时间，通常用时间 t（也可用将组分带出色柱所需流动相的体积 V）表示。在一定的色谱条件下，任何一种物质都有一定的保留值，保留值是色谱定性分析的依据。

1. 死时间（t_M）

不与固定相作用的物质从进样开始到出现色谱峰极大值（峰顶）时的时间。它与连接色谱柱的前后管路及柱内空隙体积有关。利用 t_M 可以测定流动相的线速度 u。

2. 保留时间（t_R）

待测组分从进样开始到出现其色谱峰极大值的时间。

3. 调整保留时间（t'_R）

扣除了死时间的保留时间，即组分在固定相上滞留的时间。

$$t'_R = t_R - t_M \qquad (6-1)$$

t'_R 更确切地表达了被测组分的保留特性，因而是色谱定性分析的基本参数。

4. 死体积（V_M）

指不被固定相保留的组分从进样开始到出现色谱峰极大值时所通过的流动相的体积。它反映的是整个色谱系统流路空隙体积的大小，包括连接色谱柱的前后管路、柱内空隙以及进样器和流通池的空隙体积。

$$V_M = t_M \times F_c \tag{6-2}$$

式中 F_c 为流动相的流速。

5. 保留体积（V_R）

待测组分从进样开始到出现其色谱峰极大值时所通过的流动相的体积。

$$V_R = t_R \times F_c \tag{6-3}$$

6. 调整保留体积（V'_R）

扣除了死体积的保留体积。

$$V'_R = V_R - V_M \tag{6-4}$$

7. 相对保留值（$r_{2,1}$）

也称色谱柱的选择性。指在一定的实验条件下，组分 2 与组分 1 的调整保留时间（或调整保留体积）之比：

$$r_{2,1} = \frac{t'_{R_2}}{t'_{R_1}} = \frac{V'_{R_2}}{V'_{R_1}} \tag{6-5}$$

相对保留值只与柱温和固定相性质有关，与其他色谱操作条件无关，它表示了固定相对这两种组分的选择性。$r_{2,1}$越大，分离越好，色谱柱的选择性越好。

（五）分配系数和分配比

如前所述，色谱分离的实质是基于样品组分在固定相和流动相之间反复多次的分配平衡，而描述这种分配平衡的参数是分配系数（K）和分配比（k）。

1. 分配系数 K

在一定温度和压力下，组分在两相之间分配达到平衡时的浓度比，即：

$$K = \frac{\text{组分在固定相中的浓度}}{\text{组分在流动相中的浓度}} = \frac{c_s}{c_m} \tag{6-6}$$

K 值与组分及固定相的热力学性质有关，并随温度的变化而变化。K 值小的组分，每次分配平衡后在流动相中的浓度较大，因此能较早地流出色谱柱；相反，K 较大的组分则后流出色谱柱。

2. 分配比 k

也称容量因子或容量比。指在一定温度和压力下，组分在两相之间分配达到平衡时的质量比，即：

$$k = \frac{\text{组分在固定相中的质量}}{\text{组分在流动相中的质量}} = \frac{m_s}{m_m} = \frac{c_s V_s}{c_m V_m} = K\frac{V_s}{V_m} = \frac{K}{\beta} \tag{6-7}$$

式中，V_s、V_m 分别为色谱柱中固定相和流动相的体积，其中 V_s 在不同类型的色谱中有不同的含意，例如在气－液色谱中它为固定液的体积，在气－固色谱中为吸附剂表面容量。V_m 则为色谱柱的空隙体积；β 称为相比（$\beta = V_m / V_s$），是两相的体积比值，它反映了各种色谱柱柱型及其结构特点，不同的柱型其 β 值相差较大，如填充柱 β 值为 6～35，而毛细管柱的 β 值一般为 60～600。

分配比 k 与保留值之间的关系如下：

$$k = \frac{t'_R}{t_M} = \frac{V'_R}{V_M} \tag{6-8}$$

k 值大的组分，保留能力强，在柱中停留时间长，较迟流出色谱柱；k 值小的组分，保留能力弱，在柱中停留时间短，较早流出色谱柱；k 值为零的组分，其保留时间即为死时间。k 值一般在 1～5 的范围较适宜，k 值太大或太小（$k>20$ 或 $k<1$），都不利于色谱分析。k 值大小可根据式（6－8）直接从色谱图中测得。

分配系数 K 和分配比 k 都与组分及固定相的热力学性质有关，并随温度的变化而变化。分配系数是组分在两相中浓度比，取决于组分和两相的性质，与两相体积无关；分配比是组分在两相中质量比，不仅取决于组分和两相的性质，而且与相比有关，即组分的分配比随固定相的量而改变。对于一给定的色谱体系，组分的分离最终取决于组分在每相中的相对量，而不是相对浓度。因此，分配比是衡量色谱柱对组分保留能力的重要参数。

第三节　色谱基本理论

色谱分析的基本前提是混合物中各待测组分之间或待测组分与非待测组分之间实现完全分离。相邻两组分要实现完全分离，应满足两个条件：一是相邻两色谱峰间的距离即峰间距要足够大。峰间距由组分在两相间的分配系数决定，即与色谱过程的热力学性质有关；二是色谱峰的宽度应尽量窄。峰的宽窄由组分在色谱柱中的传质和扩散行为所决定，即与色谱过程的动力学性质有关。因此，色谱分析有两个基本理论：一个是以热力学平衡为基础的塔板理论；另一个是以动力学为基础的速率理论。两个理论相辅相成，较为满意地揭示了色谱分离过程中的有关问题和现象。

一、塔板理论

塔板理论是 1941 年由马丁（Martin）和詹姆斯（James）提出的半经验理论。该理论将色谱柱视为一个精馏塔，即把色谱柱分成许多小段，每一段相当于一块塔板，每一段的长度称为塔板高度 H，在每一块塔板上完成一次分配平衡。当样品随流动相进入色谱柱后，样品中的各组分就沿着假想的塔板在两相间不断地进行着分配平衡。色谱柱的塔板数越多，分配平衡的次数就越多，只要各组分的分配系数存在差异，就可以得到良好的分离。

在塔板理论中，色谱柱的分离效果用理论塔板数 n 表示。若色谱柱的总长为 L，则理论塔板数 n 为：

$$n = \frac{L}{H} \tag{6-9}$$

由于塔板高度 H 不易从理论上获得，因此无法由上式计算理论塔板数 n。计算 n 的经验公式为：

$$n = 5.54\left(\frac{t_R}{W_{1/2}}\right)^2 = 16\left(\frac{t_R}{W}\right)^2 \tag{6-10}$$

式中　t_R——组分的保留时间；

$W_{1/2}$——以时间为单位的半峰宽；

W——以时间为单位的峰底宽。

由式（6－10）可以看出，组分的保留时间越长，峰形越窄，则理论塔板数 n 越高，柱效能就越高。在实际应用中，用上式计算的 n 值偏高，因为保留时间中包括了死时间，若用调整保留时间代替保留时间，可求得有效理论塔板数 n'：

$$n' = 5.54\left(\frac{t'_R}{W_{1/2}}\right)^2 = 16\left(\frac{t'_R}{W}\right)^2 \tag{6-11}$$

有效塔板高度 H' 为：

$$H' = \frac{L}{n'} \tag{6-12}$$

因为在相同色谱条件下，对不同物质计算所得的塔板数不一样，因此，在说明柱效时，除注明色谱条件外，还应该指出是对什么物质而言的。

塔板理论从热力学角度形象地描述了组分在色谱柱中的分配平衡和分离过程，成功地解释了色谱峰的正态分布现象和浓度极大值的位置，提出了计算和评价柱效能的一些参数。但由于其假设不符合实际分离过程，不能解释造成谱带扩张的原因和影响柱效能的各种因素，不能说明为什么在不同的流速下测得的塔板数不同，因此，应用上受到限制。

二、速率理论

1956 年荷兰学者范第姆特（Van Deemter）等提出了色谱过程动力学理论——速率理论。该理论吸收了塔板理论中板高的概念，并把影响塔板高度 H 的动力学因素结合进去，导出了塔板高度 H 与载气流速 u 的关系，即范第姆特方程：

$$H = A + \frac{B}{u} + C_u \tag{6-13}$$

式中，A、B、C 为常数，分别代表涡流扩散、分子纵向扩散系数和传递阻力系数。由此可以看出，塔板高度 H 受涡流扩散项 A、分子纵向扩散项 B/u 和传质阻力项 C_u 等因素的影响。

（一）涡流扩散项 A

在填充色谱柱中，由于填充物（固定相）颗粒大小形状不同以及排列不均匀，当组分随流动相通过时，组分分子在前进中会不断改变行经路径，形成紊乱的类似“涡流”的流动。如图 6－5 所示，组分分子③在固定相中的行经路径最短，最先流出色谱柱；组分分子②在固定相中行经路径较长，较迟流出色谱柱；组分分子①在固定相中行经路径最长，最晚流出色谱柱。这种由于行经路径的不断改变，致使相同组分到达检测器的时间不同，引起色谱峰展宽。

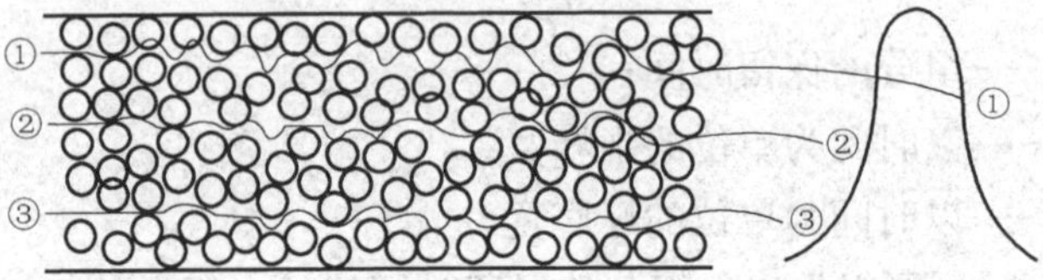

图 6－5　色谱柱中的涡流扩散示意图

（二）分子纵向扩散项 B/u

分子纵向扩散项是由柱内存在着浓度梯度造成的。当组分随流动相进入色谱柱时，由于存在浓度梯度，组分分子必然在柱内向四周扩散，造成谱带展宽，如图 6－6 所示。分子扩散程度与流动相的流速 u 成反比，即流速 u 越小，分子扩散程度越大，色谱峰展宽就越明显。

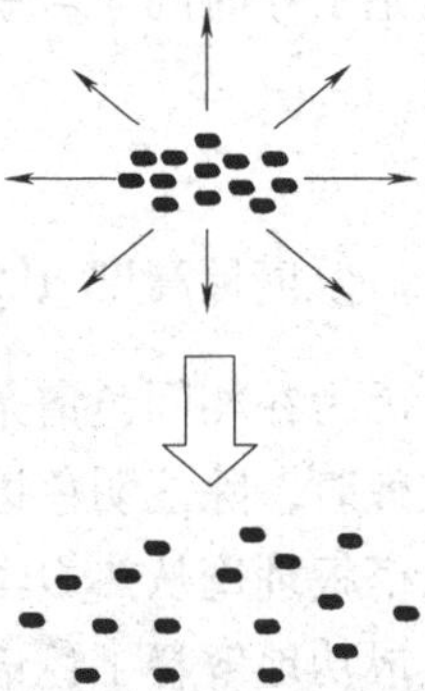
图 6－6　分子扩散示意图

（三）传质阻力项 C_u

传质阻力分为流动相传质阻力和固定相传质阻力。组分从流动相移动到固定相表面进行两相间的质量交换时，所受到的阻力称为流动相传质阻力。它与流动相本身的黏度及固定相的粒度大小、形状有关，选择黏度小的流动相和粒度小且均匀的固定相，可以降低传质阻力，提高柱效能；组分从两相的界面迁移至固定相内部达到交换分配平衡后，又返回到两相界面的过程中所受到的阻力称为固定相传质阻力。它与固定相的液膜厚度及组分在固定相中的扩散系数有关，降低液膜厚度，提高组分在固定相中的扩散系数，可降低固定相的传质阻力。

以上三种因素的影响不是孤立的。如流速加大，分子扩散项影响减小，但传质阻力项的影响增大；温度升高，流动相的黏度降低有利于传质，但又加剧了分子扩散项的影响。在实际应用中，通过色谱分离条件的选择来平衡这些矛盾，提高柱效。

速率理论是在继承塔板理论的基础上发展起来的。它阐明了影响色谱峰变宽的物理化学因素，并指明了提高和改进色谱柱效能的方向，对毛细管柱色谱和高效液相色谱的发展起到指导性的作用。

三、分 离 度

分离度指的是相邻两个色谱峰的分开程度。如图 6－7 所示，图中（a）相邻两色谱峰距离近且峰形宽，彼此重叠严重，柱效和选择性都差；（b）两峰距离较大，分离很好但峰形宽，表明选择性好，但柱效能低；（c）两峰分离最为理想，峰型尖锐，分离好，表明柱效高且选择性好。图中（a）和（c）两个峰的相对保留值相同，即它们的选择性因子一样，但分离效果明显不同，即柱效能相差很大。

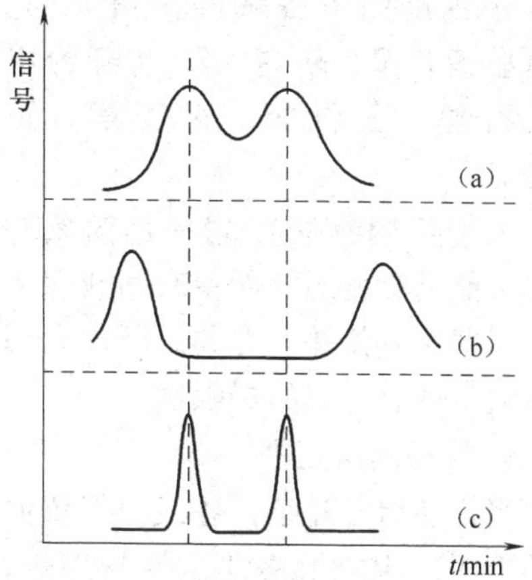

图 6－7　柱效能和选择性对色谱分离的影响

分离度是色谱柱的总分离效能指标，用 R 表示。其定义为相邻两组分色谱峰的保留值之差与两组分色谱峰峰底宽度总和一半的比值，即

$$R=\frac{t_{R_2}-t_{R_1}}{(W_1+W_2)/2} \tag{6-14}$$

式中，t_{R_1} 和 t_{R_2} 分别为两组分的保留时间；W_1 和 W_2 为相应组分的色谱峰峰底宽度，其单位与保留值相同。R 值越大，表明两组分的分离程度越高。$R=1.0$ 时，分离程度可达 98%；$R<1.0$ 时，两峰有部分重叠；$R>1.5$ 时，两峰则能完全分离。

第四节　色谱定性与定量分析

一、定 性 分 析

色谱定性分析的目的是确定每个色谱峰所代表的物质。色谱分析一般是分离、定性、定量工作同时进行，在分析之前要对样品的来源、分析目的、有何用途等进行了解，以便能估计大致组成，然后再确定分离条件和定性、定量方法。目前常用的色谱定性方法有以下几种。

（一）用纯物质对照定性

用已知纯物质对照定性是色谱最简便、最常用的定性方法。

1. 利用纯物质的保留值定性

在相同的色谱条件下，对未知样品和已知标准纯物质分别进行色谱分析，得到各自的色谱图，比较两色谱图的保留时间或保留体积，若两者相同，往往是同一物质。如图6－8所示，未知醇的混合样品和几种纯醇标准物质在同一色谱条件下的色谱图。比较这两张色谱图中各峰的保留时间，就可鉴定出2、3、4、7、9峰为甲醇、乙醇、正丙醇、正丁醇、正戊醇。

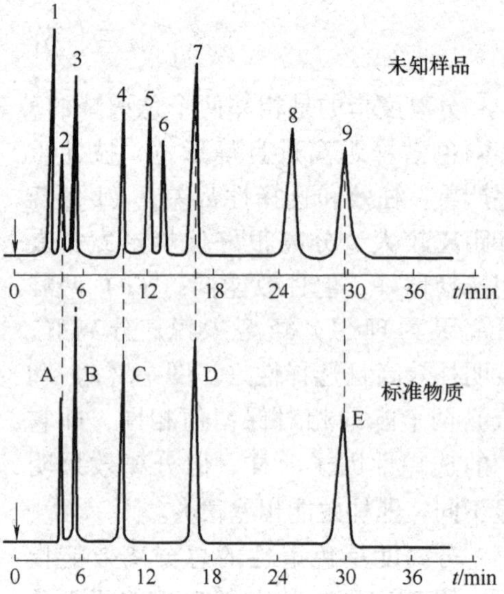

图6－8　利用纯物质的保留值定性示意图
1～9—未知物　A—甲醇　B—乙醇　C—正丙醇　D—正丁醇　E—正戊醇

由于不同物质在同一色谱条件下，可能具有相同的保留时间或保留体积，即保留值并非专属，所以利用保留值定性有一定的局限性。

2. 峰增高法定性

当样品组分复杂，各组分保留值较接近时，用峰增高法定性较理想。定性方法是：将同一试样分成两份，在其中一份中加入适量标准物质，然后在相同的色谱条件下，测定两份试样的色谱图，若加入标准物质后某色谱峰峰高明显增加，则可认为该峰为加入的标准物质。

（二）保留指数定性

保留指数又称科瓦茨（Kovats）指数，它是一种重现性较好、可靠性较强的一种定性参数。可根据固定相和柱温直接与文献值对照而不需要基准物。

保留指数是把待测物质的保留行为用两种与之相邻的标准物（通常选用正构烷烃）来标定。该法规定：正构烷烃的保留指数为其碳原子数乘100，如正戊烷、正己烷的保留指数分别为500、600；非正构烷烃的保留指数，可采用两个相邻正构烷烃保留指数进行标定。具体地说，欲测某组分 X 的保留指数 I_x 值，选用两种与之相邻的正构烷烃作参比，其中一种的碳数记为 Z，另一种的碳数记为 $Z+n$，将这两种参比物加入样品中进行分析，若测得它们的调整保留时间分别为 $t'_{R(X)}$、$t'_{R(Z)}$、$t'_{R(Z+n)}$，且 $t'_{R(z)} < t'_{R(X)} < t'_{R(z+n)}$，则组分 X 的保留指数 I_x 可按下式计算：

$$I_x = 100\left[z + n\frac{\lg t'_{R(X)} - \lg t'_{R(Z)}}{\lg t'_{R(Z+n)} - \lg t'_{R(Z)}}\right] \qquad (6-15)$$

式中 n 可以等于1，2，3，…，但数值不宜过大。根据所用固定相和柱温，将计算结果与文献值对照，找出与计算值相同的保留指数所对应的物质名称即可定性。

【例6－1】图6－9是在阿皮松L柱上，选用正庚烷和正辛烷两种正构烷烃作参比，于 100℃ 柱温下，测得的乙酸正丁酯保留指数色谱图。试计算乙酸正丁酯的保留指数。

【解】由图可知：$t'_{R(X)}$ = 310.0mm，$t'_{R(z)}$ = 174.0mm，$t'_{R(z+n)}$ =373.4mm，Z=7，n=1。

将这些数据代入公式(6-15)可得：

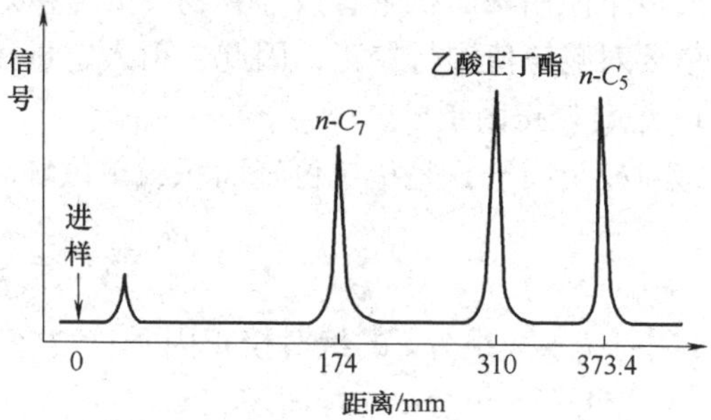

图 6-9　测定乙酸正丁酯保留指数色谱图

$$I_{乙酸正丁酯} = 100\left(7 + 1 \times \frac{\lg 310.0 - \lg 174.0}{\lg 373.4 - \lg 174.0}\right) = 775.6$$

（三）双柱或多柱定性

无论是采用标准品直接对照定性，还是采用文献值对照定性，都是在同一根色谱柱上进行的，其可信度不是很高。若采用双柱或多柱定性，则可以大大提高定性结果的可信度。

双柱或多柱定性是指：在两根或两根以上不同极性的柱子上，将未知物的保留值与已知标准物的保留值或其在文献上的保留值进行比较定性。若未知物和已知标准物在两根或两根以上色谱柱上的保留值都一致，则未知物为标准物的可性度大大提高，选择的两根或多根柱子极性差别越大，定性结果的可信度就越高。

（四）与其他仪器结合定性

色谱法具有非凡的分离能力，但是定性鉴定能力弱。而质谱、红外光谱等是鉴定未知物的有效工具，但对复杂组分的分离则无能为力。如果将色谱和质谱、红外光谱等结合使用，则可以取长补短，既能完成复杂组分的有效分离，又可对各组分进行定性鉴定。如气相色谱与质谱联用（GC-MS）、气相色谱与红外光谱联用（GC-IR）、高效液相色谱与质谱联用（HPLC-MS）等，是目前复杂化合物定性定量分析的最有效工具。

二、定量分析

色谱定量分析的依据是：在一定的色谱条件下，组分 i 的质量或浓度与检测器的响应信号（峰面积 A_i 或峰高 h_i）成正比。即

$$m_i = f_i^A A_i \text{或} m_i = f_i^h h_i \qquad (6-16)$$

式中　m_i——组分 i 的质量；

f_i^A 和 f_i^h——峰面积 A_i 和峰高 h_i 的定量校正因子。

（一）定量校正因子

定量分析是基于峰面积与组分的量成正比关系。但同一检测器对不同的物质有不同的响应值，即是说两种物质即使含量相同，得到的色谱峰面积往往不相

等。所以不能用峰面积来直接计算物质的含量。为使响应值能真实地反映物质的量，就要对响应值进行校正，因此，引入定量校正因子。

1. 绝对校正因子 f_i

绝对校正因子 f_i 是指单位峰面积或单位峰高所代表的组分的量，即

$$f_i = \frac{m_i}{A_i} \text{或} f_i = \frac{m_i}{h_i} \tag{6-17}$$

式中 f_i——组分 i 的绝对校正因子；

A_i——组分 i 的峰面积；

h_i——组分 i 的峰高；

m_i——组分 i 通过检测器的量，g 或 mol 或% 。

绝对校正因子主要由仪器的灵敏度所决定，不易准确测定，也无法直接应用，因此，定量分析中都是应用相对校正因子。

2. 相对校正因子 f_i'

相对校正因子是某待测组分 i 与标准物质 s 的绝对校正因子之比，即

$$f_i' = \frac{f_i}{f_s} = \frac{A_s m_i}{A_i m_s} = \frac{h_s m_i}{h_i m_s} \tag{6-18}$$

式中 f_i'——待测组分的相对校正因子；

f_i、f_s——组分 i 和标准物质 s 的绝对校正因子；

A_i、A_s——组分 i 和标准物质 s 的峰面积；

h_i、h_s——组分 i 和标准物质 s 的峰高；

m_i、m_s——组分 i 和标准物质 s 通过检测器的量。

相对校正因子只与检测器类型有关，而与色谱操作条件（如柱温、流速、固定相性质等）无关，可以查表得到。

【例6－2】苯、甲苯、乙基苯相对校正因子的测定：分别准确称取一定量的苯、甲苯和乙基苯，于一干燥洁净的25mL 容量瓶中，用丙酮稀释定容，混匀。取一定量注入色谱仪，获得色谱图，测量其峰面积，以苯为基准物，按式(6－18)计算各组分的相对校正因子 f_i'。测定结果如表6－1所示。

表6－1　苯、甲苯、乙基苯相对校正因子测定

组　分	质　量/g	峰面积/mm²				相对校正因子 f_i'
		1	2	3	平均	
苯（标准物）	2.22	442	440	438	440	1
甲苯	2.22	429	431	430	430	1.02
乙基苯	2.221	418	422	420	420	1.05

（二）定量方法

1. 归一化法

归一化法是气相色谱中常用的定量方法之一。它是将样品中所有组分的含量

之和按100%计算，然后通过下式计算各组分的质量分数：

$$\omega_i = \frac{m_i}{m} \times 100\% = \frac{A_i f_i'}{\sum_{i=1}^{n} A_i f_i'} \times 100\% \qquad (6-19)$$

式中　ω_i——样品中组分 i 的质量分数；

m_i——组分 i 的质量；

A_i——组分 i 的峰面积；

f_i'——组分 i 的相对校正因子；

m、$\sum_{i=1}^{n} A_i f_i'$——样品中所有组分的含量之和。

若色谱峰狭窄或峰宽基本相同，可用峰高代替峰面积进行归一化定量，即

$$\omega_i = \frac{m_i}{m} \times 100\% = \frac{h_i f_i'}{\sum_{i=1}^{n} h_i f_i'} \times 100\% \qquad (6-20)$$

这种方法快速简便，适于工厂和一般化验室使用。此时，式中的 f_i' 为峰高相对校正因子。

应用归一化法的前提条件是：试样中的所有组分均能被色谱柱有效分离，且所有组分均产生可测量的色谱峰。归一化法的优点是简便、准确，对进样量要求不严。缺点是必须所有组分都流出色谱柱并被检测，不适于痕量分析。

【例6-3】某色谱条件下，分析乙醇、苯、正庚烷和乙酸乙酯四组分样品，测得各组分的峰面积和相对校正因子如下：

组　分	乙　醇	苯	正庚烷	乙酸乙酯
峰面积/cm^2	5.0	4.0	9.0	7.0
相对校正因子 f_i	1.22	1.00	1.12	0.99

用归一化法计算各组分的含量。

【解】由式（6-20）得

$$\omega_{乙醇} = \frac{5.0 \times 1.22}{5.0 \times 1.22 + 9.0 \times 1.12 + 4.0 \times 1.00 + 7.0 \times 0.99} \times 100\%$$

$$= \frac{5.0 \times 1.22}{27.11} \times 100\% = 22.50\%$$

$$\omega_{苯} = \frac{4.0 \times 1.0}{27.11} \times 100\% = 14.75\%$$

$$\omega_{正庚烷} = \frac{9.0 \times 1.22}{27.11} \times 100\% = 37.18\%$$

$$\omega_{乙酸乙酯} = \frac{7.0 \times 0.99}{27.11} \times 100\% = 25.26\%$$

2. 外标法

外标法又称标准曲线法，是所有定量分析中最通用的一种方法。

将待测组分的纯物质配成不同浓度的标准溶液，在一定操作条件下，分别取相同体积的标准溶液进样分析，从得到的色谱图上测出相应信号峰面积 A（或峰高 h），绘制 $A-c$或 $h-c$ 的标准曲线。在完全相同的条件下，取相同体积的样品溶液进样分析，根据所得的峰面积 A_x 或峰高 h_x 从标准曲线上查得含量。如图 6－10 所示。

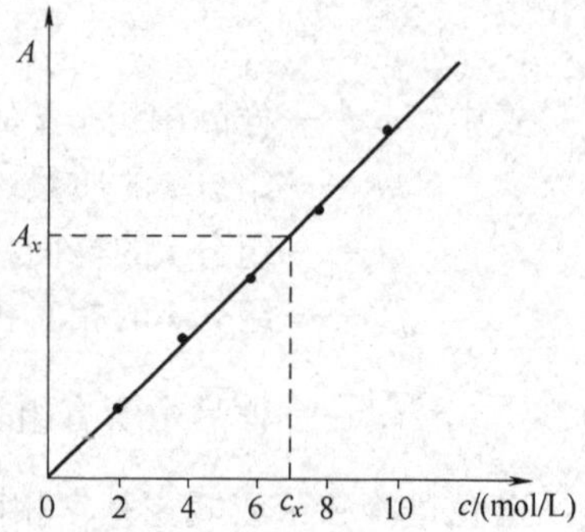

图 6－10　标准曲线法定量

在已知组分标准曲线呈线性的情况下，可不必绘制标准曲线，而用单点校正法测定。即配制一个与被测组分含量相近的标准溶液，在相同条件下先后进样分析，由被测组分和标准组分的峰面积比（或峰高比）求出被测组分的含量。即

$$\omega_x = \frac{A_s}{A_x}\omega_s \tag{6-21}$$

式中　ω_x——被测组分的含量；

A_x——被测组分的峰面积；

ω_s——标准组分的含量；

A_s——标准组分的峰面积。

外标法的优点是操作简单，不需要校正因子，适于日常控制分析和大量同类样品分析。缺点是进样量要求十分准确，操作条件需严格控制。测定结果的准确度取决于进样量的重现性和操作条件的稳定性。

3. 内标法

当试样中所有组分不能全部出峰，只有需测定的组分才出峰时，可采用这种方法。

所谓内标法是将一定量的纯物质作为内标物，加入到已准确称量的试样中，根据被测组分和内标物的质量及其在色谱图上相应的峰面积（或峰高）比，求出某组分的含量。

例如要测定试样中组分 i（质量为 m_i）的质量分数 ω_i，可事先于试样中加入质量为 m_s 的内标物，则：

$$\frac{m_i}{m_s} = \frac{A_i f_i}{A_s f_s},\ m_i = \frac{A_i f_i}{A_s f_s} m_s$$

$$\omega_i = \frac{m_i}{m} \times 100\% = \frac{A_i f_i m_s}{A_s f_s m} \times 100\% \tag{6-22}$$

在分析工作中，常以内标物作为基准物，即 $f_s = 1$，此时计算公式简化为：

$$\omega_i = \frac{A_i f_i m_s}{A_s m} \times 100\% \tag{6-23}$$

式中　f_i——组分 i 的相对校正因子；

A_i、A_s——组分 i 和内标物 s 的峰面积。

内标法标准曲线的绘制：将各待测组分的纯物质配成不同浓度的混合标准溶液，在每一浓度的混合标准溶液中准确加入一等量内标物，在一定色谱条件下，分别取相同体积的标准溶液进样分析。若将得到的色谱图重叠，则如图6－11所示。从得到的色谱图上测出相应信号峰面积 A，以标准峰面积/内标峰面积（A_{is}/A_s）为纵坐标，以浓度 c 为横坐标，绘制标准曲线，如图 6－12 所示。

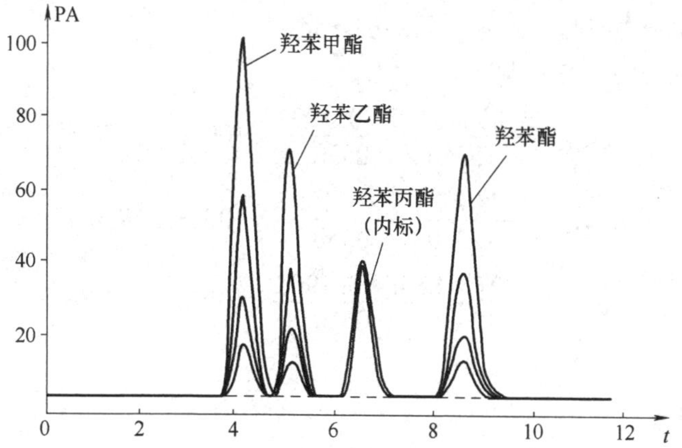

图 6－11　内标法标准系列重叠色谱图

在未知试样中准确加入与标准溶液等量的内标物（确保内标物在试样中的浓度与在标准溶液中的浓度一致），在完全相同的条件下，取相同体积的样品溶液进样分析，根据所得的峰面积/内标峰面积（A_i/A_s），从标准曲线上查得含量。

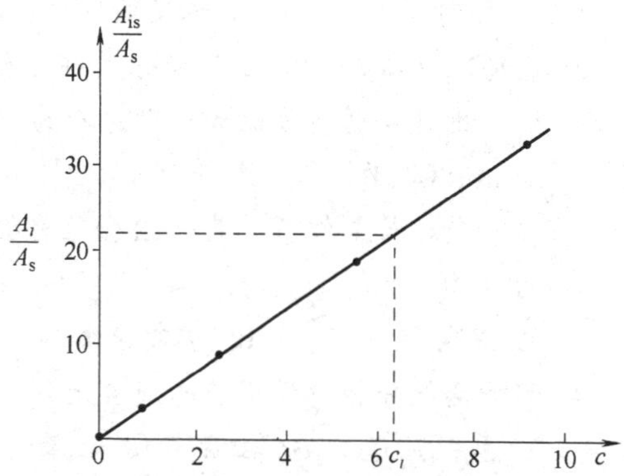

图 6－12　内标法标准曲线

内标法中内标物的选择至关重要，作为内标物需要满足以下条件：

①它是试样中不存在的纯物质；

②物理化学性质与待测组分相似或相近；

③不与待测组分产生化学反应；

④在待测组分中间或附近出峰，且与组分完全分离；

⑤浓度适当，其峰面积与待测组分相差不大。

内标法的优点是定量准确。缺点是选择合适的内标物较困难，对样品及内标物的称量要求非常准确，操作比较复杂。

【例6-4】用气相色谱法测定样品中甲酸、乙酸和丙酸的含量，以环己酸为内标物，称取样品 1.0550g，环己酸 0.1907g，混合均匀后进样 1μL，得到如下数据：

组 分	甲 酸	乙 酸	丙 酸	环己酸
峰面积/mm^2	14.8	72.6	42.4	133.0
相对校正因子 f_i	3.83	1.78	1.07	1.00

试计算样品中甲酸、乙酸、丙酸的含量。

【解】按式（6-23）得

$$\omega_{甲酸}=\frac{3.83\times14.8\times0.1907}{133.0\times1.0550}\times100\%=7.70\%$$

$$\omega_{乙酸}=\frac{1.78\times72.6\times0.1907}{133.0\times1.0550}\times100\%=17.6\%$$

$$\omega_{丙酸}=\frac{1.07\times42.4\times0.1907}{133.0\times1.0550}\times100\%=6.17\%$$

思考与练习

1. 在色谱分析过程中，组分在固定相中停留的时间称为（　　）。
   A. 死时间　　B. 保留时间　　C. 调整保留时间　　D. 保留指数
2. 色谱法分离 A、B、C 三组分的混合样品，已知它们的分配系数 $K_A>K_B>K_C$，则其保留时间的大小顺序应为（　　）。
   A. A<C<B　　B. B<A<C　　C. A>B>C　　D. A<B<C
3. 在一定柱长条件下，某一组分色谱峰的宽窄主要取决于组分在色谱柱中的（　　）。
   A. 保留值　　B. 扩散速率　　C. 分配系数　　D. 容量因子
4. 影响两组分相对保留值的因素是（　　）。
   A. 载气流速　B. 柱温　C. 柱长　D. 固定液性质　E. 检测器类型
5. 当两组分未能完全分离时，说明色谱柱的（　　）。
   A. 理论塔板数少　B. 选择性差
   C. 分离度低　　D. 理论塔板高度高
6. 在下列色谱定量方法中，分析结果与进样量的准确性无关的是（　　）。
   A. 外标单点法　B. 外标工作曲线法　C. 归一化法　D. 内标法
7. 色谱定性的依据是什么？主要有哪些定性方法？

8. 何谓保留指数？如何应用保留指数作定性分析？

9. 色谱定量分析中，为什么要用定量校正因子？在什么情况下可以不用校正因子？

10. 应用归一化法定量应该满足什么条件？

11. 用内标法进行定量，内标物的选择应符合什么要求？

12. 一根色谱柱的理论塔板数为 1600，组分 A、B 的保留时间分别为 90s 和 100s，它们能完全分离吗？

13. 在一根 3m 长的色谱柱上分离一试样，得如下的色谱图及数据：

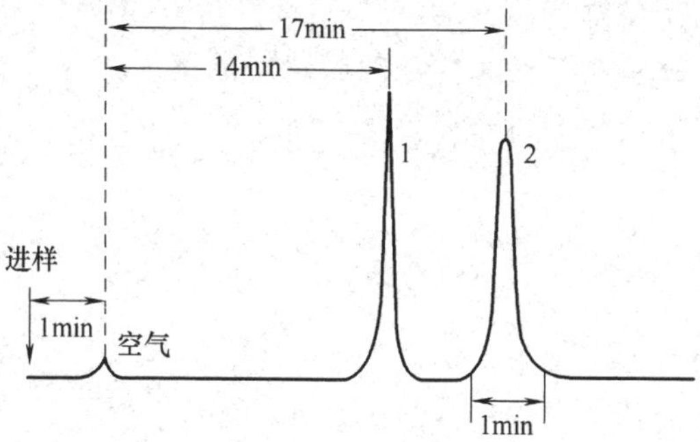

（1）求调整保留时间 $t'_{R(1)}$ 及 $t'_{R(2)}$；

（2）用组分 2 计算色谱柱的理论塔板数和有效塔板数；

（3）若分离度需达到 $R=1.5$，所需的最短柱长为几米？

14. 已知在混合酚试样中仅含有苯酚、邻甲酚、间甲酚和对甲酚四种组分。经乙酰化处理后，用液晶柱测得各组分色谱峰的峰高、半峰宽以及各组分的校正因子如下。求各组分的质量分数。

	苯　酚	邻甲酚	间甲酚	对甲酚
峰高/mm	64.0	104.1	89.2	70.0
半峰宽/mm	1.94	2.40	2.85	3.22
校正因子 f	0.85	0.95	1.03	1.00

第七章　气相色谱法

知识目标

- 掌握气相色谱仪的结构和工作流程。
- 了解气相色谱固定相的性质。
- 掌握气相色谱检测器的工作原理和适用范围。
- 掌握气相色谱的样品前处理技术。

能力目标

- 熟悉样品的前处理技术。
- 能根据样品的性质正确选择检测器。
- 能掌握气相色谱仪的使用操作，正确连接色谱柱。
- 能用归一化法、外标法和内标法定量分析样品。

气相色谱法（gas chromatography，GC）是色谱法的一种，它是以气体作为流动相的色谱分析方法，由于所用的固定相不同，气相色谱分为气－固色谱和气－液色谱。气－固色谱是以固体吸附剂作固定相，主要用于一些永久性气体和低沸点化合物的分析；气－液色谱是用高沸点的有机化合物涂渍在惰性载体上作为固定相，由于可供选择的固定液种类很多，容易得到很好的选择性，所以气－液色谱的应用广泛，现在气相色谱法主要指气－液色谱法。

气相色谱法具有以下特点：

（1）分离效率高　能分离沸点十分接近的复杂混合物。例如用毛细管色谱柱分析食品中脂肪酸含量时，能在20min内有效分离37种脂肪酸。

（2）选择性好　通过选用高选择性的固定相，对性质极为相似的组分（如同位素、顺反式异构体，邻、间、对位异构体等）有很强的分离能力。

（3）灵敏度高　气相色谱高灵敏度检测器可检出样品中$10^{-12}\sim10^{-9}$极微量组分，特别适用于高纯试剂、农药残留等方面微量与痕量组分的分析。

（4）分析速度快　一般的样品分析在10min内完成，较复杂成分样品分析20min内完成。样品用量少，气体样品用量为1mL，液体样品用量为$0.1\sim1\mu L$，固体样品用量为几微克。

（5）应用范围广　广泛应用于石油化工、环境保护、医药卫生、食品安全等领域。

气相色谱法的缺点：在对组分直接进行定性分析时，必须用已知物或已知数据与相应的色谱峰进行对比，或与其他方法（如质谱、光谱）联用，才能获得直接肯定的结果。在定量分析时，常需要用已知物纯样品对检测后输出的信号进行校正。

第一节　气相色谱仪

一、气相色谱仪的结构与原理

目前国内外气相色谱仪的种类和型号很多，如图7－1和图7－2所示。无论是何种型号的气相色谱仪，它们都是由气路系统、进样系统、分离系统、控温系统和检测记录系统组成。样品中各组分能否分离，关键在于色谱柱和控温，分离后的组分能否被检测在于检测器，所以分离、控温及检测系统是仪器的核心。

图7－1　岛津 GC17A 气相色谱仪

图7－2　Agilent6890 气相色谱仪

（一）气路系统

1. 气路系统的要求

气相色谱仪的气路系统是一个载气连续运行的密闭管路系统。由气源、减压阀、净化器和气体流量控制器等组成。整个气路系统要求载气纯净、气密性好、流速稳定及流量能准确测量。

气相色谱的载气是载送样品进行分离的惰性气体，是气相色谱的流动相。常用的载气为氮气（N_2）、氢气（H_2）、氦气（He）、氩气（Ar），其中氢气（H_2）在氢火焰离子化检测器中用作燃气，在热导检测器中用作载气。由于He、Ar价格贵，较少使用。

2. 气路系统主要部件

（1）气体钢瓶和减压阀　载气一般可由高压气体钢瓶（图7－3）或由气体发生器提供（图7－4）。气相色谱仪使用的各种气体压力一般在0.2～0.5MPa，高压钢瓶气压力达15MPa以上，因此使用高压钢瓶供气时需要通过减压阀减压后才能供气。

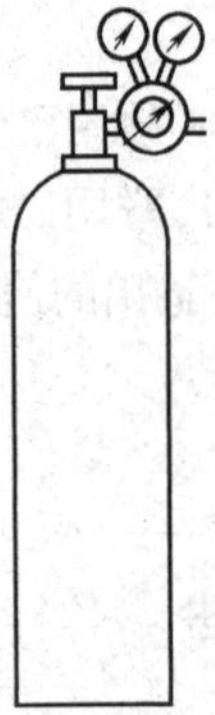

图 7-3 高压气体钢瓶

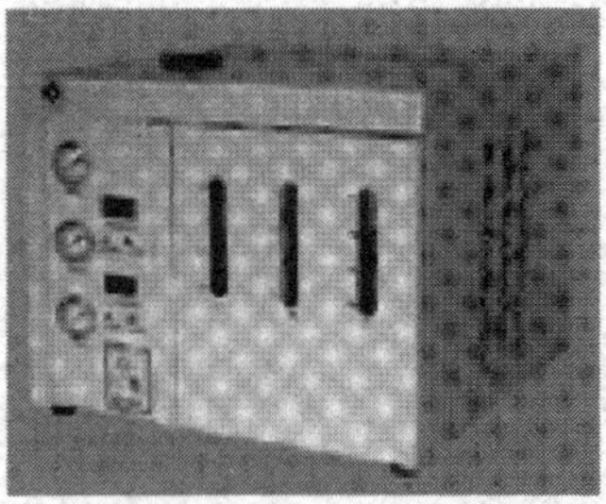

图 7-4 气体发生器

(2) 净化管 气体钢瓶供给的气体经减压后，必须经净化管净化处理，以除去水分和杂质。净化管通常为内径 50mm，长 200 ~ 250mm 的金属管，如图 7-5 所示。

图 7-5 净化管

(3) 稳压阀 通常在减压阀输出气体的管路中还要串联稳压阀，用以稳定载气（或燃气）的压力。现代进口仪器（如 Agilent6890 气相色谱仪）采用电子气路控制（EPC）控制压力。

(4) 针形阀 针形阀可以用来调节载气的流量，也可以用来控制燃气和空气的流量。

(5) 稳流阀 当采用程序升温进行色谱分析时，由于色谱柱柱温不断升高，引起色谱柱阻力不断增加，会使载气流量发生变化，为了保持载气流量稳定，需要用稳流阀来自动控制。现代进口仪器采用电子气路控制（EPC）控制流量。

(6) 管路连接 气相色谱仪的气体管路连接多采用内径为 3mm 的不锈钢管或紫铜管，通过螺母、压环和“O”型密封圈连接，连接的管路气密性要好，不能漏气。

(7) 检漏 气路检漏方法一般采用皂膜检漏法，即用毛笔蘸上肥皂水涂在各接头处，查看有无气泡溢出，有气泡表明漏气，应重新拧紧直至不漏气为止，检查完毕，用干布将皂液擦净。

（二）进样系统

进样系统包括进样器和汽化室。其作用是将液体或固体试样，在进入色谱柱前瞬间汽化，经载气快速定量地流入色谱柱。进样量大小、进样时间的长短以及试样汽化速度等都会影响色谱分离效率和分析结果的准确性和重现性。

1. 进样器

(1) 气体样品进样器 气体样品可以六通阀进样，如图 7-6 所示，六通阀处于取样状态时，气体进入定量环，此时载气不通过定量环，直接由 A 进入 B 色谱柱，当六通阀旋转至进样状态时，载气由 A 进入定量环，将定量环中的样品带入 B 色谱柱。定量环有 0.5，1，2，5mL 等规格，可根据进样体积选择合适的定量环。

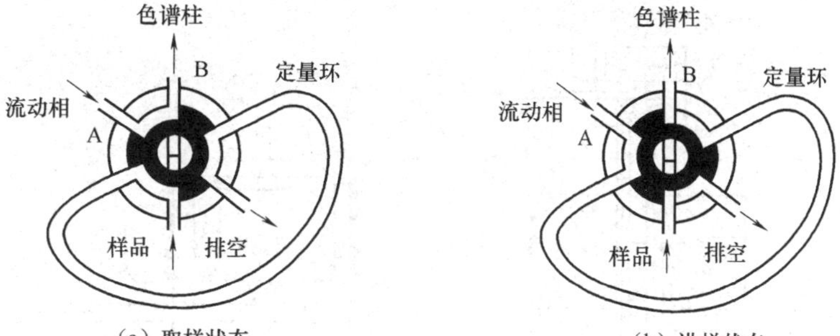

（a）取样状态　　（b）进样状态

图 7－6　六通阀进样

（2）液体样品进样器　液体样品可用微量注射器手动进样，也可用自动进样器自动进样。液体样品进样常用的进样瓶、微量注射器和自动进样器如图 7－7 所示。微量进样器有 1，5，10，25，50μL 等规格，根据需要选择合适的微量注射器。自动进样器具有进样量准确、分析速度快、重现性好等优点，现代先进仪器都配有自动进样器。在对液体挥发物进行分析时，可采用顶空进样器进行分析。

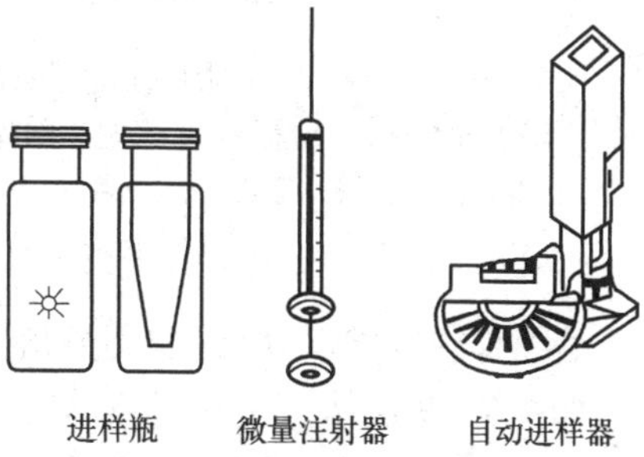

图 7－7　液体样品进样器

固体样品通常用溶剂溶解后，用微量注射器手动进样或自动进样器自动进样。对高分子化合物进行裂解分析时，样品须先经高温降解、汽化，再由载气将裂解物带入色谱柱进行分析。在对固体挥发物进行分析时，可用顶空进样器进行分析。

2. 汽化室

汽化室的作用是将液体样品瞬间汽化为蒸气，再由载气将汽化后的蒸气带入色谱柱进行分析。汽化室要求热容量大，死体积小，无催化效应，压力和温度稳定且能自动控制。

样品汽化主要在进样口中进行，进样口实际上就是一个样品汽化室。根据连接的色谱柱不同，进样口分为填充柱进样口和毛细管柱进样口（又称分流/不分流进样口）。

填充柱进样口（图 7－8）上端是一个硅胶隔垫，它的作用是密封、稳压和防止漏气，隔垫多次使用（进样多次）后会失去作用，应经常更换。由于硅胶隔垫在高温下会发生部分降解，同时进样穿刺过程中会带出碎屑，这些物质进入色谱柱，会出现“鬼峰”（非样品杂峰），影响分析。隔垫吹扫装置就可以消除这一现象；汽化室内插有一根石英玻璃衬管，它的作用是提供一个温度均匀的汽化室，防止局部过热，减少样品催化分解，降低基线噪声，便于清洗。

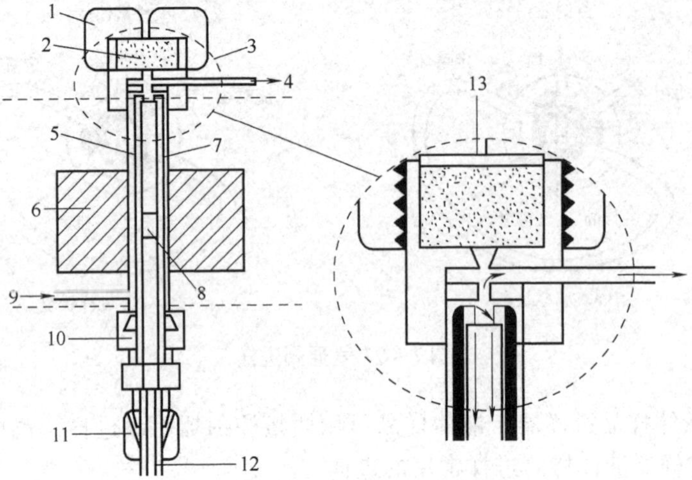

图 7－8　填充柱进样口结构示意图

1—固定隔垫螺母　2—隔垫　3—隔垫吹扫装置　4—隔垫吹扫气出口　5—汽化室　6—加热块　7—石英玻璃衬管　8—石英棉　9—载气入口　10—柱连接固定螺母　11—色谱柱固定螺母　12—色谱柱　13—隔垫吹扫装置放大图

毛细管柱进样口（分流/不分流进样口）如图 7－9 所示，由于毛细管柱内径细（0.1～0.5mm）、柱长（25～100m）、固定相少，对样品的容量要比填充柱低，为防止柱超载，要使用分流/不分流进样口。样品注入汽化室（石英玻璃衬管）汽化后，只有一小部分样品进入毛细管柱，大部分样品随载气通过分流平板 8（图 7－9）和分流阀 10（图 7－9）放空。在分流模式进样时，分流比一般为 30∶1（载气经分流阀放空的流量：载气进入色谱柱的流量）。

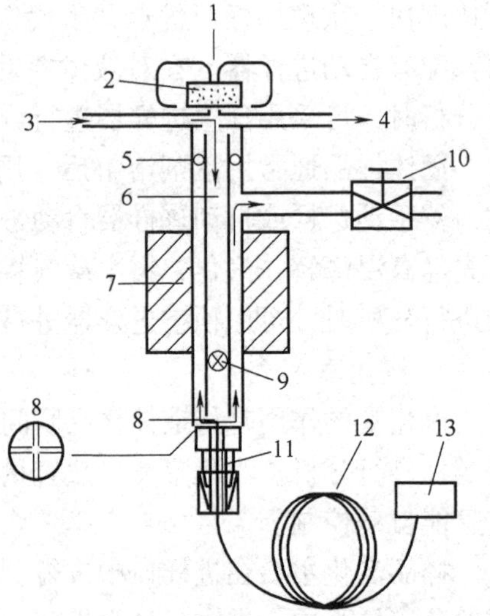

图 7－9　毛细管柱进样口结构示意图

1—固定隔垫螺母　2—隔垫　3—载气入口　4—隔垫吹扫气出口　5—O 型密封圈　6—玻璃衬管　7—加热块　8—分流平板　9—石英棉　10—分流阀　11—色谱柱固定螺母　12—色谱柱　13—检测器

（三）分离系统

分离系统主要由色谱柱和柱箱组成，其中色谱柱是核心，它的主要作用是将多组分样品分离为单一组分析样品。

色谱柱一般分为填充柱和毛细管柱。

（1）填充柱　如图 7－10 所示，由

不锈钢或玻璃材料制成，内装有颗粒均匀的固定相，一般内径为2~4mm，长1~5m。形状有U形和螺旋形两种。填充柱制备简单，可供选择的固定相种类多，柱容量大，分离效率也足够高，应用普遍。

（2）毛细管柱（又称空心柱）　如图7-11所示，是将固定液均匀地涂在内径为0.1~0.5mm的毛细管内壁而制成，其材料可以是不锈钢、玻璃和石英。毛细管柱渗透性好，传质阻力小，柱长可做到几十米至几百米。与填充柱相比，毛细管柱分离效率高（理论塔板数可达1.0×10^6）、分析速度快、样品用量小，但柱容量低，对检测器的灵敏度要求高，制备难度大。

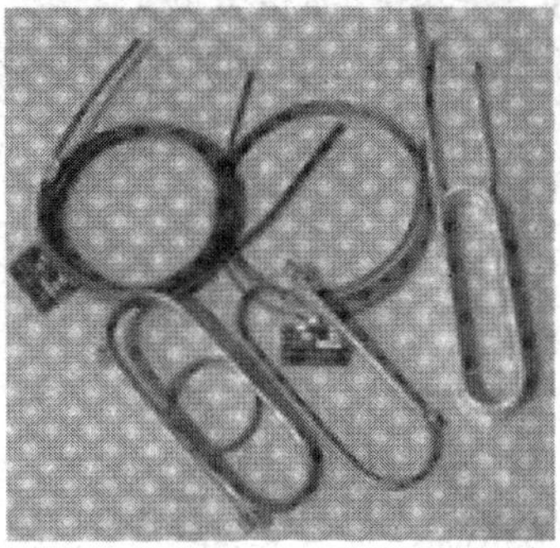

图7-10　填充柱

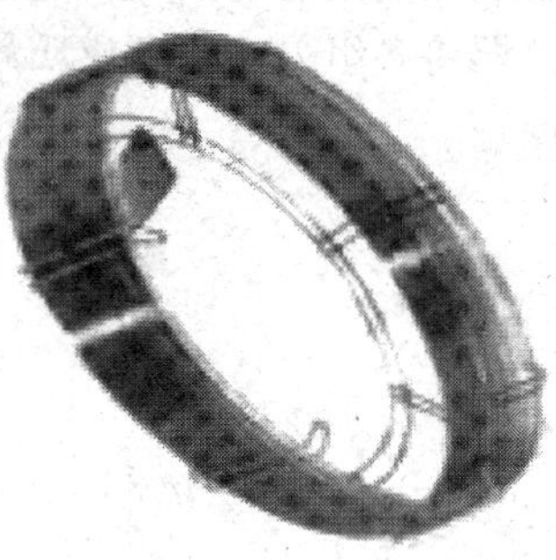

图7-11　毛细管柱

（四）温度控制系统

温度是色谱分离条件的重要参数，它直接影响到样品的汽化、色谱柱的选择分离和检测器的灵敏度及稳定性。在色谱分析时，需要对汽化室、色谱柱和检测器进行温度控制。汽化室温度控制要求在保证样品中所有组分均被汽化的基础上使用最低温度，以延长进样口的使用寿命。色谱柱的温度控制方式有恒温和程序升温两种。对于沸点范围很宽的混合物，往往采用程序升温法进行分析。

（五）检测系统

混合组分经色谱柱分离后依次进入检测器，检测器将其浓度或质量随时间的变化转化成相应的电信号，经放大显示，给出色谱流出曲线。气相色谱的检测器种类较多，常用的检测器在第四节中作详细介绍。

（六）记录与数据处理系统

最早使用的记录和数据处理系统是记录仪和积分仪。随着计算机技术的广泛应用，现在基本采用色谱工作站的微型计算机系统，不仅可对色谱仪进行实时控制，协助操作者快速优化色谱分离条件，还可以自动采集数据和完成数据处理。

二、气相色谱仪的工作流程

气相色谱仪工作流程如图7-12所示。N_2或H_2、He等载气（用来载送试样而不与试样发生作用的惰性气体）由高压载气钢瓶供给，经减压阀减压后进入净化器，以除去载气中的杂质和水分，再通过稳压和流量控制（恒流）后进入汽化室和色谱柱。待汽化室、色谱柱、检测器的温度稳定，信号基线走平后，试样由进样器注入汽化室，试样在汽化室内瞬间汽化为气体并被载气带入色谱柱。试样中的不同组分在色谱柱中被分离，主要依靠两个方面的作用：一是色谱柱中的固定相对试样中的不同组分具有不同的吸附力或溶解能力，吸附力或溶解能力弱的组分流出色谱柱的速度较快，吸附力或溶解能力强的组分流出速度较慢；二是根据试样中的不同组分沸点不同，通过程序升温使沸点低的组分先流出色谱柱，沸点高的组分后流出色谱柱。先后流出色谱柱的组分随载气进入检测器，检测器将各组分的浓度或质量转化为电信号，经放大记录即可得到分析试样的色谱图。

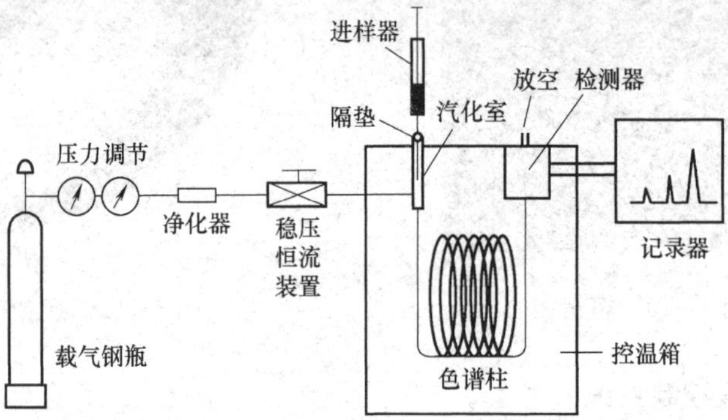

图 7－12　气相色谱仪工作流程

第二节　气相色谱固定相

气相色谱根据使用的固定相性质分为气－固色谱和气－液色谱。气－固色谱固定相为吸附剂，气－液色谱固定相由载体和固定液组成。由于使用惰性气体作流动相，可以认为组分和流动相分子之间基本没有作用力，决定色谱分离的主要因素是组分和固定相分子之间的相互作用力，所以固定相的性质对分离起着关键性作用。

一、固体固定相

固体固定相一般采用固体吸附剂，主要用于分离和分析永久性气体及气态烃类物质。利用固体吸附剂对气体的吸附性能差别，来得到满意的分析结果。常用的固体吸附剂主要有强极性的硅胶、弱极性的氧化铝、非极性的活性炭和具有特殊吸附作用的分子筛。根据它们对各种气体的吸附能力的不同来选择最合适的吸附剂。常见的吸附剂及其一般用途见表 7－1。

表 7-1　气-固色谱常用的几种吸附剂及其性能

吸附剂	主要化学成分	最高使用温度/℃	性质	分离特征
活性炭	C	<300	非极性	永久性气体、低沸点烃类
石墨化炭黑	C	>500	非极性	主要分离气体及烃类
硅胶	$SiO_2 \cdot xH_2O$	<400	氢键型	永久性气体、低级烃
氧化铝	Al_2O_3	<400	弱极性	烃类及有机异构物
分子筛	$x(MO) \cdot y(Al_2O_3) \cdot z(SiO_2) \cdot nH_2O$	<400	极性	特别适宜分离永久性气体

二、液体固定相

液体固定相由载体（担体）和固定液组成，是气相色谱中应用最广泛的固定相。

（一）载体

载体是固定液的支持骨架，是一种多孔性的、化学惰性的固体颗粒，固定液可在其表面上形成一层薄而均匀的液膜，以加大与流动相接触的表面积。载体应具有如下特点：

①具有多孔性，即比表面积大。

②化学惰性，即不与样品组分发生化学反应。表面没有活性，但有较好的浸润性。

③热稳定性好。

④有一定的机械强度，使固定相在制备和填充过程中不易破碎。

（1）载体种类及性能　载体大致可分为两类，即硅藻土类和非硅藻土类。硅藻土类载体是天然硅藻土经煅烧等处理后而获得的具有一定粒度的多孔性颗粒；非硅藻土类载体品种不一，多在特殊情况下使用，如氟载体、玻璃珠等。硅藻土类是目前气相色谱中广泛使用的一种载体，按其制造方法不同，又可分为红色和白色载体两种。

红色载体因含少量氧化铁颗粒呈红色而得名，如 201、202、6201，C-22 火砖和 Chromosorb P 型载体等。红色载体的机械强度大，孔穴密集、孔径小（约 2μm），比表面积大（约 $4m^2/g$），但表面存在吸附中心，对极性化合物有较强的吸附性和催化活性，如烃类、醇、胺、酸等极性物质会因吸附而产生严重拖尾。因此，红色载体适用于涂渍非极性固定液，分离非极性和弱极性化合物。

白色载体是天然硅藻土在煅烧时加入少量碳酸钠之类的助熔剂，使氧化铁变为白色的铁硅酸钠而得名，如 101、102、Chromosorb W 等型号的载体。白色载体的比表面积小（$1m^2/g$），孔径较大（8~9μm），催化活性小，所以适于涂渍极性固定液，分离极性化合物。

(2) 硅藻土载体的预处理　普通硅藻土载体的表面并非惰性，而是具有硅醇基（—Si—OH），并有少量金属氧化物，如氧化铝、氧化铁等。因此，在它的表面既有吸附活性，又有催化活性，会造成色谱峰的拖尾。因此，使用前要对硅藻土载体表面进行化学处理，以改进孔隙结构，屏蔽活性中心。处量方法有：酸洗（除去碱性作用基团）、碱洗（除去酸性作用基团）、硅烷化（除去氢键结合力）、釉化（表面玻璃化，堵住微孔）等方法。

(二) 固定液

固定液一般为高沸点的有机物，均匀地涂在载体表面，呈液膜状态。

1. 对固定液的要求

(1) 对被测组分化学惰性。

(2) 热稳定性好，在操作温度下固定液的蒸气压很低，不应超过 13.3Pa，超过此限度，固定液易流失。

(3) 对不同的物质具有较高的选择性，即对沸点相同或相近的不同物质有尽可能高的分离能力。

(4) 黏度小、凝固点低，使其对载体表面具有良好浸润性，易涂布均匀。

(5) 对样品中各组分有适当的溶解能力。

2. 固定液的分类

固定液种类众多，其组成、性质和用途各不相同。主要依据固定液的极性和化学类型来进行分类。固定液的极性可用相对极性（P）表示。

相对极性的确定方法如下：规定非极性固定液角鲨烷的极性 $P=0$，强极性固定液 β,β'－氧二丙腈的极性 $P=100$。其他固定液以此为标准通过实验测出它们的相对极性均在 0～100 之间。通常将相对极性值分为五级，每 20 个相对单位为一级，相对极性在 0～+1 间的为非极性固定液（亦可用“－1”表示非极性）；+2 为弱极性固定液；+3 为中等极性固定液；+4、+5 为强极性固定液。表 7－2 列出了气－液色谱常用的固定液。

表 7－2　　气－液色谱常用固定液

固定液名称	型号	相对极性	最高使用温度/℃	溶剂	分析对象
角鲨烷	SQ	－1	150	乙醚、甲苯	气态烃、轻馏分液态烃
甲基硅油或甲基硅橡胶	SE－30 OV－101	+1	350 200	氯仿、甲苯	各种高沸点化合物
苯基（10%）甲基聚硅氧烷	OV－3	+1	350	丙酮、苯	各种高沸点化合物、对芳香族和极性化合物保留值增大，OV－17+QF－1可分析含氯农药
苯基（25%）甲基聚硅氧烷	OV－7	+2	300	丙酮、苯	
苯基（50%）甲基聚硅氧烷	OV－17	+2	300	丙酮、苯	
苯基（60%）甲基聚硅氧烷	OV－22	+2	300	丙酮、苯	

续表

固定液名称	型号	相对极性	最高使用温度/℃	溶剂	分析对象
三氟丙基（50%）甲基聚硅氧烷	QF－1 OV－210	+3	250	氯仿、二氯甲烷	含卤化合物、金属螯合物、甾类
β－氰乙基（25%）甲基聚硅氧烷	XE－60	+3	275	氯仿、二氯甲烷	苯酚、酚醚、芳胺、生物碱、甾类
聚乙二醇	PEG－20M	+4	225	丙酮、氯仿	选择性保留分离含 O、N 官能团及 O、N 杂环化合物
聚己二酸二乙二醇酯	DEGA	+4	250	丙酮、氯仿	分离 C1～C24 脂肪酸甲酯，甲酚异构体
聚丁二酸二乙二醇酯	DEGS	+4	220	丙酮、氯仿	分离饱和及不饱和脂肪酸酯，苯二甲酸酯异构体
1，2，3－三（2－氰乙氧基）丙烷	TCEP	+5	175	氯仿、甲醇	选择性保留低级含 O 化合物，伯、仲胺、不饱和烃、环烷烃等

3. 固定液的选择

一般按“相似相溶”原则来选择固定液，这样分子间的作用力强，选择性高，分离效果好。具体可从以下几个方面进行考虑。

（1）分离非极性物质，则宜选用非极性固定液。此时样品中各组分按沸点次序流出，沸点低的先流出，沸点高的后流出。如果非极性混合物中含有极性组分，当沸点相近时，极性组分先流出。

（2）分离极性物质，则宜选用极性固定液。样品中各组分按极性由小到大的次序流出。

（3）对于非极性和极性的混合物的分离，一般选用极性固定液。此时非极性组分先流出，极性组分后流出。

（4）能形成氢键的样品，如醇、酚、胺和水等，则应选用氢键型固定液，如腈、醚和多元醇固定液等，此时各组分将按与固定液形成氢键能力的大小顺序流出。

（5）对于复杂组分，一般首先在不同极性的固定液上进行实验，观察未知物色谱图的分离情况，然后再选择合适极性的固定液。

三、合成固定相

合成固定相又称聚合物固定相，包括高分子多孔微球和键合固定相。其中键合固定相多用于液相色谱。高分子多孔微球是一种合成的有机固定相，可分为极性和非极性两种。非极性聚合固定相由苯乙烯和二乙烯苯共聚而成，如我国的GDX－1型和GDX－2型以及国外的Chromosorb系列等。极性聚合固定相是在苯二烯和二乙烯苯聚合时引入不同极性的基团，即可得到不同极性的聚合物，如我国的GDX－3型和GDX－4型和国外的Porapak N等。

聚合物固定相既是载体又起固定液的作用，可活化后直接用于分离，也可作为载体在其表面涂渍固定液后再用，由于聚合物固定相是人工合成，所以能控制其孔径大小及表面性质，一般这类固定相的颗粒为均匀的圆球状，易于填充色谱柱，分析的数据重现性好。由于无液膜存在，不存在流失问题，有利于程序升温，用于沸点范围宽的样品分离。这类高分子多孔微球的比表面和机械强度较大且耐腐蚀，其最高使用温度为250℃，特别适用于有机物中痕量水的分析，也可用于多元醇、脂肪酸、腈类和胺类的分析。

第三节　气相色谱检测器

检测器的作用是将色谱柱分离后各组分的量转变为电信号，它是气相色谱仪的重要部件。目前检测器的种类多达数十种。根据检测原理的不同，可将检测器分为浓度型检测器（concentration sensitive detector）和质量型检测器（mass flow-rate sensitive detector）两种。浓度型检测器测量的是载气中某组分浓度瞬间的变化，即检测器的响应值和组分的浓度成正比。属于非破坏型检测器，如热导检测器和电子捕获检测器等。质量型检测器测量的是载气中某组分进入检测器的速度变化，即检测器的响应值和单位时间内进入检测器某组分的质量成正比。属于破坏型检测器，如氢火焰离子化检测器和火焰光度检测器等。

一、热导检测器

热导检测器（thermal conductivity detetor，TCD）是根据不同物质具有不同的热导率这一原理制成的。由于它结构简单，性能稳定，通用性好，线性范围宽，价格便宜，是应用最广、最成熟的一种检测器。

热导池由池体和热敏元件构成，热敏元件为金属丝（钨丝或铂金丝）。目前普遍使用的是四臂热导池，其中两臂为参比臂，另两臂为测量臂。将参比臂和测量臂接入惠斯顿电桥，组成热导池测量线路，如图7－13所示。其中R_2、R_3为测量臂，R_1、R_4为参比臂。R_1、R_2分别是用作参比和测量的热敏元件，它们具有相同的长度、直径和电阻值，和另外两个电阻R_3、R_4构成惠斯顿电桥。电源提供恒定电压加热钨丝，当只有载气以恒定速度通入时，载气从热敏元件带走相同的热量，热敏元件温度变化相同，其电阻值变化也相同，电桥处于平衡状态，即$R_1R_2=R_3R_4$。进样后样品气和载气混合通过测量臂，由于混合气体的热导率与载气的不同，测量臂和参比臂带走的热量不相等，热敏元件的温度和阻值的变化就不同，导致参比臂热丝和测量臂热丝的电阻不相等，电桥失去平衡，记录器上就有信号产生。待测样品的浓度越大，混合气体的热导率与纯载气的热导率相差就越大，输出的信号就越大。

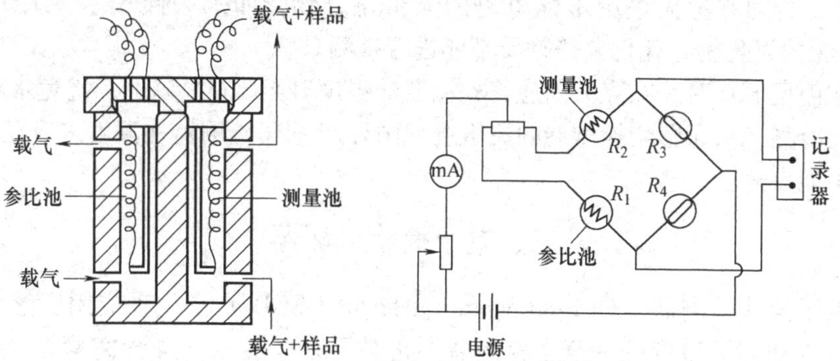

图7－13　热导检测器示意图

TCD是一种通用型非破坏性浓度检测器，由于在检测过程中不破坏被测样品的组分，有利于样品组分的收集。在使用TCD检测器时，应先通入载气，保证检测器部分没有空气后才能打开检测器的电源，否则，检测器中的热丝很容易烧毁。

二、氢火焰离子化检测器

氢火焰离子化检测器（flame ionization detector，FID）简称氢焰检测器。它以氢气和空气燃烧作为能源，利用含碳有机物在火焰中燃烧产生离子，在外加电场作用下，使离子形成离子流，根据离子流产生的电信号强度，检测被色谱柱分离出的组分。

FID的主要部件是一个用不锈钢制成的离子室，包括收集极、发射极（极化极）、气体入口和石英喷嘴，如图7－14所示。在离子室下部，被测组分被载气携带，从色谱柱流出，与H_2混合后通过喷嘴，再与空气混合后点火燃烧，形成氢火焰。燃烧所产生的高温（约2100℃）使被测有机物组分电离成正负离子。在火焰上方收集极（阳极）和发射极（阴极）所形成的静电场作用下，离子流定向运动形成电流，经放

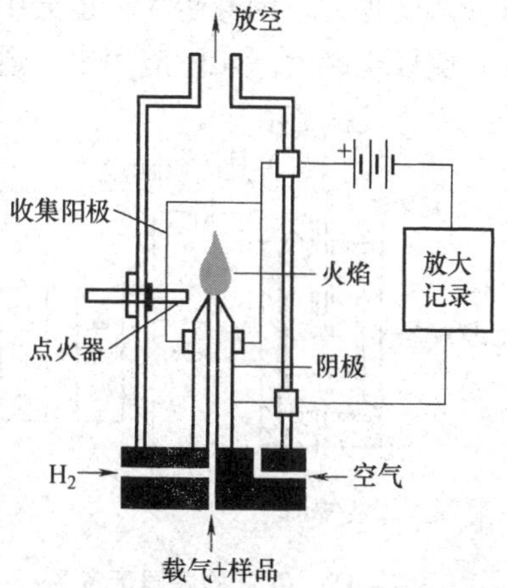

图7－14　氢火焰离子化检测器示意图

大、记录，即可得到被测组分的色谱峰。

FID 对能在氢火焰中燃烧电离的有机物都有很高的检测灵敏度，能检测出 10^{-12}g/mL 的痕量物质（较 TCD 高出几个数量级）。其结构简单、响应速度快、稳定性好、线性范围宽（可达 1×10^{6} 以上），是目前应用最广泛的气相色谱检测器之一。但对在氢火焰中不能电离的无机化合物，如永久性气体、H_2O、CO、CO_2、氮的氧化物、硫化氢等物质不能进行检测。

在使用 FID 时，在点火前应将检测器的温度升至 100℃以上，避免水蒸气在检测器冷凝，从而影响检测器的灵敏度。国外产 FID 检测器在温度未升至 150℃前，不能点火。

三、电子捕获检测器

电子捕获检测器（electron capture detector，ECD）是一种应用广泛、具有高选择性和高灵敏度的浓度型检测器，它对具有电负性（如含卤素、S、P、N 等）的物质的检测有很高的灵敏度，检出限达 10^{-14}g/mL。电负性越强，灵敏度越高。广泛应用于食品、农副产品中的农药残留量、大气及水质污染分析。

ECD 检测器的结构如图 7－15 所示，在检测器池体内有一圆筒状 β 放射源（^{63}Ni 或 ^{3}H）作为阴极，一支不锈钢管作为阳极。在两极间施加一直流或脉冲电压，当载气（一般为 N_2 或 Ar）进入检测器时，在放射源发射的 β 射线作用下发生电离：

$$N_2 \xrightarrow{\beta\text{射线}} N_2^- + e^-$$

生成游离基和低能电子，这些电子在恒定电场的作用下，向阳极运动，形成恒定的电流即基流。当载气带着含有电负性元素的样品进入检测器时，就能捕获这些低能电子，从而使基流下降，产生负信号（倒峰），如图 7－16 所示。被测组分的浓度越大，倒峰越大；组分中电负性元素的电负性越强，捕获电子的能力越大，倒峰也越大。实际应用中，通过改变极性使负峰变为正峰。

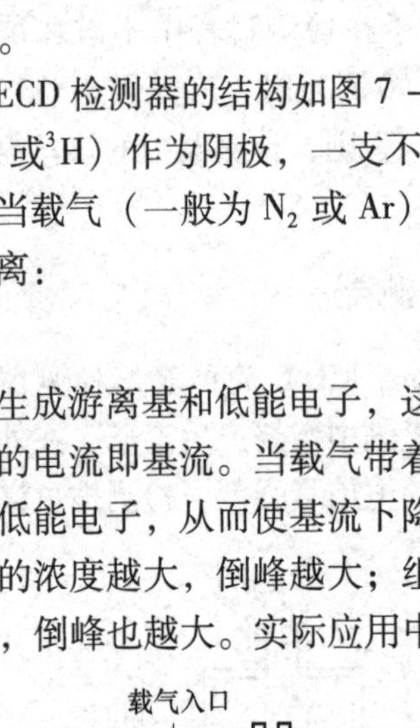

图 7－15　ECD 检测器示意图

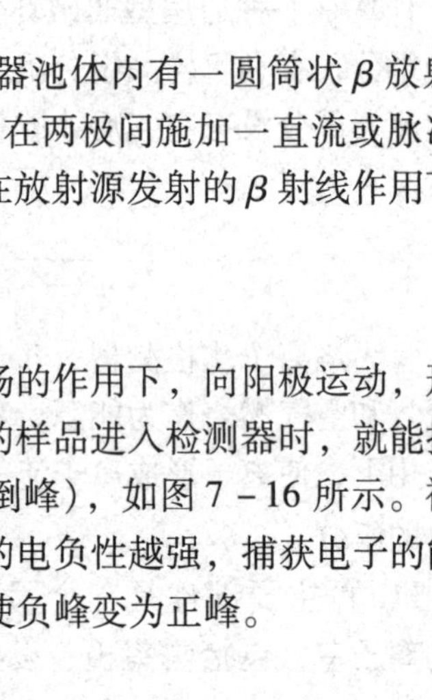

图 7－16　ECD 产生的色谱图

ECD 检测器的线性范围较窄，进样量不宜太大。

四、火焰光度检测器

火焰光度检测器（flame photometric Detector，FPD）又称硫、磷检测器，是对含硫、磷的有机物具有高选择性和灵敏度的质量型检测器。对硫的检出限达 10^{-11} g/s，对磷的检出限达 10^{-12} g/s。这种检测器主要用于大气中痕量硫化物和农副产品、水中纳克级有机磷和有机硫农药残留量的测定。

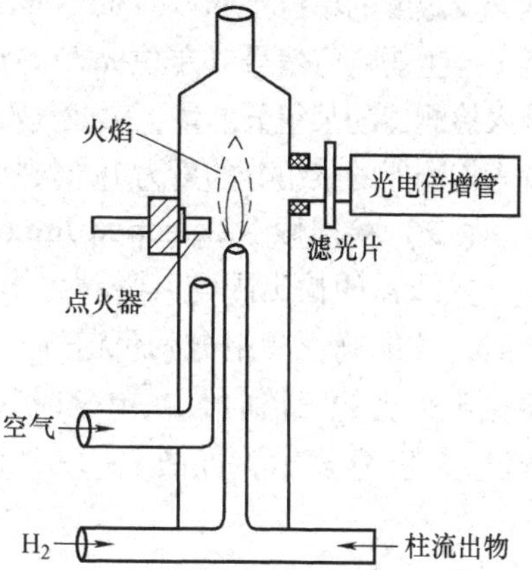

图 7－17　火焰光度检测器示意图

FPD 检测器结构如图 7－17 所示，主要由火焰喷嘴、滤光片和光电倍增管组成。当含 S（或 P）的样品进入氢焰离子室，在富氢－空气火焰中燃烧时，发生下列反应：

$$RS + 空气 + O_2 \longrightarrow SO_2 + CO_2$$

$$2SO_2 + 8H \longrightarrow 2S + 4H_2O$$

有机 S 首先被氧化成 SO_2，然后被还原成 S 原子，S 原子在适当的温度下生成激发态的 S_2^* 分子，当 S_2^* 返回基态时发射出特征波长为 350～430nm 的特征分子光谱：

$$S_2^* \longrightarrow S_2 + h\nu$$

含 P 的样品燃烧时生成磷的氧化物，然后在富氢的火焰中被氢还原为化学发光的 HPO（氢氧磷）碎片，发射出 526nm 波长的特征光谱。这些光谱通过 S（或 P）滤光片照射到光电倍增管上，将光转变为光电流，经放大后由记录仪记录即可得到含 S（或含 P）化合物的色谱图。

五、检测器的性能指标

衡量检测器质量优良的性能指标为：灵敏度高，检出限低，稳定性好，响应速度快，线性范围宽，死体积小。通用型检测器要求适用范围广，选择性检测器要求选择性好。现将检测器的主要性能指标分述如下。

（一）灵敏度（sensitivity）

灵敏度亦称响应值。当一定浓度或一定质量的样品进入检测器，产生一定的响应信号 R。若以进样量 Q（单位 mg/mL 或 g/s）对响应信号 R 作图，可得到一条直线，如图 7－18 所示，直线的斜率就是检测器的灵敏度，以 S 表示

$$S = \frac{\Delta R}{\Delta Q}$$

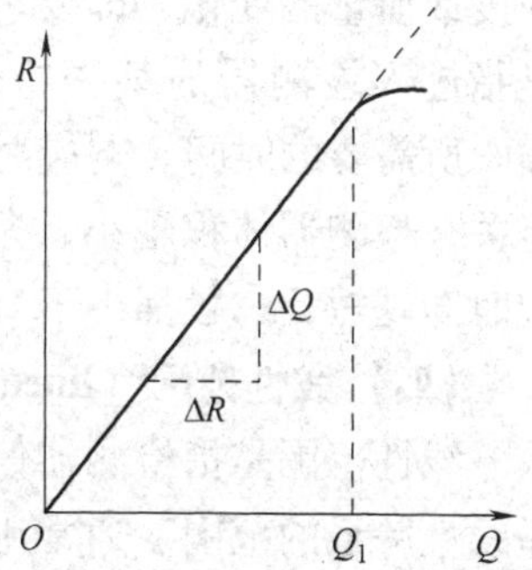

图 7－18　检测器 $R-Q$ 关系

因此灵敏度就是响应信号对进样量的变化率。图 7－18 中 Q_1 为最大允许进样量，超过此量时进样量与响应信号将不呈线性关系。

对于浓度型检测器，如果进样为液体，则灵敏度的单位是 mV/（mL·mg），即每毫升载气中有 1mg 样品时在检测器上能产生的响应信号（单位 mV）；若样品为气体，灵敏度的单位是 mV/（mL·mL），即每毫升载气中含有 1mL 气体组分时在检测器上产生的响应信号（单位 mV）。对于质量型检测器，其响应值取决于单位时间内进入检测器的某组分的量，对载气没有响应，灵敏度的单位是 mV/（s·g），即每秒进入检测器的某组分的量为 1g 时在检测器上产生的响应信号（单位 mV）。

（二）检出限（detection limit）

检测器的检出限与其噪声大小有关，一般认为，检测组分的信号大于三倍噪声时，才能确认是组分的色谱峰。因此，检出限是指检测器的响应信号等于检测器噪声大小的三倍时，在单位时间或单位体积内通过检测器的最低样品量（或浓度），以 D 表示，如图 7－19 所示。

$$D = \frac{3N}{S} \tag{7-1}$$

式中　N——检测器的噪声，即基线波动，mV；

　　　S——检测器灵敏度。

D 值越小，说明仪器越敏感。

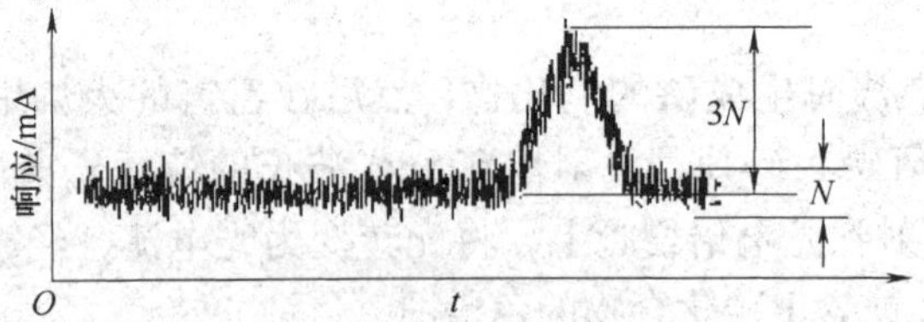

图 7－19　检出限示意图

（三）响应时间（response time）

检测器应能迅速地、真实地反映通过它的物质浓度或质量的变化，即要求响应时间短。响应时间是指进入检测器的某一组分的信号达到其真值的 63% 所需要的时间。响应时间长短和检测器的体积有关，检测器体积越小，尤其是死体积越小，其响应时间越短，一般都小于 1s。

图 7－20

（四）线性范围（linear range）

线性范围是指检测器信号大小与被测物质的量呈线性关系的范围。通常用线性范围内最大和最小样品量之比或最大允许进样量（浓度）与最小检出量（浓度）之比来表示。图 7－20 表示某检测器对 A、B 两组分进行检测的线性范围，对于 A 组分，浓度在 $c_A \sim c'_A$ 之间为线性，B 组分浓度在 $c_B \sim c'_B$ 之间为线性，很明显 B 组分的线性范围宽。

同一检测器对不同组分的线性范围不同，不同类型的检测器线性范围亦不同。如氢火焰检测器的线性范围达 10^7，而热导检测器的线性范围只有 10^5。常用检测器性能参数见表 7－3。

表 7－3　　常用检测器的性能比较

检测器 性能	热导（TCD）	氢火焰（FID）	电子捕获（ECD）	火焰光度（FPD）
类　型	通用性浓度型	通用性质量型	选择性浓度型	选择性质量型
灵敏度	10^4mV/(cm^3 · mg)	10^{-2}mV/(s · g)	800A/(cm^3 · g)	400mV/(s · g)
检出限	2×10^{-6}mg/cm^3	10^{-12}mV/s	10^{-14}g/cm^3	10^{-12}g/s(对 P) 10^{-11}g/s(对 S)
最小检测浓度	0.1μg/g	1ng/g	0.1ng/g	10ng/g
线性范围	10^4	10^7	$10^2 \sim 10^4$	$10^3 \sim 10^4$(对 P) 10^2(对 S)
适用范围	有机物和无机物	含碳有机物	卤素及亲电子物	含硫、磷化合物

第四节　实 验 技 术

一、样品预处理技术

在用气相色谱法对样品进行分析时，经常会遇到采集的原始样品不适合于仪器直接分析，如样品中被测组分的含量太低、基质干扰太大、样品呈固态或呈不均匀流体等。这就需要应用一些物理的或化学的方法，对原始样品进行分离、浓缩、排除干扰等预处理，以获得可靠的检测结果。

下面介绍几种常用的气相色谱样品制备（预处理）技术。对于某一样品，可能使用其中一种制备技术，也可能同时使用几种制备技术，这要根据样品和欲测组分的物理化学性质以及使用的仪器对样品的要求来决定，在能满足分析要求的前提下，尽可能选用最简单和最经济的制备技术。

（一）溶剂萃取

溶剂萃取是利用物质在两相间的传质过程，即物质从一相转入另一相的过程。按被测样品的物态不同，溶剂萃取分为液－液萃取、液－固萃取和液－气萃取。例如，使用石油醚萃取水样中的氯苯类化合物就是液－液萃取；使用二硫化碳萃取活性炭中吸附的有机溶剂就是液－固萃取；使用重蒸馏水吸收（采集）

空气中的甲醇就是液-气萃取。

1. 液-液萃取

液-液萃取常用于液体样品中被测物质与基质的分离，它是利用样品中不同组分在两种互不相溶的溶剂中的溶解度或分配比的不同来达到分离、提取或纯化的目的。

液-液萃取制备分析样品的一般操作流程：准确移取一定体积的试样于250mL分液漏斗中，用适当溶剂（提取待测组分）分三次萃取（一般50，30，30mL），收集萃取液，用减压蒸馏装置浓缩至近干，用氮气吹干，再用色谱纯溶剂溶解并定容至一定体积（一般为2mL），经0.22μm有机滤膜过滤后，即可上GC进行分析。

2. 液-固萃取

液-固萃取是利用萃取溶剂将固定样品中欲分离组分溶解萃取出来，从而达到与基体分离的目的。最简单的方法就是将固体样品直接放入萃取溶剂中，密封后加热振荡，再经离心和过滤使液-固分离，欲萃取组分进入溶剂。这种萃取方法效率低，溶剂容易流失，很少使用。目前常用的液-固萃取方法有超声萃取、微波萃取、索氏萃取、超临界萃取（SFE）和加速溶剂萃取（ASE）。表7-4列出几种液-固萃取方法比较。

从表7-4中可以看出，加速溶剂萃取（ASE）萃取速度快、溶剂用量少、萃取效率高，且具有可萃取的样品范围宽、自动化程度高等特点，是近几年来发展较快的一种新的液-固萃取技术。

表7-4　　几种液-固萃取方法比较

萃取技术	样品用量/g	溶剂体积/mL	萃取时间	萃取效率
索氏萃取	5~10	250~300	4~8h	较高
超声萃取	10~20	150~200	40min	较低
微波萃取	5	30	20~30min	一般
ASE	10~20	15~45	10~20min	高

下面介绍超声萃取和索氏萃取制备样品的一般操作流程。

（1）超声萃取制备样品的一般操作流程　准确称取一定质量（一般5~10g）试样于容量瓶或萃取罐中，加入适量萃取溶剂（25~40mL），超声萃取40min，离心、过滤，滤液用减压蒸馏装置浓缩至近干，用氮气吹干，再用色谱纯溶剂溶解并定容至一定体积（一般为2mL），经0.22μm有机滤膜过滤后，即可上GC进行分析。

（2）索氏萃取制备样品的一般操作流程　准确称取一定质量（一般2~5g）试样于索氏抽提瓶（注意：试样用干燥滤纸包扎密封）中，加入适量（抽提瓶体积的2/3）萃取溶剂，索氏抽提4~6h，抽提液用减压蒸馏装置浓缩至近干，用氮气吹干，再用色谱纯溶剂溶解并定容至一定体积（一般为2mL），经

0.22μm 有机滤膜过滤后，即可上 GC 进行分析。

3. 液 - 气萃取

液 - 气萃取又称溶剂吸收。它是利用吸收液（通常是水和有机溶剂）收集气态、蒸气和气溶胶等样品。选择或制备吸收液主要考虑以下因素：①吸收液应对被采集的样品组分具有较大的溶解度；②被吸收的样品组分在吸收液中具有足够的稳定性；③适于仪器分析；④价格低、易于获得，并尽可能回收利用。常用的溶剂萃取装置见图 7 - 21 至图 7 - 26。

图 7 - 21　超声波清洗机

图 7 - 22　旋转蒸发仪

图 7 - 23　加速溶剂萃取装置

图 7 - 24　样品瓶

图 7 - 25　针头过滤器

图 7 - 26　抽滤瓶

（二）固相萃取

固相萃取（solid phase extraction，SPE）是利用固体吸附剂将液体样品中的目标化合物吸附，与样品的基体和干扰化合物分离，然后再用洗脱液洗脱或加热解吸附，达到分离和富集目标化合物的目的。与溶剂萃取相比，固相萃取具有溶剂用量少、花费时间短、操作简便等优点，不足之处是目标化合物回收率较低，精密度较差。

固相萃取制备样品的一般操作流程如下。

1. 固相萃取柱活化

萃取柱在使用前必须用适当的溶剂活化萃取柱，目的是除去吸附剂中可能存在的杂质，同时湿润吸附剂，提高回收率和重现性。不同类型的萃取柱活化用的溶剂不同。

（1）反相固相萃取柱（吸附剂为弱极性或非极性），通常用水溶性有机溶剂如甲醇淋洗，然后用水或缓冲溶液淋洗。也可以在用甲醇淋洗之前先用强溶剂（如正己烷）淋洗，以消除吸附剂上吸附的杂质对目标化合物的干扰。

（2）正相固相萃取柱（吸附剂为极性），通常用目标化合物所在的有机溶剂（样品基体）进行淋洗。

（3）离子交换固相萃取柱，若吸附剂用于非极性有机样品萃取时，可用样品溶剂来淋洗；若吸附剂用于极性样品萃取时，可用水溶性有机溶剂淋洗后，再用适当 pH 并含有一定有机溶剂和盐的水溶液进行淋洗。

2. 上样

将液态或溶解后的固态样品倒入活化后的萃取柱，然后利用抽真空、加压或离心等方法使样品进入吸附剂。

3. 洗涤和洗脱

在样品进入吸附剂、目标化合物被吸附后，可先用较弱的溶剂将保留值弱的干扰物质洗脱掉，再用较强的溶剂将目标化合物洗脱下来，加以收集。若选择的吸附剂对目标化合物吸附很弱或不吸附，而对干扰物质有较强吸附时，也可让目标化合物先淋洗下来加以收集，而使干扰物质保留在吸附剂上，达到分离目的。

4. 洗脱液浓缩

收集目标化合物洗脱液，用真空浓缩方法除去溶剂，再用氮气吹至近干。

5. 溶解、过滤、GC 分析

用适当溶剂（色谱纯）溶解并定容至一定体积（一般 2mL），经 0.22μm 有机滤膜过滤后，上 GC 进样分析。

常用的固相萃取装置如图 7－27 至图 7－29 所示。

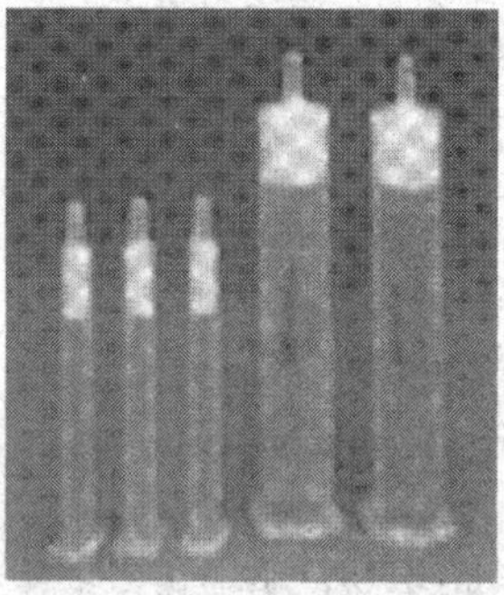

图 7－27　固相萃取小柱

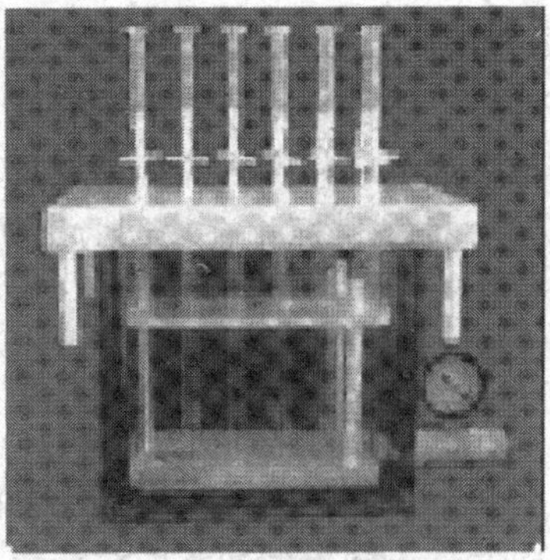

图 7－28　固相萃取装置

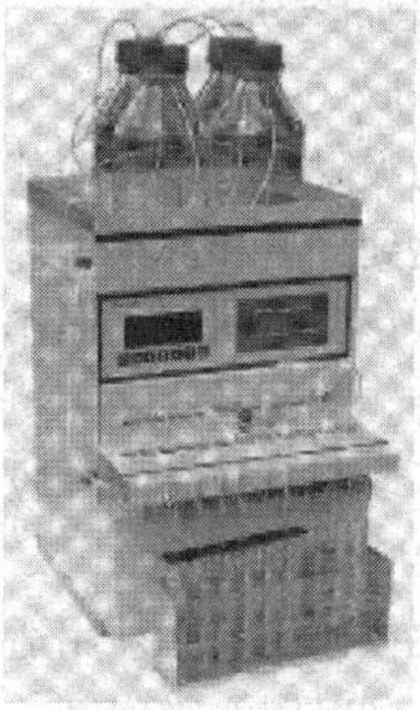

图 7－29　自动固相萃取装置

（三）衍生化

衍生化技术是通过化学反应将样品中难于分析检测的目标化合物定量地转化成另一易于分析检测的化合物，通过后者的分析检测可以对目标化合物进行定性或定量分析。在气相色谱分析中，某些高沸点、不汽化或热不稳定的化合物不能直接用气相色谱进行分析，通过衍生化技术可以将这类化合物转化成可以汽化或热稳定的衍生物，再用气相色谱进行分析。

气相色谱常用的样品衍生化（柱前衍生）方法有以下几种。

1. 硅烷化衍生化

硅烷化衍生化是气相色谱样品处理中应用最多的方法。它是利用质子性化合物（如醇、酚、酸、硫醇等）与硅烷化试剂反应，形成挥发性的硅烷衍生物。一般反应式为：

$$R_3Si-X+H-R' \longrightarrow R_3Si-R'+HX$$

硅烷化反应一般在数分钟内完成。常用的硅烷化试剂见表 7－5。

表 7－5　常用硅甲基化试剂

序号	试剂名称	化学式
1	*N*－三甲基硅乙酰胺	$CH_3CONHSi(CH_3)_3$
2	*N*－甲基－*N*－三甲基硅三氟乙酰胺	$CF_3CON(CH_3)Si(CH_3)_3$
3	*N*－三甲基硅二乙基胺	$(CH_3)_3SiN(C_2H_5)_2$
4	三甲基氯硅烷	$(CH_3)_3SiCl$
5	氯甲基二甲基氯硅烷	$H(CH_3)_2SiCl$
6	六甲基二甲基氯硅烷	$(CH_2Cl)(CH_3)_2SiCl$

2. 酯化衍生化

有机酸由于极性较强，容易产生拖尾现象，而且大多数有机酸挥发性较差，热稳定性也较低。因此，许多有机酸（特别是长碳链有机酸）在进行气相色谱分析之前都要衍生为相应的酯。常用的酯化方法有甲醇法、重氮甲烷法和三氟乙酯酐法。化学反应式分别为：

$$RCOOH+CH_3OH \xrightarrow[\Delta]{\text{催化剂}} RCOOCH_3+H_2O \text{（甲醇法）}$$

$$RCOOH+CH_2N_2 \longrightarrow RCOOCH_3+N_2\uparrow \text{（重氮甲烷法）}$$

$$RCOOH+R'OH \longrightarrow RCOOR'+H_2O \text{（三氟乙酯酐法）}$$

3. 酰化衍生化

酰化能降低羟基、氨基、巯基的极性，提高这些化合物的挥发性，减少色谱峰拖尾。常用的酰化剂有酰卤、酸酐和反应活性的酰化物（如乙酰咪唑）。常用的酰化方法有乙酰化法和多氯酰化法。

4. 卤化衍生化

在目标化合物中引入卤原子后可使用 ECD 检测器检测，提高检测器的灵敏度，同时还可提高目标化合物的挥发性和稳定性。常用的卤化衍生化方法有卤素法、卤化氢法和 N-溴代丁二酰亚胺（NBS）法。

用衍生化技术制备样品的一般操作流程：准确称取一定质量试样，用溶剂萃取或固相萃取待测组分，萃取液经离心、浓缩后用氮气吹干，加衍生剂衍生化至反应完全，用氮气吹干，再用色谱纯溶剂溶解并定容至一定体积（一般为2mL），经0.22μm有机滤膜过滤后，即可上GC进行分析。

二、分离操作条件的选择

在气相色谱分析中，除了要选择合适的固定相即色谱柱之外，还要选择分离的最佳操作条件，以提高柱效能，增大分离度，满足样品分析需要。

（一）载气及其流速的选择

1. 载气的种类

根据范第姆特方程，当载气流速较小时，分子纵向扩散系数 B 为影响色谱柱塔板高度 H 的主要因素，为了降低纵向扩散可采用分子质量较大的 N_2 或 Ar 作载气，在流速较高时，应采用分子质量较小的 H_2 或 He 作载气，有利于降低气相传质阻力。载气的选择还必须考虑检测器的适应性，TCD 常用 H_2 或 He 作载气，可以获得较高的灵敏度；FID 和 FPD 常用 N_2 作载气（H_2 作燃烧气，空气作助燃气）；ECD 常用 N_2 作载气。

2. 载气的流速

根据范第姆特方程，在固定其他实验条件（如柱温等）不变的情况下，对于一定的色谱柱和试样，必有一个最佳的载气流速，此时柱效最高。实验方法是：于不同的载气流速下测得试样组分的保留时间和峰底宽，计算出有效塔板高度 H，以载气流速 u 为横坐标，板高 H 为纵坐标，绘制出 $H-u$ 曲线，如图7-30所示。曲线最低点处对应的塔板高度 H 最小（记为 H_{min}），柱效最高，对应的载气流速即为最佳载气流速（记为 $u_{最佳}$）。

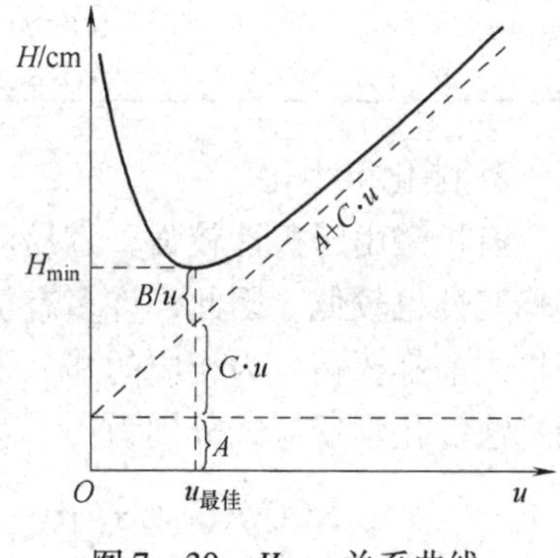

图7-30　$H-u$ 关系曲线

在实际工作中，为了节省分析时间，使用的载气流速稍高于最佳流速。对于一般的色谱柱（内径3~4mm）常用的载气流速为20~100mL/min，而对于毛细管柱（内径0.25mm），通常用的载气流速为1~2mL/min。

（二）汽化温度的选择

液体样品进样后首先在汽化室瞬间汽化，再随流动相进入色谱柱分离。汽化温度的选择原则是：在确保样品组分都能在瞬间被汽化的基础上使用最低温度。即是说，汽化温度要足够高，保证样品组分都被汽化；同时温度不能太高，否则会造成样品氧化分解，降低隔垫使用寿命。一般汽化温度较柱温高20~50℃。

（三）柱温的选择

柱温是色谱分离的重要操作参数，它直接影响分离效能和分析速度。降低柱温可使色谱柱的选择性增大；升高柱温可以缩短分析时间，提高柱效能。

色谱柱控温是靠控制炉温（空气浴加热）来实现的。炉温的控温方式有恒温和程序升温两种，恒温即在整个分析过程中炉温恒定，一般用于单一组分或简单样品的分析，实际应用较少。程序升温即在一个分析周期内，炉温连续地随时间由低温向高温线性或非线性地变化，以使沸点不同的组分各在其最佳柱温下流出，从而改善分离效果，缩短分析时间。

程序升温包含起始温度、升温速率、维持时间及最终温度。起始温度要足够低，以保证混合物中低沸点组分能够得到满意分离；对于沸点相近的组分，应降低升温速率，延长维持时间，相反，对于沸点相差较大的组分应提高升温速率，缩短分析时间；炉温的最终温度应高于样品组分中沸点最高组分的温度，确保样品中所有的组分都被汽化，都能流出色谱柱被检测，同时保护色谱柱。但是，炉温的最终温度不能高于色谱柱的最高使用温度，否则会造成色谱柱固定液大量流失，破坏色谱柱。对于宽沸程的多组分混合物，程序升温更显其优越性。

图 7－31 为恒温和程序升温分离 13 种有机磷农药标准样品色谱图比较。从图中可以看出，采用程序升温不仅可以改善分离，而且可以缩短分离时间，得到理想的色谱图。

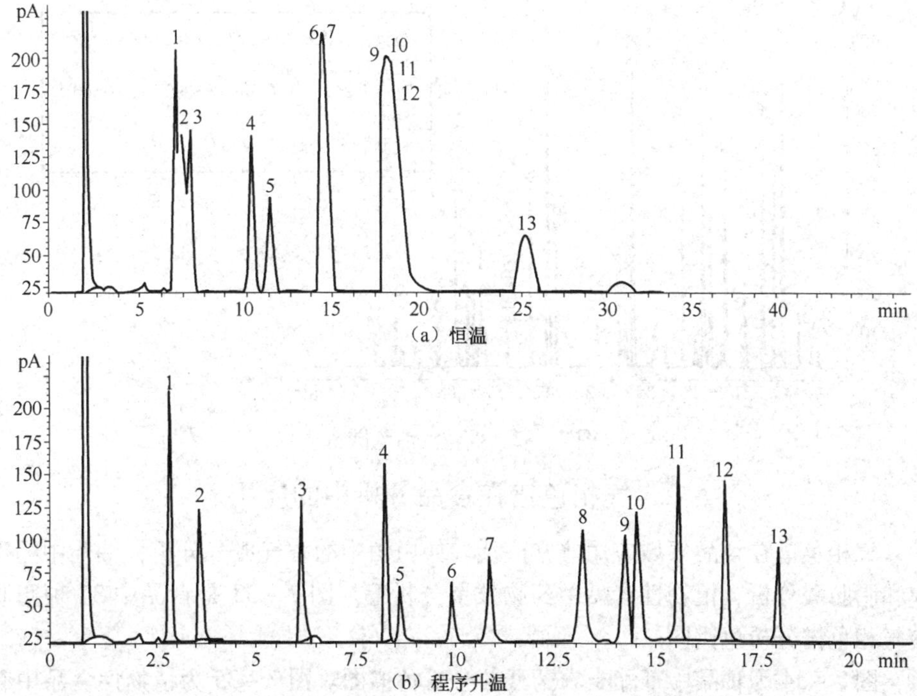

图 7－31　分离 13 种有机磷农药标准样品色谱图

（四）进样量和进样时间的选择

进样量应控制在使半峰宽基本不变，而峰高与进样量呈线性增加的范围内。进样量太多时，柱效能会下降，致分离不好；进样量太小，检测器响应太低，致分析误差增大。一般液体样品进样量控制在 0.1 ~ 10μL，气体样品进样量控制在 0.1 ~ 10mL。

进样速度必须很快，若进样时间太长，会导致色谱峰扩展甚至变形，分离效果变差。现大多数仪器都配有自动进样器，进样速度不会有问题；若手动进样，进样时间应控制在 1s 之内。

第五节　气相色谱分析法的应用

气相色谱法分离效率高、分析速度快、操作简便，结果准确，因此它在石油化工、食品、医药及环境等领域有着广泛的应用。

一、气相色谱在石油化工中的应用

气相色谱分析法在石油化工领域应用非常广泛。如炼油产品中微量硫元素分析、汽油中辛烷值分析、石脑油复杂样品成分分析等。图 7 – 32 是用 PONA 柱分析重整汽油的色谱图。

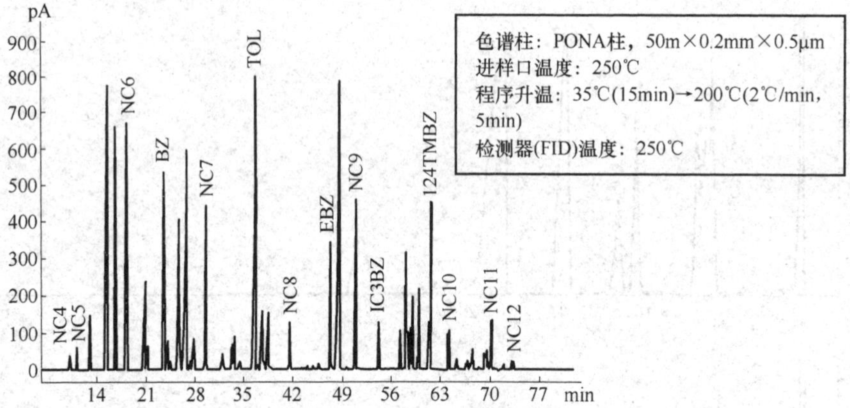

图 7 – 32　重整汽油色谱图

二、气相色谱在食品分析中的应用

气相色谱在食品领域应用非常广泛。如白酒中的香气成分分析；油脂中的不饱和脂肪酸分析；植物性食品中药物残留分析等。图 7 – 33 是食品中 37 种脂肪酸气相色谱分析色谱图。

图 7 – 34 为食品中菊酯类农药残留分析色谱图。图 7 – 35 为植物性食品中有机氯和拟除虫菊酯类农药残留分析色谱图。

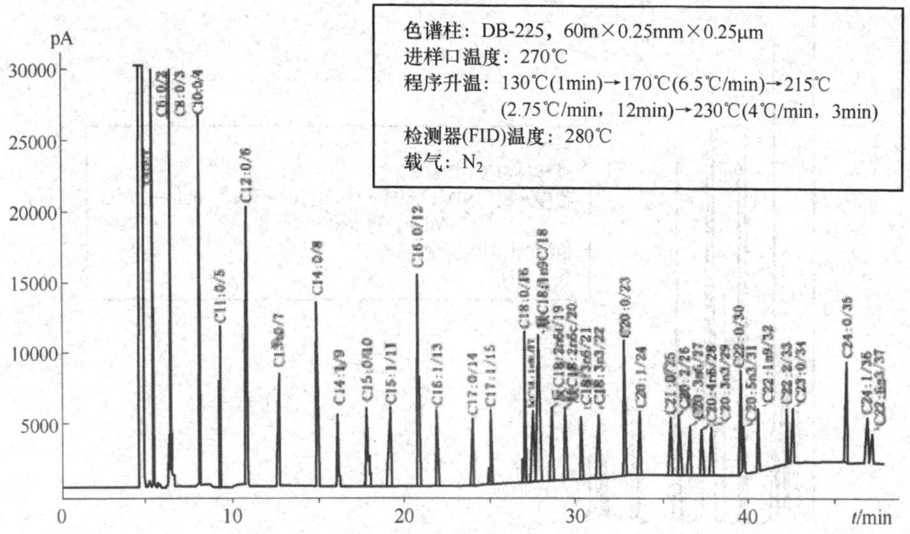

图 7 – 33　食品中 37 种脂肪酸气相色谱分析色谱图

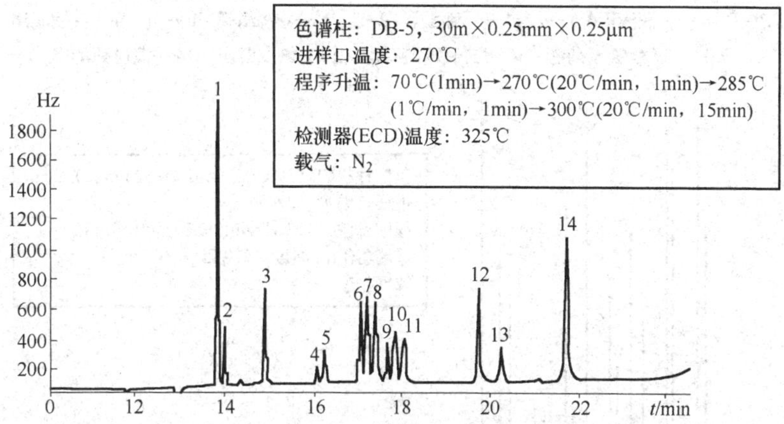

图 7 – 34　食品中菊酯类农药残留分析色谱图

1—联苯菊酯　2—甲氰菊酯　3—氯氟氰菊酯　4—氯菊酯Ⅰ　5—氯菊酯Ⅱ　6—氟氯氰菊酯Ⅰ　7—氟氯氰菊酯Ⅱ　8—氟氯氰菊酯Ⅲ　9—氯氰菊酯Ⅰ　10—氯氰菊酯Ⅱ　11—氯氰菊酯Ⅲ　12—氰戊菊酯Ⅰ　13—氰戊菊酯Ⅱ　14—溴氰菊酯

三、气相色谱在环境分析中的应用

环境是人类生存繁衍的物质基础。凡是与人类生存生活有关的样品都可称为环境样品，它包括大气、烟尘、自然界的各种水质（江河湖海及地下水、地表水等）、各种工业废水和城市污水、土壤等。现代环境污染的重点不再是重金属污染，而是有机物污染。气相色谱在环境监测分析中起非常重要的作用。图 7 – 36是水质中常见有机溶剂分析色谱图。

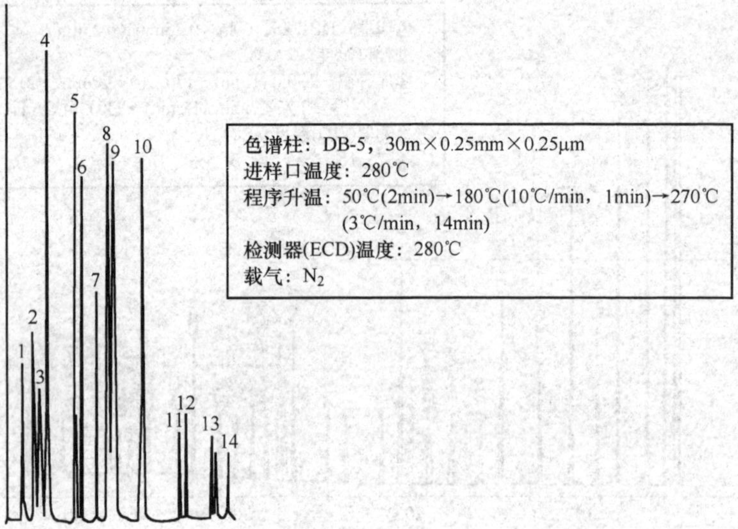

图 7－35　植物性食品中有机氯和拟除虫菊酯类农药残留分析色谱图

1—α－六六六　2—β－六六六　3—γ－六六六　4—δ－六六六　5—七氯　6—艾氏剂　7—p，p'－－滴滴伊　8—o，p'－－滴滴涕　9—p，p'－－滴滴滴　10—p，p'－－滴滴涕　11—三氟氯氰菊酯　12—二氯苯醚菊酯　13—氰戊菊酯　14—溴戊菊酯

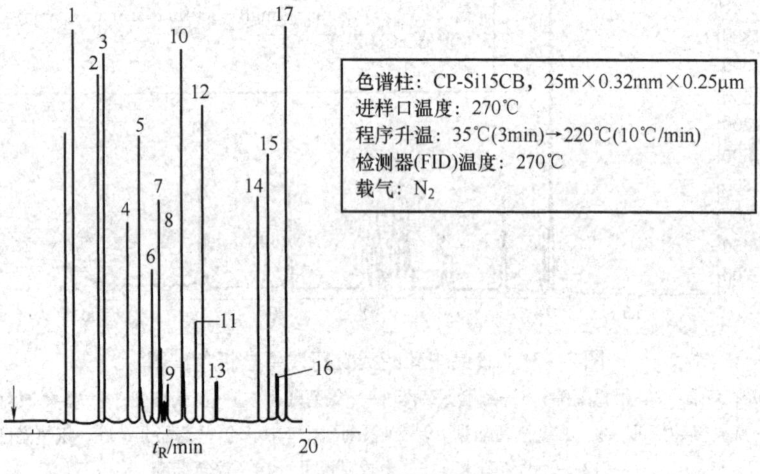

图 7－36　水质中常见有机溶剂分析色谱图

1—乙腈　2—甲基乙基酮　3—仲丁醇　4—1，2－二氯乙烷　5—苯　6—1，1－二氯丙烷　7—1，2－二氯丙烷　8—2，3－二氯丙烷　9—氯甲代氧丙环　10—甲基异丁基酮　11—反 1，3－二氯丙烷　12—甲苯　13—未定　14—对二甲苯　15—1，2，3－三氯丙烷　16—2，3－二氯取代的醇　17—乙基戊基酮

四、气相色谱在药物分析中的应用

许多中西药（如镇静催眠药、镇痛药、兴奋剂、抗生素、硫胺类药以及中药中常见的萜烯类化合物等）在提纯浓缩后，能直接或衍生化后进行气相色谱

分析。在药物研究中，常通过对体液和组织中的药物进行检测，了解给药后药物在体内的吸收、分布、代谢和排泄情况，为药物的药效、毒性及其作用机制研究提供信息。

第六节　气相色谱仪的使用及其新技术

一、Agilent6890 气相色谱仪的使用

本节以分析苯同系物为例，介绍 Agilent6890 气相色谱仪分析样品操作步骤及操作注意事项。

（一）Agilent6890 气相色谱仪简介

Agilent6890 气相色谱仪具有双柱双进样口和双检测器的气相色谱仪，电子气路控制（EPC）气体流量和压力，温度控制、信号采集与处理等均通过计算机软件实现，高度自动化。Agilent6890 气相色谱仪主机见图 7－37。

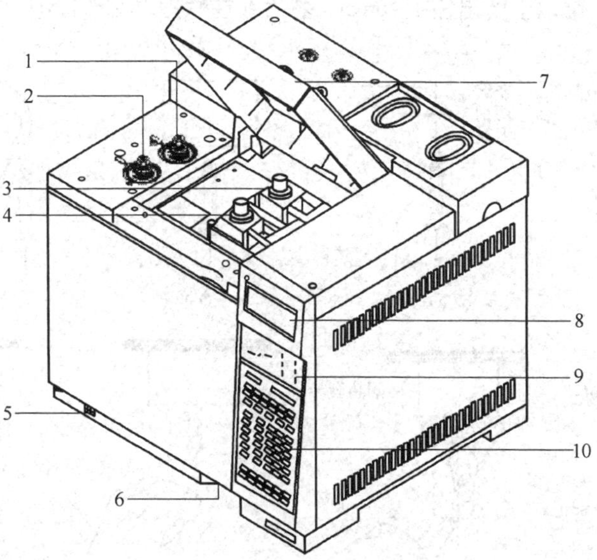

图 7－37　Agilent6890 气相色谱仪主机

1—后进样口　2—前进样口　3—后检测器　4—前检测器　5—电源开关　6—柱箱弹键（按下打开）　7—GC 检测器盖板　8—显示屏　9—状态栏　10—键盘

（二）Agilent6890 气相色谱仪（FID）分析样品操作步骤及操作注意事项

1. 开机前的准备工作

（1）气体准备　准备一瓶高纯（大于 99.99%）氮气（载气）、一瓶氢气（燃烧气）和一瓶空气（助燃气）。气体可由高压钢瓶提供，也可由气体发生器

提供。将气体与气相色谱仪连接，并用肥皂水检查各连接部位是否漏气，否则需重新连接。

（2）连接色谱柱　根据样品分析需要选择填充柱或毛细管柱连接到气相色谱仪上。毛细管柱连接到气相色谱仪的操作步骤如下：

①将毛细管色谱柱安放于柱箱内的柱悬挂架上。

注意：柱应放在柱箱中央，不要让柱的任何部位与柱箱接触；保持进样口和检测器接头的柱末端形如平滑的曲线。

②接进样口：

将毛细管柱螺帽和石墨垫圈安装于柱上［图7－38（a）］。

使用玻璃刻痕工具刻划柱。注意：刻痕部位必须平直，确保裂口整齐［图7－38（b）］。

在柱刻痕部位的对面折断柱子，观察末端，确保没有毛边或呈锯齿状［图7－38（c）］。

用带有异丙醇的棉纸擦毛细管柱壁，去掉指纹和粉末［图7－38（d）］。

在柱垫圈上端以上留出柱4～6mm，然后在柱螺帽下端作标记［图7－38（e）］。

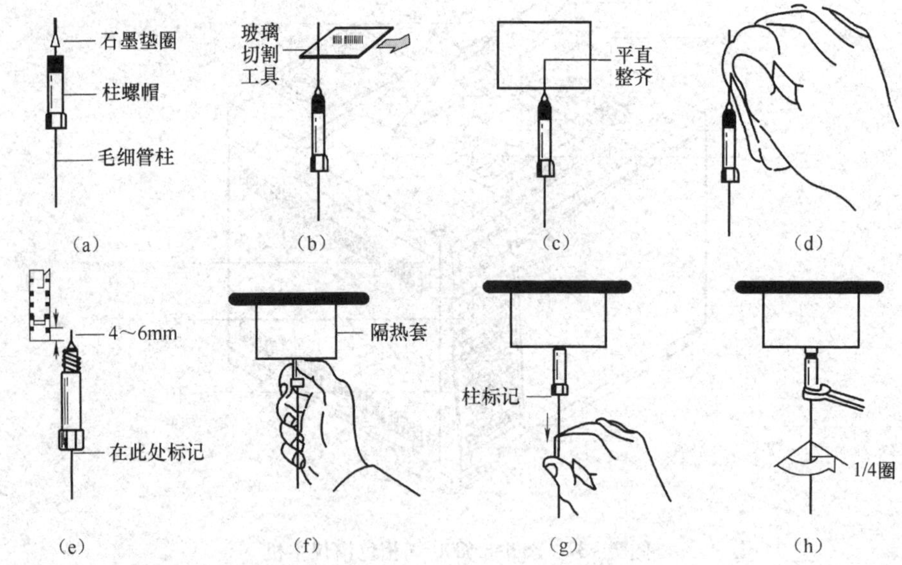

图7－38　毛细管柱接进样口操作步骤图

将柱插入进样口，把螺帽和垫圈上部的柱子滑向进样口底部，用手指拧紧柱螺帽直至柱被固定［图7－38（f）］。

调节柱位置，使柱上标记正好位于柱螺帽底部［图7－38（g）］。

拧紧螺帽1/4～1/2圈，直至用轻微的力不能将柱从接头上拉下［图7－38（h）］。

③检查柱是否被堵塞：将毛细管柱另一端（接检测器端）插入装有丙酮溶剂的样品瓶中，开启载气使其流量为1mL/min，检查毛细管柱是否有气泡流出，确认通气后再与检测器相接。

④接（FID）检测器：

将毛细管柱螺帽和石墨垫圈安装于柱上。

轻轻地将柱插入检测器直至其底部。注意：不要强行插入。

用手指拧紧柱螺帽，然后将柱拉出约1mm，再用扳手将螺帽拧1/4圈。

（3）色谱柱老化　新购置（或长期未使用）的色谱柱在使用前要进行老化处理，以除去残留的溶剂及杂质。毛细管柱的老化方法是：开通载气让气流在室温下通入柱内15～30min，以赶走柱内空气；将柱箱温度从室温升到柱的最高使用温度，升温速率5～10℃/min，并保最高温度约30min。

注意事项：①色谱柱老化要在色谱柱接检测器之前进行，并用封口螺帽将检测器柱入口密封；②老化时不能用氢气作载气，以防氢气进入柱箱爆炸；③老化最高温度不能超过柱使用最高温度。

（4）测试样品准备　采用实训项目三中配制的标准系列溶液和制备的样品溶液。

2. 开机操作程序

（1）打开载气N_2阀，调节减压阀至出口压力为0.5MPa；打开H_2阀，调节减压阀至出口压力为0.22～0.26MPa；打开空气Are阀，调节减压阀至出口压力为0.5MPa。

（2）打开电脑至待机状态。

（3）打开GC主机开关，待仪器自检结束。

（4）在电脑界面双击控制Agilent6890气相色谱仪的联机软件，实现软件与主机联机操作。

（5）设置仪器参数，建立样品分析方法。

在“方法与运行控制”界面，点击菜单“方法”选择“编辑完整方法”，进入仪器参数设定界面：

①选择进样方式为手动进样。

②设置进样口参数：选择柱连接进样口（前或后）；选择进样模式为分流（或不分流）模式，分流比为30∶1；载气为N_2（或He），载气总流量为40mL/min；设置进样口温度为200℃；选择使用载气节省。设置后单击“应用”。

③设置色谱柱参数：选择恒流（或恒压）模式，设置柱流量为1mL/min；确认色谱柱连接的进样口和检测器，查看色谱柱信息与使用的色谱柱是否相符，确认后点击“应用”。

④设置柱箱参数（炉温升温程序）：设置初始为50℃，保持2min，以10℃

升至180℃，再以20℃升至230℃，保持5min。设置后点击“应用”。注意：炉温的最高设置温度不能高于色谱柱最高使用温度。

⑤设置检测器参数：选择（FID）检测器，设置检测器温度为250℃、H_2 流量为40mL/min、空气流量为450mL/min、尾吹气（N_2）流量为45mL/min；选择“火焰”自动点火。点击“应用”。注意：H_2 和空气的流量设定大约为1∶10，否则，检测器不能点火；检测器的温度一般比炉温的最高温度高出20～50℃。

⑥设置信号参数：选择检测器（FID）信号，选择保存数据，点击“应用”。

至此仪器分析参数设置完毕，点击菜单“方法”选择“方法另存为”保存为方法文件。

（6）调出信号窗口。若检测器点火成功，信号窗口就会显示检测器的响应值（见下窗口）。

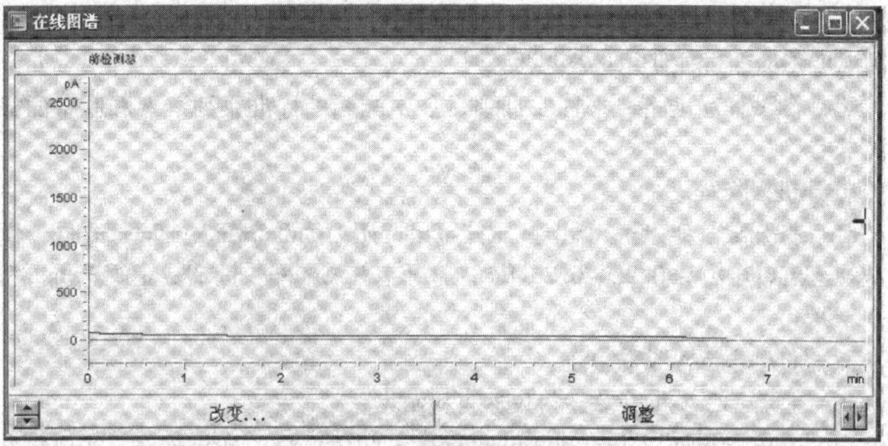

（7）设置样品信息。在文件菜单“序列”中打开“样品信息”设置窗口，设置操作者、样品名称、数据文件名及数据文件保存路径等，设置后点击“确定”。

（8）进样。待信号窗口基线走平后，用10μL微量注射器准确吸取1μL测试样液进样。具体操作步骤如下：

①微量注射器用前洗涤：将微量注射器针头插入试剂（色谱级丙酮），吸取一定量后排放至废液瓶，反复进行3次。

②样品润洗：将注射器针头插入测试样液，吸取一定量后排放至废液瓶，反复进行3次。

③准确取样：将微量注射器针头插入测试样液，反复抽排几次，再慢慢抽取试样3～4μL，如内有气泡，将微量注射器针头朝上，使气泡上升排出，再将过量的试样排出，调整试样量准确至1μL，用无棉纤维纸或擦镜纸吸去针头外壁所沾试样。

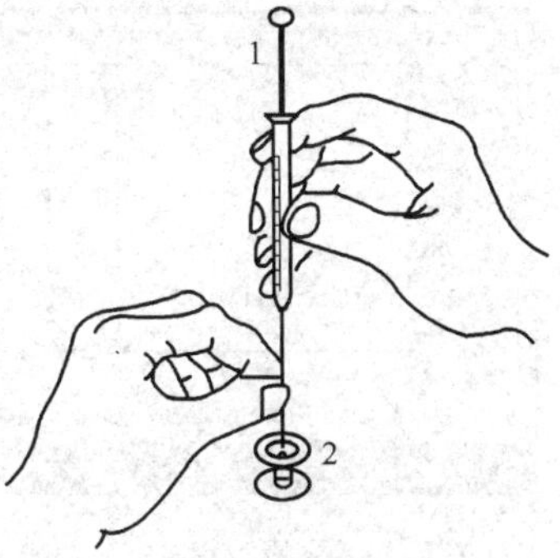

图 7 - 39　微量注射器进样
1—微量注射器　2—进样口

④进样：取好试样后应立即进样。进样时，注射器应与进样口垂直，针头刺穿硅橡胶垫圈，直插到底，紧接着迅速注入试样，完成后立即按主机键盘上“start”键采集试样信号，同时拔出注射器。微量注射器进样操作手势见图7 - 39。

注意：整个进样动作应进行得稳当、连贯、迅速，针头在进样口中的位置、插入速度、停留时间和拔出速度等都会影响进样的重现性。

（9）数据采集。分别对苯同系物混合标准品和制备的样品溶液进样 1uL，采集数据并保存。

（10）数据处理。在“数据处理”界面，点击文件菜单“调用信号”窗口，调出采集的数据文件。然后进行以下操作：

①图谱优化：要求优化后的信号窗口只显示被测组分的色谱峰，溶剂峰被忽略。

②优化积分：在“积分事件”窗口，通过设置积分参数（最小峰高、最小峰面积、积分、不积分等）对被测组分的色谱峰进行积分，要求溶剂峰及其他杂峰不被积分。

③色谱峰定性：利用各单标准品色谱峰的保留时间对混合标准品中的色谱峰进行定性（定性方法见实训项目三）。

④建立校正表（标准工作曲线）：建校正表步骤：

a. 在文件“报告”菜单中选择“设定报告”窗口，设置定量方式为“外标法”，通过“峰面积”定量。

b. 调出第 1 个浓度混合标准品数据文件，进行谱图优化和积分。

c. 建立一级校正：在文件“校正”菜单中选择“新建校正表”，在显示的窗口，设置校正级别为 1，含量为 5（μg/mL），点击“确定”，显示如下窗口。

在校正表中输入各色谱峰的化合物名称，点击“确定”，完成校正表一级校正。

d. 建立多级校正表：调出第 2 个浓度混合标准品数据文件，进行谱图优化和积分，选择“校正”菜单中“添加级别”，输入级别 2，含量为 10（μg/mL），点击“确定”，完成二级校正。

e. 同上法，依次完成校正表三级（20μg/mL）、四级（40μg/mL）和五级（80μg/mL）校正。

（11）出具分析检测报告。调出未知样品数据文件，进行图谱优化和积分，

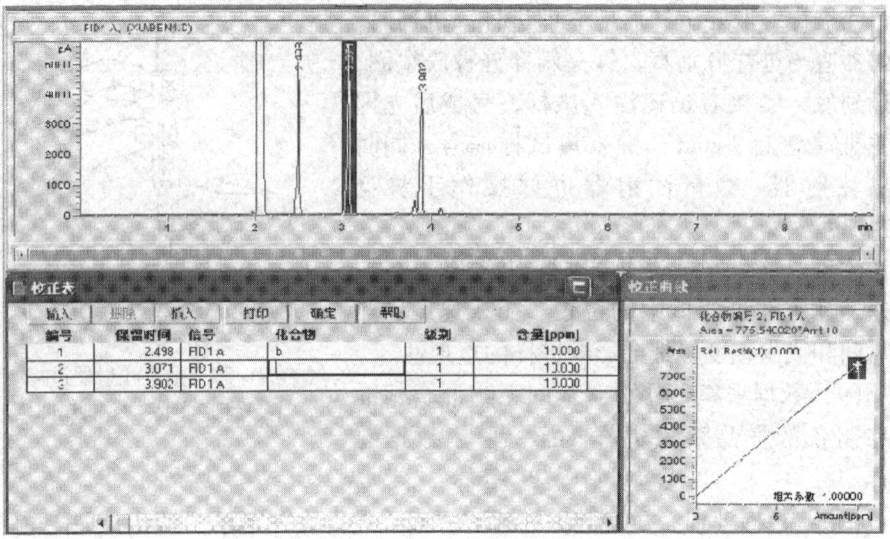

在“报告”菜单中选择打印报告，打印未知样品的检测结果。

3. 关机

样品测试完毕，将进样口温度、炉温和检测器温度降至室温，关闭燃烧气（H_2、空气）阀，退出电脑控制软件，关闭主机电源，关闭电脑，最后关闭载气 N_2 阀。

注意事项：①进样口、炉温、检测器温度未降至室温前切勿关机；②在降温过程中要保持载气 N_2 畅通，以保护色谱柱；③在关闭 GC 主机前退出电脑控制软件。

二、气相色谱新技术

（一）裂解色谱法

对于难挥发的固体样品，如高聚物和其他高分子质量化合物，难以用普通气相色谱法进行分析，可采用裂解色谱技术。它主要用于此类化合物的定性分析。

裂解色谱法（chromatopyrography）是在气相色谱仪进样口前端装上裂解装置，欲分析的固体样品置于其中，充分加热（温度可达 1000℃），使样品蒸发或被裂解成可挥发的低分子碎片，再由载气将其带入色谱柱进行分离和鉴定。常用的裂解器主要有管式炉裂解器、居里点裂解器和激光裂解器。样品一般分两个阶段进行加热，首先加热到 270℃，在此温度下所有可挥发组分都被瞬间蒸发并被载气带入色谱柱中，得到样品中可挥发物质的色谱图。然后再将裂解装置温度升到1000℃，在此温度下样品中的聚合物骨架分解，得到聚合物的裂解色谱图。样品的裂解色谱图可与在相同条件下获得的已知物的裂解色谱图进行比较定性。

（二）顶空气相色谱法

顶空气相色谱（headspace gas chromatography）也称顶空分析，它主要用于固体或液体溶液中挥发性组分的分析。通过对一个密封体系中处于平衡状态的蒸气的分析，间接地测定固体或液体样品中的挥发性成分。与普通气相色谱法不同的是进样方式为顶空进样。

顶空气相色谱的分析步骤为：首先将已知体积的样品放入一个小玻璃瓶或其他已知体积的容器中，盖紧瓶盖使其处于密封状态，放入一恒温槽中，恒温槽的温度根据样品的挥发性不同而不同，一般选择在 80～90℃。在恒温期间，样品中的挥发性组分在气、液（或气－固）两相间进行分配并达成平衡。然后，抽取平衡状态下样品上方的气相样品进行分析。可以手动取样，也可以采用自动顶空进样器进样。图 7－40 为 Agilent1888 自动顶空进样器。

图 7－40　Agilent1888 顶空进样器

顶空气相色谱法主要分为静态顶空分析、动态顶空分析和顶空－固相微萃取三类。下面简单介绍顶空－固相微萃取技术。

顶空－固相微萃取（solid phase micro extraction，SPME）气相色谱法是利用涂有不同固定相或吸附剂的熔融石英纤维萃取头［图 7－41（a）］吸附或萃取液体或固体样品中的挥发性物质，然后将萃取头直接插入气相色谱进样口，经加热解吸附，再由载气将解吸物带入色谱柱进行分析。该法与质谱技术联用，广泛用于植物芳香物质、酒类香气成分等的定性分析。具有免溶剂、快速、操作简单等优点。图 7－42 为顶空－固相微萃取－GC/MS 法分析阴香叶挥发性物质总离子图。

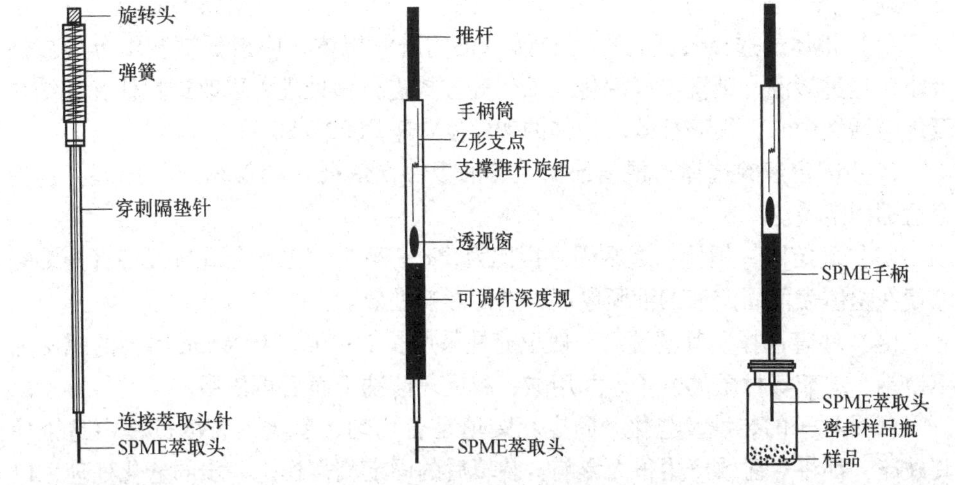

（a）SPME萃取头结构　（b）SPME手柄结构　（c）SPME顶空萃取样品中的挥发物

图 7－41　GC 用固相微萃取装置

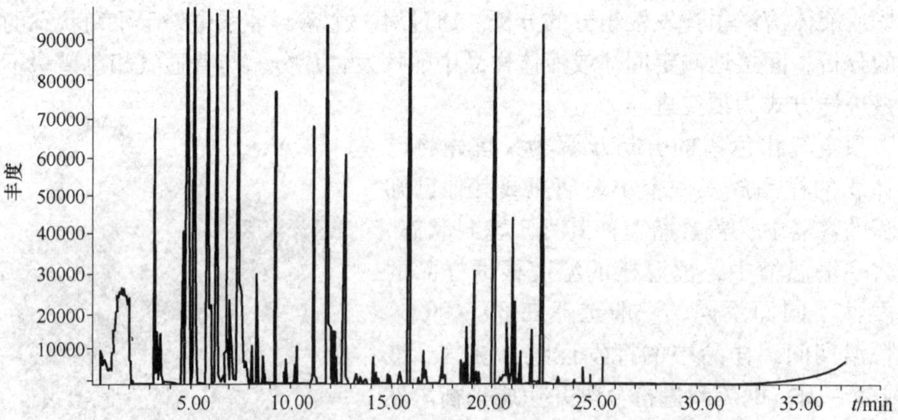

图7-42 阴香叶挥发性物质HS/SPME-GC/MS总离子图

第七节 实训操作

实训项目一 填充色谱柱的制备

一、目的要求

1. 学习固定液的涂渍方法。
2. 学习装填色谱柱的操作技术及色谱柱的老化处理方法。

二、相关知识

色谱柱是气相色谱仪的重要部件之一。制备气相色谱的色谱柱通常应考虑以下问题：

（1）担体的选择及预处理　选择气相色谱的担体，应根据被测组分的极性大小，经过酸洗、碱洗或硅烷化、釉化等方式进行预处理，以改进担体孔径结构及屏蔽活性中心，提高柱效。担体的颗粒度常采用60~80目。

（2）固定液的选择　根据被测组分的极性，依据“相似相溶”原理，选择合适的固定液。

（3）确定固-担比　通常固-担比为5%~25%，比例合适与否将直接影响涂渍在担体表面固定液的液膜厚度，进而影响柱效。

（4）柱管选择及其清洗　一般填充柱采用长1~5m、3~6mm内径的螺旋形不锈钢、玻璃等材质的管子，并用酸、碱反复清洗干净后再使用。

（5）柱子的装填及老化　固定相装填是否均匀、紧密，装填过程中是否使其破碎，都将对柱效产生很大影响。装填后的固定相需作进一步的老化处理，以除去残留的溶剂及低沸点杂质，并使固定液均匀、牢固地在担体表面形成薄的液膜。

三、仪器与试剂的准备

1. 仪器

气相色谱仪，红外线干燥箱或红外灯，60~80 目标准筛，真空或水泵，玻璃干燥塔，漏斗、蒸发皿，玻璃三通活塞，2m 不锈钢管或玻璃柱管。

2. 试剂

邻苯二甲酸二壬酯（DNP，色谱纯），6201 红色硅藻土（60~80 目），乙醚（分析纯），盐酸（分析纯），氢氧化钠（分析纯）。

四、实训内容

1. 担体的预处理

称取 100g 60~80 目 6201 红色硅藻土，置于 500mL 烧杯中，加入（1+1）盐酸浸泡约 30min，然后水洗至中性，抽滤后转入蒸发皿中，于 105℃ 烘箱中烘干 4~6h，冷却后进一步过筛，置干燥器中保存备用（注：若为已经预处理的市售担体则可直接过筛使用）。但在涂渍固定液之前，仍需烘干以除去所带水分。

2. 固定液涂渍

称取邻苯二甲酸二壬酯（DNP）7.5g 于蒸发皿中，加适量乙醚（以能浸没担体并保持有 3~5mm 液层为限）溶解。然后加入 50g 6201 红色硅藻土，置于通风橱中令乙醚自然挥发，且不时加以搅拌，待乙醚挥发完毕后，移至红外干燥箱内或红外灯下，烘干约 30min，即可准备装柱。该实验选用的固－担比为 15∶100。

涂渍固定液时应注意以下几点：

①若所有溶剂不是低沸点、易挥发的，则应在低于其沸点约 20℃ 的水浴中徐徐蒸去溶剂。

②在溶剂蒸发过程中，搅动应既轻且慢，不可剧烈搅动及摩擦蒸发皿，以免将担体搅碎。

③不能一开始就使用红外干燥箱蒸发大量溶剂，以免因溶剂蒸发过快而使固定液涂渍不均匀。

④所选溶剂应能使固定液完全溶解，不可出现悬浮、分层等现象，同时应能完全浸润担体。

3. 装柱

取一根长 2m、内径 3mm 的螺旋形柱管，将一端与水泵相接，另一端接一玻璃漏斗，倒入 50mL 2mol/L HCl 溶液，浸泡 5min，用水抽洗至中性，同法再用相同量、相同浓度的 NaOH 溶液浸泡 5min，水洗至中性，如此反复抽洗 2~3 次，然后烘干。连接好泵抽装置，打开真空泵，经漏斗（预先用一弹簧夹夹死）倒入处理好的液体固定相，待系统抽到一定真空度时，打开弹簧夹，液体固定相迅速被抽入柱管中，不停地用小木棒等物轻敲打柱管外壁，使固定相装填紧密而均匀，直至固定相不再进入柱管为止。旋转玻璃三通使系统与大气相通，切断真空泵电源，取下柱管，并于管口塞填洁净的玻璃棉，盖上螺帽，同时在与泵相连接一端管口标记“进气”二字。

装柱时应注意以下几点：

①在柱管与玻璃三通之间，需用2~3层纱布相隔，以免固定相被吸入干燥塔中。

②装柱过程中，不可使用金属棒敲击柱管外壁，以免固定相破碎。

③停泵前务必先令系统与大气相通，以免泵油倒吸进入干燥塔。

④装柱后，如发现固定相出现断层或间隙等现象，则应重新装填。

4. 柱子老化

将装填好固定相的柱管标有“进气”二字一端接色相色谱仪载气口（进样口），另一端直接通大气（切勿与检测器相接，以免污染检测器）；开启载气使其流量为5~10mL/min，用肥皂水检查系统各连接处有无漏气，否则应重新连接；打开色谱仪总电源及柱室温度控制器开关，设定柱室温度为110℃。运行4~8h进行柱子老化，然后接入检测器，打开记录仪开关，待记录的基线平直时，结束老化处理。

实训项目二　气相色谱柱柱效的测定

一、目的要求

1. 学习填充柱和毛细管柱柱效的测定方法。
2. 掌握有效塔板数、有效塔板高度的计算方法。
3. 比较填充柱和毛细管柱柱效能的高低。

二、相关知识

色谱柱的柱效能是色谱柱的一项重要性能指标。混合物在色谱柱中能否实现分离，除了取决于固定相选择是否合适外，还与色谱操作条件以及柱子装填状况等因素有关。在一定的色谱条件下，色谱柱柱效可用理论塔板数或理论塔板高度来衡量。一般来说，塔板数越多或塔板高度越小，色谱柱柱效越高。实际应用中，用有效塔板数 $n_{有效}$或有效塔板高度 $H_{有效}$来表示柱效的高低。

三、仪器与试剂的准备

1. 仪器

气相色谱仪（配FID检测器）填充柱（实训项目一装填的填充柱），毛细管色谱柱［HP-1（5%苯基甲基硅氧烷），30m×0.32mm×0.25μm］，载气：N_2（≥99.999%），10μL微量注射器，2mL医用注射器。

2. 试剂

丙酮（色谱纯），苯（分析纯），甲苯（分析纯）。

四、实训内容

1. 样品制备

分析吸取 0.5mL 苯、0.5mL 甲苯于 50mL 容量瓶中，用丙酮稀释至刻度，摇匀备用。

2. 填充柱柱效测定

（1）连接色谱柱　将填充柱标有“进气”二字一端接气相色谱仪载气口（进样口），另一端接 FID 检测器，开启载气使其流量为 15mL/min，用肥皂水检查系统各连接处有无漏气，否则应重新连接。

（2）测定条件

①进样口温度：150℃；

②程序升温：初温 50℃，保持 2min，以 10℃升至 120℃，保持 1min；

③检测器（FID）温度：200℃；

④载气流量：15mL/min；

⑤进样量：3.0μL。

（3）样品测定　按（2）测定条件设定仪器的操作参数，待仪器稳定（基线平稳）后，吸取 3.0μL 样品进样采集数据。重复进样两次。记录或测量苯、甲苯色谱图的保留时间 t_R、峰宽 W_b、半峰宽 $W_{1/2}$ 及峰高 h。

（4）死时间测定　按（2）测定条件设定仪器的操作参数，待仪器稳定（基线平稳）后，吸取 0.3～0.5mL 空气进样采集数据，重复进样两次。记录或测量空气峰的保留时间 t_0，t_0 即为死时间。

3. 毛细管柱柱效测定

（1）连接毛细管色谱柱　将毛细管色谱柱一端（预先截去 2～3cm）接到色相色谱仪载气口（进样口），另一端插入装有丙酮的试样瓶，开启载气使其流量为 1mL/min，检查毛细管柱是否有气泡流出，确认通气后再与检测器相接。若无气泡流出，应重新连接。

（2）测定条件

①进样口温度：150℃；

②程序升温：初温 50℃，保持 2min，以 10℃升至 120℃，保持 1min；

③检测器（FID）温度：200℃；

④载气流量：1mL/min；

⑤进样量：1.0μL。

（3）样品测定　按上述测定条件设定仪器的操作参数，待仪器稳定（基线平稳）后，吸取 1.0μL 样品进样采集数据。重复进样两次。记录或测量苯、甲苯色谱图的保留时间 t_R、峰宽 W_b、半峰宽 $W_{1/2}$ 及峰高 h。

（4）死时间测定　同（3）测定条件设定仪器的操作参数，待仪器稳定（基线平稳）后，吸取 0.1 ~ 0.2mL 空气进样采集数据，重复进样两次。记录或测量空气峰的保留时间 t_0，t_0 即为死时间。

4. 数据记录

色谱图的相关参数按图 7 - 43 所示测量。测量数据记录于表 7 - 6。

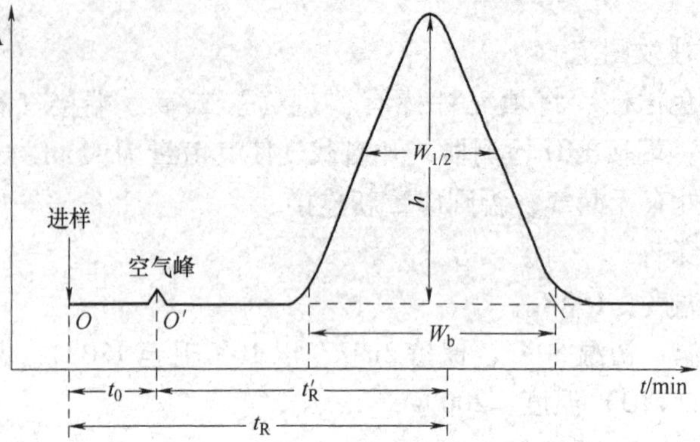

图 7 - 43　色谱图相关参数

表 7 - 6　测量数据记录表

色谱柱	填充柱			毛细管柱		
柱长 L/m						
色谱峰	空气峰	苯	甲苯	空气峰	苯	甲苯
保留时间 t_R						
相对保留时间 t'_R						
峰宽 W_b						
半峰宽 $W_{1/2}$						

五、结果计算

按下式分别计算填充柱和毛细管柱的有效塔板数 $n_{有效}$ 和有效塔板高度 $H_{有效}$：

$$n_{有效} = 5.54\left(\frac{t'_R}{W_{1/2}}\right)^2 = 16\,\frac{t'_R}{W}$$

$$H_{有效} = \frac{L}{n_{有效}}$$

实训项目三　溶剂涂料中苯、甲苯和二甲苯的含量测定

一、目的要求

1. 了解苯同系物的气相色谱分离分析方法。

2. 掌握色谱定性和定量方法。

3. 熟悉气相色谱仪（FID）的使用操作方法及操作注意事项。

二、相关知识

应用程序升温，毛细管气相色谱分离技术，一次性分离检测苯、甲苯和二甲苯，用保留时间定性、外标法定量。

三、仪器与试剂的准备

1. 仪器

气相色谱仪（配 FID 检测器，分流/不分流进样口），4000 r/min 台式离心机，旋涡均匀器，50mL 离心管，10μL 微量注射器，针头过滤器［10mL，0.22μm（有机系）滤膜］，200μL、1000μL 移液器各一支。

2. 试剂

丙酮（色谱纯），苯（分析纯），甲苯（分析纯），二甲苯（分析纯）。

单标储备液：准确称取苯、甲苯和二甲苯各 0.1g（精确至 0.2mg）分别置于 25mL 容量瓶中，用丙酮溶解定容。每种单标溶液的浓度为 4mg/mL。

混合标准使用液：分别吸取适量单标储备液于 10mL 容量瓶中，用丙酮定容，配成浓度为 5，10，20，40，80μg/mL 的混合标准使用液。

四、实训内容

1. 样品制备

称取 2.0g（精确至 1mg）样品于 50mL 旋盖离心管中，加入 20mL 丙酮，拧紧离心管盖，旋涡混匀 3min，3000 r/min 离心 5min，将上清液转移至 50mL 容量瓶中。再加 10mL 丙酮到离心管中，旋涡混合，3000 r/min 离心 5min，合并上清液，并用丙酮定容至 50mL。上机前用 0.22μm 针头过滤，取 1.0μL 进色谱分析。

2. 气相色谱条件

①色谱柱：HP－1（5% 苯基甲基硅氧烷），30m × 0.32mm × 0.25μm；

②程序升温：初温 50℃，保持 2min，以 10℃ 升至 180℃，再以 20℃ 升至 230℃，保持 5min；

③进样口温度：200℃；

④检测器（FID）温度：250℃；

⑤载气：N_2（≥99.999%）；

⑥柱流量：1mL/min；

⑦分流比：30∶1；

⑧进样量：1.0μL。

3. 气相色谱测定

（1）混合标准使用液的测定　按 2 规定设定仪器的操作条件，待仪器稳定（基线平稳）后，对混合标准使用液进样采集数据。

（2）样品的测定　按 2 规定设定仪器的操作条件，待仪器稳定后，对预处理好的样品溶液进样采集数据。

4. 色谱峰定性

（1）保留时间定性　按 2 规定设定仪器的操作条件，待仪器稳定后，分别对苯、甲苯、二甲苯单标溶液和空白试剂色谱纯丙酮进样采集数据。通过单标的保留时间对色谱峰进行定性，结果如图 7－44 所示。

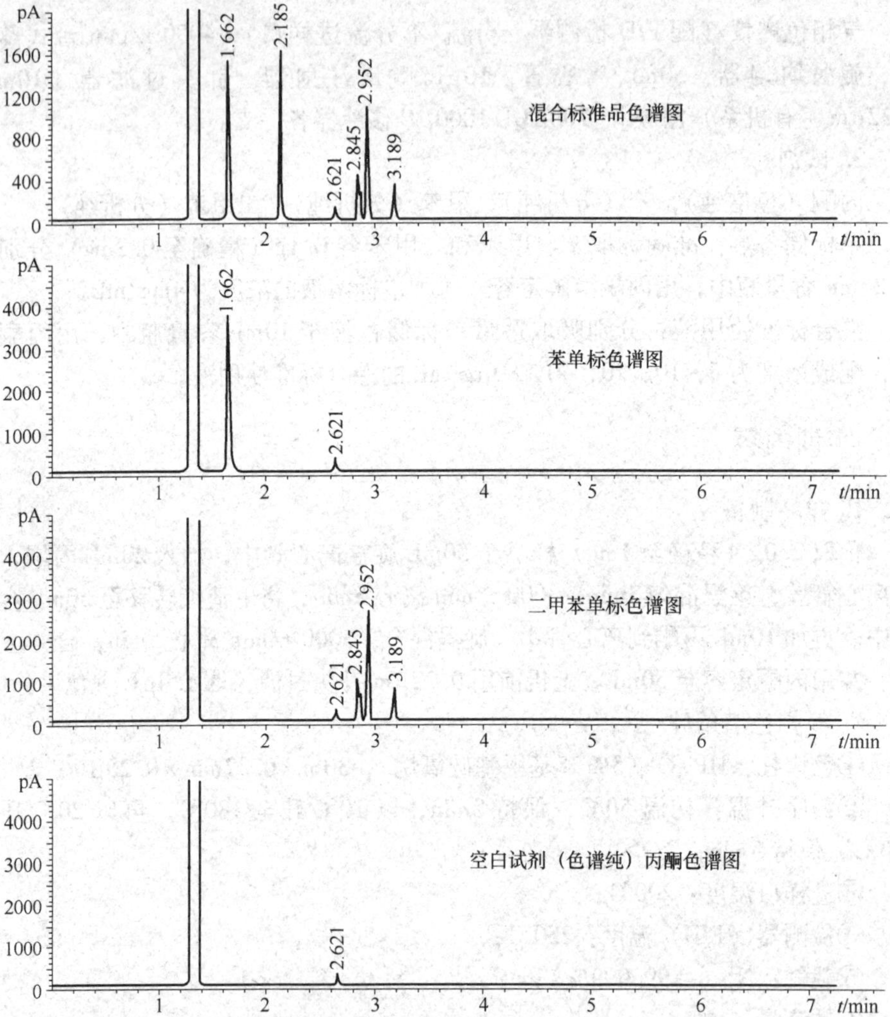

图 7－44　色谱峰保留时间定性

（2）峰高增加法定性　在样品溶液中加入一定量混合标准溶液，进样采集数据，通过与未加标样的样品色谱图比较，峰高增加的峰为被测组分峰。结果如图7－45所示。

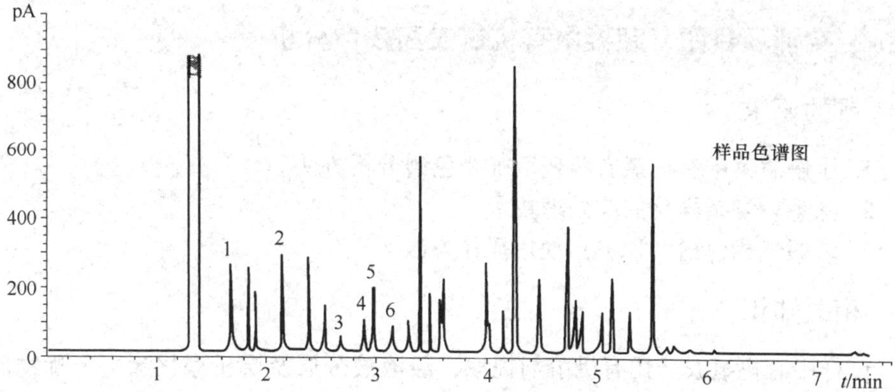

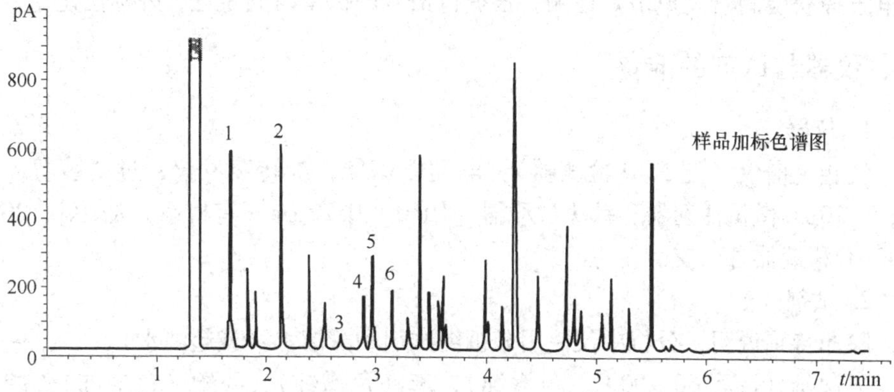

图7－45　加标样品色谱图

1—苯　2—甲苯　3—溶剂杂峰　4～6—二甲苯（4—间二甲苯，5—对二甲苯，6—邻二甲苯）

5. 数据记录与处理

利用色谱化学工作站对采集的色谱图进行积分求面积 A（或手工测量峰高 h），以浓度 c 为横坐标，峰面积 A（或峰高 h）为纵坐标，建立标准系列工作曲线。

五、结果计算

根据测得的样品峰面积 A_x（或峰高 h_x），在工作曲线上查出对应的被测组分的浓度 c_x，按下式计算样品中被测组分的含量。

$$X = \frac{c_x V}{m} \times 10^{-6} \times 100\%$$

式中　X——样品中被测组分的含量，%；

c_x——在标准工作曲线中查得的样品溶液中被测组分的浓度，μg/mL；

V——样品溶液的定容体积，mL；

m——样品质量，g。

取两次平行测定结果的平均值，精确至0.01%。

实训项目四　蔬菜中有机氯农药残留分析

一、目的要求

1. 了解蔬菜中有机氯农药残留气相色谱分析方法。
2. 熟悉较复杂样品的前处理技术。
3. 掌握气相色谱（ECD）使用操作方法。

二、相关知识

试样中有机氯农药用有机溶剂提取，经液液分层及层析净化除去干扰物质，用电子捕获检测器（ECD）检测，根据色谱峰的保留时间定性，外标法定量。

三、仪器与试剂的准备

1. 仪器

气相色谱仪（配ECD检测器），电动振荡器，旋转蒸发仪，过滤装置，层析柱，10μL微量注射器，针头过滤器［10mL，0.22μm（有机系）滤膜］，200，1000μL移液器各一支。

2. 试剂

除非特别说明，分析中仅使用分析纯试剂和蒸馏水（或超纯水）。

石油醚（沸程60~90℃，色谱纯），苯（色谱纯），丙酮（色谱纯）乙酸乙酯（色谱纯）无水硫酸钠。

弗罗里硅土：层析用，于620℃灼烧4h后备用，用前140℃烘2h，趁热加5%水灭活。

农药标准品：见表7-7。

表7-7　8种有机氯农药标准品

中文名称	英文名称	纯度
α-六六六	α-HCH	≥99%
β-六六六	β-HCH	≥99%
γ-六六六	γ-HCH	≥99%
δ-六六六	δ-HCH	≥99%
p，*p*'-滴滴伊	*p*，*p*'-DDE	≥99%
p，*p*'-滴滴滴	*p*，*p*'-DDD	≥99%
p，*p*'-滴滴涕	*p*，*p*'-DDT	≥99%
o，*p*'-滴滴涕	*o*，*p*'-DDT	≥99%

标准溶液：分别准确称取表 7－7 中的标准品，用苯溶解并配成浓度为 1mg/mL的单标储备液。使用时用石油醚稀释配成浓度为 1μg/mL 单标使用液，再根据各农药品种在仪器上的响应情况，吸取不同量的单标使用液，用石油醚稀释配成 5 组不同浓度（单位：ng/mL）的混合标准使用液。

四、实训内容

1. 样品制备

（1）试样制备　取蔬菜试样擦净，去掉非可食部分后备用。

（2）提取　称取 20g 蔬菜试样，置于组织捣碎机中，加入 30mL 丙酮和 30mL 石油醚，捣碎 2min，捣碎液经抽滤，滤液移入 250mL 分液漏斗中，加入 100mL 2% 硫酸钠水溶液，充分摇匀，静置分层，将下层溶液转移到另一 250mL 分液漏斗中，用 2×20mL 石油醚萃取，合并三次萃取的石油醚层，过无水硫酸钠层，于旋转蒸发仪上浓缩至 10mL。

（3）净化

①层析柱的制备：玻璃层析柱中先加入 1cm 高无水硫酸钠，再加入 5g 5% 水脱活弗罗里硅土，最后加入 1cm 高无水硫酸钠，轻轻敲实，用 20mL 石油醚淋洗净化柱，弃去淋洗液，柱面要留有少量液体。

②净化与浓缩：准确吸取试样提取液 2mL，加入已淋洗过的净化柱中，用 100mL 石油醚－乙酸乙酯（95＋5）洗脱，收集洗脱液于蒸馏瓶中，于旋转蒸发仪上浓缩近干，用少量石油醚多次溶解残渣于刻度离心管中，最终定容体积为 1mL。上机前用 0.22μm 针头过滤，取 1.0μL 滤液进 GC 分析。

2. 气相色谱条件

①色谱柱：HP－1（5% 苯基甲基硅氧烷），30m×0.32mm×0.25μm；

②程序升温：初温 50℃，保持 1min，以 10℃升至 250℃，保持 5min；

③进样口温度：250℃；

④检测器（ECD）温度：250℃；

⑤载气：N_2（≥99.999%）；

⑥柱流量：1mL/min；

⑦进样量：1.0μL。

3. 气相色谱测定

（1）混合标准使用液的测定　按“2”规定设定仪器的操作条件，待仪器稳定（基线平稳）后，对混合标准使用液进样采集数据。混合标准品的色谱图见图 7－46。

（2）样品的测定　按 2 规定设定仪器的操作条件，待仪器稳定后，对预处理好的样品溶液进样采集数据。

4. 色谱峰定性

根据组分在色谱图上的出峰时间与标准组分比较定性（定性方法同实训项

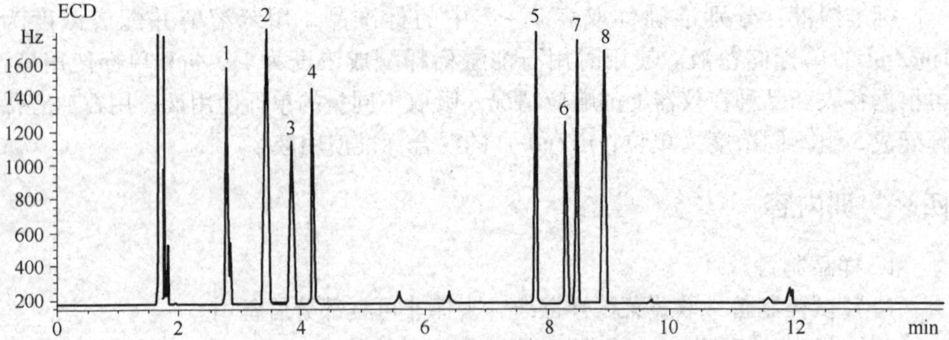

图7-46　8种有机氯农药混合标准品色谱图

1—α-六六六　2—β-六六六　3—γ-六六六　4—δ-六六六　5—p，p'-滴滴伊
6—o，p'-滴滴涕　7—p，p'-滴滴滴　8—p，p'-滴滴涕

目一操作步骤4）。外标法定量。

5. 数据记录与处理

利用色谱化学工作站对采集的色谱图进行积分求面积A（或手工测量峰高h），按表7-8记录保留时间t_R、峰面积A（或峰高h），以浓度c为横坐标，峰面积A（或峰高h）为纵坐标建立标准系列工作曲线。

表7-8　蔬菜中有机氯农药气相色谱分析数据记录表

峰　号	1	2	3	4	5	6	7	8
组　分	α-666	β-666	γ-666	δ-666	p,p'-DDE	o,p'-DDT	p,p'-DDD	p,p'-DDT
保留时间t_R								
标准1#浓度								
标准2#浓度								
标准3#浓度								
标准4#浓度								
标准5#浓度								
样　品								

五、结果计算

根据测得的样品峰面积A_x或峰高h_x，在工作曲线上查出对应的被测组分的浓度c_x，按下式计算样品中被测组分的含量：

$$X=\frac{c_xV}{m}\times10^{-3}$$

式中　X——样品中被测组分的含量，mg/kg；

c_x——在标准工作曲线中查得的样品溶液中被测组分的浓度，ng/mL；

V——样品最后定容体积，mL；

m——样品质量，g。

8 种有机氯农药的检出限见表 7－9。

表 7－9　8 种有机氯农药检出限

农药名称	检出限/（μg/kg）
α－六六六	0.1
β－六六六	0.2
γ－六六六	0.6
δ－六六六	0.6
p，p'－滴滴伊	0.8
o，p'－滴滴涕	1.0
p，p'－滴滴滴	1.0
p，p'－滴滴涕	1.0

实训项目五　毛细管气相色谱法测定白酒中乙酸乙酯的含量

一、目的要求

1. 了解白酒中乙酸乙酯气相色谱分析方法。
2. 学习内标法定量。
3. 熟练掌握气相色谱（FID）的使用操作技术。

二、相关知识

样品被汽化后，随同载气进入色谱柱，利用被测组分在气液两相中的不同分配系数，经色谱柱分离后，流入氢火焰离子化检测器（FID）检测，与标准品比较，保留时间定性，内标法定量。

三、仪器与试剂的准备

1. 仪器

气相色谱仪（配 FID 检测器），10μL 微量注射器，200μL 移液器一支。

2. 试剂

（1）60% 的乙醇溶液　无水乙醇（色谱纯）用超纯水稀释。

（2）乙酸乙酯　色谱纯（含量≥99.5%，相对密度 0.898）。

（3）乙酸正丁酯　色谱纯（含量≥99.5%，相对密度 0.878）。

（4）乙酸乙酯标准溶液　用 60% 乙醇溶液稀释乙酸乙酯，配成浓度为 2% 的乙酸乙酯标准溶液（浓度为 18.0g/L）。

（5）乙酸正丁酯内标溶液　用60%乙醇溶液稀释乙酸正丁酯，配成浓度为2%的乙酸正丁酯内标溶液（浓度为17.6 g/L）。

四、实训内容

1. 气相色谱条件

①色谱柱：HP－FFAP（聚乙二醇）极性柱，30m×0.25mm×0.25μm；

②程序升温：初温60℃保持4min，以5℃升至150℃保持1min，再以10℃/min升至250℃保持2min；

③进样口温度：220℃；

④检测器（FID）温度：250℃；

⑤载气：N_2（≥99.999%）；

⑥柱流量：1mL/min，恒流；

⑦进样量：1.0μL。

2. 标样校正因子 f 值的测定

准确吸取1.00mL乙酸乙酯标准溶液于10容量瓶中，准确加入200μL乙酸正丁酯内标溶液，用60%乙醇稀释至刻度，混匀，待仪器基线稳定后，用微量注射器进样1.0μL，记录色谱峰的保留时间和峰面积，以乙酸乙酯的峰面积与内标峰面积之比，计算出乙酸乙酯的相对质量校正因子 f 值。标样色谱图见图7－47。

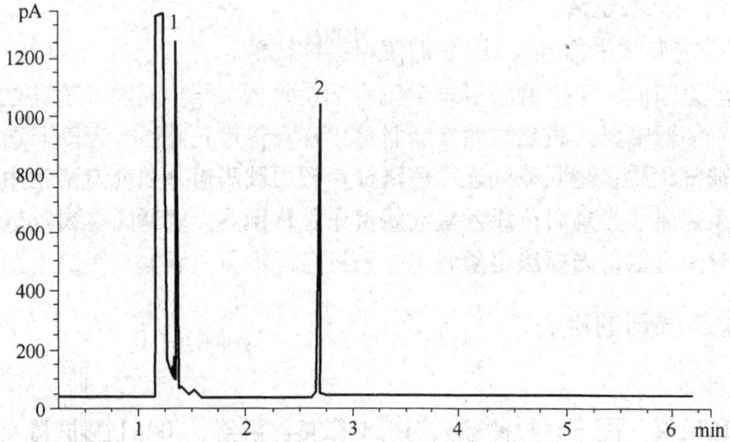

图7－47　标准品色谱图

1—乙酸乙酯　2—乙酸正丁酯（内标）

3. 样品的测定

于10mL容量瓶中准确加入200μL乙酸正丁酯内标溶液，倒入酒样至刻度，混匀。在与 f 值测定相同的条件下，用微量注射器进样1.0μL，记录乙酸乙酯和内标的峰面积，计算酒样中乙酸乙酯的含量。样品色谱图见7-48。

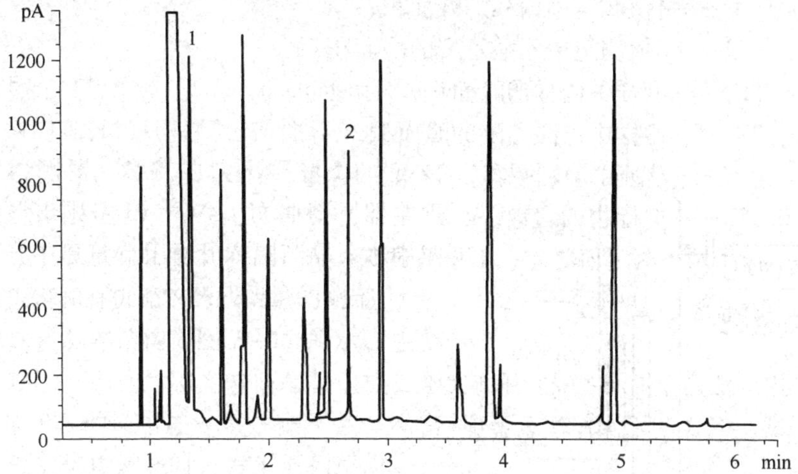

图7-48　样品色谱图

4. 数据记录与处理

峰　　号	1	2
组　　分	乙酸乙酯	乙酸正丁酯（内标）
保留时间 t_R 浓度/(g/L) 面　积		

峰　　号	1	2
组　　分	乙酸乙酯	乙酸正丁酯（内标）
保留时间 t_R 浓度/(g/L) 面　积		

五、结果计算

按下式计算样品中乙酸乙酯的含量：

$$f = \frac{A_s}{A} \times \frac{G}{0.352}$$

$$X = \frac{A'}{A'_s} \times f \times 0.352$$

式中　X——酒样中乙酸乙酯含量，g/L；

f——乙酸乙酯的相对质量校正因子；

A_s——f值测定中内标的峰面积；

A——f值测定中乙酸乙酯的峰面积；

A'_s——酒样中内标的峰面积；

A'——酒样中乙酸乙酯的峰面积；

G——f值测定中标样乙酸乙酯的含量，g/L；

0.352——内标物的含量，g/L。

同一样品两次测定值之差，不得超过5%。

六、思考题

1. 内标法定量有哪些优点和缺点?
2. 试述FID使用操作注意事项。

思考与练习

1. 在气相色谱分析中，用于定性分析的参数是（　　）。
   A. 峰面积　　B. 保留值　　C. 分离度　　D. 半峰宽
2. 在气-液色谱分析中，良好的载体为（　　）。
   A. 粒度适宜、均匀，表面积大
   B. 表面没有吸附中心和催化中心
   C. 化学惰性、热稳定性好，有一定的机械强度
   D. A、B和C
3. 检出限是指检测器的响应信号（　）时。在单位时间或单位体积内通过检测器的最低样品量（或浓度）。
   A. 小于检测器噪声大小的三倍　　B. 等于检测器噪声大小的三倍
   C. 大于检测器噪声大小的三倍　　D. 等于检测器噪声大小的五倍
4. 选择程序升温方法进行分离的样品主要是（　　）。
   A. 同分异构体　　B. 同系物
   C. 沸点差异大的混合物　　D. 极性差异大的混合物
5. 毛细管气相色谱比填充柱色谱具有更高的分离效率，从速率理论分析，是由于毛细管色谱柱（　　）。
   A. 不存在分子扩散　　B. 不存在涡流扩散
   C. 传递阻力很小　　D. 载气通过的阻力小
6. 毛细管气相色谱属于（　　）。
   A. 液-液色谱　　B. 气-液色谱
   C. 气-固色谱　　D. 液-固色谱

7. 试述 FID 的检测原理，使用 FID 时应注意什么问题？

8. 气相色谱分析条件有哪些？对进样口的温度设置有何要求？

9. 什么是程序升温？程序升温的作用是什么？

10. 使用非极性固定液分离非极性组分时，出峰顺序是怎样的？为什么？

11. 气相色谱样品前处理技术主要有哪些？为什么要对样品进行前处理？

12. 由气相色谱分析得出如下数据。试计算 B、C、D 对 A 的相对保留值。

组分	空气	A	B	C	D
保留时间/min	0.15	2.33	3.76	6.12	10.98

13. 简述气相色谱分析样品操作步骤及操作注意事项。

第八章　高效液相色谱法

知识目标

- 掌握高效液相色谱仪的基本结构和工作流程。
- 了解液相色谱固定相和流动相的性质与作用。
- 掌握液相色谱检测器的工作原理和适用范围。
- 掌握液相色谱的样品前处理技术。

能力目标

- 能根据样品的性质选择合适的流动相和固定相。
- 熟练掌握高效液相色谱仪的使用操作方法。
- 能用外标法和内标法定量分析样品。

高效液相色谱法（High performance Liquid Chromatography，简称 HPLC）亦称高压液相色谱法或高速液相色谱法，是在经典的液相色谱（柱色谱、薄层色谱）的基础上引入气相色谱理论，在技术上采用高压输送流动相、高效固定相和高灵敏度检测器，实现了分析速度快、分离效率高、检测灵敏及操作自动化。

高效液相色谱法具有以下特点：

（1）高压　由于溶剂（流动相）的黏度比气体大，色谱柱内填料（固定相）颗粒细小，当流动相通过色谱柱时会受到很大阻力，一般 1m 长的色谱柱的压降为 75×10^5Pa。所以，高效液相色谱流动相需采用高压泵输送，压力可达15～35MPa。

（2）高速　流动相通过柱子的流速可达 3～10mL/min，制备液相可达 10～15mL/min，分离速度加快，可在几分钟到几十分钟内完成一个复杂样品的分离与分析。

（3）高效　使用颗粒细小、均匀的高效固定相。色谱柱的塔板理论数可达 10^4 块/m，在一根色谱柱上可有效分离含 100 种成分的复杂样品。

（4）高灵敏度　采用高灵敏度检测器，如紫外检测器的灵敏度可达 5×10^{-10}g/mL，荧光检测器可达 5×10^{-12}g/mL。

高效液相色谱与气相色谱比较有以下优点：

（1）气相色谱法只能分析气体和中低沸点的有机化物，即被分析的样品能瞬间汽化且不分解，这类化合物仅占有机化合物总量的 20%。对于高沸点、热稳定性差、摩尔质量大的有机化合物，目前主要采用高效液相色谱法进行分析。

（2）气相色谱法的流动相是惰性气体，与样品组分之间几乎没有作用力，仅起运载作用；高效液相色谱法的流动相是不同极性的液体，除运载作用外，还与组分之间产生作用力，使高效液相色谱增加了一个控制和改进分离条件的参数。由于可供选择的流动相种类繁多，而且还可以通过任意配比来改变流动相的极性和浓度，进而改变组分的容量因子，最终实现各种难分离组分的分离。

（3）气相色谱法一般都是在较高温度下进行分离和测定，分离测定后的组分大部分被破坏，不能再回收分析；高效液相色谱法是在室温下进行分离与分析，分离组分容易回收再分析。如结构定性、纯品制备等。

第一节　高效液相色谱仪

高效液相色谱仪由溶剂传输系统、进样系统、分离系统、信号检测系统和数据处理系统组成。其中溶剂传输系统中的高压泵、样品分离系统中的色谱柱和信号检测系统中的检测器是高效液相色谱仪的关键部件，有的仪器还配有梯度洗脱装置、在线真空脱气机、自动进样器、柱温控制器等，现代高效液相色谱仪都配有微机控制系统，进行自动化仪器控制和数据处理。高效液相色谱仪外观如图 8－1 所示。制备型高效液相色谱仪还配备有自动馏分收集装置。

图 8－1　Agilent 1200 高效液相色谱仪

高效液相色谱仪的工作流程如图 8－2 所示，由高压泵将贮液瓶中的流动相泵出，经在线真空脱气机（仅限低压混合）脱气后，流动相经过进样器并将由进样器引入的待测样品带入色谱柱，再将经色谱柱分离后的样品组分依次带出色谱柱，经检测器检测后流入废液瓶，检测信号被记录仪记录下来得到色谱图。

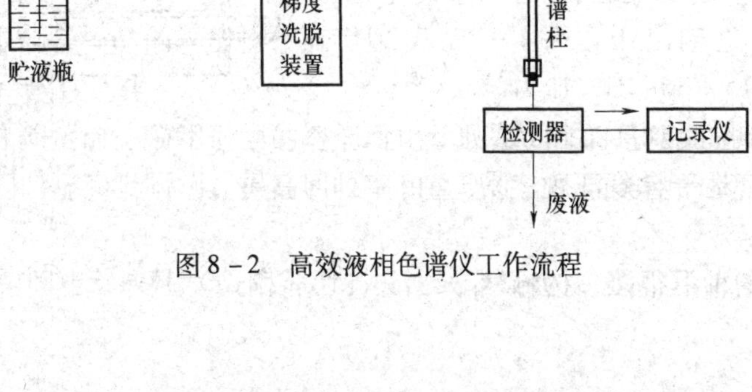

图 8－2　高效液相色谱仪工作流程

一、溶剂传输系统

溶剂传输系统一般由贮液瓶、脱气装置、高压泵、梯度洗脱装置和连接管路等组成。溶剂传输系统的作用是不断地向仪器提供连续、稳定、精确的流量。

（一）贮液瓶

用于盛放溶剂即流动相的试剂瓶，见光易分解的流动相应盛放在棕色贮液瓶中。

（二）脱气装置

流动相脱气的目的：①使泵的输液更准确，提高保留时间和峰面积的重现性；②提高检测器的性能，稳定基线，增加信噪比；③保护色谱柱，防止填料氧化，减少死体积。

流动相的脱气方式主要有超声波脱气、氦气脱气和在线真空脱气。图8－3为在线真空脱气机的原理示意图。由图可以看出，流动相经高压泵出后流经脱气机真空腔，由于真空腔内的输液管为半透膜管（只允许气体透过，液体不能透过），溶解在流动相中的气体如 N_2、O_2 在压力差的作用下，透过半透膜管溢出，达到脱气目的。

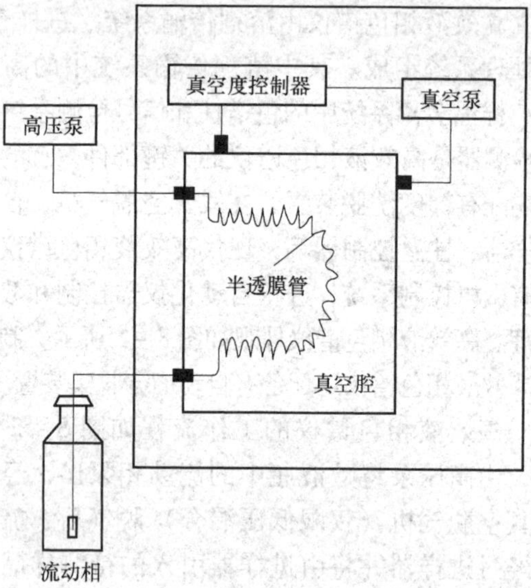

图8－3　在线真空脱气机原理图

（三）高压泵

高压泵是高效液相色谱仪的重要部件之一。因此应具备如下性能：①流量稳定。其RSD应<0.5%，这对定性定量的准确性至关重要；②流量范围宽。分析型应在0.1～10mL/min范围内连续可调，制备型应能达到100mL/min；③输出压力高。一般应能达到15～30mPa，压力波动小；④密封性能好，耐腐蚀；⑤死体积小，适于梯度洗脱，易于清洗。

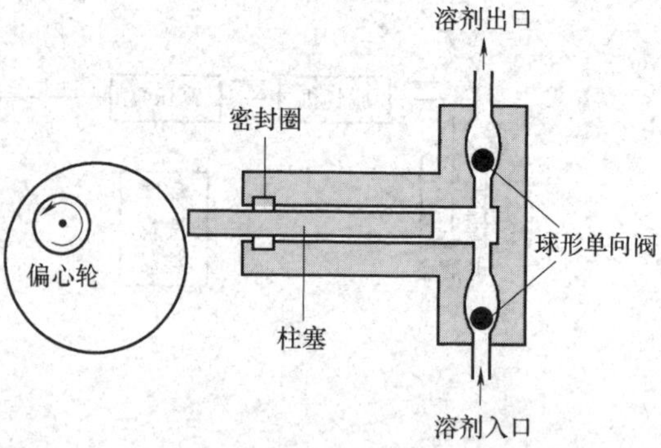

图8－4　柱塞往复泵结构示意图

高压泵的种类很多，按输液

性质可分为恒压泵和恒流泵。恒流泵按结构又可分为螺旋注射泵、柱塞往复泵和隔膜往复泵。恒压泵受柱阻影响，流量不稳定，螺旋泵缸体太大，这两种泵已被淘汰。目前应用最多的是柱塞往复泵，如图 8－4 所示。柱塞往复泵的液缸容积小，可至 0.1mL，因此易于清洗和更换流动相，特别适合于再循环和梯度洗脱；改变电机转速能方便地调节流量，流量不受柱阻影响；泵压可达 40MPa。其主要缺点是输出的脉冲性较大，现多采用脉冲阻尼器或双泵系统来克服。

（四）梯度洗脱装置

梯度洗脱相当于气相色谱的程序升温。HPLC 有等浓度洗脱和梯度洗脱两种：等浓度洗脱是指在同一分析周期内流动相组成保持恒定。适于组分数目少，性质差别不大的样品分析；梯度洗脱是指在一个分析周期内程序地改变流动相的组成，即程序地改变流动相的极性、离子强度等。用于分析组分数目多、性质差异较大的复杂样品。采用梯度洗脱可以缩短分析时间，提高分离度，改善峰形，提高检测灵敏度，但常常引起基线漂移和降低重现性。

梯度洗脱分为高压梯度洗脱和低压梯度洗脱。

1. 高压梯度洗脱

高压梯度洗脱也称泵后（高压）混合。一般采用二元泵（即两台泵）分别按比例（即洗脱程序）将溶剂 A 和溶剂 B 预先加压，再送入混合器混合，然后以一定的流量输出，如图 8－5 所示。其优点是精度高，缺点是需要用两台单泵，仪器成本高。

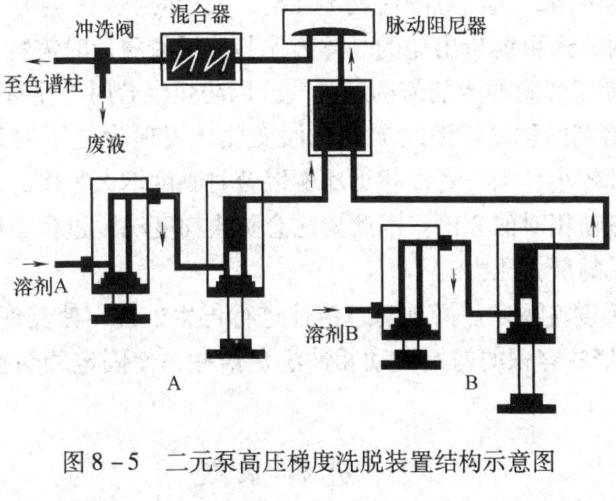

图 8－5　二元泵高压梯度洗脱装置结构示意图

2. 低压梯度洗脱

低压梯度洗脱也称泵前（低压）混合。是指在常压下预先按梯度洗脱程序将溶剂混合后，再用泵加压输出。图 8－6 为四元低压梯度洗脱装置结构示意图。如图所示，流动相（四相又称四元）经在线真空脱气机脱气后，按比例在常压下预先混合，再经四元泵加压输出。其主要优点是只需要一个单元泵，成本低，使用方便。

两种或两种以上溶剂（流动相）组成的梯度洗脱可按任意比例混合，即有多种洗脱曲线：线性梯度、凹形梯度、凸形梯度和阶梯形梯度。线性梯度最常用，尤其适合于在反相柱上进行梯度洗脱。在进行梯度洗脱时，由于多种溶剂混合，而且组成不断变化，因此要注意以下几点：

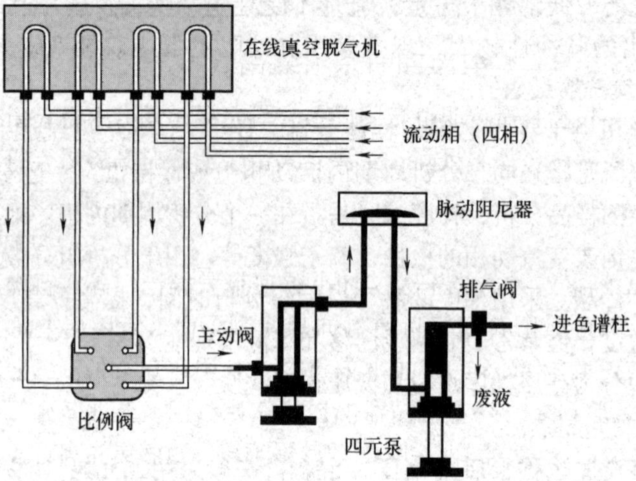

图 8-6　四元低压梯度洗脱装置结构示意图

（1）溶剂的互溶性。不相混溶的溶剂不能用作梯度洗脱的流动相。有些溶剂在一定比例内混溶，超出范围后就不互溶，使用时更要引起注意。当有机溶剂和缓冲液混合时，还可能析出盐的晶体，尤其使用磷酸盐时需特别小心。

（2）用于梯度洗脱的溶剂需彻底脱气，以防止混合时产生气泡。

（3）混合溶剂的黏度常随组成变化而变化，表现为柱压的激剧波动。例如甲醇和水黏度都较小，当二者以相近比例混合时黏度增大很多，此时的柱压大约是甲醇或水为流动相时的 2 倍。因此要注意防止梯度洗脱过程中压力超过输液泵或色谱柱能承受的最大压力。

（4）每次梯度洗脱之后必须对色谱柱进行再生处理，使其恢复到初始状态。常需用 10～30 倍柱容积的初始流动相冲洗色谱柱，使固定相与初始流动相达到完全平衡。

二、进样系统

进样系统要求密封性好，死体积小，重复性好，保证中心进样，进样时对色谱系统的压力、流量影响小。HPLC 常用的进样方式有三种：隔膜进样、六通阀进样和自动进样器进样。

（一）隔膜进样

与 GC 相似，在色谱柱顶端装一耐压隔膜，用 1～100μL 微量注射器吸取一定量样品穿过隔膜注入色谱柱。其优点是操作简单，死体积小，缺点是允许进样量小，重现性差，只能用于低压系统（<10MPa）。

（二）六通阀进样

六通阀进样是目前最常用的手动进样方式。如图8-7所示，当阀处于采样（a）状态时，用微量注射器将样液由口1注入，经口2流入定量环，多余的样液经口5由口6排出废液。此时流动相从口4流入直接从口3流进色谱柱，不经过定量环；将阀顺时针旋转60℃，进入进样（b）状态时，流动相由口4流入经口5、2、3将定量环内的样液带入色谱柱，完成进样。

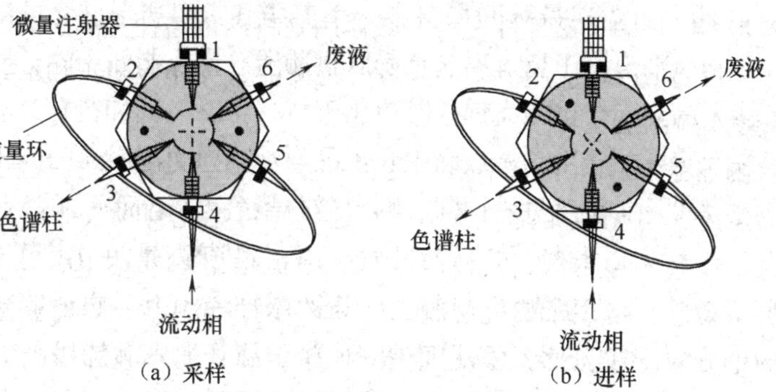

图8-7　六通阀采样与进样示意图

定量环（一般体积为20μL）的作用是控制进样体积，更换不同体积的定量环，可调整进样量。由于定量环内充满流动相，为了确保进样的准确度和重复性，通常采用两种方式进样：①满体积进样：即进样体积不小于定量环体积的3~4倍，这样才能完全置换定量环内的流动相，进样量即为定量环体积；②半体积进样：即进样量不大于定量环体积的50%，此时样液完全留在定量环内，进样量即为实际进样体积，但这种方法要求每次进样体积相同且非常准确。

（三）自动进样器进样

自动进样器由微机控制，操作者只需将分析的样品按一定次序放在样品架（盘）上，编辑并运行进样程序，自动进样器便自动取样、进样和清洗等动作，适于大批量样品的分析。有的自动进样器可自动进行柱前衍生化。

三、分离系统

分离是色谱分析的手段和核心，承担分离任务的是色谱柱。HPLC常用的色谱柱为柱长10~30cm、内径为4~5mm、管柱为不锈钢制作、内部充填有固定相的色谱柱，如图8-8所示。色谱柱由柱管、压帽、卡套（密封环）、筛板（滤片）、接头、螺丝等组成。色谱柱按用途可分为分析型色谱柱和制备型色谱柱，分析型色谱柱一般内径2~5mm（常用4.6mm），柱长10~30cm；制备型色谱柱一般内径20~40mm，柱长10~30cm。HPLC对色谱柱的要求是柱效高、选择性好、分析速度快等。

图 8-8　HPLC 色谱柱

四、检测系统

检测器是 HPLC 的关键部件之一，其作用是将经色谱柱分离出来的组分的量转变为电信号。目前 HPLC 应用最多的是紫外检测器、荧光检测器和示差检测器。

（一）紫外检测器

紫外检测器是 HPLC 中应用最广泛的检测器，当检测波长范围包括可见光时，又称为紫外-可见检测器，适用于对紫外-可见光有吸收的样品检测。其特点是：①灵敏度高、噪声低、线性范围宽，最低检出浓度达 10^{-12}g/mL；②对流速和温度均不敏感，可用于梯度洗脱；③属浓度型检测器，即检测器的响应值与流动相中的组分浓度成正比，服从朗伯-比尔定律；④不破坏样品，能与其他检测器串联，可用于样品制备。弱点是只能检测对紫外-可见光有吸收的样品，对无吸收的物质无响应；流动相的选择有一定限制，要求选用的流动相在检测波长处无紫外吸收。

紫外检测器分为固定波长检测器、可变波长检测器和二极管阵列检测器（或波长扫描检测器）。固定波长检测器常用汞灯的254nm 或280nm 为测量波长，检测在此波长下有吸收的有机物。可变波长紫外检测器（简称 VWD）实际是一台紫外-可见分光光度计，测量光路见图 8-9。

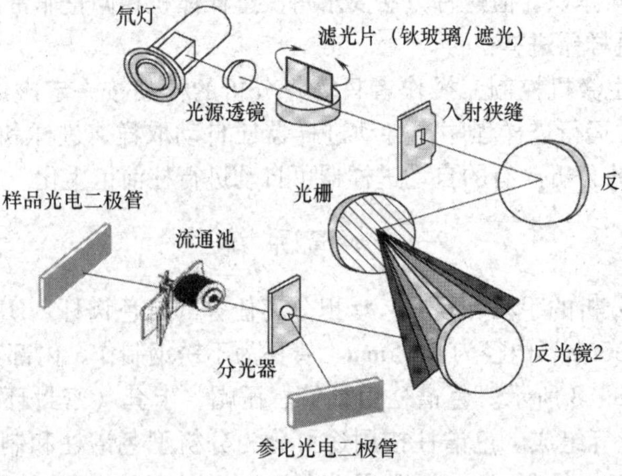

图 8-9　VWD 光路示意图

二极管阵列检测器（简称 DAD）是目前高效液相色谱性能最好的检测器，如图 8 - 10 所示。它与 VWD 不同之处在于：①VWD 的检测波长范围为 190 ~ 600nm，DAD 的检测波长范围为 190 ~ 900nm；②VWD 的样品流通池位于光栅之后，而 DAD 的样品流通池位于光栅之前；③VWD 的光栅转动（以便切换波长），而 DAD 的光栅固定；④在某一时刻，VWD 仅可得到某一波长下样品的吸光度值，而 DAD 可以得到样品的吸收光谱；⑤VWD 必须将各个时刻所得到吸光度值描点作图才能得到所需的色谱图，而 DAD 可以很方便地提取所需检测波长下的色谱图。

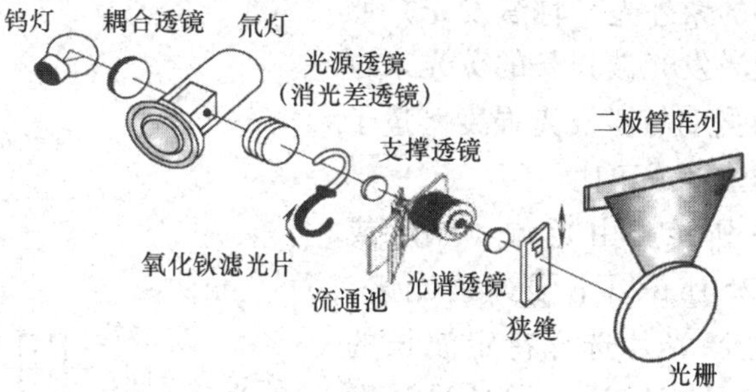

图 8 - 10　DAD 光路示意图

由于 DAD 采用上千个二极管采集扫描数据，因此，通过 DAD 检测可以得到：①各波长下的样品色谱图；②各时刻样品的吸收光谱曲线；③三维立体色谱图（图8 - 11）；④可进行色谱峰纯度检测（图 8 - 12）。

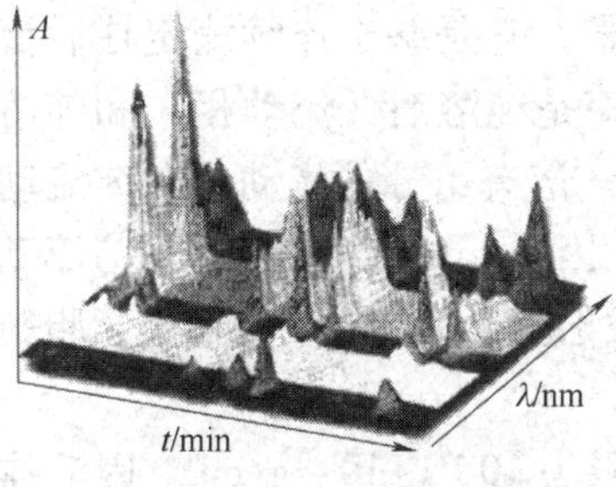

图 8 - 11　DAD 三维色谱图

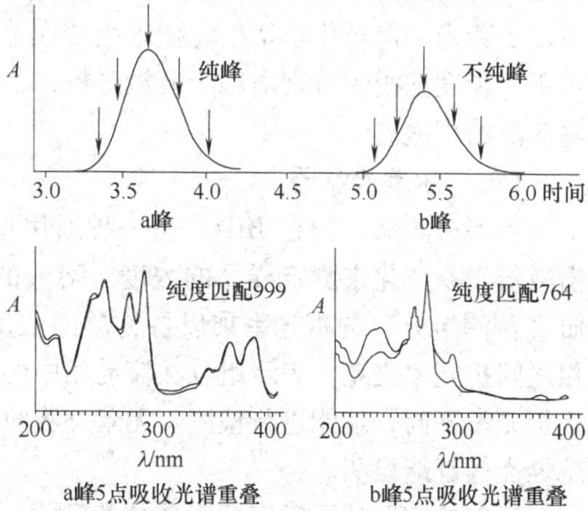

图 8 - 12　DAD 峰纯度检测

峰纯度检测原理：在色谱峰上取 5 个具代表性的时间点（时刻），比较这 5 个时刻的吸收光谱曲线的吻合程度，若色谱峰为纯物质，则在 5 点处的吸收光谱曲线完全吻合，如图 8 – 12（a 峰）所示；若色谱峰中含有杂物，则在 5 点处的吸收光谱曲线不吻合，如图 8 – 12（b 峰）所示。吻合程度用峰纯度匹配值表示，匹配值大于 960（其值因化学工作站不同而异）一般为纯峰。

（二）荧光检测器

荧光检测器（简称 FLD）是一种灵敏度高且选择性好的检测器，它是利用某些有机化合物（如具有对称共轭结构的有机芳香族化合物、生化物质等）在受到一定波长和强度的紫外光（称激发光）照射后，发射出较激发光波长长的荧光来进行检测，荧光的强度与激发光强度、量子效率以及化合物浓度成正比。

如图 8 – 13 所示，由光源（氙灯或卤钨灯）产生 250nm 以上强连续光谱，经透镜和激发光滤光片选择特定波长的激发光，通过样品流通池，样品受激发后向四周发射荧光，为避免激发光干扰，取与激发光成直角方向的荧光进行检测。

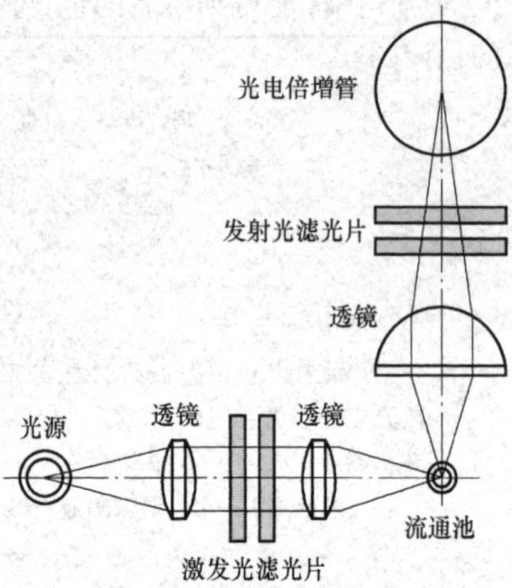

图 8 – 13　荧光检测器光谱图

荧光检测器的最大优点是灵敏度高，比紫外检测器高出 1 ~ 3 个数量级，达 10^{-13}g/mL；选择性好，某些物质虽本身不发出荧光，但经化学衍生化技术生成荧光衍生物，再进行检测；样品用量少，可用于梯度洗脱。特别适用于痕量分析，在环境监测、药物分析、生化分析中有着广泛的用途。

（三）示差检测器

示差检测器（简称 RID）是一种通用型检测器，它是基于连续测定柱后流出液折光率变化来测定样品的浓度。溶液的折光率是纯溶剂（流动相）和纯溶质（待测组分）的折光率乘以各物质的浓度之和。溶有组分的流动相和纯流动相之间折光率之差，表示组分在流动相中的浓度。因此，只要组分折光率与流动相折光率不同，就能进行检测。无紫外吸收、不发射荧光的物质，如糖类、脂肪烷烃类等都能检测。

示差检测器的灵敏度低于紫外检测器，检出限为 10^{-7} ~ 10^{-6}g/mL。因液体折射率随温度、压力变化，所以 RID 应在恒温、恒流下操作。该检测器不能用于梯度洗脱。

除上述介绍的检测器外，用于 HPLC 的检测器还有红外检测器（IRD）、电导检测器和质谱检测器等。表 8 – 1 列出 HPLC 常见的检测器及其性能。

表 8-1　　高效液相色谱常见的检测器及其性能

检测器	类型	最高灵敏度/(g/mL)	温度影响	流速影响	梯度洗脱
紫外（VWD）	选择	5×10^{-10}	低	无	可以
荧光（FLD）	选择	5×10^{-12}	低	无	可以
示差（RID）	通用	5×10^{-7}	有	有	不可
红外（IRD）	选择	$\sim10^{-7}$	低	无	可以
电导	选择	$\sim10^{-9}$	有	有	不可
质谱	通用	$\sim10^{-8}$	无	无	可以

第二节　液相色谱主要类型

一、液-固吸附色谱

液-固吸附色谱是指流动相为液体，固定相为固体吸附剂的色谱方法。分离的实质是利用组分在吸附剂（固定相）上的吸附能力以及被流动相洗脱难易程度的不同而获得分离，分离过程是一个吸附与解吸附的平衡过程。常用的吸附剂为硅胶或氧化铝，粒度 5~10μm。适用于非离子型化合物的分离，尤其是异构体以及具有不同极性取代基化合物间的分离。具有不同官能团的化合物在液-固吸附色谱中的保留顺序为：烷基＜卤素（F＜Cl＜Br＜I）＜醚＜硝基化合物＜腈＜叔胺＜酯＜酮＜醛＜醇＜酚＜伯胺＜酰胺＜羧胺＜碳胺。

二、液-液分配色谱

液-液分配色谱即指流动相和固定相均为液体，固定相被涂渍在惰性担体表面。分离原理与液-液萃取相似，是根据被分离组分在流动相和固定相中的溶解度不同，即分配系数不同而实现分离，分离过程是一个反复分配平衡的过程。液-液分配色谱按固定相和流动相的极性不同，分为正相色谱（NPC）和反相色谱（RPC）。

（1）正相色谱　固定相的极性大于流动相的极性称为正相色谱。用于分离中等极性和极性较强的化合物，如酚类、胺类、羰基类及氨基酸类等。

（2）反相色谱　固定相的极性小于流动相的极性称为反相色谱。用于分离非极性和弱极性化合物。如烷烃、芳烃、稠环化合物等。RPC 在现代液相色谱中应用最为广泛，约占 HPLC 应用的 80%。

三、离子交换色谱

固定相为带电荷基团的离子交换树脂或离子交换键合相。分离原理是离子交换树脂上可电离的离子与流动相中具有相同电荷的离子及待测组分的离子进行可逆交换，根据各离子与离子交换基团具有不同的电荷吸引力而分离。固定相基团带正电荷的时候，其与流动相或样品组分交换的离子为阴离子；固定相基团带负电荷的时候，其交换的离子为阳离子。离子交换色谱主要用于可电离化合物的分离，例如氨基酸的分离、多肽的分离、核苷酸、核苷和各种碱基的分离等。

四、凝胶渗透色谱

凝胶渗透色谱（又称体积排阻色谱）是利用分子筛对分子质量大小不同的各组分排阻能力的差异而实现分离。固定相为带有一定孔径的多孔性凝胶，流动相为可以溶解样品的溶剂。分离原理：样品中分子质量小的组分可以进入孔穴，即受固定相的排阻力大，在柱中滞留时间长；相反分子质量大的组分因不能进入孔穴而直接随流动相流出。常用于分离高分子化合物，如组织提取物、多肽、蛋白质、核酸等。

第三节　高效液相色谱的固定相和流动相

与气相色谱相比，高效液相色谱中的固定相和流动相对样品组分的分离都起着至关重要的作用。选择合适的固定相和流动相是完成液相色谱分析的最关键因素，不同类型的液相色谱所选用的固定相和流动相是不相同的，现分述如下。

一、液－固吸附色谱的固定相和流动相

（一）固定相

液－固吸附色谱的固定相为固体吸附剂。常用的有硅胶、氧化铝、分子筛和活性炭等全多孔型或薄壳型固体吸附剂，目前应用较多的是直径为 5～10μm 的全多孔型硅胶微粒，其特点是颗粒小，传质距离短，柱效高。

（二）流动相

液－固吸附色谱中的流动相常称为洗脱剂，它的选择比固定相更为重要。对不同极性的样品应选择不同极性的洗脱剂，极性大的样品用极性大的洗脱剂，极性小的样品用极性小的洗脱剂。流动相的极性强度常用洗脱剂的强度参数 ε° 表示，ε° 越大，表示洗脱剂的极性也越大。表 8－2 列出以氧化铝为固定相时，一些常用洗脱剂洗脱能力序列。

表 8－2　　以氧化铝为固定相常用洗脱剂的洗脱能力序列

溶剂	ε°	溶剂	ε°	溶剂	ε°
氟代烷烃	－0.25	甲苯	0.29	乙酸乙酯	0.58
正戊烷	0.00	苯	0.32	乙腈	0.65
异辛烷	0.01	氯仿	0.42	吡啶	0.71
正庚烷	0.04	二氯甲烷	0.42	二甲亚砜	0.75
环己烷	0.04	二氯乙烷	0.44	异丙醇	0.82
四氯化碳	0.18	四氢呋喃	0.45	乙醇	0.88
二甲苯	0.26	丙酮	0.56	甲醇	0.95

在液－固吸附色谱中，经常选择二元混合溶剂作为流动相。一般以一种极性强的溶剂和一种极性弱的溶剂按一定比例混合来获得所需极性的流动相。

二、液－液分配色谱的固定相和流动相

（一）固定相

液－液分配色谱的固定相由两部分组成，一部分是惰性载体，另一部分是涂渍在载体上的固定液。固定液的选择应遵循：极性样品选择极性固定液，非极性样品选择非极性固定液。液－液分配色谱常用的固定液有强极性 β，β－氧二丙腈、中等极性聚乙二醇和非极性角鲨烷等，这些固定液具有分离重现性好、样品容量大、分离样品范围广等优点。缺点是固定液易被流动相洗脱而导致柱效能下降，目前已被化学键合相所代替。

化学键合相是借助于化学反应将有机分子通过化学键的形式结合到载体表面。目前应用最多的载体是硅胶，根据与硅胶表面的硅醇基（ ≡Si—OH ）键合反应不同，键合固定相分为硅氧碳键型（ ≡Si—O—C ）、硅氧硅碳键型（ ≡Si—O—Si—C ）、硅碳键型（ ≡Si—C ）以及硅氮键型（ ≡Si—N ）。在硅胶表面利用硅烷化得到 ≡Si—O—Si—C 键型（C_{18}烷基键合相）的反应为：

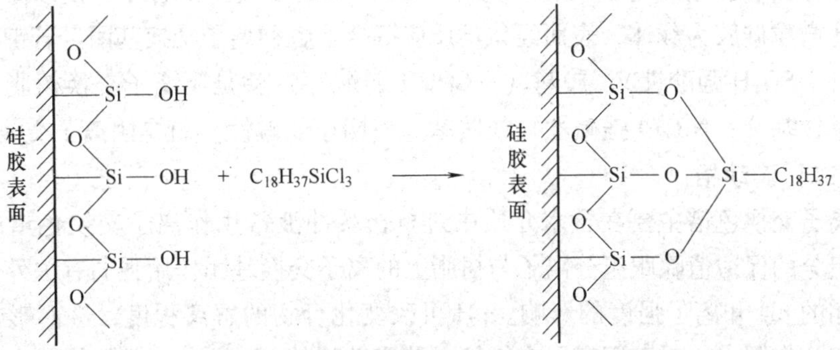

化学键合相具有以下特点：

①固定相不易流失，柱的稳定性和寿命较高；

②能耐各种溶剂冲洗，可用于梯度洗脱；

③表面较为均一，没有液坑，传质快，柱效高；

④能键合不同基团以满足分离选择性的需要，因而应用非常广泛。例如键合氰基、氨基等极性基团用于正相色谱；键合离子交换基团用于离子交换色谱；键合 C_2、C_4、C_6、C_8、C_{18}烷基和苯基等非极性基团用于反相色谱等。

（二）流动相

液-液分配色谱使用溶剂作流动相。溶剂洗脱组分的能力与溶剂的极性有关，溶剂极性增大，洗脱强度增大。常用溶剂的极性大小顺序为：水 > 甲酰胺 > 乙腈 > 甲醇 > 乙醇 > 丙醇 > 丙酮 > 二氧六环 > 四氢呋喃 > 正丁醇 > 乙酸乙酯 > 乙醚 > 异丙醚 > 二氯甲烷 > 氯仿 > 溴乙烷 > 苯 > 四氯化碳 > 二硫化碳 > 环己烷 > 己烷 > 煤油。

在正相色谱中，洗脱剂采用低极性的溶剂如正己烷、苯、氯仿等，根据样品组分的性质，常选择极性较强的溶剂如醚、酯、酮、醇、酸等作调节剂；在反相色谱中，常以水为流动相的主体，加入不同配比的有机溶剂如甲醇、乙腈、二氧六环、四氢呋喃等作调节剂。

在正相分配色谱中，固定相载体上涂渍的是极性固定液，流动相是非极性溶剂。它用来分离极性较强的水溶性样品，组分中非极性组分先洗脱出来，极性组分后洗脱出来；在反相分配色谱中，固定相载体上涂渍的是极性较弱或非极性固定液，流动相使用极性较强的溶剂。用于分离油溶性样品，其洗脱顺序是极性组分先被洗脱，非极性组分后被洗脱。

三、离子交换色谱的固定相和流动相

（一）固定相

离子交换色谱的固定相有两种类型：①离子交换树脂。即以薄壳玻璃珠作为担体，在其表面涂渍约1%的离子交换树脂。②离子交换键合相。是以薄壳型或全多孔微粒硅胶为载体，表面经化学反应键合上各种离子交换基团。若键合上磺酸基（$—SO_3H$ 强酸性）、羧基（—COOH 弱酸性）就是阳离子交换树脂；若键合上季铵基（$—NR_3Cl$ 强碱性）或胺基（$—NH_2$ 弱碱性）就是阴离子交换树脂。

（二）流动相

离子交换色谱主要在含水介质中进行，缓冲液常用作离子交换色谱的流动相。组分的保留值除跟组分离子与树脂上的离子交换基团作用强弱有关外，还受流动相的 pH 和离子强度的影响。pH 可改变化合物的解离程度，进而影响其与固定相的作用力，对于阳离子交换柱，随流动相的 pH 增大，保留值减小；对于阴离子交换柱，随流动相的 pH 增大，保留值增大。增加流动相的盐浓度，组分的保留值随之降低。

四、凝胶渗透色谱的固定相和流动相

（一）固定相

凝胶渗透色谱的固定相即为凝胶。所谓凝胶是指含有大量液体（通常是水）的柔软并富有弹性的物质，是一种经过交联而具有立体多孔网状结构的多聚体。分为软质、半硬质和硬质三种类型。

（1）软质凝胶　如葡萄糖凝胶、琼脂糖凝胶等。具有较小的交联结构，属均匀凝胶。此类凝胶不适于高柱压和大流速洗脱。

（2）半硬质凝胶　如苯乙烯－二乙烯苯交联共聚凝胶，是目前应用最多的凝胶。特点是能耐较高压力，适用于非极性有机溶剂，但不适于丙酮、乙醇等极性溶剂。

（3）硬质凝胶　如多孔硅胶、多孔玻璃微球等。此类凝胶化学惰性、稳定性及机械强度均好，耐高温，使用寿命长，流动相性质影响小，可在较高流速下使用。

（二）流动相

凝胶渗透色谱所用的流动相，其性质应与凝胶相似，以便浸润凝胶并防止其吸附作用的产生。对于软质凝胶，所选流动相必须能溶胀凝胶；对于一些扩散系数相当低的大分子而言，流动相溶剂自身的黏度大小也是十分重要的因素，黏度过高将使扩散作用受到一定制约，从而影响分辨率。一般地，分离高分子有机化合物，主要采用四氢呋喃、甲苯、间甲苯酚、*N*，*N*－二甲苯酰胺等作流动相；分离生物样品则主要采用水、盐缓冲溶液、乙醇以及丙酮等作流动相。

第四节　实验技术

一、样品预处理技术

与气相色谱中的样品预处理一样，液相色谱样品预处理的目的是去除基体中干扰杂质，将待测组分从样品中提取并转化成可检测的形式，以提高检测灵敏度和准确度，改善定性定量分析的重现性。用于液相色谱样品预处理的方法很多，如溶剂萃取、浓缩、稀释、固相萃取、固相微萃取、超临界流体萃取及衍生化技术等。目前在液相色谱中应用较多的是溶剂萃取、固相萃取、固相微萃取和衍生化反应。

（一）溶剂萃取

称取一定量的固体或液体样品，加入适量的溶剂（选择对待测组分溶解性高的溶剂）溶解，用加热振荡、超声或微波萃取等方法提取，离心后过滤，根据需要再进行减压浓缩或稀释，最后用 0.45μm 膜过滤后上 HPLC 分析。操作流

程见图 8－14。

（二）固相萃取

固相萃取是利用固体吸附剂将目标化合物吸附，使之与样品基体及干扰物质分离，然后用洗脱液洗脱，从而达到分离与富集目标化合物的目的。固相萃取处理 HPLC 样品操作流程见图 8－15。

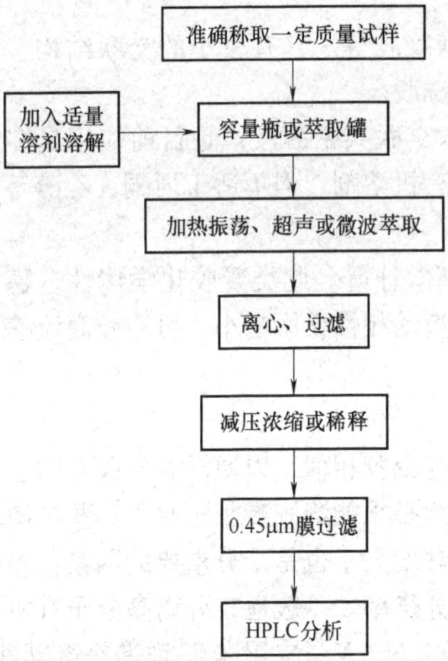

图 8－14　溶剂萃取操作流程图

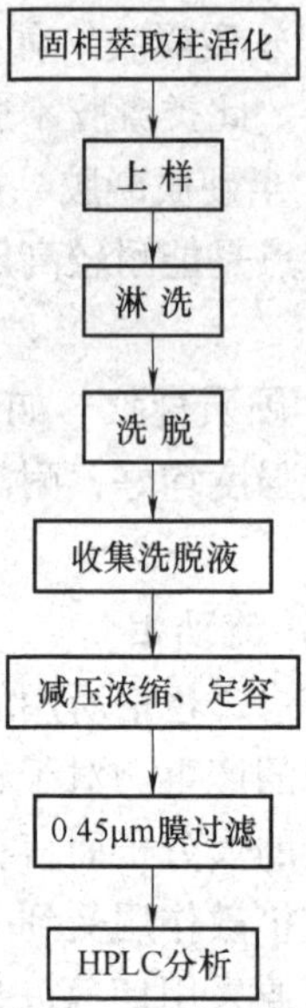

图 8－15　固相萃取操作流程图

（三）固相微萃取

固相微萃取（solid phase micro－extraction，SPME）是在固相萃取的基础上发展起来的一种新的萃取分离技术，主要用于气相色谱分析和液相色谱分析的样品制备。与溶剂萃取和固相萃取相比，固相微萃取具有操作简单、分析时间短、样品用量少、无需使用溶剂，特别适合现场分析等优点，目前广泛应用于环境、食品、制药、生物等领域。

固相微萃取装置类似于色谱微量注射器，主要由手柄和萃取头两部分组成。萃取头是一根长约 1cm、涂有不同固相层的熔融石英纤维，石英纤维一端连接不锈钢滤芯，外面套有细不锈钢针管（保护石英纤维不被折断），萃取头在不锈钢针管内可伸缩或进出；手柄用于安装和固定萃取头。用于 GC 分析和 HPLC 分析的商品化 SPME 装置在结构上略有差异，如图 8－16 所示。

固相微萃取主要是通过萃取头熔融石英纤维上的固相涂层（吸附剂）对样品中有机分子进行萃取和富集，选择合适的吸附剂使目标化合物吸附在涂层上，而干扰物和溶剂不被吸附是固相微萃取的关键。选择吸附剂的一般原则是：极性

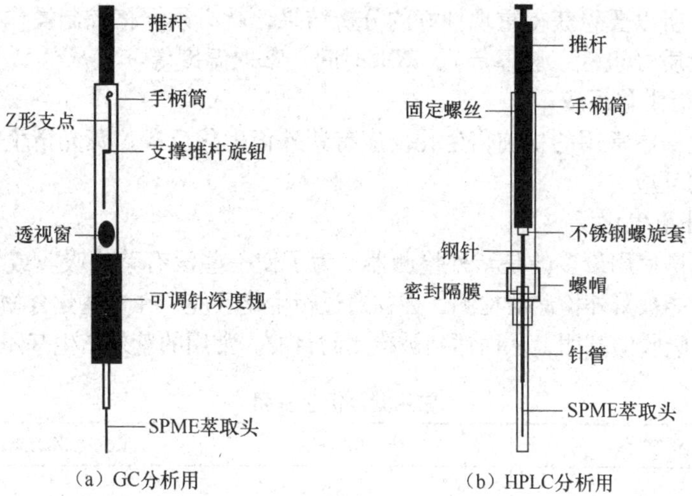

图8－16　固相微萃取（SPME）装置结构示意图

物质选择极性吸附剂，非极性物质选择非极性吸附剂。

固相微萃取的操作步骤如下：

（1）萃取头活化　萃取头在使用前必须用适当的溶剂（HPLC 分析）或热解吸（GC 分析）方法活化萃取柱，目的是除去吸附剂中可能存在的杂质，同时湿润吸附剂，提高回收率和重现性。GC 分析用萃取头活化方法：将萃取头插入 GC 进样口，然后将石英纤维头推出，于250℃左右活化 1h，再将石英纤维头缩回拔出；HPLC 分析用萃取头活化方法：将萃取头插入固相微萃取－HPLC 接口解吸池，将石英纤维头推出，用流动相洗脱 20min，再将石英纤维头缩回取出。

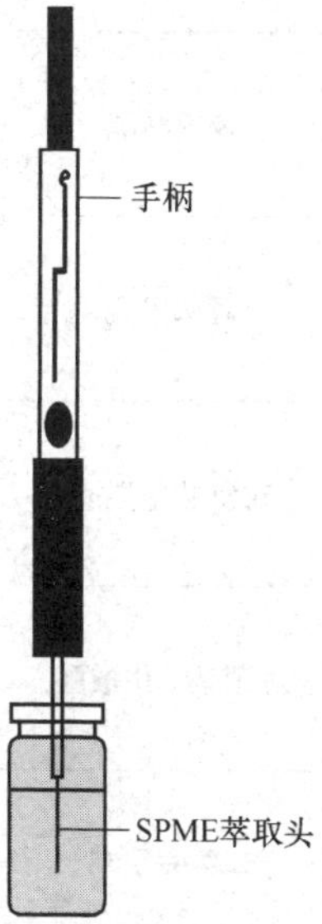

图8－17　SPME 萃取样品

（2）萃取过程　将萃取不锈钢针头插入样品瓶内，按下手柄推杆至具有吸附涂层的萃取纤维暴露在样品中进行萃取。一段时间后，将推杆松开让萃取纤维头（SPME 萃取头）缩回不锈钢针管内，再拔出萃取头完成萃取过程。如图8－17所示。

（3）解吸过程　将已完成萃取过程的萃取头插入分析仪器的进样口。当 SPME 用于 GC 分析时，将萃取头插入 GC 进样口进行热解吸；当 SPME 用于 HPLC 分析时，将萃取头插入 HPLC 进样口进行溶剂洗脱。待测物质解吸后，进入色谱柱分离和检测器检测。

由于 SPME 萃取过程并不是100%完全萃取分析物，也不需要达到所谓的热力学平衡，所以要想获得重现性好的分析结果，就必须严格控制操作条件，如萃取纤维头性质（极性、膜厚等）、萃取时间、萃取温度等。

（四）衍生化反应

液相色谱中常用的柱前衍生化反应有紫外衍生化反应、荧光衍生化反应和电化学衍生化反应。

1. 紫外衍生化反应

液相色谱使用最多的是紫外检测器，为了使一些没有紫外吸收或紫外吸收很弱的化合物能被紫外检测器检测，往往通过衍生化反应，在这些化合物的分子中引入有强紫外吸收的基团，从而达到被检测的目的。常用的紫外衍生基团见表 8－3。

表 8－3　常用紫外衍生基团

基团名称	结构式	最大吸收波长 λ_{max}/nm
苯甲基	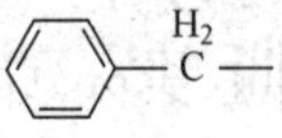	254
对硝基苯甲基	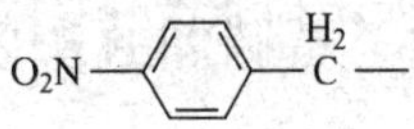	265
苯甲酸酯	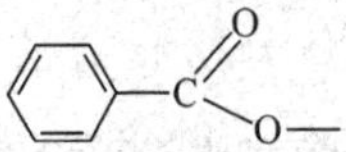	230
对苯甲酰	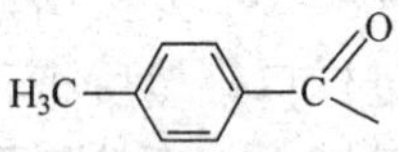	236
对氯苯甲酸酯	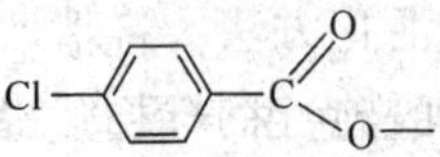	236
对硝基苯甲酸酯	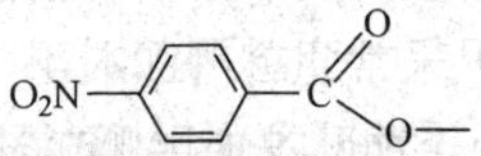	254
苯甲酰甲基	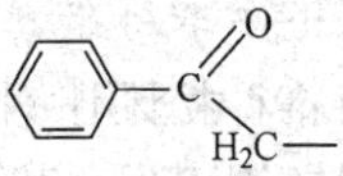	250
对溴苯甲酰甲基	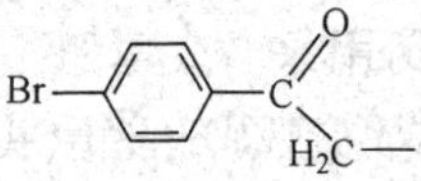	260
α－萘甲酰甲基	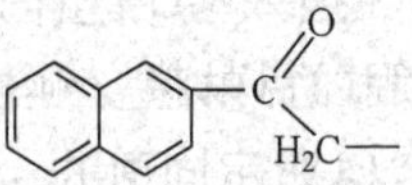	248

紫外衍生化反应要选择反应产率高，重现性好的反应。过量的试剂以及样品中的杂质如果干扰目标化合物的分离与检测，则在色谱分析前进行纯化处理。常用的紫外衍生化反应有：

（1）苯甲酰化反应　苯甲酰氯及其衍生物——对硝基苯甲酰氯、3，5－二硝基苯甲酰氯都可以同胺、醇和酚类化合物反应，生成强紫外吸收的苯甲酸酯类衍生物，反应如下：

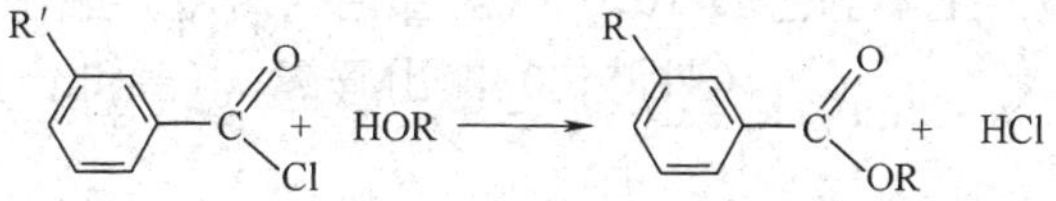

过量试剂可以通过水解除去，反应产物可用有机溶剂提取后直接进样。

（2）2，4－二硝基氟代苯（DNFB）反应　DNFB 与醇的反应产率很低，但可与大多数伯胺、仲胺和氨基酸反应，生成强紫外吸收的苯胺类衍生物，反应如下：

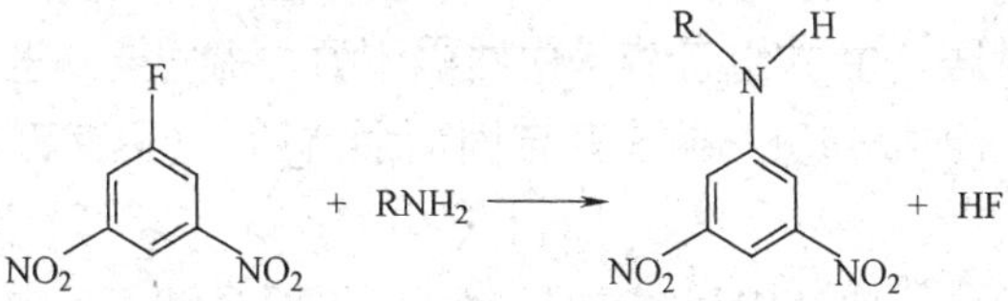

（3）苯基异硫氰酸酯（PITC）反应　PITC 可与氨基酸反应生成苯基乙内酰硫脲衍生物－PTH 氨基酸，反应如下：

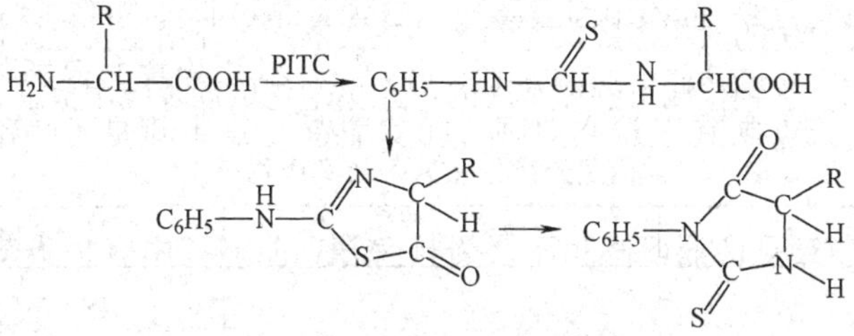

苯基异氰酸酯与醇类反应生成苯基甲酸酯，反应如下：

（4）苯基磺酰氯反应　苯基磺酰氯可与伯胺和仲胺反应，不仅能提高它们的检测灵敏度，还可改变 HPLC 的分离度。反应如下：

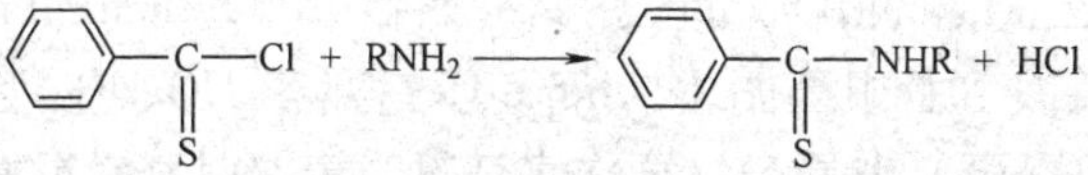

（5）有机酸的酯化反应　有机酸很容易与酰溴基反应生成酯。常用的酰溴基试剂有苯甲酰溴、萘甲酰溴、甲氧基苯甲酰溴、对溴基苯甲酰溴和对硝基苯甲

酰溴等。如：

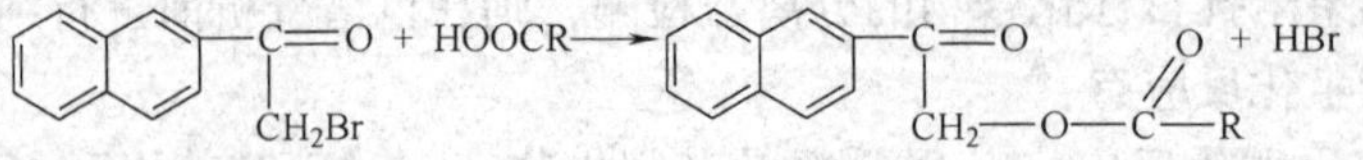

（6）羰基化合物的反应　醛类和酮类中的羰基可与2，4-二硝基苯肼（DNRA）反应，生成苯腙衍生物，反应在弱酸条件下进行，反应式如下：

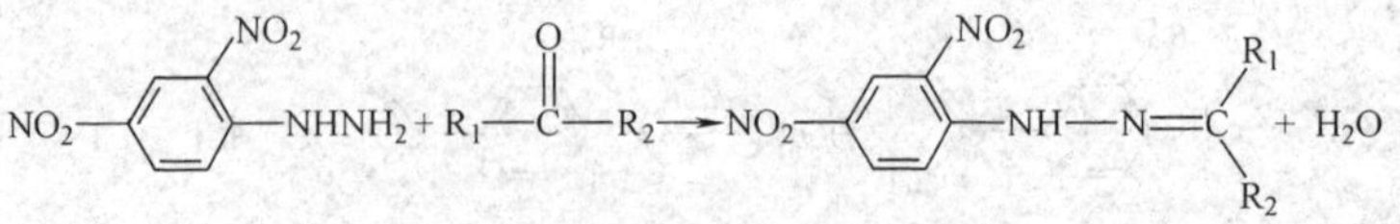

羰基化合物还可以与对硝基苄基羟胺（PNBA）反应，生成有强紫外吸收的肟。反应式如下：

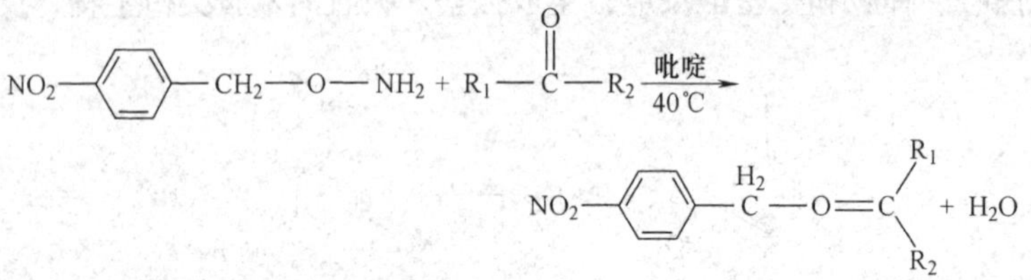

2. 荧光衍生化反应

液相色谱中的荧光检测器的灵敏度要比紫外检测器的灵敏度高出几个数量级，但是液相色谱能分析的对象多数没有荧光，主要依靠荧光衍生化反应使目标化合物能产生荧光生色团，达到检测目的。常用的荧光衍生化试剂及应用范围见表8-4。

表8-4　　常用荧光衍生化试剂及其应用范围

衍生剂名称	结构式	应用范围
丹磺酰氯（DNS-Cl）	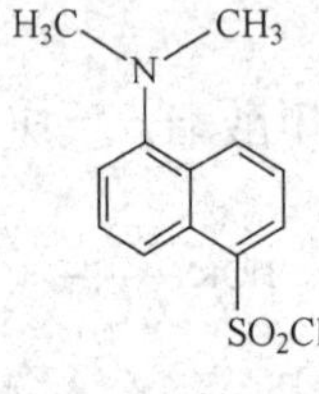	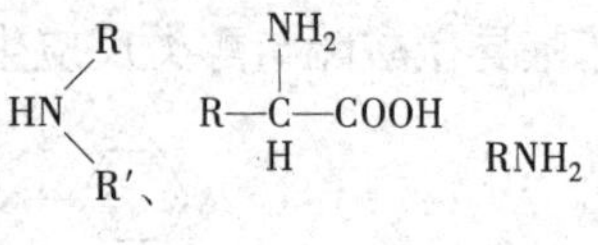
丹磺酰肼（DNS-hydrazine）	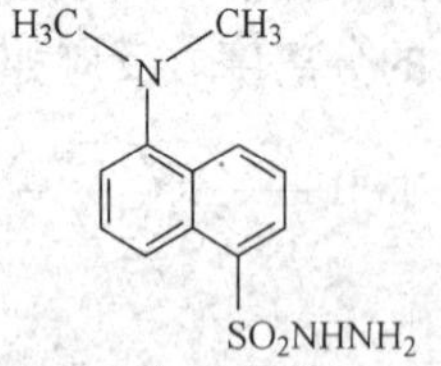	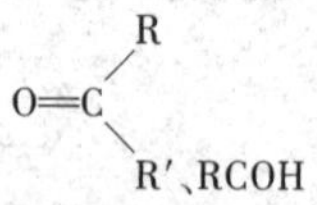

续表

衍生剂名称	结 构 式	应 用 范 围
荧光胺（Fluram）	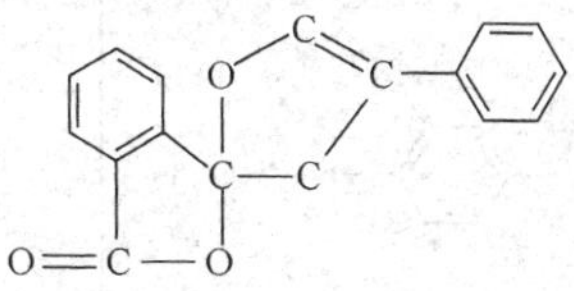	RNH_2 $R-CH(NH_2)-COOH$
邻苯二甲醛（OPA）	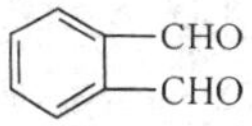	$R-CH(NH_2)-COOH$
9-蒽基重氮甲烷（ADAM）	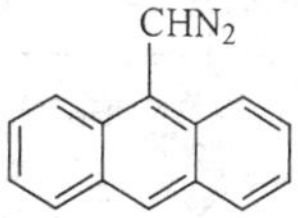	RCOOH
荧光素异硫氰酸酯（FITC）	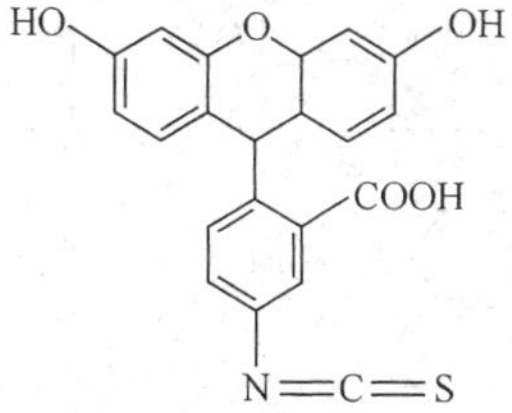	RNH_2 $R-CH(NH_2)-COOH$
4-溴甲基-7-甲氧基香豆素（Br-Mmc）	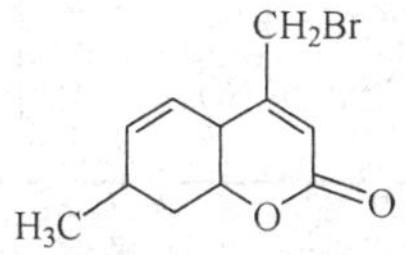	RCOOH

3. 电化学衍生化反应

液相色谱中的电化学检测器灵敏度高、选择性强，为临床、生化、食品等样品分析提供了新的途径。由于电化学检测器只能检测具有电化学活性的化合物，如果目标化合物没有电化学活性就不能被检测，此时只能与电化学衍生化试剂反应，生成具有电化学活性的衍生物。由于硝基具有电化学活性，带有硝基的衍生化试剂可与羟基、氨基、羧基和羰基化合物反应，生成电化学活性的衍生物。表8-5列出了一些带硝基的电化学衍生化试剂。

表8-5　带硝基的电化学衍生化试剂

衍生剂简称	结 构 式	可反应的化合物
DNBC	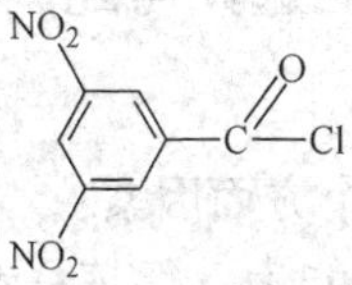	ROH、$RR'NH$

续表

衍生剂简称	结构式	可反应的化合物
DNFB	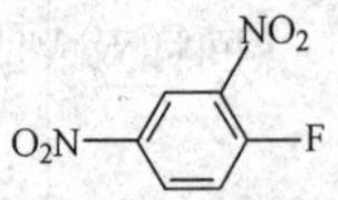	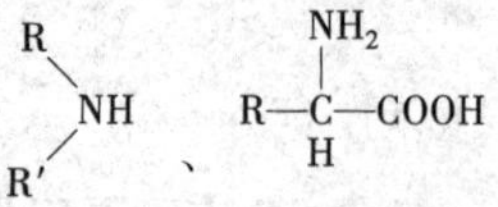
DNBS	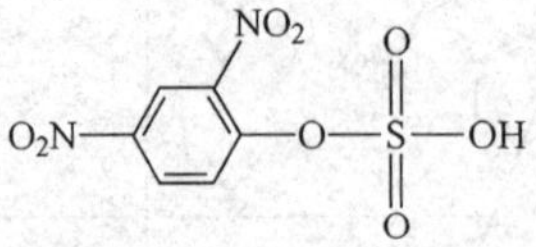	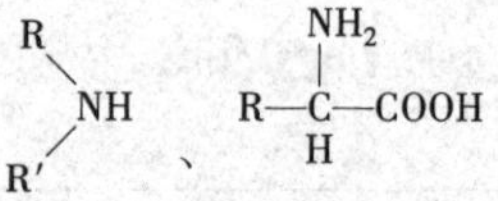
PNBDI	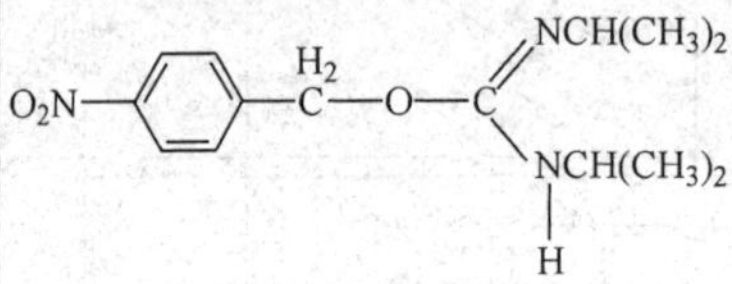	RCOOH
PNBB	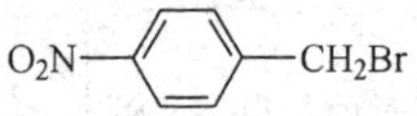	RCOOH
DNPH	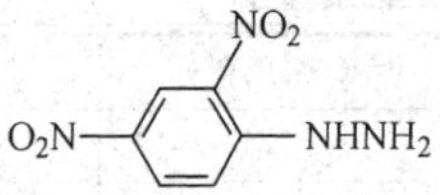	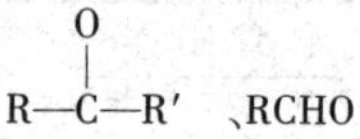

衍生化分为柱前衍生化和柱后衍生化。柱前衍生化在色谱分离之前进行，可人工操作，也可由仪器自动进样装置进行柱前衍生（如 Agilent1100、1200HPLC）；柱后衍生化在色谱分离之后进行，主要目的是提高检测的灵敏度（降低检测限）。液相色谱和气相色谱大多采用柱前衍生化。柱前衍生反应要满足以下条件：

①反应能迅速、定量地进行，重现性好，容易操作；

②反应的选择性高，最好只与目标化合物反应，即反应要有专一性；

③衍生化反应产物只有一种，反应的副产物和过量的衍生化试剂应不干扰目标化合物的分离与检测；

④衍生化试剂方便易得，通用性好。

二、流动相的选择与配制

（一）流动相的选择

液相色谱流动相选择应考虑以下几个方面因素：

（1）流动相对样品具有一定的溶解能力。保证样品组分在分离分析过程中不沉淀，延长泵的使用寿命，保护色谱柱。

（2）具有一定惰性。不与样品组分发生化学反应（特殊情况除外），不改变填料（固定相）的性质。

（3）必须与检测器相匹配。如使用 UV 检测器时，所用流动相在检测波长下应没有吸收或吸收很小；当使用示差折光检测器时，应选择折光系数与样品差别较大的溶剂作流动相，以提高灵敏度。

（4）黏度低（小于 2×10^{-3} Pa · s）。黏度高的溶剂会影响溶质的扩散、传质，降低柱效；还会使柱压降增加，使分离时间延长。

（5）低毒性。

（二）流动相的配制

1. 溶剂选择

配制水系流动相要求使用超纯水（电阻率 > 18MΩ），去离子水及双蒸水中含有有机杂质，吸光率较高影响分析结果。有机系流动相要求使用色谱纯（HPLC 级）有机溶剂。图 8 - 18 为 HPLC 常用有机相分析纯与色谱纯吸光率比较。图中虚线为色谱纯吸收曲线，实线为分析纯吸收曲线，可以看出：分析纯有机溶剂较色谱纯有较大的吸光率。

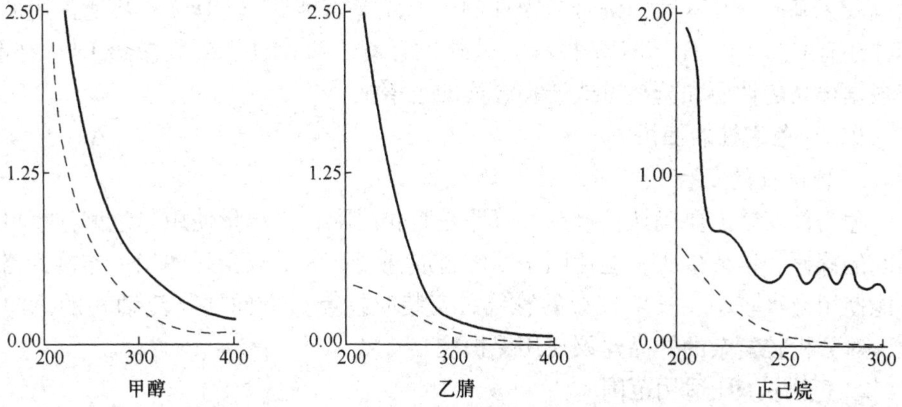

图 8 - 18　有机溶剂分析纯与色谱纯吸光率比较

2. 过滤

配制好的流动相需经 0.45μm 滤膜过滤以除去微粒杂质。水系流动相用水系膜过滤，有机相用有机系膜过滤。

3. 脱气

流动相在上机之前需经脱气，以除去溶解在流动相中的气体。

4. 贮存

流动相一般贮存于玻璃、聚四氟乙烯或不锈钢容器内，不能贮存在塑料容器中。因许多有机溶剂如甲醇、乙酸等可浸出塑料表面的增塑剂，导致溶剂受污染。缓冲盐类流动相存放时间长易长霉，应现配现用，或置4℃以下冰箱保存（3天内使用），用前应重新过滤。

流动相的配制常用的仪器设备如图8－19至图8－21所示。

图8－19　PALL超纯水机

图8－20　流动相过滤装置

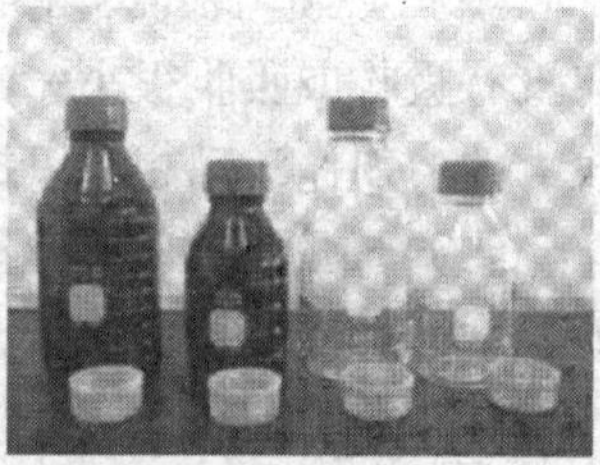

图8－21　流动相贮液瓶

三、色谱柱的选择与使用

（一）色谱柱的选择

液相色谱的色谱柱通常分为正相柱和反相柱。正相柱大多为硅胶柱，或是在硅胶表面键合—CN、$—NH_2$ 等官能团的键合相硅胶柱；反相柱主要为 C_{18} 柱，即以硅胶为基质，在其表面键合非极性的十八烷基官能团（ODS）。其他常用的反相柱还有 C_8、C_4、C_2 和苯基柱等，另外还有离子交换柱、凝胶渗透GPC柱等，应根据样品的性质和分离方式选择合适的色谱柱。

（二）色谱柱的使用

1. 色谱柱的安装

色谱柱安装前要确认柱接头及管路是否相匹配，应尽量使用与色谱柱接口相匹配的螺帽和锥形接头，避免因不匹配造成漏液；为了减少死体积，连接管路尽可能使用内径较小、长度较短的管线；安装时柱箭头方向要与流动相的流向一致；对分析较复杂的样品建议使用保护柱。

2. 色谱柱pH适用范围

色谱柱在使用时要注意流动相的pH对色谱柱的影响，一般的色谱柱都有一定的pH适用范围，使用时流动相pH应与色谱柱相匹配。如 C_{18} 柱的pH适用范围为2～8，若使用的流动相 $pH<2$ 时，会导致键合相水解，若 $pH>8$ 时硅胶易溶解。

3. 色谱柱的平衡

在样品分析之前，至少使用20倍柱体积的流动相使色谱柱充分平衡，以获得稳定的基线。注意：不应使用纯水作为流动相冲洗 C_{18} 色谱柱，以免柱性能损坏（常添加5%的有机溶剂冲洗色谱柱，同时可以达到对缓冲盐清洗的作用，还可以使色谱柱更容易平衡）。正相色谱柱比反相色谱柱需要更长的平衡时间。

4. 柱效能测试

对于新购的色谱柱，在使用前最好进行柱效能测试，并将测试结果保存，作为今后评价柱效能变化的参考。在做柱效能测试时要按照色谱柱出厂报告中的条件进行，只有这样测得的结果才有可比性。

5. 色谱柱的再生

长期使用的色谱柱，因吸附杂质而致柱效下降（理论塔板数减低），此时应对色谱柱进行再生处理。再生方法：用相当于20倍柱体积的溶剂按下列顺序冲洗柱子，正相色谱柱（极性固定相）：正庚烷→氯仿→乙酸乙酯→丙酮→乙醇→水；反相色谱柱（非极性固定相）：水→乙腈→氯仿（或异丙醇）→乙腈→水。

注意：①在对 NH_2 改性的色谱柱进行再生时，由于 NH_2 可能以 NH_4^+ 形式存在，因此应该在水洗后用0.1mol/L的氨水冲洗，然后再用水冲洗至碱溶液完全流出；②0.05mol/L稀硫酸可以用来清洗已污染的色谱柱，如果用有机溶剂/水再生不能完全除去硅胶表面吸附的杂质，在水洗后用0.05mol/L稀硫酸冲洗非常有效。

6. 色谱柱的保存

每次分析结束，应用洗脱能力强的洗脱液冲洗色谱柱至基线平衡。如ODS柱应用甲醇冲洗；如果使用缓冲盐作流动相，应先用超纯水冲洗色谱柱30min以上（除去缓冲盐），再用100%甲醇冲洗20min保护柱子；如色谱柱长期不用，应将色谱柱卸下，将柱两端接头密封后置稳定的环境中保存。

注意：色谱柱内充满甲醇（或乙腈）并拧紧柱接头，以防止微生物生长和溶剂挥发；禁止将缓冲溶液留在柱内静置过夜或更长时间。

第五节　高效液相色谱法的应用

高效液相色谱具有高分辨率、高灵敏度、分析速度快等优点。适于分析沸点高、分子质量大、热稳定性差的物质及生物活性物质，广泛应用于石油化工、食品分析、生物化学、药物研究、环境监测等领域。

一、在石油化工领域中的应用

在石油化工生产中使用的具有较高分子质量和较高沸点的有机化合物，如高碳数脂肪族或芳香族的醇、醛、酮、醚、酸、酯等化工原料，各种表面活性剂和染料等，都可使用高效液相色谱法进行分析。图8-22为用正相HPLC法分析芳基取代醇的分离色谱图。

二、在食品分析中的应用

食品是人类生活的必需品。HPLC法广泛应用于食品中的各种营养成分、食品添加剂、防腐剂以及食品中的化学污染物（如农药残留、激素等）的分析检测。其中很多检测方法已被列为国家检测标准。图8-23为反相HPLC法分析食品九种抗氧化剂色谱图。

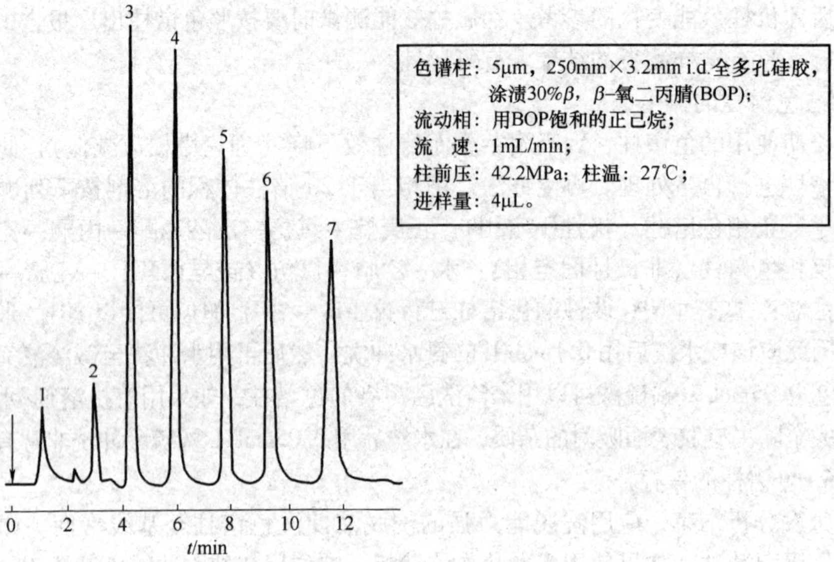

图 8－22　正相 HPLC 法分析芳基取代醇色谱图

1、2—杂质　3—2－苯基－1－丙醇　4—2，6－二甲基苯酚　5—1－苯基－1－乙醇
6—3－苯基－1－丙醇　7—2－苯基－1－乙醇

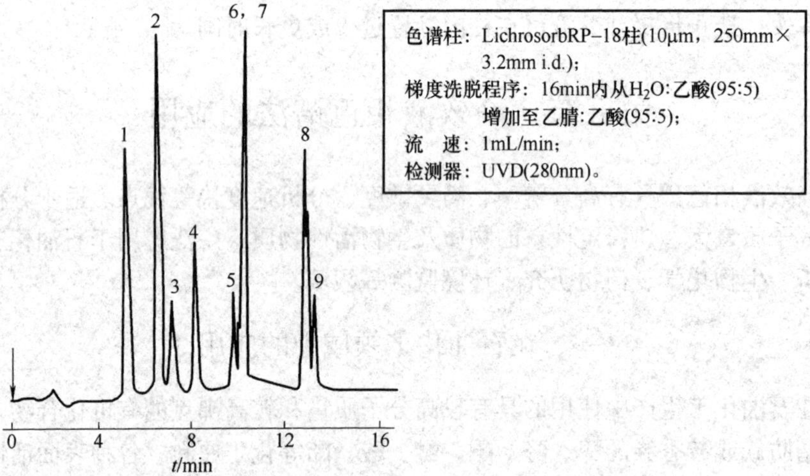

图 8－23　反相 HPLC 法分析食品中抗氧化剂色谱图

1—棓酸丙酯　2—2，4，5－三羟基苯丁酮　3—3－叔丁基对苯二酚　4—去甲二氢愈创木酸
5—叔丁基对羟基苯甲醚　6—2－叔丁基－4－羟甲基苯酚　7—棓酸辛酯
8—棓酸十二酯　9—二叔丁基对甲酚

三、在生物化学领域中的应用

随着生命科学和生物工程技术的迅速发展，人们对氨基酸、多肽、蛋白质及

核苷酸、核酸（核糖核酸 RNA、脱氧核糖核酸 DNA）等生物分子的研究日益增加。这些生物活性物质是人类生命延续中不可缺少的成分，也是生物化学、生化制药、生物工程中进行蛋白质纯化、DNA 重组与修复、RNA 转录等技术中的重要研究对象，因此对它们进行分离与分析就显得非常重要。高效液相色谱法广泛应用于多种生物分子的分离和分析。

图 8－24 为反相 HPLC 法分析［以邻苯二甲醛（OPA）与 9－芴基羰酰氯（FMOC－Cl）作衍生剂］18 种标准混合氨基酸色谱图。分离操作条件：色谱柱：Hypersil－ODS C_{18} 柱（5μm，200mm × 4.6mm i.d.）；柱温：40℃；流动相 A：0.02mol/L 醋酸钠［pH（7.20 ± 0.05）］溶液 1000mL + 180μL 三乙胺 + 3mL 四氢呋喃；流动相 B：0.02mol/L 醋酸钠［pH（7.2 ± 0.025）］：乙腈：甲醇 = 1∶2∶2；梯度洗脱程序见表 8－6；检测器：二极管阵列检测器（DAD），可变检测波长 0～20min 338nm、20～25min 262nm。

表 8－6　　氨基酸的梯度洗脱程序

时间 t/min	流动相 B/%	流速 v/(mL/min)
0	0	0.45
17.00	60	0.45
18.10	100	0.45
18.50	100	0.80
23.90	100	0.80
24.00	100	0.45
25.00	0	0.45

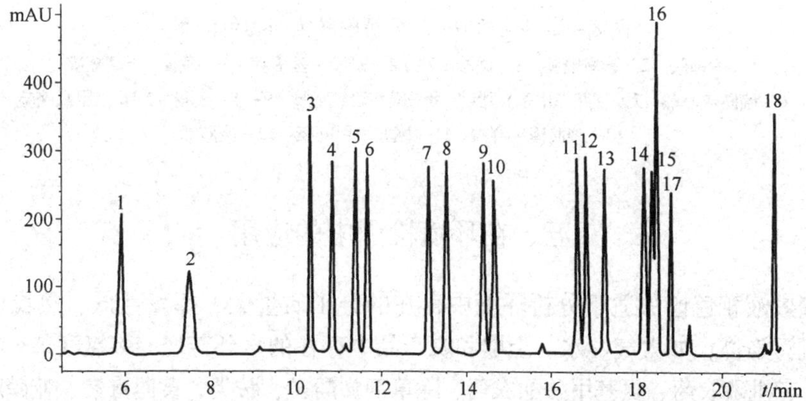

图 8－24　反相 HPLC 法分析 OPA 与 FMOC－Cl 衍生混合标准氨基酸色谱图

1—天冬氨酸（Asp）　2—谷氨酸（Glu）　3—丝氨酸（Ser）　4—组氨酸（His）　5—甘氨酸（Gly）
6—苏氨酸（Thr）　7—丙氨酸（Ala）　8—精氨酸（Arg）　9—酪氨酸（Tyr）　10—胱氨酸（Cys－cys）
11—缬氨酸（Val）　12—蛋氨酸（Met）　13—正缬氨酸（Nval 内标）　14—苯丙氨酸（Phe）
15—异亮氨酸（Ile）　16—赖氨酸（Lys）　17—亮氨酸（Leu）　18—脯氨酸（Pro）

四、在药物分析中的应用

人工合成药物的纯化及成分的定性定量分析，中草药有效成分的分离、制备及纯度测定，临床医药研究中人体血液和体液中药物浓度、药物代谢产物的测定，新型高效手性药物中手性对映体含量的测定等，都需要用高效液相色谱的不同测定方法予以解决，高效液相色谱法已成为药物分析与研究的有力工具。图8－25为磺胺类药物反相 HPLC 分析色谱图。

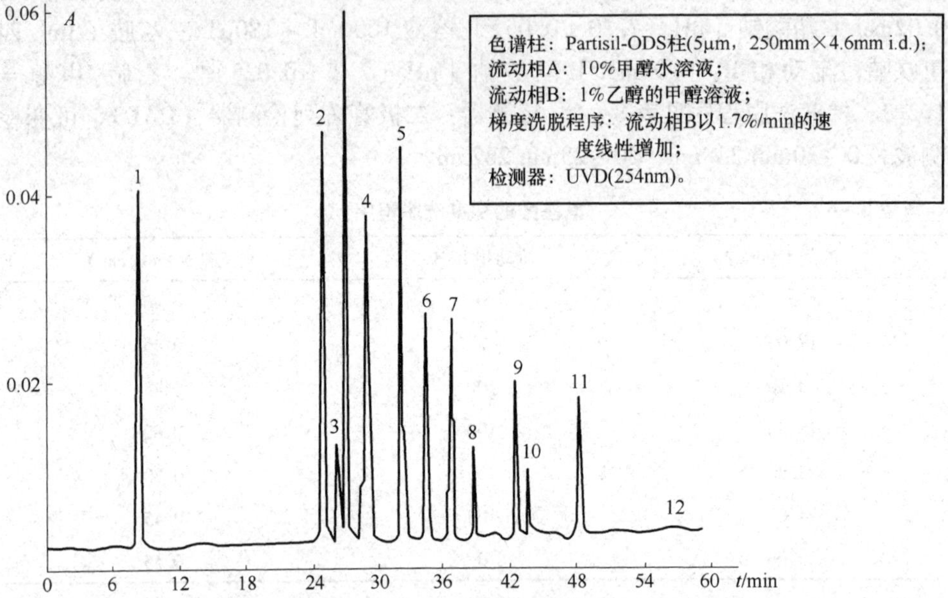

图 8－25　反相 HPLC 分析磺胺类药物色谱图

1—磺胺　2—磺胺嘧啶　3—磺胺吡啶　4—磺胺甲基嘧啶　5—磺胺二甲基嘧啶
6—磺胺氯哒嗪　7—磺胺二甲基异噁唑　8—磺胺乙氧哒嗪　9—4－磺胺－2，6 二甲氧嘧啶
10—磺胺溴甲吖嗪　11—磺胺溴甲吖嗪　12—磺胺胍

五、在环境检测中的应用

高效液相色谱法适于分析环境中存在的分子质量大、挥发性低、热稳定性差的有机污染物，如大气、水、土壤和农产品中存在的多环芳烃、多氯联苯、有机氯农药、有机磷农药、氨基甲酸酯农药、除草剂、酚类、胺类、黄曲霉素、亚硝胺等。

多环芳烃（PAHs）是因有机燃料未完全燃烧而产生可致癌有毒物质，主要存在于工业和民用排烟烟雾中，也存在于矿物燃料、柴油燃料、沥青及煤焦油中，是环境监测中的重要监测对象。图 8－26 为反相 HPLC 法分析多环芳烃色谱图。分离操作条件：色谱柱：VydacC_{18}柱（5μm，250mm×2.1mm i.d.）；流动相：乙腈＋水（体积比40:60）；梯度洗脱程序见表8－7；检测器：二极管阵列检测器DAD，使用可变波长检测，不同多环芳烃对应最大吸收波长见表8－8。流量：0.42mL/min。

表8－7　多环芳烃的梯度洗脱程序

时间/min	0	2.5	12	20	22.5	25
乙腈/%	60	60	90	100	100	60
水/%	40	40	10	0	0	40

表8－8　多环芳烃对应的最大吸收波长 λ_{max}

名　称	λ_{max}	名　称	λ_{max}	名　称	λ_{max}
萘	219	荧蒽	232	苯并［*k*］荧蒽	240
苊	228	芘	238	苯并［*a*］芘	295
二氢苊	225	苯并［*a*］蒽	287	苯并［*a*，*h*］蒽	296
芴	210	䓛	267	苯并［*g*，*h*，*i*］苝	210
蒽	251	苯并［*b*］荧蒽	258	吲哚［1，2，3－*cd*］芘	251

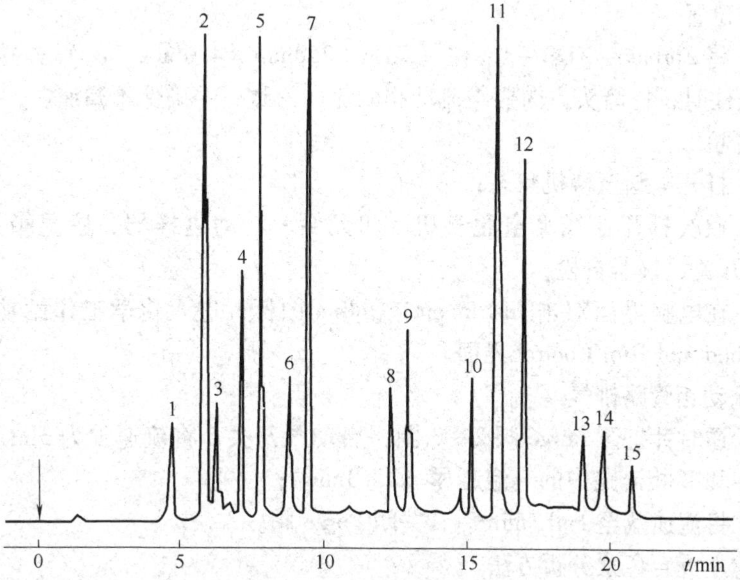

图8－26　反相HPLC法分析多环芳烃色谱图

1—萘　2—苊　3—芴　4—菲　5—蒽　6—荧蒽　7—芘　8—苯并［*a*］蒽　9—䓛　10—苯并［*b*］荧蒽　11—苯并［*k*］荧蒽　12—苯并［*a*］芘　13—苯并［*a*，*h*］蒽　14—苯并［*g*，*h*，*i*］苝　15—吲哚［1，2，3－*cd*］芘

第六节　高效液相色谱仪的使用

本节以分析食品中人工合成混合色素为例，介绍Agilent1200高效液相色谱仪和岛津LC－20AT高效液相色谱仪分析样品操作步骤、仪器使用操作方法及操

作注意事项。

一、Agilent1200 高效液相色谱仪的使用

（一）Agilent1200 HPLC 仪简介

Agilent1200HPLC 仪由流动相（A、B、C、D 四相）及其托盘、在线真空脱气机、四元泵、自动进样器、柱温箱、检测器（二极管阵列检测器、荧光检测器、示差检测器）和计算机组成。

（二）Agilent1200 HPLC 仪分析样品操作步骤

1. 开机前的准备工作

（1）配制流动相。A 相：0.02mol/L 乙酸铵溶液。称取 1.54g 乙酸铵溶于 1000mL 超纯水中，经 0.45μm 滤膜过滤后装流动相瓶；B 相：色谱级甲纯。直接装流动相瓶。将 A、B 两相分别放在 A 通道和 B 通道。

（2）试样准备。将配制好的标准溶液和处理后的样液（经 0.45μm 滤膜过滤）分别装入样品瓶（体积以 0.5 ~ 1.0mL 为宜），置于自动进样器样品盘中，记录所放位置。

（3）将 Zorbax - XDB - C_{18} 柱（5μm，250mm × 4.6mm. i. d.）连接到管路。安装色谱柱时，柱箭头方向要与流动相的流向一致，并确保不漏液。

2. 开机

（1）打开电脑至待机状态；

（2）顺次打开在线真空脱气机、四元泵、自动进样器、柱温箱、检测器（DAD）开关，仪器自检；

（3）在电脑界面双击 Instrument1 Online 图标，进入化学工作站功能界面，选择 Method and Run Control 界面。

3. 流动相管路排气

（1）逆时针打开 Purge 阀 2 ~ 3 圈，启动泵开关，将流速设为 3mL/min，分别将 A 相和 B 相流路中的气泡赶尽（2 ~ 3min）；

（2）将流速减至 1mL/min 后，关闭 Purge 阀。

4. 建立混合色素分析方法

根据给定的分析参数（实训项目二、色谱操作条件）建立混合色素分析方法，操作步骤如下：

（1）在 Method and Run Control 界面，点击菜单 Method，选择 Edit entire Method 进入方法参数设置界面，选择需要编辑的选项。

（2）设置自动进样器参数：选择进样方式为“Injection with Needle Wash”（进样加洗针），Wash Vial 输入 21（洗针瓶放在样品盘中的位置），设置后点击 OK。

注：若进行柱前衍生化，则选择进样方式为“Use Injectior Program”（使用

进样程序)，编辑衍生化程序。

(3) 设置四元泵参数：设置流速（Flow）为1mL/min，信号采集时间（Stop Time）为15min，后运行时间（Post Time）为1min；流动相B设为10%（A显示90%）；编制梯度洗脱程序。设置后，单击OK。

(4) 设置柱温箱参数：选择Not controlled，单击OK。

(5) 设置检测器参数：二极管阵列检测器（DAD）参数设置界面如下：

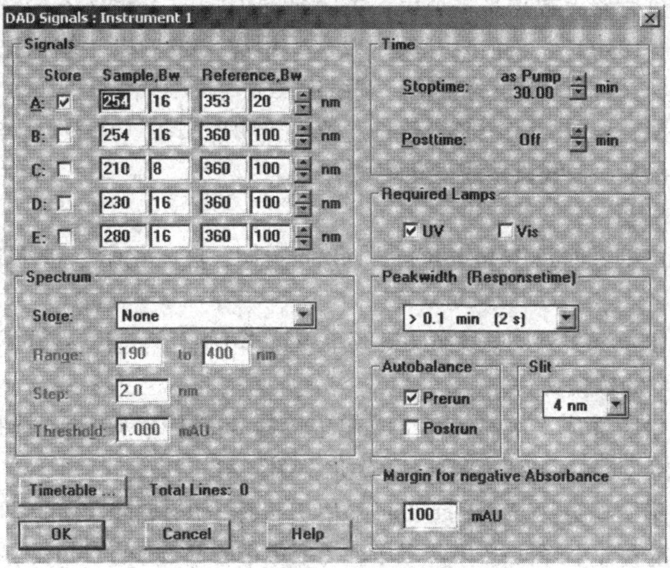

选择A通道，设置检测波长（Sample，Bw）为254nm/16nm，参比波长（Reference，Bw）为353nm/20nm，选择UV（紫外）和Vis（可见）灯，波长扫描范围（Spectrum Range）为190～800nm。点击Timetable进入可变波长编程界面，点击Insert插入行，选择A通道，在Time输入7.00（min）、检测波长（Sample，Bw）输入620nm/16nm，参比波长（Reference，Bw）输入780nm/16nm，设置后点击OK。

(6) 设置数据分析参数：忽略。

(7) 保存方法：点击Method菜单中Save Method as，将设置的分析参数另保为“色素分析”方法文件，保存在指定文件夹。

5. 编辑序列Sequence输入样品信息

在Method and Run Control界面，点击菜单Sequence选择Sequence table，依次输入样品瓶号（Loction）、样品名（Sample Name）、选择Method Name为“色素分析”、进样次数（Inj/Location）、样品类型（Sample Type）、数据文件名（Data File）及进样体积（Inj Volume），设置后点击Save Sequence as保存序列。

6. 调出监控信号

从View菜单选择Online Signals，调出信号显示窗口。待信号基线平稳（基线走平）后，点击信号窗口 Balance 作基线调零。

7. 运行 Sequence 采集样品数据

点击运行 Sequence 图标，输入操作者姓名（Operator Name）、数据文件保存路径（Path）后，点击运行序列（Run Sequence），仪器开始按编辑的程序采集数据。

8. 关机程序

（1）清洗管路：数据采集结束，关闭泵开关，将 A 相（乙酸铵）换成超纯水（电阻率 >18MΩ），重启泵开关，以水 + 甲醇 =80 +20（体积比）冲洗管路及色谱柱至少 20min，待压力平稳、基线走平。

（2）关机：停泵，关闭联机软件。依次关闭检测器（DAD）、柱温箱、自动进样器、四元泵、在线真空脱气机电源开关。

9. 数据分析

（1）在电脑界面双击 Instrumentl Ofline 图标，进入化学工作站 Data Analysis 界面。

（2）调出数据文件：从文件 file 菜单中选择 Load Signal，打开混合色素标准品第 1 个浓度的数据文件。

（3）色谱图优化：从 Graphice 菜单中选择 Signal Operation，选择 Autoscale，改变时间范围 Time Range，单击 OK 优化谱图显示。

（4）色谱图积分：从 Integration 菜单中选择 Integration Events，进入色谱图积分窗口：设置最小峰面积 Area Reject（或最小峰高 Heipht Reject）值，点击图标进行积分；点击图标进入积分功能参数设置，可进行基线连接、积分求和及积分区域设置等。积分完毕，点击图标保存积分结果。

（5）色谱峰定性：调出各单色素数据文件，进行图谱优化积分，根据单色素的保留时间定性标准混合色谱图中的色谱峰。

（6）建立一级校正表（标准工作曲线）：从 Calibration 菜单中选择 New Calibration Table，输入第 1 个标准溶液的浓度值 Amount，单击 OK，进入校正表编辑画面：在表中输入各色谱峰的色素名称，完成一级校正。

（7）建立多级校正表：调出混合色素标准品第 2 个浓度的数据文件，进行谱图优化、积分。从 Calibration 菜单中选择 Add Level，输入第 2 个标准溶液的浓度值 Amount，单击 OK，完成校正表二级校正。相同方法，依次完成校正表三级、四级校正。

（8）设置校正参数：在 Calibrtion 菜单中选择 Calibrtion Settings，在 Use Sample Data 栏中选择 From Data File，输入量浓度单位 Amount Units 为 μg/mL，确认校正曲线类型 Type 为 Linear，原点 Origin 设为 Ignore，权重 Weight 设为 Equal，设置后点击 OK。

10. 未知样品定量

（1）从 File 菜单中选择 Load Signal，调出未知样品数据文件，进行谱图优化、积分。

（2）设定报告格式：在 Report 菜单中选择 Specify Report，选择 Calculate 方式为外标法 ESTD，Based On 设为 Area，Report Style 选 Short，点击 OK。

（3）打印报告：在 Report 菜单中选择 Print Report，打印未知样品检测报告。

（三）Agilent1200HPLC 仪使用操作注意事项

（1）流动相上机前要经 0.45μm 过滤；工作中要防止流动相被用完，应预先设置好流动相的量预警值；更换或添加流动相，应先停泵再进行。

（2）打开 Purge 阀排气时，流速可设定为 3～5mL/min。但排气完毕，一定要先将流速降至 1mL/min 并激活，才能关闭 Purge 阀，否则因泵压过大损坏泵。

（3）及时更换单向阀内滤芯。一般在 Purge 阀处于排气状态，泵压超过 5psi 就应更换。

（4）若仪器在运行过程中自动停机（各部件显示灯呈红色），大多数情况下是色谱柱没有连紧，漏液所致。应将仪器关闭，重新连接色谱柱，并用吸水纸将漏液感应器部位的水吸干，重新开机。

（5）每次使用完毕，应用含 20%～30% 甲醇或乙腈水溶液冲洗管路至少 20min；若流动相为缓冲盐，应先用超纯水冲洗管路 20～30min（除去盐类），再用甲醇或乙腈冲洗 20min（防止管路、色谱柱和流通池内微生物生长）。

二、岛津 LC－20AT 高效液相色谱仪的使用

（一）岛津 LC－20AT HPLC 仪简介

岛津 LC－20AT HPLC 仪由流动相（A 相、B 相、洗针瓶）及其托盘、自动进样器、A 泵、B 泵、检测器（二极管阵列检测器 SPA）、系统控制器、柱温箱和计算机组成，如图 8－27 所示。

图 8－27　岛津 LC－20AT HPLC 仪

（二）岛津 LC－20AT HPLC 仪分析样品操作步骤

1. 开机前的准备工作

操作与 Agilent1200 HPLC 相同。不同的是流动相上机前需超声脱气 15min。

2. 开机

（1）打开电脑至待机状态；

（2）顺次打开自动进样器、系统控制器、检测器（PDA）、A 泵、B 泵和柱温箱开关，仪器自检；

（3）在电脑界面双击 LCsolution 联机软件，在弹出的界面上点击 Analysis1，进入软件工作界面。

3. 管路排气泡

（1）流动相管路排气泡　逆时针90°打开A泵和B泵排气阀，按下面版上的Purge键，对A、B两相管路排气泡，排气持续3min，排气完毕，顺时针关紧排气阀。

（2）自动进样器（洗针）排气泡　按下自动进样器面版Purge键，对自动进样器（洗针管路）排气泡，排气持续25min后自动停止。

4. 系统配置

在软件实时窗口点击系统配置，选择用于仪器分析模块（第一次安装或更换检测器时配置，通常跳过不操作）。

5. 建立混合色素分析方法

根据给定的分析参数（实训项目二中液相色谱操作条件）建立混合色素分析方法，操作步骤如下：

（1）在软件实时窗口点击数据采集进入如下界面。

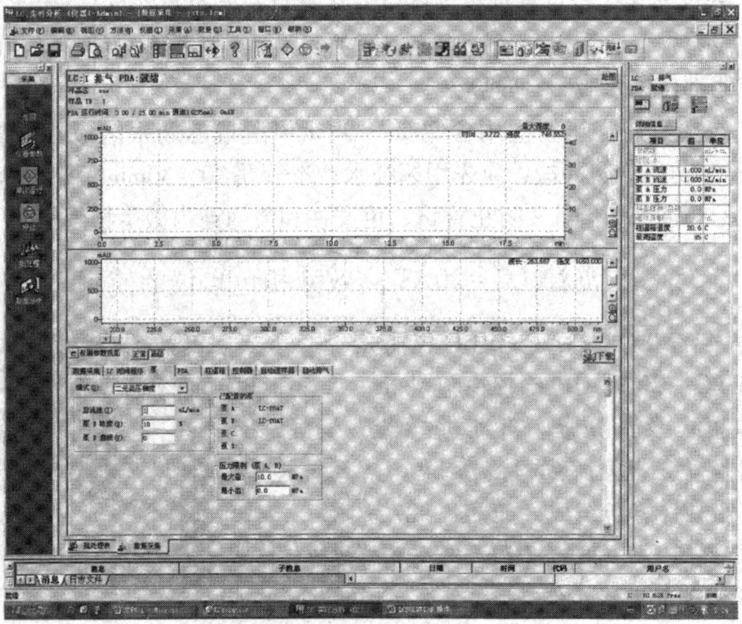

（2）在仪器参数视图栏，选择高级，设置方法参数。

①点击数据采集，设置数据采集时间为15min，并应用于所有数据采集。

②点击LC时间程序，按下表编辑梯度洗脱程序如下：

③点击泵，设置模式为“二元高压梯度”，总流速为1mL/min，泵B浓度（%）为10.0%，泵最大限压为20MPa。

④点击检测器PDA，灯选择“D2&W”，波长范围190～800nm，点击应用于

	时间	单元	操作	值
1	0.10	Pumps	B.Conc	10
2	3.00	Pumps	B.Conc	30
3	5.00	Pumps	B.Conc	50
4	7.00	Pumps	B.Conc	70
5	10.00	Pumps	B.Conc	10
6	15.00	Controller	Stop	

数据分析参数。

⑤点击柱温箱，设置柱箱温度为35℃。

⑥控制器、自动进样器和自动排气设置忽略（默认值）。

(3) 保存方法：点击菜单“方法”，将设置的参数另存为“色素分析”方法文件，保存在指定文件夹。

(4) 点击“下载”，将方法参数传递给仪器，若泵未运行，点击图标启动泵。

6. 显示监控信号

点击“绘图”，信号窗口即显示检测器信号，若当前窗口显示的是非检测波长信号，可在信号显示界面右击鼠标，在弹出的窗口中选择属性，输入色素检测波长254nm（或620nm），确认后信号窗口即显示该波长信号。待基线平稳（基线走平）后，点击图标作基线调零。

7. 单次运行采集数据

在采集批处理样品前，需先单次运行采集样品数据，以确认设置的仪器分析参数适合样品分析，否则要修改参数直至合适为止。点击单次运行图标，在弹出的窗口中，输入样品名称，选择方法文件，输入数据文件名及保存路径，样品瓶位置和进样体积（10μL），确认后仪器即开始运行采集数据。

8. 批处理采集数据

在确认仪器分析参数合适后，点击批处理图标，通过向导进行批处理样品信息登记，混合色素标准品和未知样品批处理采集数据表如下：

文件夹: F:\wjl\1124

分析	样品瓶#	样品架名称	样品名	样品 ID	样品类型	分析类型	方法文件	数据文件
1	1	1	混合色素标准	STD-0001	1:标准	IT QT	Data\xubaiqiu\色素分析.lcm	ata\xubaiqiu\色素标准
2	2	1	混合色素标准	STD-0002	1:标准	IT QT	Data\xubaiqiu\色素分析.lcm	ata\xubaiqiu\色素标准
3	3	1	混合色素标准	STD-0003	1:标准	IT QT	Data\xubaiqiu\色素分析.lcm	ata\xubaiqiu\色素标准
4	4	1	混合色素标准	STD-0004	1:标准	IT QT	Data\xubaiqiu\色素分析.lcm	ata\xubaiqiu\色素标准
5	5	1	混合色素	UNK-0001	0:未知	IT QT	Data\xubaiqiu\色素分析.lcm	xubaiqiu\色素未知样0

运行批处理采集数据。

9. 关机程序

(1) 清洗管路　数据采集结束，关闭泵开关，将A相（乙酸铵）换成超纯水（电阻率>18MΩ），重启泵开关，以水+甲醇=80+20（体积比）冲洗管路及色谱柱至少20min，待压力平稳、基线走平。

（2）关机　停泵，关闭联机软件。依次关闭自动进样器、系统控制器、检测器（PDA）、A泵、B泵和柱温箱开关。

10. 数据分析

（1）点击图标，进入数据分析 Data Analysis 界面。

（2）打开数据文件：点击文件菜单打开混合色素标准品第1个浓度的数据文件。

（3）设置数据分析参数：从“方法”菜单中选择“数据分析参数”。在积分窗口，设置最小峰面积、计量方式等积分参数，对色谱图进行积分处理，点击“高级”对图谱进行优化积分处理；在识别窗口，设置峰识别时间；在定量窗口，设置定量方法为外标法、计量单位为μg/mL、定量依据选“面积”、校准级别为5、曲线类型为“线性”等参数；在多色谱图窗口，选择显示波长254nm和波长620nm色谱峰，设置后点击应用、确定；将数据分析参数应用到方法保存。

（4）色谱峰定性：调出各单色素数据文件，根据单色素的保留时间定性标准混合色谱图中的色谱峰。

（5）设置校正参数：点击校准 Calibration 进入校准窗口，利用“向导”设置校正参数步骤：①设置积分参数对色谱图进行积分；②选择需要定量的色谱峰（在254nm信号窗口选择柠檬黄、苋菜红、胭脂红和日落黄，在620nm信号窗口选择亮蓝）；③定量方式同数据分析参数设置；④在化合物组分表中输入各色谱峰所代表的色素名称、浓度（由小到大依次填写），点击“完成”；⑤点击“视图”确认编辑的参数；⑥将设置的校正参数保存到方法文件中，关闭窗口。

（6）制作校准曲线：点击“校准”图标，双击方法文件名，显示校正曲线窗口，点击图标显示数据文件，将相应浓度的数据文件拖到校准曲线相应级别，即显示校准曲线，如下图所示。

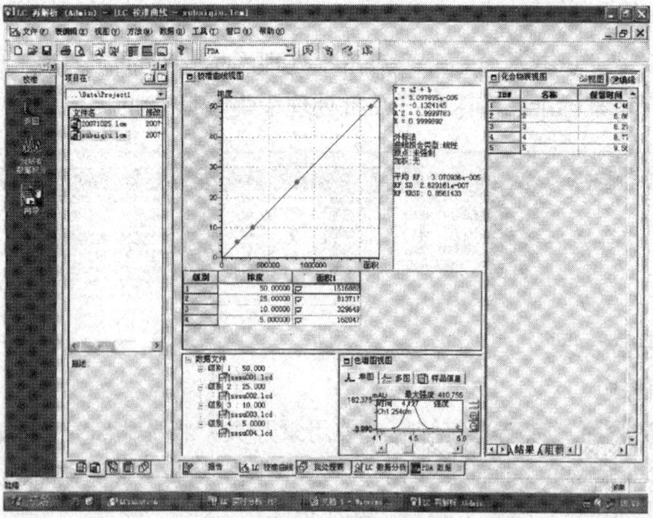

11. 未知样品定量

打开未知样品数据文件，进行图谱优化积分。点击左下角图标，将校准的方法文件拖放到未知样品色谱图，在化合物表视图栏中点击“结果”，即显示未知样品的检测结果。

12. 设置报告格式，打印未知样品检测报告

（三）岛津 LC－20AT HPLC 仪使用操作注意事项

（1）流动相上机前除经 0.45μm 过滤外，还需超声脱气 15min；工作中防止流动相被用完；更换或添加流动相，应先停泵再操作。

（2）工作中注意 A 泵和 B 泵的压力变化，压力不能超过泵的最大承受压力（<20MPa）。若仪器在运行过程中因泵压过高自动停机，应将柱流量（流速）降下来，再重新启动泵开关。

（3）每次使用完毕，应用含 20%～30% 甲醇或乙腈水溶液冲洗管路至少 20min；若流动相为缓冲盐，应先用超纯水冲洗管路 20～30min（除去盐类），再用甲醇或乙腈冲洗 20min。

第七节　实训操作

实训项目一　反相 HPLC 法分析化妆品中对羟基苯甲酸酯的含量

一、目的要求

1. 学习高效液相色谱仪的使用操作方法。
2. 了解反相 HPLC 测定化妆品中对羟基苯甲酸酯类的原理和方法。
3. 掌握 HPLC 定性定量方法。

二、相关知识

对羟基苯甲酸酯类混合物包括对羟基苯甲酸甲酯、对羟基苯甲酸乙酯、对羟基苯甲酸丙酯和对羟基苯甲酸丁酯，它们都是强极性化合物，本实验采用反相 HPLC 法进行分析，以标准品的保留时间进行定性，外标法定量。

三、仪器与试剂的准备

1. 仪器

高效液相色谱仪（具二极管阵列检测器），涡旋混合器，超声波清洗器，0.45μm 抽滤装置，中性氧化铝预柱（100～200 目）。

2. 试剂

（1）甲醇　色谱纯。

（2）无水乙醇　分析纯。

（3）硫酸　分析纯。

（4）0.02mol/L 乙酸铵溶液　称 1.54g 乙酸铵溶于 1000mL 超纯水中，经 0.45μm 滤膜过滤。

（5）对羟基苯甲酸甲酯、对羟基苯甲酸乙酯、对羟基苯甲酸丙酯和对羟基苯甲酸丁酯标准品　纯度≥99.0%。

（6）对羟基苯甲酸甲酯、对羟基苯甲酸乙酯、对羟基苯甲酸丙酯和对羟基苯甲酸丁酯标准储备液　浓度均为 1mg/mL。

（7）对羟基苯甲酸甲酯、对羟基苯甲酸乙酯、对羟基苯甲酸丙酯和对羟基苯甲酸丁酯混合标准储备液　配成各组分浓度均为 200μg/mL 混合标准储备液，于 4℃冰箱中保存。

（8）混合系列标准使用液　将混合标准储备液用无水乙醇依次稀释成 10.0，20.0，40.0，60.0，80.0，100.0μg/mL。临用前配制。

四、实训内容

1. 样品预处理

准确称取 1.0g 样品置于 10mL 具刻度离心管中，加 0.1mL 4mol/L 硫酸，用无水乙醇定容至 10mL，在 50℃超声水浴中放置 5min，离心 5min（3000r/min）后，在低温（-15℃）放置，使脂肪、蜡质凝固析出，移出清液回至室温。取 2mL 清液过中性氧化铝预柱（1g，用 5mL 无水乙醇预淋洗），并用 4mL 无水乙醇淋洗，流出液和淋洗液并入 10mL 容量瓶中，用无水乙醇稀释至刻度，摇匀，过 0.45μm 过滤后，进样测定。

2. 液相色谱操作条件

①色谱柱：XDB - C_{18}柱，5μm，250mm × 4.6mm i.d.；

②流动相：甲醇 + 0.02mol/L 乙酸铵溶液（体积比 60:40）；

③流速：1.0mL/min；

④柱温：35℃；

⑤进样体积：10μL；

⑥检测波长：254nm。

3. HPLC 测定

（1）混合系列标准使用液的测定　按液相色谱操作条件建立分析方法，待仪器稳定（基线平稳）后，对混合系列标准使用液由低到高浓度进样采集数据。四种对羟基苯甲酸酯混合标准品色谱图见图 8 - 28。

（2）样品测定　与测定标准品相同的色谱条件（分析方法），待仪器稳定后，对预处理好的样品溶液进样采集数据。

4. 色谱峰定性

根据组分在色谱图上的出峰时间与标准组分比较定性。

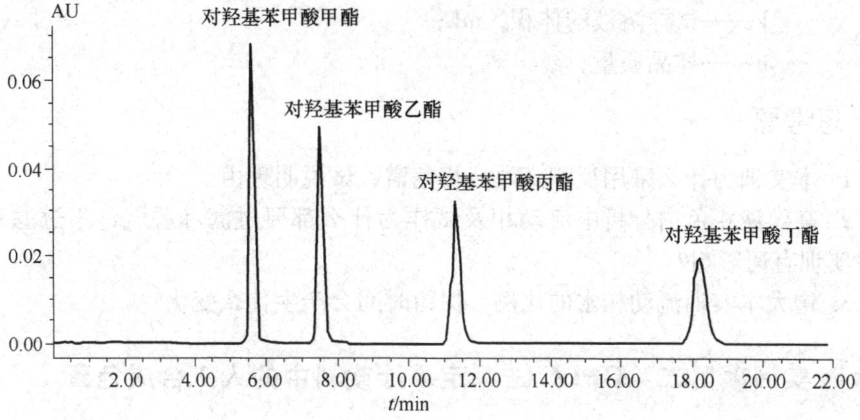

图 8－28　四种对羟基苯甲酸酯标准品色谱图

5. 数据记录与处理

利用色谱化学工作站对采集的色谱图进行积分求面积（或峰高），以浓度为横坐标，峰面积（或峰高）为纵坐标建立标准系列工作曲线；也可按表 8－9 记录组分的保留时间、峰面积（或峰高），手工绘制（或用 Excel）标准工作曲线。

表 8－9　　化妆品中对羟基苯甲酸酯类分析数据记录表

峰　号	1	2	3	4
组　分				
保留时间 t_R				
10. 0μg/mL				
20. 0μg/mL				
40. 0μg/mL				
60. 0μg/mL				
80. 0μg/mL				
100. 0μg/mL				
样　品				

五、结果计算

根据测得的样品峰面积或峰高，在工作曲线上查出对应的被测组分的浓度，按下式计算样品中被测组分的含量。

$$X = \frac{cV}{m}$$

式中　X——样品中被测组分的含量，mg/kg；

c——从标准工作曲线中查得的样品溶液中被测组分的浓度，μg/mL；

V——试样溶液的体积，mL；

m——样品质量，g。

六、思考题

1. 本实训为什么采用反相高效液相色谱，试说明理由。

2. 高效液相色谱分析中流动相及试样为什么都要过滤和脱气，不过滤和脱气对实训有何影响？

3. 增大本实训流动相水的比例，保留时间会产生什么变化？

实训项目二　HPLC法测定果汁饮料中的人工合成色素

一、目的要求

1. 掌握高效液相色谱仪的使用操作方法。

2. 了解HPLC法测定果汁饮料中人工合成色素的原理和方法。

3. 学习样品预处理技术。

二、相关知识

果汁饮料中的人工合成色素用聚酰胺吸附，用乙醇－氨水－水解吸，制成水溶液，用反相HPLC分析，以标准品的保留时间定性，外标法定量。

三、仪器与试剂的准备

1. 仪器

高效液相色谱仪（具二极管阵列检测器），G3垂融漏斗，抽滤装置。

2. 试剂

（1）甲醇　色谱纯。

（2）乙酸　分析纯。

（3）0.02mol/L乙酸铵溶液　称1.54g乙酸铵溶于1000mL超纯水中，经0.45μm滤膜过滤。

（4）聚酰胺粉　过200目筛。

（5）氨水溶液　量取2mL氨水，加水至100mL，混匀。

（6）甲醇－甲酸（6+4）溶液　量取60mL甲醇、40mL甲酸，混匀。

（7）柠檬酸溶液　称取20g柠檬酸（$C_5H_8O_7 \cdot H_2O$），加水至100mL，溶解混匀。

（8）无水乙醇－氨水－水（7+2+1）溶液　量取70mL无水乙醇、20mL氨水和10mL水，混匀。

（9）合成色素标准储备液　准确称取按其纯度折算为100%质量的柠檬黄、

日落黄、胭脂红、苋菜红、亮蓝各 0.100g，用超纯水溶解并转移至 100mL 容量瓶中，定容后混匀，配成浓度为 1.00mg/mL 单标储备液。

（10）混合标准使用液　准确吸取各单标储备液适量，配成各组分浓度为 2.5，5.0，10.0，20.0，40.0μg/mL 的混合标准使用液。

四、实训内容

1. 样品预处理

称取 20.0 ~ 40.0g 试样，置于 100mL 烧杯中，含 CO_2 试样应加热驱除 CO_2。

2. 色素提取

试样溶液加柠檬酸溶液调 pH 至 6，加热至 60℃，将 1g 聚酰胺粉用少许水调成粥状，倒入试样溶液中，搅拌片刻，以 G3 垂融漏斗抽滤，用 60℃ pH = 4（用柠檬酸溶液调节）的水洗涤 3 ~ 5 次，然后用甲醇 - 甲酸混合溶液洗涤 3 ~ 5 次，再用水洗至中性，用乙醇 - 氨水 - 水混合溶液解吸 3 ~ 5 次，每次 5mL（至解吸液呈无色），收集解吸液，加乙酸中和，蒸发至近干，用超纯水溶解定容至 5mL。经 0.45μm 滤膜过滤后，进样测定。

3. 液相色谱操作条件

①色谱柱：Zorbax - XDB - C_{18} 柱，5μm，250mm × 4.6mm. i. d.；

②流动相：A 相：0.02mol/L 乙酸铵溶液。B 相：甲醇（色谱纯）；

③梯度洗脱程序：见表 8 - 10；

④流速：1.0mL/min；

⑤进样体积：10μL；

⑥二极管阵列检测器（DAD）：可变波长检测（0 ~ 7min 254nm、7 ~ 12min 620nm）。

表 8 - 10　　5 种混合色素梯度洗脱程序

时间/min	0	3.0	5.0	7.0	10.0	15.0
A 相/%	90	70	50	30	90	90
B 相/%	10	30	50	70	10	10

4. HPLC 测定

（1）混合系列标准使用液的测定　按液相色谱操作条件建立分析方法，待仪器稳定（基线平稳）后，对混合系列标准使用液由低到高浓度进样采集数据。5 种混合色素标准品色谱图见图 8 - 29。

（2）样品测定　与测定标准品相同的色谱条件，待仪器稳定后，对预处理好的样品溶液进样采集数据。

5. 色谱峰定性

根据组分在色谱图上的出峰时间与标准组分比较定性。

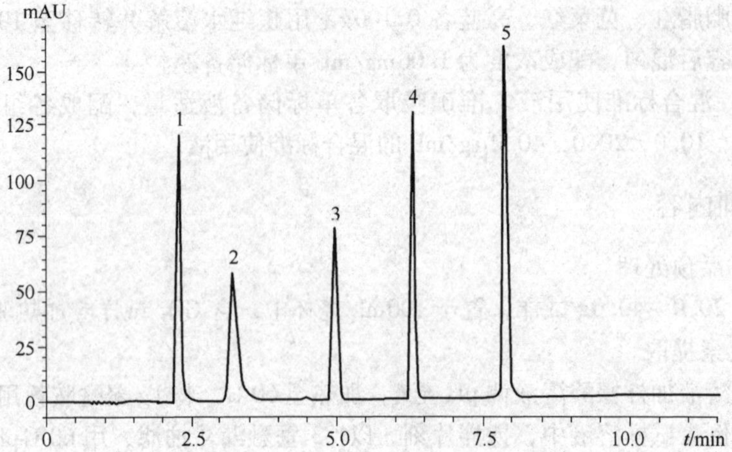

图 8－29　5 种混合色素标准品色谱图

1—柠檬黄　2—苋菜红　3—胭脂红　4—日落黄　5—亮蓝

6. 数据记录与处理

利用色谱化学工作站对采集的色谱图进行积分求面积（或峰高），以浓度为横坐标，峰面积（或峰高）为纵坐标建立标准系列工作曲线；也可按表 8－11 记录组分的保留时间、峰面积（或峰高），手工绘制（或用 Excel）标准工作曲线。

表 8－11　　果汁饮料中人工合成色素分析数据记录表

峰　号	1	2	3	4	5
组　分					
保留时间 t_R					
2.5μg/mL					
5.0μg/mL					
10.0μg/mL					
20.0μg/mL					
40.0μg/mL					
样　品					

五、结果计算

根据测得的样品峰面积或峰高，在工作曲线上查出对应的被测组分的浓度，按下式计算样品中被测组分的含量。

$$X = \frac{cV}{m}$$

式中　X——样品中被测组分的含量，mg/kg；

c——从标准工作曲线中查得的样品溶液中被测组分的浓度，μg/mL；

V——试样溶液的体积，mL；

m——样品质量，g。

六、思考题

1. 试样中的色素为何要在酸性条件下用聚酰胺粉提取？
2. 为何采用可变波长检测 5 种混合色素？

实训项目三　HPLC 法测定食品中山梨酸、苯甲酸和糖精钠的含量

一、目的要求

1. 熟悉高效液相色谱仪的使用操作。
2. 了解 HPLC 法测定食品添加剂的原理和方法。

二、相关知识

试样经加温除去二氧化碳和乙醇后，调 pH 至近中性，过滤后经反相 HPLC 分离，根据标准品的保留时间定性，外标峰面积定量。

三、仪器与试剂的准备

1. 仪器

高效液相色谱仪（具紫外检测器），抽滤装置。

2. 试剂

（1）甲醇　色谱纯。

（2）氨水（1+1）　氨水加等体积水混合。

（3）0.02mol/L 乙酸铵溶液　称 1.54g 乙酸铵溶于 1000mL 超纯水中，经 0.45μm 滤膜过滤。

（4）20g/L 碳酸氢钠溶液　称取 2g 碳酸氢钠（优级纯），加水溶解至 100mL。

（5）山梨酸标准储备液　准确称取 0.1000g 山梨酸，加碳酸氢钠溶液（20g/L）5mL，加热溶解，移入 100mL 容量瓶中，加水定容至 100mL，配成含量为 1.0mg/mL 山梨酸标准储备液。

（6）苯甲酸标准储备液　准确称取 0.1000g 苯甲酸，加碳酸氢钠溶液（20g/L）5mL，加热溶解，移入 100mL 容量瓶中，加水定容至 100mL，配成含量为 1.0mg/mL 苯甲酸标准储备液。

（7）糖精钠标准储备液　准确称取0.0851g经120℃烘干4h后的糖精钠，加水溶解定容至100mL，配成含量为1.0mg/mL糖精钠标准储备液。

（8）混合系列标准使用液　分别准确吸取不同体积的山梨酸、苯甲酸和糖精钠标准储备液，于50mL容量瓶中，加水定容，配成含山梨酸、苯甲酸和糖精钠分别为0.020，0.040，0.080，0.160，0.320 mg/mL的混合系列标准使用液。上机前经0.45μm滤膜过滤。

四、实训内容

1. 样品预处理

（1）汽水　称取5.0～10.0g试样，放入小烧杯中，微温搅拌除去二氧化碳，用氨水（1+1）调pH约7，加水定容至10～20mL，经0.45μm滤膜过滤。

（2）果汁类　称取5.0～10.0g试样，用氨水（1+1）调pH约7，加水定容至适当体积，离心沉淀，上清液经0.45μm滤膜过滤。

（3）配制酒类　称取10.0g试样，放入小烧杯中，水浴加热除去乙醇，用氨水（1+1）调pH约7，加水定容至适当体积，经0.45μm滤膜过滤。

2. 液相色谱操作条件

①色谱柱：YWG－C_{18}柱，10μm，250mm×4.6mm. i. d.；

②流动相：甲醇:乙酸铵溶液（0.02mol/L）=5:95；

③流速：1.0mL/min；

④进样体积：10μL；

⑤检测器：紫外检测器，230nm。

3. HPLC测定

（1）混合系列标准使用液的测定　按液相色谱操作条件建立分析方法，待仪器稳定（基线平稳）后，对混合系列标准使用液由低到高浓度进样采集数据。山梨酸、苯甲酸和糖精钠混合标准色谱图见图8－30。

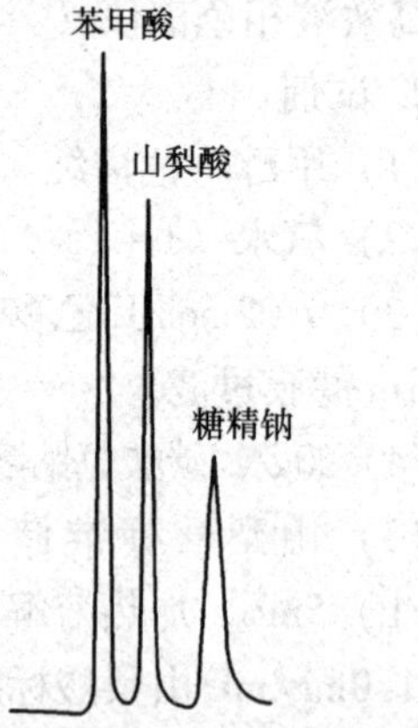

图8－30　山梨酸、苯甲酸和糖精钠分离色谱图

（2）样品测定　与测定标准品相同的色谱条件，待仪器稳定后，对预处理好的样品溶液进样采集数据。

4. 色谱峰定性

根据组分在色谱图上的出峰时间与标准组分比较定性。

5. 数据记录与处理

利用色谱化学工作站对采集的色谱图进

行积分求面积（或峰高），以浓度为横坐标，峰面积（或峰高）为纵坐标建立标准系列工作曲线；也可按表 8－12 记录组分的保留时间、峰面积（或峰高），手工绘制（或用 Excel）标准工作曲线。

表 8－12　　食品中山梨酸、苯甲酸和糖精钠分析数据记录表

峰　号	1	2	3
组　分			
保留时间 t_R			
0.020 mg/mL			
0.040 mg/mL			
0.080 mg/mL			
0.160 mg/mL			
0.320 mg/mL			
样　品			

五、结果计算

根据测得的样品峰面积或峰高，在工作曲线上查出对应的被测组分的浓度，按下式计算样品中被测组分的含量：

$$X = \frac{cV}{m}$$

式中　X——样品中被测组分的含量，g/kg；

c——从标准工作曲线中查得的样品溶液中被测组分的浓度，mg/mL；

V——试样溶液的体积，mL；

m——样品质量，g。

实训项目四　HPLC 法测定饲料中磺胺类药物的含量

一、目的要求

1. 熟悉高效液相色谱仪的使用操作。
2. 了解 HPLC 法测定饲料中磺胺类药物含量的原理和方法。

二、相关知识

样品经乙酸乙酯提取、氨基柱净化后，洗脱液经 0.45μm 滤膜过滤后，用反相 HPLC 分离，根据标准品的保留时间定性，外标法定量。

三、仪器与试剂的准备

1. 仪器

高效液相色谱仪（具紫外检测器），涡旋振荡器，旋转蒸发仪，超声波清洗机，离心机（4000r/min），氨基固相萃取柱（500mg/3mL），超纯水机，针头过滤器（配0.45μm有机微孔滤膜）。

2. 试剂

（1）乙酸乙酯　分析纯。

（2）正己烷　分析纯。

（3）冰乙酸　优级纯。

（4）乙腈　色谱纯。

（5）甲醇　色谱纯。

（6）洗脱液　A液∶B液＝1∶2，A液为甲醇乙腈等体积混合液，B液为0.1%的乙酸溶液。

（7）磺胺类药物标准品　磺胺嘧啶、磺胺吡啶、磺胺二甲基嘧啶、磺胺对甲氧哒嗪、磺胺甲基异噁唑和磺胺间甲氧嘧啶，纯度均≥97%。

（8）单标储备液　准确称取各磺胺药物标准品100mg（精确至0.0001g），分别置于100mL棕色容量瓶中，加甲醇超声使之完全溶解，并定容至刻度，摇匀。配成质量浓度为1.0mg/mL的单标储备液，于－18℃冰箱保存。

（9）混合标准使用液　分别准确吸取上述磺胺药物单标储备液适量，于50mL容量瓶中，用甲醇定容，配成各单标浓度为0.5，2.0，4.0，8.0，16.0μg/mL的混合系列标准使用液。临用前配制。

四、实训内容

1. 样品预处理

（1）提取　称取2g（精确至0.001g）试样于50mL具塞离心管中，加入乙酸乙酯15mL，旋涡振荡混匀，30℃水浴中超声提取3min，中间取出摇动1次，然后以4000r/min离心3min，静置，将上清液转移至另一管中，重复提取残渣2次，合并上清液，将上清液于40℃旋转蒸发至近干，加入3mL乙酸乙酯，充分摇匀溶解残渣。

（2）净化　将上述溶解液通过已经用5mL正己烷和5mL乙酸乙酯淋过的氨基固相萃取柱。上样后，首先用5mL正己烷淋洗以去除杂质，减压抽干10min，然后用2mL洗脱液洗脱，收集洗脱液并尽可能抽干小柱。洗脱液过0.45μm有机滤膜过滤，供HPLC分析。

2. 液相色谱操作条件

①色谱柱：YWG－C_{18}柱，5μm，250mm×4.6mm. i. d.；

②流动相：A 相：甲醇 + 乙腈 = 1∶1；B 相：0.1% 乙酸溶液；

③流速：1.0mL/min；

④进样体积：20μL；

⑤检测器：紫外检测器，270nm。

3. HPLC 测定

（1）混合系列标准使用液的测定　按液相色谱操作条件建立分析方法，待仪器稳定（基线平稳）后，对混合系列标准使用液由低到高浓度进样采集数据。磺胺类药物混合标准品色谱图见图 8－31。

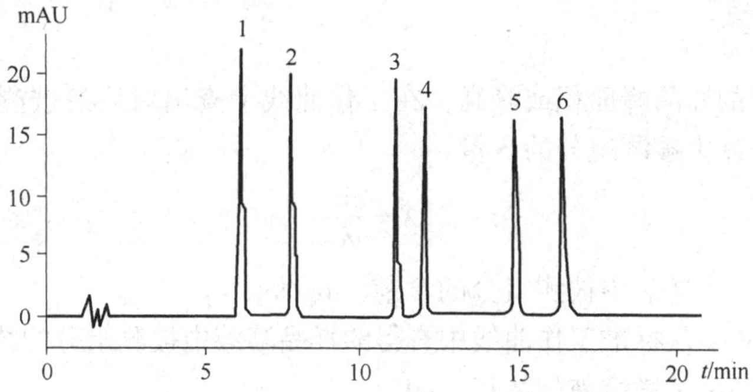

图 8－31　磺胺类药物混合标准品色谱图

1—磺胺嘧啶　2—磺胺吡啶　3—磺胺二甲基嘧啶　4—磺胺对甲氧哒嗪

5—磺胺甲基异噁唑　6—磺胺间甲氧嘧啶

（2）样品测定　与测定标准品相同的色谱条件，待仪器稳定后，对预处理好的样品溶液进样采集数据。

4. 色谱峰定性

根据组分在色谱图上的出峰时间与标准组分比较定性。

5. 数据记录与处理

利用色谱化学工作站对采集的色谱图进行积分求面积（或峰高），以浓度为横坐标，峰面积（或峰高）为纵坐标建立标准系列工作曲线；也可按表 8－13 记录组分的保留时间、峰面积（或峰高），手工绘制（或用 Excel）标准工作曲线。

表 8－13　　　饲料中磺胺类药物分析数据记录表

峰　号	1	2	3	4	5	6
组　分						
保留时间 t_R						
0.5μg/mL						
2.0μg/mL						

续表

峰号	1	2	3	4	5	6
4.0μg/mL						
8.0μg/mL						
16.0μg/mL						
样品						

五、结果计算

根据测得的样品峰面积或峰高，在工作曲线上查出对应的被测组分的浓度，按下式计算样品中被测组分的含量：

$$X = \frac{cV}{m}$$

式中 X——样品中被测组分的含量，mg/kg；

c——从标准工作曲线中查得的样品溶液中被测组分的浓度，μg/mL；

V——试样溶液的体积，mL；

m——样品质量，g。

六、思考题

1. HPLC 分析氨基酸为何要对样液进行衍生化处理？
2. 内标法定量与外标法定量有何区别？

思考与练习

1. 解释下列名词术语

   等梯度洗脱　梯度洗脱　正相色谱　反相色谱　化学键合固定相

2. 在液相色谱定量分析中，不要求混合物中每一个组分都出峰的定量方式是（　　）。

   A. 外标法　B. 内标法　C. 归一化法　D. 面积百分比法

3. 在液相色谱中，提高柱效能最有效的途径是（　　）。

   A. 提高柱温　B. 降低流动相流速

   C. 减小填料粒度　D. 增加柱长度

4. 用液相色谱法分析糖类化合物，应选用下列哪一种检测器？（　　）

   A. 紫外检测器　B. 示差检测器

   C. 荧光检测器　D. 电化学检测器

5. 在液相色谱中，梯度洗脱适于分离（　　）。
A. 同分异构体　　B. 极性范围宽的混合物
C. 沸点相差大的混合物　　D. 生物大分子物质

6. 用 ODS 柱分离人工合成混合色素时，以 0.02mol/L 乙酸铵 - 甲醇为流动相，若想使某一色素尽快出峰，较好的方法是（　　）。
A. 增加流动相中乙酸铵的比例　　B. 增加流动相中甲醇的比例
C. 增加流动相流速　　D. 提高进样量

7. 在高效液相色谱中，对流动相的配制有何要求？流动相在上机前为何要进行脱气处理？

8. 什么是信噪比？信噪比有何作用？

9. 简述高效液相色谱分析样品操作步骤和操作注意事项。

第九章　质谱分析法

知识目标

- 了解质谱分析法的基本原理。
- 了解质谱仪的基本结构与各部件的作用。
- 了解 EI、CI 源的电离过程。
- 了解质谱与色谱联用技术。

能力目标

- 能认识质谱图。
- 学会谱库检索。
- 能在老师的指导下使用操作 GC－MS 联用仪。

质谱分析法（mass spectrometry，简称 MS）是利用电磁学原理，通过对样品离子的质荷比（即质量与电荷的比值，m/z）和强度的测定进行定性和定量的一种分析方法。随着气相色谱、高效液相色谱等仪器与质谱联机成功以及计算机的飞速发展，使得质谱法成为分析、鉴定复杂混合物的最有效工具。相比于核磁共振、红外光谱、紫外光谱，质谱具有其突出的优点：

①质谱法是唯一可以确定分子式的方法，而分子式对推测物质结构至关重要；

②灵敏度高，只需微量（微克甚至纳克级）样品便可得到质谱图，最低检测限达 10^{-14}g；

③根据有机化合物化学键的断裂规律，质谱图中的离子碎片峰提供了鉴定有机化合物结构的丰富信息。

目前质谱分析法已广泛地用于石油、化工、地质、环境、食品、医药等领域。

第一节　基本原理

在高真空（真空度达 10^{-3} ~ 10^{-5}Pa）状态下，气态的样品分子或原子受到高速电子流撞击，失去外层电子而生成分子离子，或化学键断裂生成各种碎片离子，在强电场的作用下，这些离子被加速。加速电位通常达 6 ~ 8kV，此时所有

带单位正电荷的阳离子获得相同的动能，即

$$zU=\frac{1}{2}mv^2 \tag{9-1}$$

式中　z——离子电荷数；

U——加速电压；

m——离子质量；

v——离子被加速后的运动速率。

根据公式（9－1），不同质荷比的离子被加速后的运动速率不同，在同一磁场中的运动轨迹不同，质量分析器就可将其分离，如图9－1所示。

从磁场中分离出来的离子由检测器测量其丰度（强度），记录后获得一张以质荷比（m/z）为横坐标，以相对丰度为纵坐标的质谱图，如图9－2所示。在质谱图中，每一个棒状图的位置表示一种质荷比的离子，棒状图的高度表示该离子的丰度。通常将丰度最大的峰定为100%，此峰称为基峰，其他离子丰度以相对于基峰的百分数表示，即为相对丰度。分子失去一个电子形成的离子称为分子离子（M^+），分子离子峰一般为质谱图中质荷比（m/z）最大的峰。由于分子离子常不稳定，容易断裂成碎片离子，因此，质谱图中（m/z）最大的峰不一定是分子离子峰。

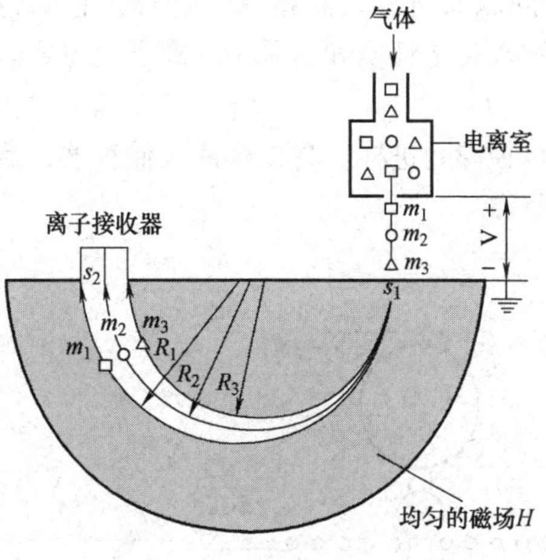

图9－1　不同质荷比的离子在磁场中的分离

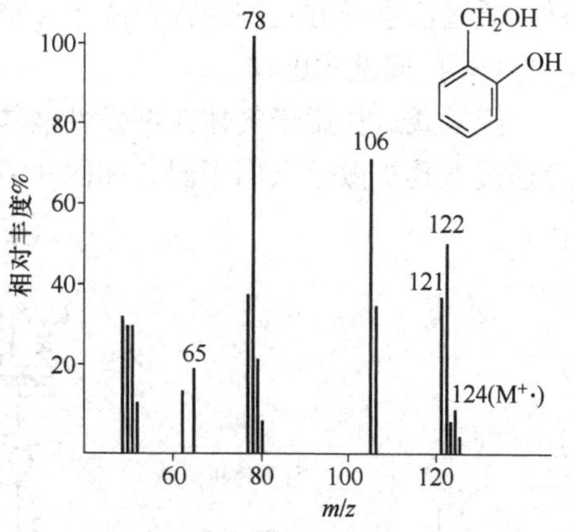

图9－2　质谱图

质谱分析的基本过程可以分为四个环节：①通过合适的进样装置将样品引入并进行汽化；②汽化后的样品引入到离子源进行电离，即样品离子化；③电离后的离子经电场加速后进入质量分析器，按不同质荷比（m/z）进行分离；④经检测、记录，得到样品的质谱图。根据质谱图提供的信息，可以进行无机物和有机物定性与定量分析、复杂化合物的结构分析、样品中同位素比的测定以及固体表面的结构与组成分析等。

第二节 质 谱 仪

质谱仪一般由进样系统、离子源、质量分析器、检测记录系统和真空系统组成。基本结构框图见图9-3。

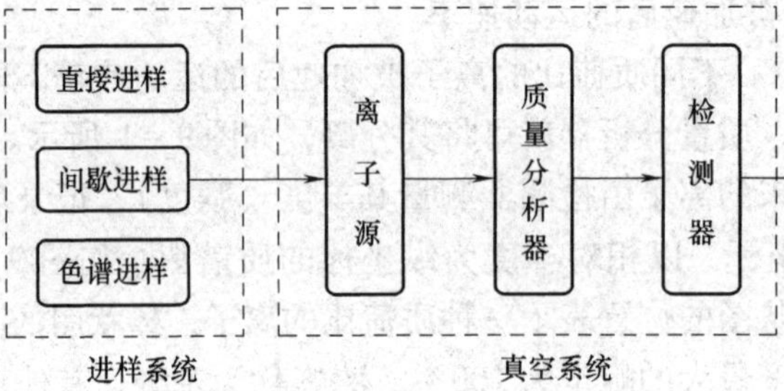

图9-3 质谱仪的基本结构框图

一、进样系统

进样系统的作用是高效重复地将样品引入到离子源中并且不能造成真空度的降低。目前常用的进样装置有三种类型：间歇式进样、直接探针进样及色谱进样。质谱仪进样方式的选择取决于试样的物理化学性质和所采用的离子化方式。

（一）间歇式进样

间歇式进样用于气体或挥发性液体的可控漏孔进样。将试样注入储存器，然后通过微孔扩散进入离于源，如图9-4所示。

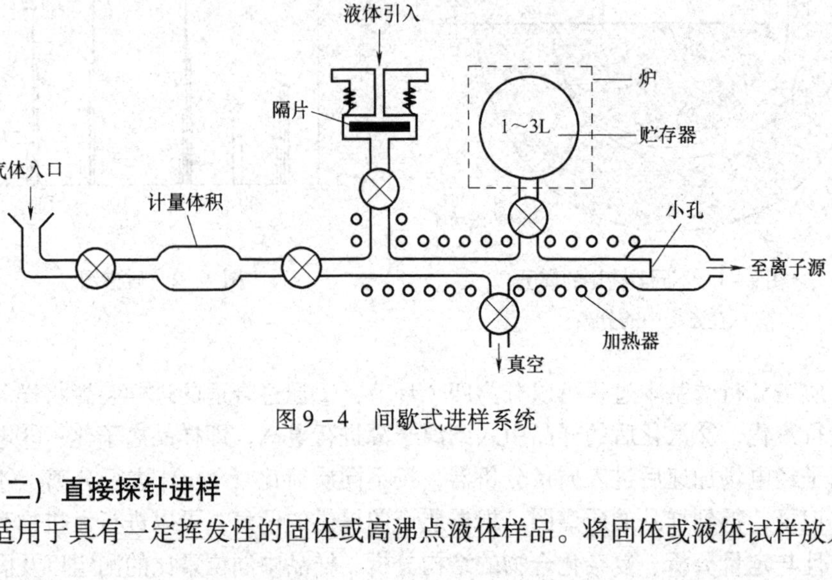

图9-4 间歇式进样系统

（二）直接探针进样

适用于具有一定挥发性的固体或高沸点液体样品。将固体或液体试样放入小杯中，再放入可加热的套圈内，通过真空隔离装置将试样引入离子源，加热升温使试样挥发并进行电离，如图 9-5 所示。

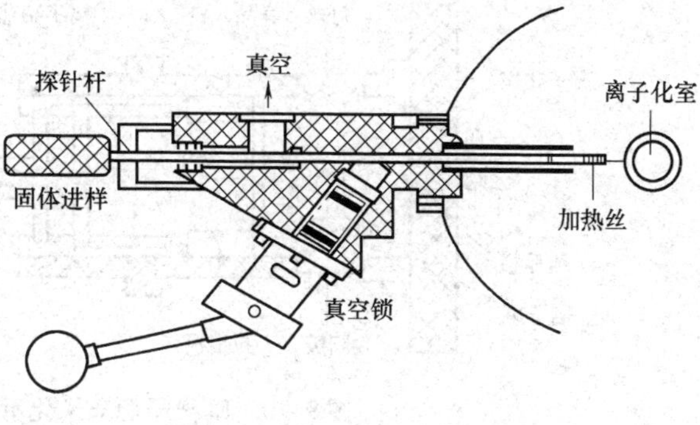

图 9-5　直接探针进样系统

（三）色谱进样

将质谱与气相色谱、高效液相色谱等仪器联用，通过色谱柱对复杂样品进行分离后直接进样。该方法兼有色谱法的优良分离功能和质谱法强有力的鉴别能力，是目前分析复杂混合物的最有效工具。

二、真空系统

质谱仪的离子源、质量分析器及检测器等必须处于高真空状态（离子源的真空度达 $1.3\times10^{-4}\sim1.3\times10^{-5}$Pa，质量分析器的真空度达 1.3×10^{-6}Pa）。若真空度过低会造成：①离子源灯丝损坏；②本底增高、副反应增多，致使图谱复杂化；③干扰离子源中电子束的调节；④导致加速极放电等问题。

一般真空系统由机械泵和扩散泵或分子涡轮泵组成。工作时先用机械泵预抽真空（真空度 $10^{-1}\sim10^{-2}$Pa）后，再用高效率扩散泵或分子涡轮泵连续地抽真空至真空度达 $10^{-4}\sim10^{-6}$Pa。

三、离　子　源

离子源的作用是将汽化的样品分子电离成带电的离子，并使这些带电的离子会聚成一定能量的离子束，进入质量分析器。为了能获得样品的分子离子峰，不同的样品需要采用不同的离子源。目前常用的离子源有电子轰击电离源、化学电离源、高频火花电离源、激光电离源等。

（一）电子轰击电离源

电子轰击电离源（electron impact ionization source，简称 EI 源）是应用最为广泛的离子源，它主要用于挥发样品的电离，其离子化示意图见图 9-6 所示。

在灯丝和阳极之间加有 70eV 电压，获得轰击能量为 70eV 的电子束，它与进入离子源的样品分子发生碰撞，产生分子离子，即

$$M + e \longrightarrow M^{+} + 2e$$

式中　M——样品分子；

M^{+}——分子离子或母体离子。

若产生的分子离子带有较大的内能（转动能、振动能和电子跃迁能），则进

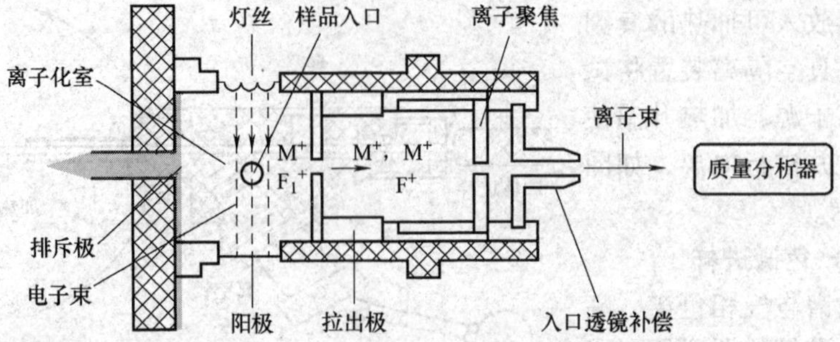

图9-6 EI离子源离子化示意图

一步发生裂解，产生质量较小的碎片离子和中性自由基：

$$M^+ \nearrow M_1^+ + N_1\cdot$$
$$M^+ \searrow M_2^+ + N_2\cdot$$

式中 M_1^+、M_2^+——较低质量离子；

$N_1\cdot$、$N_2\cdot$——自由基。

生成的分子离子和碎片离子在电场的作用下被加速、聚焦形成离子束进入质量分析器。

电子轰击离子化获得的图谱重现性好，含有较多碎片离子信息，对推测未知物结构非常有帮助。目前质谱图库中的标准物质谱图都是以EI源在70eV电压下建立的，便于计算机检索和相互对比。因此，EI源是应用最多的电离源。

（二）化学电离源

质谱分析的重要信息之一是获取样品的相对分子质量。由于电子轰击离子化过于激烈，不易产生M^+峰或产生的M^+峰强度很低，不利于相对分子质量测定。化学电离源（chemical ionization soure，简称CI源）是比较温和的离子化方法，它是通过离子-分子反应来进行。得到的质谱图有很强的准M^+峰，便于推测相对分子质量。其离子化过程：首先电子与反应气（如甲烷）发生碰撞，使反应气发生电离：

$$CH_4 + e \longrightarrow CH_4^+\cdot + 2e$$
$$CH_4^+\cdot \longrightarrow CH_3^+ + H\cdot$$

$CH_4^+\cdot$及CH_3^+很快与大量存在的中性CH_4分子起反应，产生CH_5^+和$C_2H_5^+$，即

$$CH_4^+\cdot + CH_4 \longrightarrow CH_5^+ + CH_3\cdot$$
$$CH_3^+ + CH_4 \longrightarrow C_2H_5^+ + H_2$$

CH_5^+和$C_2H_5^+$不再与中性CH_4反应，而与进入电离室的样品分子（$R-CH_3$）

碰撞，产生 $(M+1)^+$ 离子：

$$R-CH_3+CH_5^+ \longrightarrow R-CH_4^+ +CH_4$$

$$R-CH_3+C_2H_5^+ \longrightarrow R-CH_4^+ +C_2H_4$$

图 9－7 为某化合物的 EI 和 CI 质谱图比较。从图中可以看出，CI 源质谱图准分子离子 $(M+1)^+$ 峰强，碎片离子峰少且强度低，分子结构信息少。EI 源和 CI 源是一种相互补充。

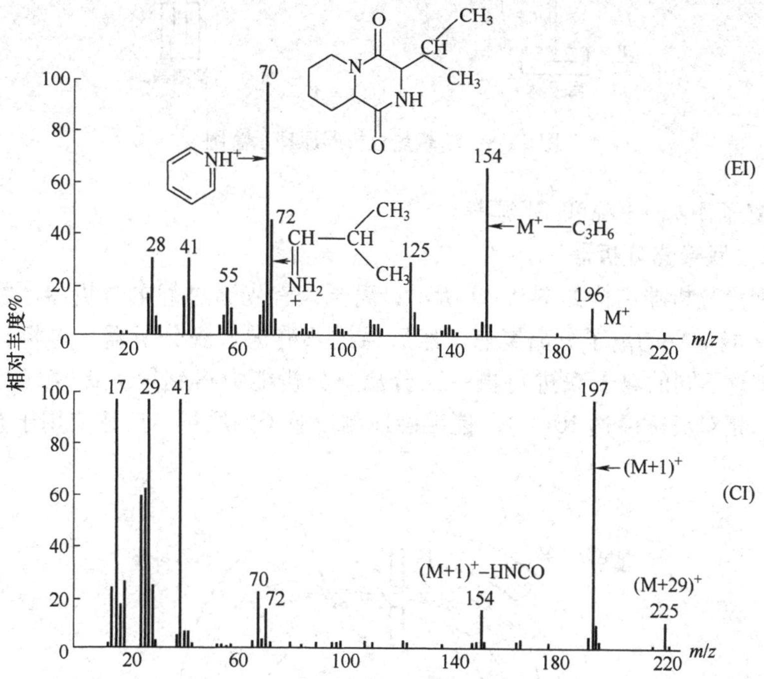

图 9－7　EI 源和 CI 源质谱图比较

四、质量分析器

质量分析器是质谱仪的重要组成部分，它的作用是将离子室产生的离子，按照质荷比（m/z）的大小分开。常用的质量分析器有单聚焦分析器、双聚焦分析器、四极杆分析器、离子阱分析器及飞行时间分析器等。

（一）单聚焦分析器

单聚焦分析器（又称磁分析器）是使用扇形磁场，如图 9－8 所示，离子在磁场中的运动半径取决于磁场强度 B、m/z 和加速电压 U。若 U 和 B 不变，则离子运动的半径仅取决于离子本身的 m/z。这样，m/z 不同的离子，由于运动半径不同，在磁分析器中被分开。由于质谱仪出射狭缝位置固定不变，故一般采用固定 B（或固定 U）而连续改变 U（或 B）的方法，使不同 m/z 离子分离并依次通过狭缝进入检测器。

单聚焦分析器结构简单，操作方便，但分辨能力低，只适用于离子能量

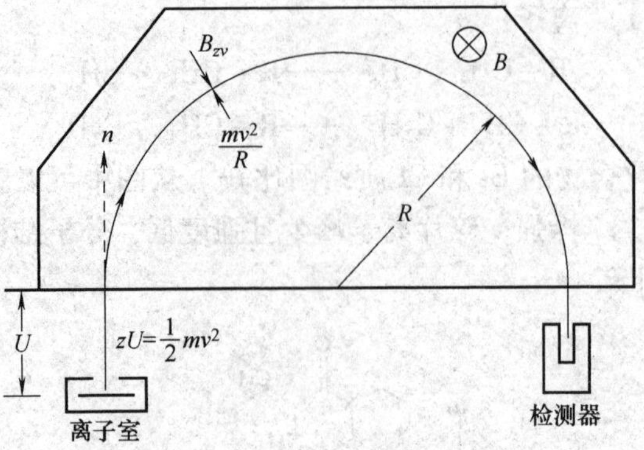

图9-8　单聚焦分析器原理示意图

较小的离子源如EI源和CI源等。

（二）双聚焦分析器

双聚焦分析器结构如图9-9所示，离子束首先通过静电分析器，将具有相同速度（能量）的离子分离聚焦，然后通过狭缝进入磁分析器，再将具有相同 m/z 而能量不同的离子束进行再一次分离。分辨能力得到很大提高（分辨率达150000、相对灵敏度达 10^{-10}）。能准确地测量原子的质量，广泛应用于有机质谱仪中。

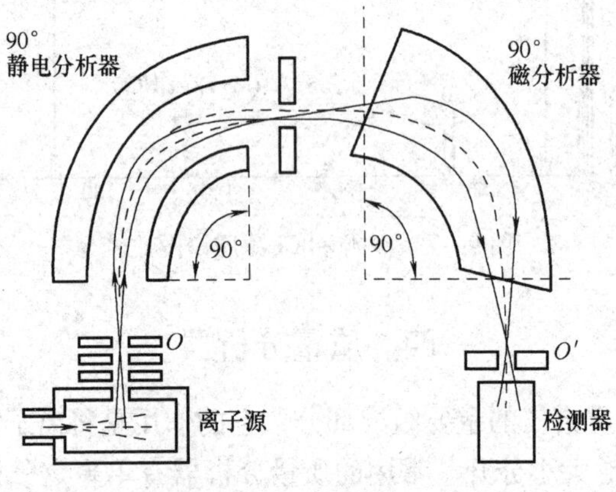

图9-9　双聚焦分析器原理示意图

（三）四极杆分析器

四极杆分析器又称四极杆滤质器，如图9-10所示，由两组平行的棒状（或双曲面状）电极组成。在 x 方向轴的电极上施加 $U+V\cos\omega t$ 的高频电压，在 y 方向的电极上施加 $-(U+V\cos\omega t)$ 的高频电压，U 是电压的直流分量，V 是电压的交流幅值，ω 为圆频率，t 是时间。来自离子源的电子束垂直进入四极电场中，在极性相反的两极间作横向摆动，在一定的直流电压、交流电压和频率等条件下，只有一种 m/z 的离子（称为共振离子）到达接收器被检出，其他 m/z 的离子因振幅过大（称非共振离子）在运动过程中撞到四极杆上被过滤掉。不同 m/z 的离子检测是通过保持其他参数不变，维持 U/V 为一定值，改变直流电压分量 U 和交流电压幅值 V 来实现，也可改变其他参数来实现。

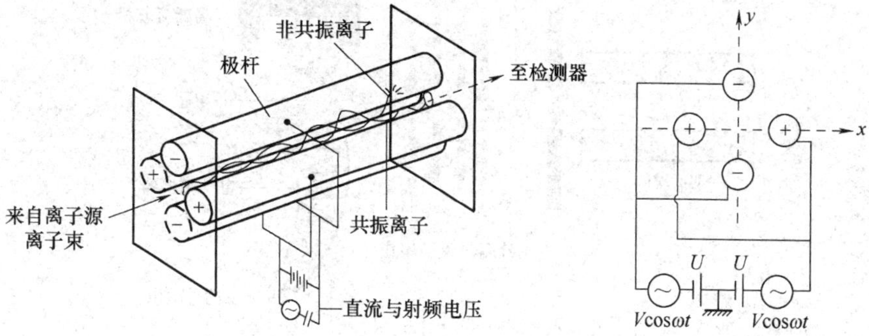

图 9－10　四极杆分析器原理示意图

四极杆质谱仪的主要优点是：①结构简单，体积小、重量轻，价格便宜；②扫描速度快，适合于色谱联机；③自动化程度较高。主要缺点是：①分辨率不如双聚焦质谱仪；②质量范围较窄，一般为 10～1200 amu；③不能提供亚稳离子信息。

（四）离子阱分析器

离子阱分析器是通过电场和磁场将气相离子控制并贮存一段时间的装置。离子在被控制的区域中，随周围电磁场的性质变化发生共振，不同离子有不同的共振振幅，最终通过电磁场射频扫描，使不同的离子依次离开离子阱而进行检测。

（五）飞行时间分析器

飞行时间分析器（time of flight analyzer，简称 TOF），它的主要部分是一个离子漂移管。在离子进入漂移管前，首先被电场加速，使所有的离子获得基本一致的动能，然后离子进入真空漂移管，在漂移管中做无场漂移，最终到达检测极。由于不同离子的质量不同，离子在漂移管中飞行的时间不同（与离子质量的平方根成正比），离子的质量越大，到达接收极所用的时间越长，质量越小，时间越短，这样通过离子到达接收极的时间就可以将不同质量的离子分开。适当增加漂移管的长度可以提高分辨率。

五、检　测　器

质谱仪常用的检测器有电子倍增器、闪烁检测器、法拉第杯和照相底板等。目前普遍采用电子倍增器进行离子检测，如图 9－11 所示，由四极杆出来的离子经聚焦后，打到高能打拿极上产生电子，电子经电子倍增器增益，产生强电信号，记录不同离子的电信号即得质谱图。信号增益与倍增器电压有关，提高倍增器电压可以提高灵敏度，但同时会降低倍增器的寿命。因此，在保证仪器灵敏度的情况下，应尽量使用低的倍增器电压。

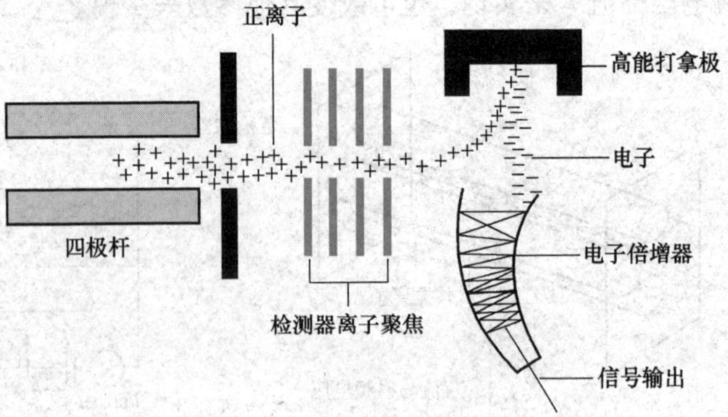

图 9 - 11 电子倍增器检测器原理示意图

第三节 质谱分析技术的应用

一、质谱仪的主要性能指标

（一）质量测定范围

质谱仪的质量测定范围表示质谱仪所能够进行分析的样品的相对原子质量（或相对分子质量）范围，通常用原子质量单位进行度量。测定气体用的质谱仪，一般质量测定范围在 2 ~ 100，测定有机质谱仪一般达几千，现代质谱仪可以研究相对分子质量达几十万的生物大分子样品。

（二）分辨率

分辨率是指质谱仪分开相邻质量数离子的能力。用 R 表示，

$$R = \frac{m_1}{m_2 - m_1} = \frac{m_1}{\Delta m}$$

式中，m_1、m_2 为质量数，$0 < \Delta m \leqslant 1$。其定义为：强度相等的相邻两峰，当两峰间的峰谷不大于其峰高的 10% 时（图 9 - 12），则认为两峰分开。

分辨率 R 是质谱仪性能的一个重要指标，它反映仪器对质荷比相邻的两个质谱峰的分辨能力。分辨率 R 为 500 左右的质谱仪可以满足一般有机分析的要求，$R \geqslant 10$为高分辨率质谱仪，高分辨率质谱仪可测量离子的精确质量。

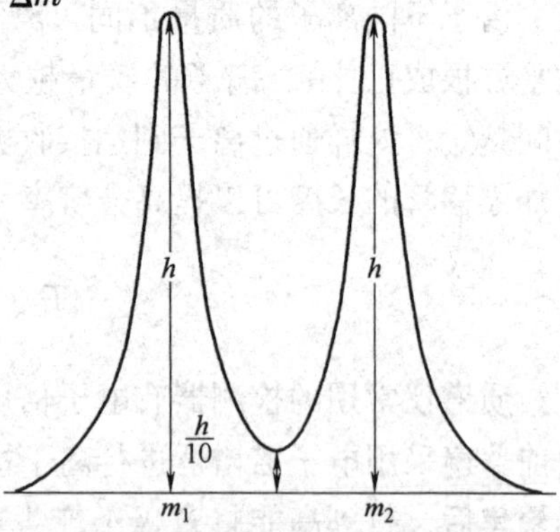

图 9 - 12 质谱仪 10% 峰谷分辨率

（三）灵敏度

质谱仪的灵敏度有绝对灵敏度、相对灵敏度和分析灵敏度等几种表示方式。绝对灵敏度指仪器可以检测到的最小样品量；相对灵敏度指仪器同时检测的大组分和小组分的含量之比；分析灵敏度指输入仪器的样品量与仪器输出信号之比。

二、质谱中的离子和离子峰

分子离子：由样品分子丢失一个电子而生成的带正电荷的离子，$z=1$ 的分子离子的 m/z 就是该分子的分子质量。分子离子是质谱中所有离子的起源，它在质谱图中所对应的峰为分子离子峰。

碎片离子：由分子离子裂解产生的所有离子，碎片离子与分子离子解离的方式有关，可以根据碎片离子来推测分子结构。

重排离子：经过重排反应产生的离子，其结构并非原分子中所有。在重排反应中，化学键的断裂和生成同时发生，并丢失中性分子或碎片。

同位素离子：当分子中有同种元素不同的同位素时，此时的分子离子由多种同位素离子组成，不同同位素离子峰的强度与同位素的丰度成正比。

母离子与子离子：任何一个离子进一步裂解生成质荷比较小的离子，前者称为后者的母离子，后者称为前者的子离子，分子离子是母离子的特例。在质谱解析中，若能确定两离子间的这种“母子”关系，有助于推导化合物的结构。

奇电子离子和偶电子离子：带有未配对电子的离子为奇电子离子。无未配对电子的离子为偶电子离子。分子离子是奇电子离子。

多电荷离子：一个分子丢失一个以上电子形成的离子称为多电荷离子。

准分子离子：用 CI 电离法，常得到比分子质量多（或少）1 质量单位的离子称为准分子离子。

亚稳离子：从离子源出口到达检测器之间产生并记录下来的离子称亚稳离子。

三、相对分子质量的测定

确定质谱图中的分子离子峰或与其相关的离子峰，就可以测定化合物的相对分子质量。由于同位素峰的存在等原因，使在质谱图中 m/z 最大的离子峰不一定是分子离子峰，由于许多化合物的分子离子不稳定，致使分子离子峰很小甚至不出现。因此，正确判断分子离子峰就成为确定相对分子质量的关键。

（一）确定分子离子峰的方法

（1）在纯样品质谱图中，除同位素峰外分子离子峰是最高质量的峰，即分子离子峰位于质谱图的最右端。但有些分子会形成质子化分子离子峰 $[M+1]^+$ 或去质子化分子离子峰 $[M-1]^+$。

（2）分子离子峰必须符合氮律。组成有机化合物的大多数元素中，偶数质量的元素都具有偶数化合价（如^{12}C为4价、^{16}O为2价等），奇数质量的元素具有奇数化合价（如^{1}H、^{35}Cl、^{79}Br为1价；^{31}P为3价或5价等），只有^{14}N反常，质量数是偶数（14），而化合价是奇数（3价或5价）。由此得出氮律：在有机化合物中，不含氮或含偶数氮的化合物，分子质量一定为偶数（单电荷 m/z 为偶数）；含奇数氮的化合物分子质量一定为奇数。

根据氮律，在质谱图中假定的分子离子峰的 m/z 为奇数时，化合物必然含奇数氮，否则不是分子离子峰；同理，若假定的分子离子峰的 m/z 为偶数，化合物中应不含氮或含有偶数个氮，否则该峰也一定不是分子离子峰。

(3) 设法提高分子离子峰的强度。若无法判断分子离子峰或质谱图上得不到分子离子峰时，可逐步降低电子轰击源的电压，这时所有碎片离子峰的相对丰度都减小，只有分子离子峰的相对丰度增大。

(4) 利用同位素峰判断分子离子峰。当化合物中含有 Cl 或 Br 时，可以利用分子离子峰 M 与同位素峰（M+2）的相对丰度比来确定分子离子峰。若分子中含有 Cl 元素，则 M 峰和 M+2 峰丰度比为3∶1；若分子中含有 Br 元素，则 M 峰和 M+2 峰丰度比为1∶1。这是因为在自然界中，^{35}Cl和^{37}Cl的相对丰度为3∶1，^{79}Br和^{81}Br的相对丰度比为1∶1。

(5) 根据分子离子峰与邻近峰的质量差是否合理来判断。例如，分子离子峰不可能裂解出两个以上的氢原子或小于一个甲基的基团，故分子离子峰的前面不可能出现比分子离子峰质量小3～14个质量单位的峰。若出现质量差为15（$\cdot CH_3$）或18（$\cdot H_2O$），则是合理的。

四、分子式的确定

在确认了分子离子峰并知道了化合物的相对分子质量后，就可以确定化合物的部分或整个化学式，利用质谱法确定化合物的分子式有两种方法：即高分辨质谱仪确定分子式和同位素比求分子式（相关内容参考其他文献）。

五、结构鉴定

对纯物质的结构进行鉴定是质谱的重要应用领域。通过质谱图中分子离子、碎片离子、亚稳离子的相对丰度、质荷比等信息确定化学式，再根据各类化合物的裂解规律，找出各碎片离子产生的途径，从而确定整个分子结构。现代质谱仪都配有标准质谱图库，如 NIST 谱库（NIST mass spectral library）。利用计算机化学工作站软件的谱库检索功能，能迅速检索到待测样品化合物的相关信息，如化合物名称、质谱图的匹配度、相对分子质量、分子式、结构式等，大大方便了对有机化合物的结构鉴定。

第四节　质谱联用技术

质谱是一种具有超强定性能力的分析方法，缺点是只能对单一组分的样品进行分析，对复杂的混合物则无能为力。色谱是一种高效分离的分析方法，能将复杂的混合物进行有效分离和定量分析，但定性能力很差。如果将色谱技术和质谱技术联用，各取其所长，补其所短，充分发挥色谱的高分离能力和质谱的超强定性能力，则能同时完成多组分混合物的分离、定性和定量分析。

质谱联用技术主要有气相色谱 - 质谱（GC - MS）联用、液相色谱 - 质谱（LC - MS）联用、串联质谱（MS - MS）以及毛细管电泳 - 质谱（CZE - MS）联用等。

一、气相色谱 - 质谱联用技术

气相色谱 - 质谱（gas chromatography - mass spectrometer，简称 GC - MS）联用技术是目前应用最多也是最有效的分析仪器。GC - MS 主要由三部分组成，即 GC 部分、MS 部分和数据处理系统。对 MS 而言，GC 是它的进样器；对 GC 而言，MS 是它的检测器。

由于色谱仪是在常压下工作，而质谱仪需要高真空，因此，色谱出口与质谱离子源的连接需要解决压力上的差异。如果色谱分离用的是填充柱，必须经过“分子分离器”这样一种接口装置，将色谱载气除去，使样品气进入质谱仪。如果色谱分离用的是毛细管柱，则可以将毛细管直接插入质谱仪离子源，因为毛细管载气流量比填充柱小得多，不会破坏质谱仪真空。

GC - MS 的质谱仪可以是磁式质谱仪、四极杆质谱仪，也可以是飞行时间质谱仪或离子阱质谱仪。目前应用最多的是四极杆质谱仪。离子源主要是 EI 源和 CI 源。

GC - MS 的另外一个组成部分是计算机系统。由于计算机技术的提高，GC - MS的主要操作都由计算机控制进行，这些操作包括利用标准样品（如全氟三丁胺 PFTBA）校准质谱仪，设置色谱和质谱分析参数，数据的采集和处理以及谱库检索等。这样，一个混合物样品进入色谱仪后，在合适的色谱条件下，被分离成单一组分并逐一进入质谱仪，经离子源电离、质量分析器、检测器检测，便得到混合样品的总离子流图（色谱图）及每个化合物的质谱图。根据总离子流图可以对混合样品组分进行定量分析，根据每个组分的质谱图和标准谱库检索比较，即可对每个组分进行定性分析。目前，GC - MS 联用仪使用的标准谱库有：NIST 库、Willey 库、农药库、毒品库等，其中应用最广泛的是 NIST 库和 Willey 库，前者拥有 13 万张标准化合物质谱图，后者拥有近 30

万张。

二、液相色谱-质谱联用技术

液相色谱-质谱（liquid chromatography - mass spectrometer，简称 LC - MS）联用仪主要用于极性化合物、热不稳定性化合物、不挥发性化合物和生物大分子化合物（如蛋白质、核酸等）的分析。

LC - MS 主要由高效液相色谱（HPLC）、接口装置（同时也是电离源）、质谱仪组成。高效液相色谱的作用是将混合物样品分离。接口装置的作用是去除溶剂并使样品离子化。由于 HPLC 色谱分离要用大量的流动相，除去流动相中大量溶剂并使样品离子化，关键是 LC 和 MS 之间的接口装置。早期曾经使用过的接口装置有传送带接口、热喷雾接口、粒子束接口等十余种，这些接口装置都存在一定的缺陷，因而都没有得到推广应用。直到 20 世纪 80 年代，大气压电离源用作 LC - MS 联用的接口装置和电离装置之后，使得 LC - MS 联用技术取得突破性进展。目前，几乎所有 LC - MS 联用仪都使用大气压电离源作为接口装置和离子源。

大气压电离源（atmosphere pressure ionization，简称 API）包括电喷雾电离源（electrospray ionization，简称 ESI）和大气压化学电离源（atmospheric pressure chemical ionization，简称 APCI）两种，其中 ESI 源应用最为广泛。

LC - MS 质谱仪的作用是提供分析样品的总离子色谱图、各单个组分的质谱图等。一般情况下，质谱图只有分子质量信息，如果使用串联质谱仪，还可以得到子离子谱、母离子谱和中性丢失谱等，有利于对样品组分进行结构定性。与 GC - MS 不同，LC - MS 没有标准谱库，需要分析者自己解析或自建标准库。图 9 - 13 为三重四极杆 LC - MS 联用仪。

图 9 - 13　三重四极杆 LC - MS 联用仪

第五节　Agilent5975 - 6890 GC - MS 的使用

Agilent5975 - 6890 GC - MS 联用仪由 Agilent6890GC、Agilent5975MS 和自动液体进样器组成，主机见图 9 - 14。

一、开机前的准备

1. 气体准备

准备一瓶高纯（ >99.999% ）氦气（载气）和一瓶氮气（尾吹气）。将气体

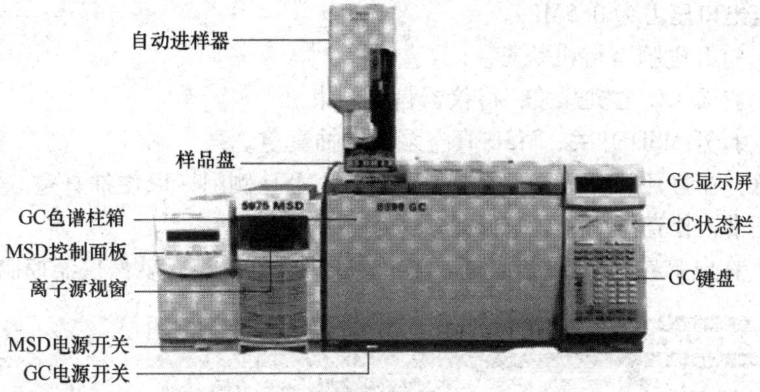

图 9-14　Agilent5975-6890 GC-MS 主机

与气相色谱-质谱仪连接，并检查各连接部位不应漏气，否则需重新连接。

2. 连接色谱柱

根据样品分析需要选择合适的毛细管色谱柱。将毛细管柱进样口端连接气相色谱仪进样口（操作方法详见第五章气相色谱法 Agilent6890 气相色谱仪的使用），另一端连接质谱仪，连接方法见图 9-15。

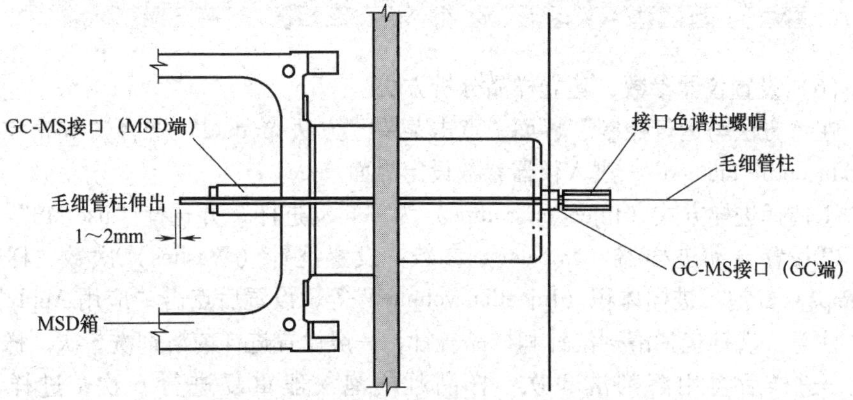

图 9-15　将毛细管柱安装在 GC-MS 接口中

3. 准备测试样品

将准备好的测试样品按顺序放到自动进样器样品盘中，并记录相应的瓶号。

二、开机操作程序

（1）打开载气 He 阀，调节减压阀至出口压力为 0.5MPa；打开 N_2 阀，调节减压阀至出口压力为0.5MPa。

（2）打开电脑至待机状态。

（3）打开GC主机开关，待仪器自检结束。

（4）打开MSD开关，MSD真空泵开始抽真空。

注意：在打开MSD开关的同时，应按下MSD侧门，以便抽真空。如真空泵声音不正常，检查侧门和放空阀是否关闭。

（5）在电脑界面双击控制GC-MS的联机软件，进入软件仪器控制界面：

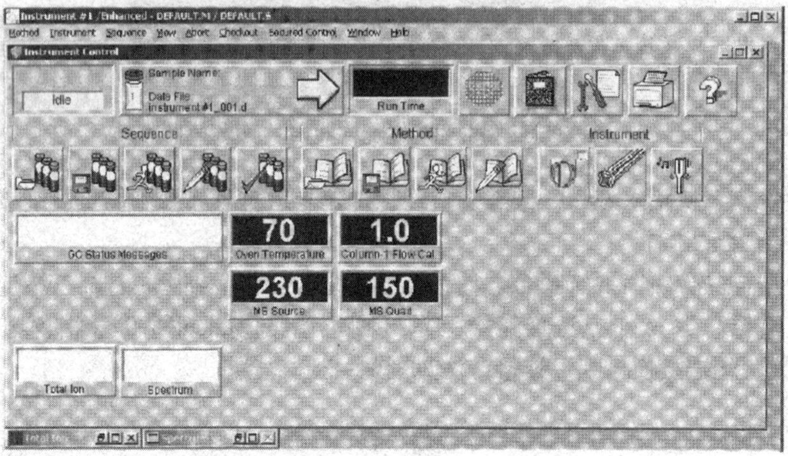

（6）设置仪器参数，建立样品分析方法。

在“方法与运行控制”界面，点击菜单“方法Method”选择“编辑完整方法Edit entire method”，进入仪器参数设定界面。

①选择进样方式（Injection Source）为“自动进样”并选择“use MS”。

②设置自动进样器（Injector）参数：设置洗针（Washes）次数、样品赶（Pumps）气泡、进样体积（Injection volume）等，设置后点击“应用Apply”。

注意：洗针包括溶剂洗针和样品洗针，一般设置进样前溶剂洗3次、样品洗3次，进样后再用溶剂洗3次；样品赶气泡一般重复进行6次，进样量设为1~1.5μL。

③设置进样口（Inlets）参数：选择进样模式为分流（Split）或不分流（Splitless）模式；载气为He，载气总流量为40mL/min；设置进样口温度；选择使用节省气。设置后点击“应用Apply”。

注意：选择分流模式进样，分流比设为30∶1；选择不分流模式进样，分流阀设在0.85~1.00min打开。样品含量较高时一般选“分流模式”，样品含量很低时选择“不分流模式”。

④设置色谱柱（Column）参数：选择恒流（Const flow）或恒压（Const presure）模式；设置柱流量（Flow）；检测器（Detector）为“MSD”，大气压选

“真空（Vacoum）”；确认色谱柱信息与使用的色谱柱相符，设置后点击“应用Apply”。

注意：定量分析一般选择恒流模式。使用恒流模式，柱流量不能设置太大（一般设置1.0～1.5mL/min），否则因压力大损坏柱子。

⑤设置柱箱（Oven）参数（炉温升温程序）：根据样品分析需要设置炉温升温程序，主要设置初始温度、升温速率及保持时间等，设置后点击“应用Apply”。

注意：炉温的最高设置温度不能高于色谱柱最高使用温度。

⑥设置GC－MS接口温度：一般设置为280℃，选检测器为MSD，设置后点击“应用Apply”。

⑦选择MS调谐文件（Tune file）：一般选择自动调谐（atune. u），也可以根据样品需要自己编辑调谐文件。

⑧设置MS质量扫描（Scan）参数：设置溶剂延迟（Solvent Delay）时间；选择数据采集模式为“扫描Scan”；设置质量扫描范围，数据采集频率等；设置总离子流色谱图窗口显示时间、选择质谱图（Spectrum）窗口；查看离子源（MS Source）、四极杆（MS quad）温度。设置后点击“应用Apply”。

注意：溶剂延迟时间是根据样品溶剂峰的出峰时间确定，一般设置3～5min；质量扫描范围设置应涵盖待测组分的质量范围，在满足样品分析的基础上使用最小质量范围，以提高数据采集灵敏度。

⑨设置MS离子选择（SIM）参数：设置溶剂延迟（Solvent Delay）时间；选择数据采集模式为“离子选择（SIM）”；设置总离子流色谱图窗口显示时间；根据Scan模式采集的数据，确定各待测组分的保留时间和主要监测离子，编辑SIM参数：即将待测组分分组，确定每组信号采集起始时间、每组采集的离子数目及每个离子驻留时间；查看离子源（MS Source）、四极杆（MS quad）温度。设置后点击“应用Apply”。

注意：编辑SIM参数时，每组采集6～9个离子，每个离子驻留时间为60～100ms。采集的离子数目越少、驻留时间越长，采集的数据灵敏度和精度就越高。

⑩保存方法：将上述设置的仪器分析参数另存为方法文件保存。

注意：采用质量扫描（Scan）模式采集数据和采用离子选择（SIM）模式采集数据要分别保存为不同的方法文件。除非使用Scan/SIM同时采集模式。

（7）MSD调谐。

点击菜单“窗口View”选择“调谐与真空控制Tune and Vacoum Control”，进入MS调谐界面。

①点击文件菜单“真空状态Vacoum Status”，查看MSD抽真空状态：Turbo pump speed为100%、离子源温度和四极杆温度达到设定值，然后进行调谐。

②点击文件菜单“调谐Tune”选择“自动调谐Autotune”，MSD即开始自动

调谐。

③评估调谐报告，确认 MS 调谐通过。合格的调谐报告及评估内容参见图9－16。

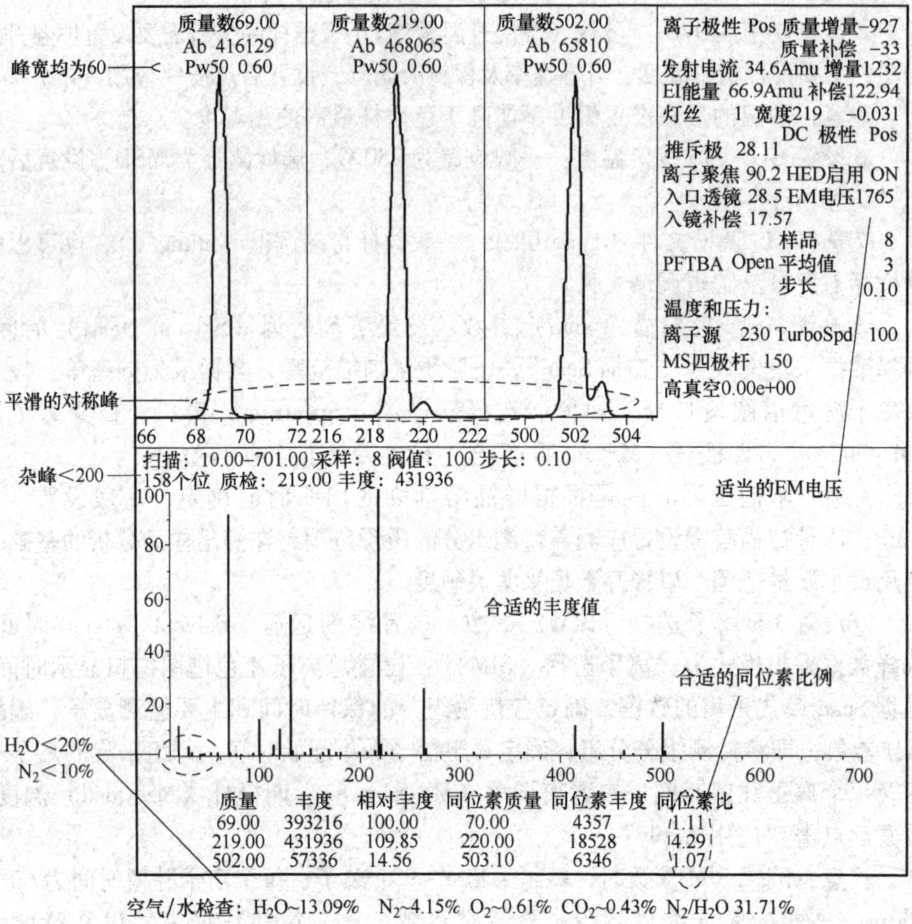

图9－16 合格的调谐报告评估内容

注意：若调谐结果水分超过20%，可在调谐之前预运行 GC 升温程序，赶走气路中的水分；若 N_2 和 O_2 丰度过高且 N_2∶O_2 浓度比为8∶1时，表示系统漏气，应查明原因加以排除（如重新连接色谱柱等）。

（8）设置样品信息，编辑数据采集序列（Sequence）。

点击菜单“窗口 View”选择“仪器 Instrument”，返回“方法与运行控制”界面。在文件菜单“序列 Sequence”中打开“编辑序列 Edit Sequence”窗口，设置样品类型 Type、样品瓶位置、样品名称、数据采集方法文件（Method）、数据文件名及数据文件保存路径等，设置后点击“确定”。

（9）运行序列，采集数据。

三、关 机 程 序

（1）将 GC 进样口、炉温、GC－MS 接口温度降至室温；

（2）在调谐与真空控制 Tune and Vacoum Control 窗口，点击菜单“真空 Vacoum”下的“放空 Vent”，MSD 开始放空，放空结束后，退出 GC－MS 软件、关闭 GC、MS 电源开关，关闭气源（He、N_2）阀。

注意：MSD 在放空过程中，软件不能再返回“运行与控制界面”，否则放空失效；GC 在降温过程中，保持载气 He 畅通，否则会损坏色谱柱。

四、数据分析与处理

（1）在电脑界面双击 GC－MS 数据分析（Data Analysis）软件，进入化学工作站数据分析界面：

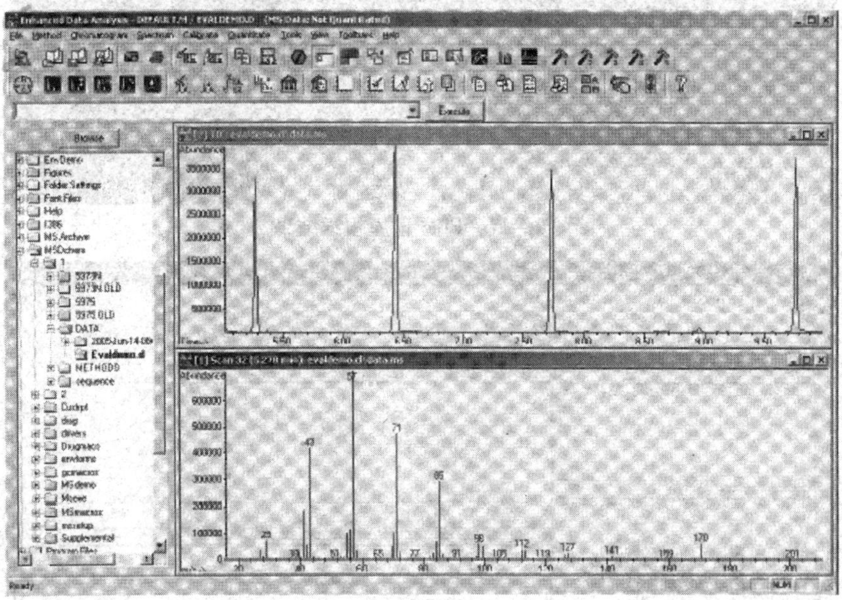

（2）打开数据文件：在文件菜单“File”中调出要分析的数据文件；

（3）对色谱峰进行定性。

定性方法：①利用标准品的保留时间定性；②通过谱库检索定性。图 9－17 为 PBM 谱库检索结果。图 9－18 为 NIST 谱库检索结果。

（4）对色谱图进行积分：选择积分器“RTE Integrator”或“ChemStation Integrator”对色谱图积分求面积。

（5）建立校正表（标准工作曲线）。点击文件菜单“Calibrate”进入样正表建立界面。依次建立一级、二级、多级标准品工作曲线。

（6）未知样品定量分析报告。调出未知样品数据文件，进行积分，然后直接预览打印报告。

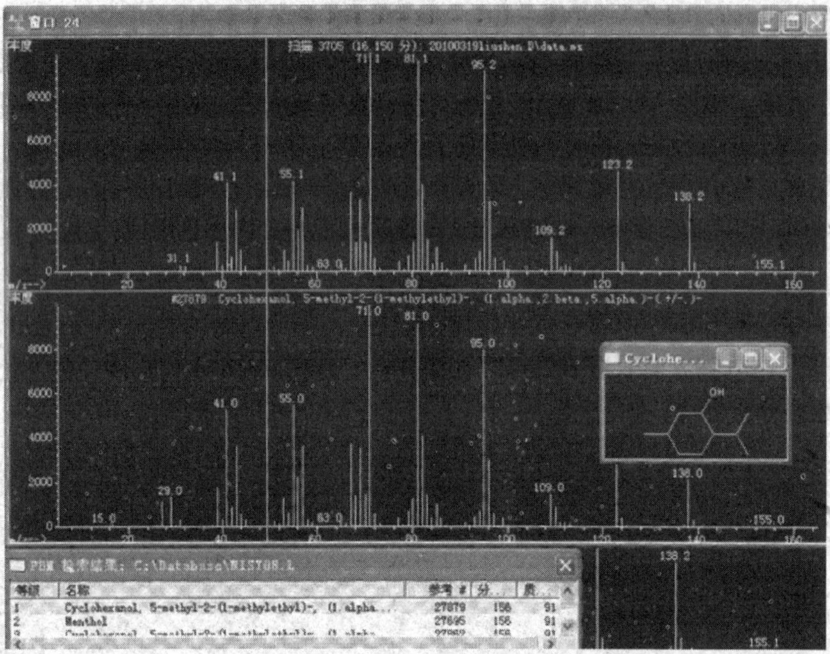

图 9-17　PBM 谱库检索结果

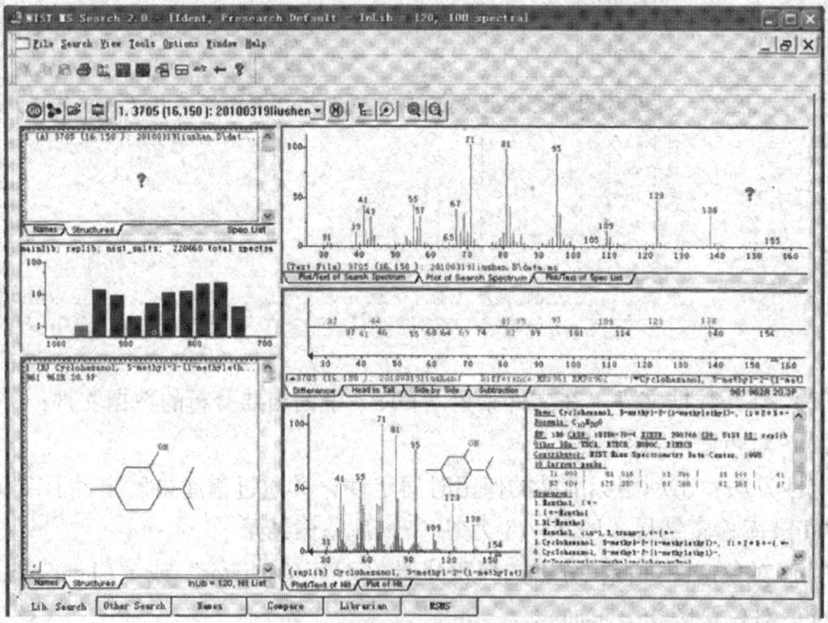

图 9-18　NIST 谱库检索结果

第六节　实训操作

实训项目一　GC－MS 法测定生鲜牛乳中三聚氰胺

一、目的要求

1. 学习样品提取、净化和衍生化方法。
2. 初步掌握 GC－MS 联用仪的使用操作方法及操作注意事项。

二、相关知识

试样中的三聚氰胺用1%三氯乙酸提取，经阳离子交换柱净化，用 *N*，*O*－双三甲基硅基三氟乙酰胺（BSTFA）和1%三甲基氯硅烷（TMCS）衍生化，再用 GC－MS 联用仪进行定性和定量分析。

三、仪器与试剂的准备

1. 仪器

气相色谱－质谱联用仪，高速冷冻离心机，涡旋混合器，氮吹仪，固相萃取装置，针头过滤器（0.22μm 有机滤膜）。

2. 试剂

（1）衍生化试剂　*N*，*O*－双三甲基硅基三氟乙酰胺（BSTFA）+1%三甲基氯硅烷（TMCS）。

（2）吡啶　色谱纯。

（3）甲醇　色谱纯。

（4）氨水　浓度25%~28%。

（5）SPE 柱　阳离子交换柱，60mg/3mL。

（6）1%三氯乙酸　称取10g 三氯乙酸溶解于1000mL 水中，混匀。

（7）5%氨化甲醇　量取5mL 氨水，溶解于100mL 甲醇中，混匀。

（8）乙酸铅溶液（22g/L）　称取22g 乙酸铅，加水溶解后定容至1000mL。

（9）甲醇溶液　取甲醇200mL 加水800mL，混匀。

（10）三聚氰胺标准品（≥99.0%）。

（11）三聚氰胺标准储备液（1mg/mL）　称取100mg（精确到0.1mg）三聚氰胺标准品，用甲醇溶液溶解并稀释至100mL 容量瓶中，贮存于0~8℃冰箱中。

（12）三聚氰胺标准工作液　取三聚氰胺标准储备液适量，分别用甲醇溶液稀释至浓度为0.05，0.1，0.2，0.5，1.0，2.0μg/mL的标准工作液。

四、实训内容

1. 提取

称取5g（精确至0.01g）样品于50mL具塞离心管中，准确加入19mL 1%的三氯乙酸溶液和1mL乙酸铅溶液，振荡提取20min，在10000r/min离心机上离心5min。

2. 净化

准确移取5mL离心上清液至固相萃取柱中，用3mL水、3mL甲醇淋洗，弃淋洗液，抽近干后用3mL 5%氨化甲醇溶液洗脱，收集洗脱液，于50℃氮气吹干，加1mL甲醇溶液溶解、摇匀，过0.22μm有机滤膜。

3. 衍生化

取400μL净化液（如待测组分浓度过高可先用甲醇溶液稀释至适当浓度），置具盖玻璃试管中，用氮气吹干，加入200μL吡啶和200μL衍生化试剂，混匀，在70℃衍生30min，放冷后上机测定。同时，各取400μL系列浓度三聚氰胺标准工作液，用氮气吹干，做同步衍生。

4. GC－MS测定条件

①色谱柱：HP－5MS，5%苯基甲基聚硅氧烷弹性石英毛细管柱（30m×0.25mm×0.25μm），或性能相当者；

②载气：氦气（He），纯度≥99.999%；

③流速：1.3mL/min；

④进样：不分流进样，进样体积为1μL，进样口温度：250℃；

⑤GC－MS接口温度280℃；

⑥扫描模式：选择离子（SIM）扫描；

⑦监测离子：99、171、327、342*m/z*；

⑧溶剂延迟：4min；

⑨四极杆温度：150℃；

⑩离子源温度：230℃；

⑪EI源轰击能：70eV。

5. GC－MS测定

按“4”规定设定仪器的操作条件，待仪器稳定、质谱仪调谐合格后，分别对标准品和样品的衍生液进样采集数据。三聚氰胺标准溶液衍生物的选择离子色谱图和选择离子质谱图分别见图9－19和图9－20。

6. 数据处理

利用GC－MS化学工作站对采集的选择离子色谱图进行积分求面积，以浓度为横坐标，峰面积为纵坐标建立标准品工作曲线。

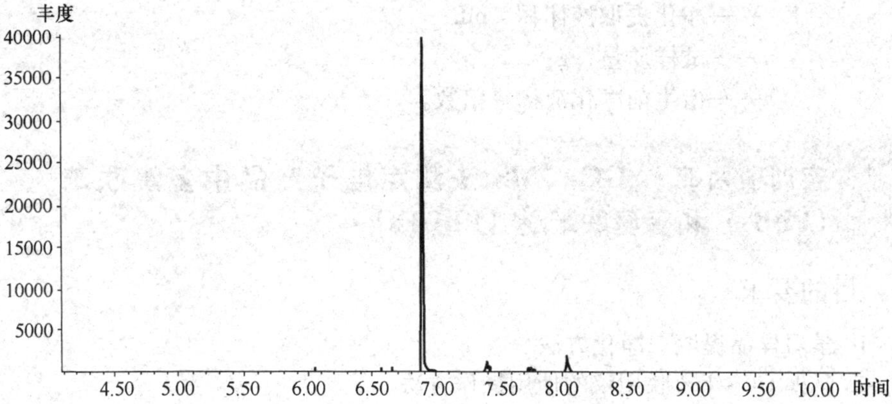

图 9－19　三聚氰胺标准溶液衍生物的选择离子色谱图

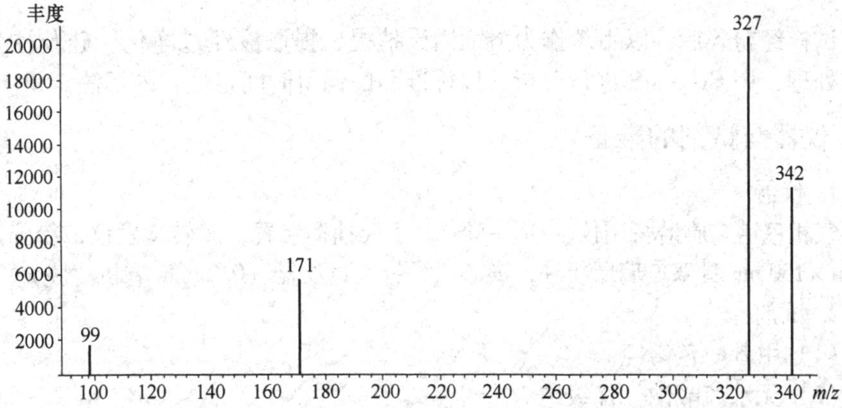

图 9－20　三聚氰胺标准溶液衍生物的选择离子质谱图

五、定性定量方法

定性方法：根据标准品衍生物的保留时间和监测离子基峰的相对丰度比定性（也可用质量扫描模式采集样品质谱图，再检索谱库定性）。

定量方法：以 342，327，171 和 99 峰面积之和进行校正定量。

六、结果计算

根据下式计算试样中三聚氰胺的含量：

$$X = \frac{c}{m} \times \frac{V_1}{V_2} \times n$$

式中　X——试样中三聚氰胺的含量，mg/kg；

c——从标准曲线中查得试样衍生物含三聚氰胺的浓度，μg/mL；

V_1——样品提取液总体积，mL；

V_2 ——净化提取液体积，mL；

m——试样质量，g；

n——衍生前净化液稀释倍数。

实训项目二　GC－MS 法测定电子产品中多溴联苯（PBBs）和多溴联苯醚（PBDEs）

一、目的要求

1. 学习样品提取、净化方法。
2. 掌握 GC－MS 联用仪的使用操作方法。
3. 学会用质量扫描（SCAN）和离子选择（SIM）两种模式采集数据。

二、相关知识

试样经粉碎后，以甲苯作为溶剂索氏抽提，提取液经过净化、硅胶柱分离、浓缩处理，用 CG－MS 进行分析，以标准品的保留时间定性，外标法定量。

三、仪器与试剂的准备

1. 仪器

气相色谱－质谱联用仪（GC－MS），索氏抽提装置，旋转蒸发仪，粉碎设备，10mm×150mm 具塞玻璃层析柱，离心机，针头过滤器（0.22μm 有机滤膜）。

2. 试剂

（1）甲苯　色谱纯。

（2）无水硫酸钠　优级纯。

（3）硅胶　层析用，（60～100 目），用前在 360℃活化 10～12h，冷却后干燥器内贮存。

（4）浓硫酸　优级纯。

（5）石英棉　400℃烘烤 4h。

（6）液氮　工业级。

（7）PBBs 标准物质。

（8）PBBs 标准溶液　准确称取 10.0mgPPBs 标准品，分别置于 100mL 容量瓶中，用甲苯稀释至刻度，混匀。该溶液浓度为 100mg/L。

（9）PBDEs 标准溶液　50mg/L 异辛烷溶液。

（10）标准溶液的配制　分别移取浓度为 100mg/L 的 PBBs 和 50mg/LPBDEs 标准溶液适量体积，用甲苯稀释，配成所需浓度的标准溶液。

四、实训内容

1. 样品制备

将电子电气产品中拆分的样品破碎成小于 1cm×1cm 的小块，经液氮冷冻后用粉碎机将样品粉碎成粒径小于1mm的颗粒。

2. 提取

称取上述样品0.5~5.0g（精确至0.0001g），放入纤维素套管中，然后将其放置于安装好的索氏抽提装置中，加入1.5倍虹吸管体积的甲苯到接受瓶中，抽提4h以上，每秒流速1~2滴。将提取液浓缩至5mL，加浓硫酸5mL，振荡，用3000r/min离心15min，取出甲苯提取液，再用5mL甲苯分两次洗涤浓硫酸层，合并甲苯提取液。

3. 净化

用甲苯润洗过的石英棉塞住具塞玻璃层析柱的一端，将甲苯提取液置于装有2g硅胶（硅胶的上下两层各装有1cm高的无水硫酸钠）的层析柱中，用30mL甲苯淋洗，收集淋洗液于旋转蒸发仪上浓缩，用氮气吹至近干，用2mL甲苯溶解定容，混匀，经0.22μm（有机）滤膜过滤后上机分析。

4. GC-MS测定条件

①色谱柱：VF-5HT石英毛细管柱（30m×0.25mm i.d. ×0.1um）；

②程序升温：初温100℃，保持3min，以15℃升至320℃，保持8min；

③进样口温度：320℃；

④GC-MS接口温度：320℃；

⑤离子源温度：300℃；

⑥载气：氦气（≥99.999%）；流速：1.5mL/min；

⑦进样量：1.0μL；

⑧进样方式：不分流进样，1.0min后开阀；

⑨电离方式：EI；

⑩质量扫描范围：100~1 000amu；

⑪电离能量：70eV；

⑫溶剂延迟：5min。

5. 数据采集

（1）质量扫描（SCAN）模式采集数据　按“4”规定设定仪器的操作条件，待仪器稳定和调谐合格后，对标准溶液进样，SCAN模式采集数据。PBBs标准品的总离子色谱图见图9-21，PBDEs标准品的总离子色谱图见图9-22。

注意：用SCAN模式采集数据的目的：①确定升温程序是否合理（即各组分分离是否良好），若不合理需修改升温程序至各组分完全分离；②对各组分进行定性；③确定各组分保留时间 t_R 及离子采集时间，为离子选择（SIM）模式采集数据作准备。

（2）离子选择（SIM）模式采集数据　根据标准物质各定性组分的Rt和离子采集驻留时间，结合表9-1、表9-2编辑离子选择（SIM）程序，对标准溶液和样液进样采集数据。PBDEs的选择离子色谱图见图9-23。

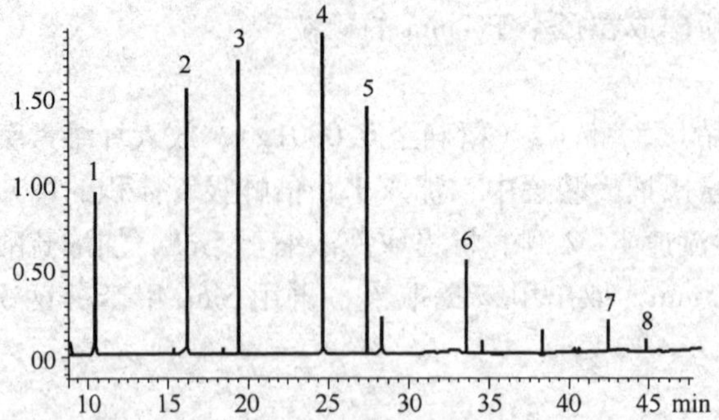

图 9－21　多溴联苯标准品的总离子色谱图

1—2－溴联苯　2—2，5－二溴联苯　3—2，4，6－三溴联苯　4—2，2′，4，5′－四溴联苯

5—2，2′，4，5′，6－五溴联苯　6—2，2′，4，4′，5，5′－六溴联苯

7—2，3，3′，4，4′，5，5′，6－八溴联苯　8—2，2′，3，3′，4，4′，5，5′，6，6′－十溴联苯

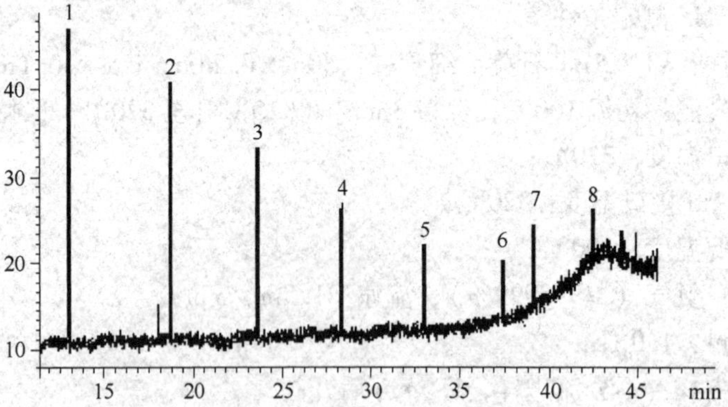

图 9－22　多溴联苯醚标准品的总离子色谱图

1—4－溴联苯醚　2—4，4′－二溴联苯醚　3—3，3′，4－三溴联苯醚　4—3，3′，4，4′－四溴联苯醚

5—3，3′，4，4′，5－五溴联苯醚　6—2，2′，3，3′，4，4′－六溴联苯醚　7—2，2′，3，4，4′，5，6－七溴联苯醚　8—2，3，3′，4，4′，5，5′，6－八溴联苯醚

注意：离子选择（SIM）模式采集数据优点：①只检测选择离子的质荷比，即只对感兴趣的质量进行分析；②消除样品复杂基质的干扰，改善峰形；③提高灵敏度和精确度。

表 9－1　多溴联苯（PBBs）的相对分子质量、定性离子和定量选择离子

PBBs	分子式	相对分子质量	定性离子	定量选择离子
PBB－1	$C_{12}H_9Br$	233	234　232　152	234
PBB－2	$C_{12}H_8Br_2$	312	312　310　152	312
PBB－3	$C_{12}H_7Br_3$	391	392　390　230	390
PBB－4	$C_{12}H_6Br_4$	470	470　310　308	310
PBB－5	$C_{12}H_5Br_5$	549	550　390　388	390

续表

PBBs	分子式	相对分子质量	定性离子	定量选择离子
PBB－6	$C_{12}H_4Br_6$	628	628　468　466	468
PBB－8	$C_{12}H_2Br_8$	786	785　546　544	785
PBB－10	$C_{12}Br_{10}$	944	944　783　781	783

表9－2　多溴联苯醚（PBDEs）的相对分子质量、定性离子和定量选择离子

PBDEs	分子式	相对分子质量	定性离子	定量选择离子
PBDE－3	$C_{12}H_7Br_3O$	407	408　406　248	406
PBDE－4	$C_{12}H_6Br_4O$	486	488　486　326	486
PBDE－5	$C_{12}H_5Br_5O$	565	564　406　404	564
PBDE－5′	$C_{12}H_5Br_5O$	565	564　406　404	564
PBDE－6	$C_{12}H_4Br_6O$	644	643　484　482	484
PBDE－6′	$C_{12}H_4Br_6O$	644	643　484　482	484
PBDE－7	$C_{12}H_3Br_7O$	723	722　562　456	562
PBDE－8	$C_{12}H_2Br_8O$	802	801　642　639	639
PBDE－9	$C_{12}HBr_9O$	881	881　721　719	721
PBDE－10	$C_{12}Br_{10}O$	960	959　799　797	799

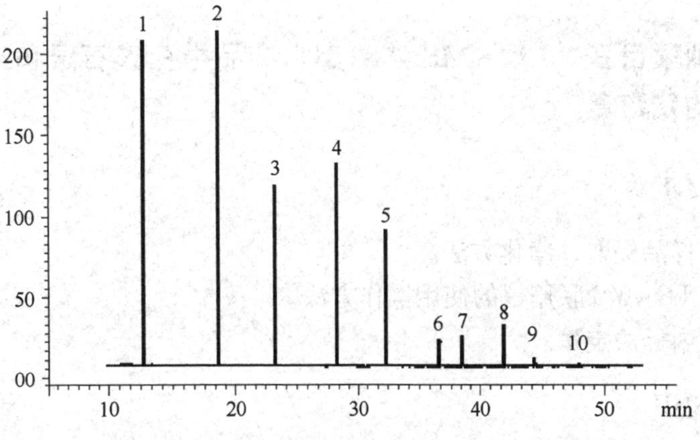

图9－23　多溴联苯醚标准品的选择离子色谱图

1—4－溴联苯醚　2—4，4′－二溴联苯醚　3—3，3′，4－三溴联苯醚　4—3，3′，4，4′－四溴联苯醚　5—3，3′，4，4′，5－五溴联苯醚　6—2，2′，3，3′，4，4′－六溴联苯醚　7—2，2′，3，4，4′，5，6－七溴联苯醚　8—2，3，3′，4，4′，5，5′，6－八溴联苯醚　9—2，2′，3，3′，4，5，5′，6，6′－九溴联苯醚　10—2，2′，3，3′，4，4′，5，5′，6，6′－十溴联苯醚

6. 空白试验

除不加试样外，均按上述1～5测定步骤进行。

五、定性定量方法

1. 定性方法

SCAN 模式采集的总离子流图，可通过检索谱库定性；SIM 模式采集的总离子流图，通过标准品各组分的保留时间和定性离子的相对丰度比定性。

2. 定量方法

根据提取离子色谱峰或选择离子色谱峰面积，外标法定量。

3. 数据处理

利用 GC - MS 化学工作站对 SIM 采集的选择离子色谱图进行积分求面积，以浓度为横坐标，峰面积为纵坐标建立标准品工作曲线。

六、结果计算

根据下式计算试样中 PBBs 和 PBDEs 含量：

$$X=\frac{(c_1-c_0)\times V}{m}$$

式中 X——试样中 PBBs 和 PBDEs 含量，mg/kg；

c_1——从标准曲线中查得试样含 PBBs 和 PBDEs 的浓度，mg/L；

c_0——从标准曲线中查得空白试样含 PBBs 和 PBDEs 的浓度，mg/L；

V——样液最终定容体积，mL；

m——试样质量，g。

实训项目三　LC - MS 法测定水产品中孔雀石绿和结晶紫的残留量

一、目的要求

1. 学习样品提取、净化方法。
2. 熟悉 LC - MS 联用仪的使用操作方法。
3. 学习内标法定量。

二、相关知识

试样中的残留物用乙腈 - 乙酸铵缓冲溶液提取，乙腈再次提取后，液液分配到二氯甲烷层，经中性氧化铝和阳离子固相柱净化后，用液相色谱 - 串联质谱法测定，内标法定量。

三、仪器与试剂的准备

1. 仪器

高效液相色谱－串联质谱联用仪［配有电喷雾（ESI）离子源］，匀浆机，4000r/min离心机，超声波水浴，旋涡振荡器，25mL KD 浓缩瓶，固相萃取装置，旋转蒸发仪。

2. 试剂

除另有规定外，所有试剂均为分析纯，水为重蒸馏水。

（1）乙腈　色谱纯。

（2）甲醇　色谱纯。

（3）二氯甲烷。

（4）无水乙酸铵。

（5）5mol/L 乙酸铵缓冲溶液　称取 38.5g 无水乙酸铵溶解于 90mL 水中，冰乙酸调 pH 到 7.0，用水定容至 100mL。

（6）0.1mol/L 乙酸铵缓冲溶液　称取 7.71g 无水乙酸铵溶解于 1000mL 水中，冰乙酸调 pH 到 4.5。

（7）5mmol/L 乙酸铵缓冲溶液　称取 0.385g 无水乙酸铵溶解于 1000mL 水中，冰乙酸调 pH 到 4.5，过 0.2μm 滤膜。

（8）0.25g/mL 盐酸羟铵溶液。

（9）1.0mol/L 对－甲苯磺酸溶液　称取 17.2g 对－甲苯磺酸，用水溶解并定容至 100mL。

（10）2%（体积分数）甲酸溶液。

（11）5%（体积分数）乙酸铵甲醇溶液　量取 5mL 乙酸铵缓冲溶液用甲醇定容至 100mL。

（12）阳离子交换柱　MCX，60mg/3mL，使用前依次用 3mL 乙腈、3mL 甲酸溶液活化。

（13）中性氧化铝柱　1g/3mL，使用前用 5mL 乙腈活化。

（14）标准品　孔雀石绿（MG）、隐色孔雀石绿（LMG）、结晶紫（CV）、隐色结晶紫（LCV）、同位素内标氘代孔雀石绿（D5－MG）、同位素内标氘代隐色孔雀石绿（D6－LMG），纯度大于 98%。

（15）标准储备溶液　准确称取适量的孔雀石绿、隐色孔雀石绿、结晶紫、隐色结晶紫、氘代孔雀石绿、氘代隐色孔雀石绿标准品，用乙腈分别配制成 100μg/mL 的标准储备液。

（16）混合标准储备溶液（1μg/mL）　分别准确吸取 1.00mL 孔雀石绿、结晶紫、隐色孔雀石绿和隐色结晶紫的标准储备溶液至 100mL 容量瓶中，用乙腈稀释至刻度，1mL 该溶液分别含 1μg 的孔雀石绿、结晶紫、隐色孔雀石绿和隐色结晶紫。－18℃避光保存。

（17）混合标准储备溶液（100ng/mL）　用乙腈稀释混合标准储备溶液，配制成每毫升含孔雀石绿、隐色孔雀石绿、结晶紫、隐色结晶紫均为 100ng 的混合标准储备溶液。-18℃避光保存。

(18) 混合内标标准溶液　用乙腈稀释标准溶液，配制成每毫升含氘代孔雀石绿和氘代隐色孔雀石绿各100ng的内标混合溶液。-18℃避光保存。

(19) 混合标准工作溶液　根据需要，临用时吸取一定量的混合标准储备溶液和混合内标标准溶液，用乙腈5mmol/L乙酸铵溶液（1+1）稀释配制适当浓度的混合标准工作液，每毫升该混合标准工作溶液含有氘代孔雀石绿和氘代隐色孔雀石绿各2ng。

四、实训内容

1. 样品制备

(1) 提取　称取5.00g已捣碎样品于50mL离心管中，加入200μL混合内标标准溶液，加入11mL乙腈，超声波振荡提取2min，8000r/min匀浆提取30s，4000r/min离心5min，上清液转移至25mL比色管中；另取一50mL离心管加入11mL乙腈，洗涤匀浆刀头10s，洗涤液移入前一离心管中，用玻棒捣碎离心管中的沉淀，旋涡混匀器上振荡30s，超声波振荡5min，4000r/min离心5min，上清液合并至25mL比色管中，用乙腈定容至25.0mL，摇匀备用。

(2) 净化　移取5.00mL样品溶液加至已活化的中性氧化铝柱上，用KD浓缩瓶接收流出液，4mL乙腈洗涤中性氧化铝柱，收集全部流出液，45℃旋转蒸发至约1mL，残液用乙腈定容至1.00mL，超声振荡5min，加入1.0mL 5mmol/L乙酸铵，超声振荡1min，样液经0.2μm滤膜过滤后供液相色谱-串联质谱测定。

2. 液相色谱-串联质谱条件

①色谱柱：C_{18}柱，50mm×2.1mm（i.d.）×3μm（粒度）；

②流动相：乙腈+5mmol/L乙酸铵=75+25（体积比）；

③流速：0.2mL/min；

④柱温：35℃；

⑤进样量：10μL；

⑥离子源：电喷雾ESI，正离子；

⑦扫描方式：多反应监测MRM；

⑧雾化气、窗帘气、辅助加热气、碰撞气均为高纯氮气；使用前应调节各气体流量以使质谱灵敏度达到检测要求；

⑨喷雾电压、去集簇电压、碰撞能等电压值应优化至最优灵敏度；

⑩监测离子对：各组分监测离子对和定量离子对见表9-3。

表 9-3　监测离子对和定量离子

检测组分	监测离子对（m/z）	定量离子对（m/z）
孔雀石绿	329/313、329/208	329/313
隐色孔雀石绿	331/316、331/239	331/316
结晶紫	372/356、372/251	372/356
隐色结晶紫	374/359、374/238	374/359
氘代孔雀石绿	334/318	334/318
氘代隐色孔雀石绿	337/322	337/322

3. 液相色谱-串联质谱测定

按照"2"液相色谱-串联质谱条件测定样品和混合标准工作溶液，以色谱峰面积按内标法定量，孔雀石绿和结晶紫以氘代孔雀石绿为内标物计算，隐色孔雀石绿和隐色结晶紫以氘代隐色孔雀石绿为内标物计算。在上述色谱条件下孔雀石绿、氘代孔雀石绿、结晶紫、氘代隐色孔雀石绿、隐色孔雀石绿和隐色结晶紫的参考保留时间分别为2.27，2.30，2.88，5.21，5.31，5.61min。标准溶液的离子流图见图9-24。

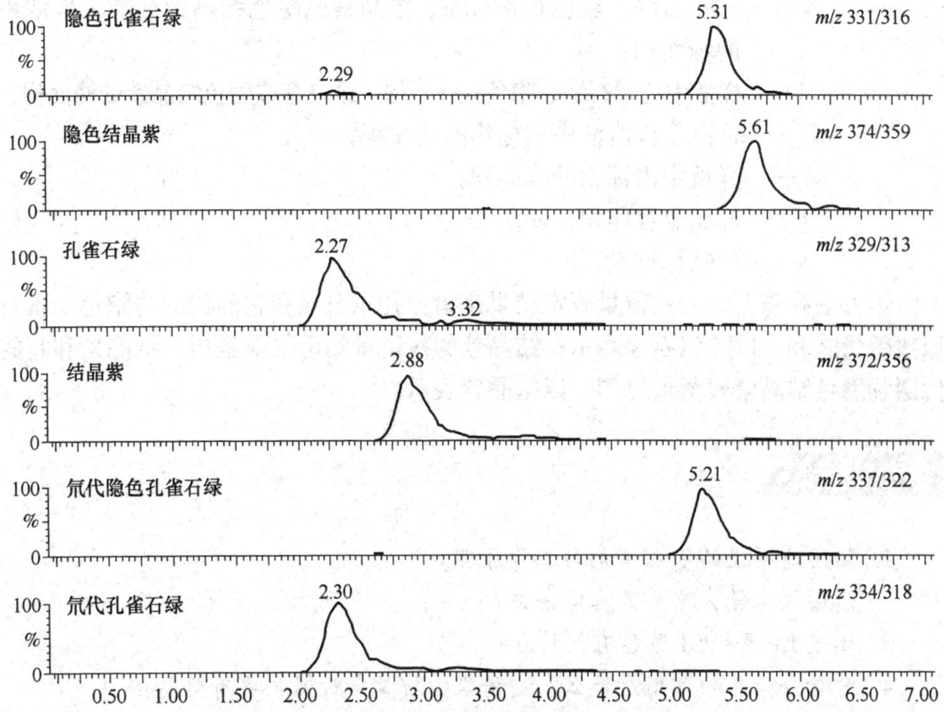

图9-24　孔雀石绿、隐色孔雀石绿、结晶紫、隐色结晶紫、氘代孔雀石绿和氘代隐色孔雀石绿标准溶液的离子流图

4. 液相色谱 - 串联质谱确证

分别计算样品和标准工作溶液中非定量离子对与定量离子对色谱峰面积的比值，仅当两者数值的相对偏差小于25%时方可确定两者为同一物质。

5. 空白试验

除不加试样外，均按上述测定步骤进行。

五、结果计算

按下式计算样品中孔雀石绿、隐色孔雀石绿、结晶紫和隐色结晶紫残留量。计算结果需扣除空白值。

$$X=\frac{cc_iAA_{si}V}{c_{si}A_iA_sm}$$

式中 X——样品中待测组分残留量，μg/kg；

c——孔雀石绿、隐色孔雀石绿、结晶紫或隐色结晶紫标准工作溶液的浓度，μg/L；

c_{si}——标准工作溶液中内标物的浓度，μg/L；

c_i——样液中内标物的浓度，μg/L；

A_s——孔雀石绿、隐色孔雀石绿、结晶紫或隐色结晶紫标准工作溶液的峰面积；

A——样液中孔雀石绿、隐色孔雀石绿、结晶紫或隐色结晶紫的峰面积；

A_{si}——标准工作溶液中内标物的峰面积；

A_i——样液中内标物的峰面积；

V——样品定容体积，mL；

m——样品称样量，g。

本方法孔雀石绿的残留量测定结果是指：孔雀石绿和它的代谢物隐色孔雀石绿残留量之和，以孔雀石绿表示；结晶紫的残留量测定结果是指：结晶紫和它的代谢物隐色结晶紫残留量之和，以结晶紫表示。

思考与练习

1. 简述质谱仪的基本结构与工作原理。
2. 质谱仪为什么需要高真空条件？
3. 比较EI源和CI源各有何特点？
4. 质量分析器的作用是什么？质谱仪的质量分析器主要有哪些？
5. 如何确定分子离子峰？确定分子离子峰有何意义？
6. 色谱与质谱联用后有什么突出优点？
7. 试述质谱法分析样品操作步骤。

参 考 文 献

1. 黄一石等编著. 仪器分析（第二版）. 北京：化学工业出版社，2009.
2. 郭英凯主编. 仪器分析. 北京：化学工业出版社，2006.
3. 魏培海，曹国庆主编. 仪器分析. 北京：高等教育出版社，2007.
4. 王立，汪正范编著. 色谱分析样品处理（第二版）. 北京：化学工业出版社，2006.
5. 中华人民共和国国家标准 GB/T 5009. 33—2008. 食品中亚硝酸盐与硝酸盐的测定，2008.
6. 许柏球，李世敏. 比值导数波谱法在食品混合色素检测中的应用. 食品与发酵工业，2002，28（12）38 ~ 39.
7. 中华人民共和国国家标准 GB/T 5009. 39—2003. 酱油卫生标准的分析方法，2003.
8. 魏福祥主编. 仪器分析及应用. 北京：中国石化出版社，2007.
9. 中华人民共和国国家标准 GB/T 12457—2008. 食品中氯化钠的测定，2008.
10. 许金生主编. 仪器分析. 南京：南京大学出版社，2002.
11. 夏立娅主编. 仪器分析. 北京：中国计量出版社，2006.
12. 中华人民共和国国家标准 GB 7475—1987. 水质中铜、锌、铅、镉的测定，1987.
13. 刘约权主编. 现代仪器分析. 北京：高等教育出版社，2006.
14. 朱明华主编. 仪器分析. 北京：高等教育出版社，2008.
15. 中华人民共和国国家标准 GB/T 10345—2007. 白酒分析方法，2007.
16. 中华人民共和国国家标准 GB/T 5009. 19—2008. 食品中有机氯农药多组分残留量的测定，2008.
17. 刘约权，李贵深主编. 实验化学. 北京：高等教育出版社，2005.
18. 王小如主编. 电感耦合等离子体质谱应用实例. 北京：化学工业出版社，2005.
19. 中华人民共和国国家标准 GB/T 5009. 35—2003. 食品中合成着色剂的测定方法，2003.
20. 中华人民共和国国家标准 GB/T 19542—2007. 饲料中磺胺类药物的测定高效液相色谱法，2007.
21. 许柏球，杨剑. 反相高效液色谱法测定荔枝果实游离氨基酸. 食品科学，2004，25（12）156 ~ 159.
22. 中华人民共和国出入境检验检疫行业标准 SZ/T 2005. 2—2005. 电子电气产品中多溴联苯和多溴联苯醚的测定，气相色谱 - 质谱法，2005.
23. 中华人民共和国国家标准 GB/T 19857—2005. 水产品中孔雀石绿和结晶紫残留量的测定，2005.
24. 中华人民共和国国家标准 GB/T 22388—2008. 原料乳与乳制品中三聚氰胺的检测方法，2008.
25. 中华人民共和国国家标准 GB/T 23495—2009. 食品中山梨酸、苯甲酸和糖精钠的测定高效液相色谱法，2009.
26. 奚长生，余荣阵主编. 仪器分析. 广州：广东高等教育出版社，2006.
27. 武汉大学化学系. 仪器分析. 北京：高等教育出版社，2001.
28. 王平主编. 高效液相色谱在中药研究中的应用. 北京：冶金工业出版社，2010.

29. 冯玉红主编．现代仪器分析实用教程．北京：北京大学出版社，2008.
30. 李晓燕主编．现代仪器分析．北京：化学工业出版社，2008.
31. 张庆合主编．高效液相色谱实用手册．北京：化学工业出版社，2008.
32. 刘志广主编．仪器分析．北京：高等教育出版社，2007.
33. 于世林主编．高效液相色谱方法及应用．北京：化学工业出版社，2005.
34. 王绪卿主编．色谱在食品安全分析中的应用．北京：化学工业出版社，2005.
35. 丁明洁主编．仪器分析．北京：化学工业出版社，2008.
36. 俞英．仪器分析实验．北京：化学工业出版社，2008.